人工智能 人才培养系列

深度学习

原理与TensorFlow实践

◎ 黄理灿 编著

人 民 邮 电 出 版 社
北 京

图书在版编目（CIP）数据

深度学习原理与 TensorFlow实践 / 黄理灿编著. -- 北京 : 人民邮电出版社, 2019.8
ISBN 978-7-115-50996-3

Ⅰ. ①深… Ⅱ. ①黄… Ⅲ. ①人工智能—算法—研究 Ⅳ. ①TP18

中国版本图书馆CIP数据核字(2019)第051259号

内容提要

本书首先介绍当前学术界和工业界的深度学习核心知识，具体内容包括机器学习概论、神经网络和深度学习原理；然后介绍深度学习的实现及深度学习框架 TensorFlow，具体内容包括 Python 编程基础、TensorFlow 编程基础、TensorFlow 模型、TensorFlow 编程实践、TensorFlowLite 和 TensorFlow.js、TensorFlow 案例——医学应用和 Seq2Seq+attention 模型及其应用案例。

本书的最大特色是既有由浅入深的理论知识，又有从入门到专业的技术应用。本书涵盖了深度学习的理论、Python 编程语言、TensorFlow 编程知识以及代码解读，为深度学习初学者以及进阶人员提供了详尽的必备知识。

本书既可以作为高等院校本科高年级以及研究生的人工智能课程教材，也可以作为应用领域技术人员、工程技术人员和科学研究工作者的参考资料。

◆ 编　　著　黄理灿
责任编辑　罗　朗
责任印制　陈　犇

◆ 人民邮电出版社出版发行　　北京市丰台区成寿寺路 11 号
邮编　100164　　电子邮件　315@ptpress.com.cn
网址　http://www.ptpress.com.cn
北京捷迅佳彩印刷有限公司印刷

◆ 开本：787×1092　1/16
印张：22.75　　　　2019 年 8 月第 1 版
字数：623 千字　　　2025 年 1 月北京第 8 次印刷

定价：69.80 元

读者服务热线：(010)81055256　印装质量热线：(010)81055316
反盗版热线：(010)81055315
广告经营许可证：京东市监广登字 20170147 号

前 言

人工智能是当前影响人类的重大技术。近年来，由于计算机软硬件的进步，从早期的单层人工神经网络发展起来的多层人工神经网络技术（深度学习）得到了迅速的发展和广泛的应用。其应用范围包括自动驾驶汽车、语言翻译、对象识别、医疗诊断、自动聊天、自动写作、艺术品生成、植物识别等领域。TensorFlow 是开源的深度学习实现框架，具有很大的下载量和用户数，不仅可以用于研究和试验，还可以直接用于生产部署。

由于深度学习的快速发展，学术界、工业界需要大量的人才，全球人工智能领域的人才缺口也非常大。人工智能领域相关人才分为两类：研究新理论与新模型的高级研究人才和各领域的应用人才。研究新理论与新模型的高级研究人才需要深厚的理论基础，而应用人才则要利用已有的模型对数据进行训练和优化，相对而言，应用人才不需要深入的专业理论知识。由于深度学习和 TensorFlow 是最近发展的新技术，市场上还少见涵盖原理与实践的教材。我们在这里尝试编写既适合初学者又适合已迈入高级研究者门槛的大学本科以及研究生的深度学习教材。希望本书不仅适用于计算机专业人员，也适用于非计算机专业人员（如生物专业、医学专业的读者）。

本书共 11 章，包括深度学习理论和 TensorFlow 实践。读者可以根据实际情况选学带“*”号章节。

第 1 章概要性地介绍深度学习的发展历程和 TensorFlow 的应用现状。

第 2 章介绍机器学习所需的数学知识、机器学习方法以及数据预处理方法。机器学习方法包括监督学习、非监督机器学习、半监督机器学习和强化学习。

第 3 章介绍神经网络基础知识和神经网络模型。

第 4 章介绍多层感知机神经网络、卷积神经网络、循环神经网络、深度置信网络以及深度学习框架。

第 5 章介绍 Python 安装、Jupyter Notebook 器安装使用、Python 编程基础知识、Python 标准库和 Python 机器学习库。

第 6 章介绍 TensorFlow 发展历程与演进、TensorFlow 的搭建配置、TensorFlow 编程基础知识、TensorFlow 系统架构及源码结构、Eager Execution 以及简单的 TensorFlow 示例代码。

第 7 章介绍 TensorFlow 模型编程模式，读取数据，TensorFlow 模型搭建，TensorFlow 模型训练，TensorFlow 评估，TensorFlow 模型载入、保存以及调用，可视化评估工具 Tensorboard 以及编程示例——鸢尾花分类。

第 8 章介绍 TensorFlow 编程实践，包括 MNIST 手写数字识别、Fashion MNIST 以及 RNN 简笔画识别。

第 9 章介绍用于移动平台的 TensorFlow Lite 和用于浏览器的 TensorFlow.js。

第 10 章介绍 TensorFlow 案例——医学应用，主要介绍开源医学图像分析平台 DLTK。

第 11 章介绍 Seq2Seq 模型、TensorFlow 自动文本摘要生成和聊天机器人示例。

为了方便读者学习和掌握所学知识，每章最后附有习题。

由于水平有限，书中难免有不妥之处，恳请读者批评指正。

黄理灿

目录

01 第1章 绪论

本章概要性地介绍了深度学习的发展历程和TensorFlow的应用现状，使读者对深度学习与 TensorFlow 有初步的印象。本章提到的相关概念会在本书后面章节中详细介绍。

1.1 引言

人工智能是当前影响人类的重大技术。近年来，由于计算机软硬件的进步，从早期的单层人工神经网络发展起来的多层人工神经网络技术（深度学习）得到了有效的发展和广泛的应用，如自动驾驶汽车、语言翻译、对象识别、医疗诊断、自动聊天、自动写作、艺术品生成、植物识别，等等。科技界、工业界投入大量的人力和物力对深度学习进行研究并开发了许多软件工具以及专用的人工智能芯片。Google、Microsoft、Facebook、Amazon、百度、腾讯、阿里巴巴等中外公司都在积极布局，争夺深度学习的战略高点。

未来 10 年，人工智能将给人类世界带来颠覆性的变化，也将变得无处不在。人工智能技术将进入大规模的商用阶段，人工智能产品将全面进入消费级市场。机器翻译、智能音箱、面部识别、智能助手等产品将普及。基于深度学习的人工智能的认知能力将达到人类专家顾问级别。在金融投资领域，人工智能已经有取代人类专家顾问的迹象。高盛已经开始布局智能投资顾问，苏格兰皇家银行也宣布用投资顾问取代 500 名传统理财师的工作。与保险业相结合，人工智能将为保险机构提供顾问服务。与医疗领域相结合，人工智能将为医生、病人提供咨询服务。人工智能与不同产业的结合正让人工智能逐步成为一种可以购买的商品。人工智能技术将严重地冲击劳动密集型产业，改变全球经济生态。

人工智能是如何获得“智能”的呢？这主要归功于一种实现人工智能的方法——机器学习。机器学习最基本的做法是使用算法来解析数据，并从数据中学习，然后对真实世界中的事件做出决策和预测。

传统的机器学习算法包括决策树、聚类、贝叶斯分类、支持向量机，等等。从学习方法上来分，机器学习方法可以分为监督学习、无监督学习、半监督学习和强化学习。

机器学习的一个分支是借鉴生物大脑神经元系统的人工神经网络。人工神经网络通过从样本数据中学习并调整权值和偏置，从而预测真实的数据。学习权值和偏置的方法得益于反向传播算法。近年来计算机处理能力和理论的发展，将人工神经网络的层次推向了多层，有的甚至达到 1000 层以上。这种多层人工神经网络的机器学习方法被称为深度学习。人工智能、机器学习、人工神经网络和深度学习的关系，如图 1.1 所示。人工智能涵盖了一切“人工的智能技术”，而机器学习则是通过数据学习得到的“人工智能”，人工神经网络则是利用不同的人工神经网络结构并训练优化人工神经网络结构内的参数得到的“人工智能”，深度学习是指具有多层人工神经网络结构的人工神经网络学习方法。

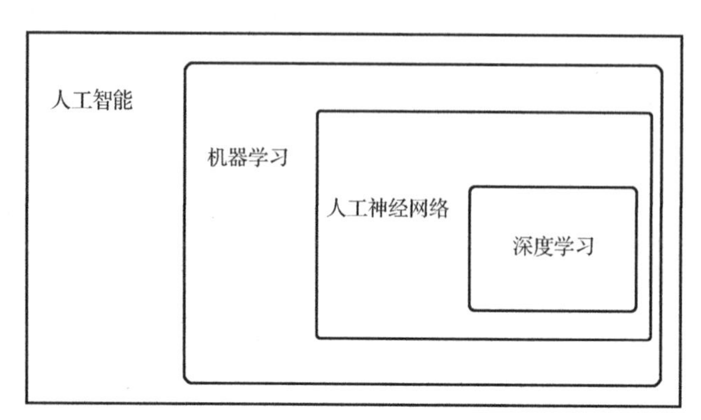

图 1.1　人工智能、机器学习、人工神经网络和深度学习的关系

深度学习需要非常强的计算能力。为了提高硬件的计算能力，Google 开发了专用的芯片 TPU（Tensor Processing Unit）；NVIDIA 公司也推出了具有更强大计算能力的图形处理芯片 GPU（Graphics Processing Unit）。

同时，科技界和工业界纷纷推出了便于使用的深度学习开发工具，如 Google 的 TensorFlow、Facebook 的 Cafee 等工具。

人工智能不仅是各大公司的战略重点，也是全球各国的战略重点。未来国家之间的竞争大部分将取决于人工智能的竞争，归根到底，是人工智能的人才竞争。由于深度学习技术急剧发展，在学术界、工业界都需要大量的人才。我国深度学习的人才缺口非常大，预计将超过 500 万人。国内深度学习人才的供求比例仅为 1：10，供求严重失衡。很多行业会用高薪待遇吸引深度学习的顶级人才。深度学习的人才既来源于高等院校的培养，也来自其他行业的人才转型。

1.2　深度学习的发展历程

神经网络作为当前最有前途的人工智能的一部分，经历了三个不同的发展阶段，有高潮也有低谷。

如图 1.2 所示，1943 年到 1969 年是提出神经元数学模型到单层感知机的第一阶段；经过 1969 年到 1986 年的停滞，1986 年到 1998 年是提出并应用反向传播算法的第二阶段；又经过 1998 年到 2006 年的停滞，从 2006 年开始到现在是提出深度学习并广泛应用的第三阶段。

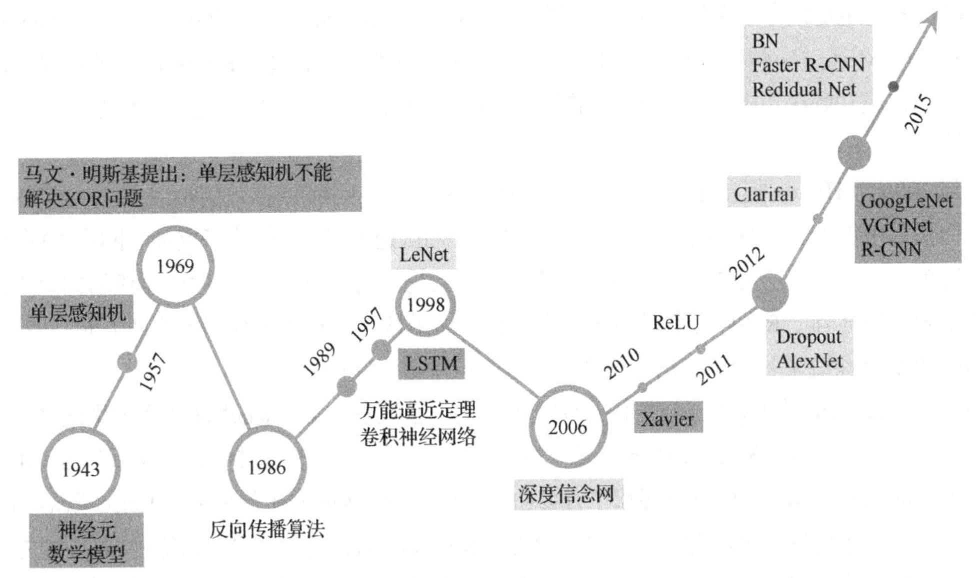

图 1.2　神经网络的发展历程

生物具有学习能力是由于生物大脑具有很多神经元。美国心理学家麦卡洛克（McCulloch W. S.）和数学家皮特斯（Puts W.）等在 1943 年参考了生物神经元的结构，发表了抽象的神经元模型——麦卡洛克-皮特斯模型（McCulloch-Pitts Model），简称 MP 模型，开启了人工神经网络的研究。MP 模型将神经元简化为了三个过程：输入信号线性加权、求和以及非线性激活（阈值法）。在此基础上，弗兰克・罗森布拉特（Frank Rosenblatt）于 1957 年提出了感知机（Perception）算法。该算法使用 MP 模型对输入的多维数据进行二分类，且能够使用梯度下降法从训练样本中自动学习更新权值。

1969 年，马文·明斯基（Marvin Minsky）证明了感知机本质上是一种线性模型，只能处理线性分类问题，就连最简单的 XOR（异或）问题都无法正确分类。

在研究停顿了近 20 年以后，杰弗里·辛顿（Geoffrey Hinton）于 1986 年提出了适用于多层感知机（Multi-Layer Perception，MLP）的反向传播算法（BP 算法），并采用 Sigmoid 函数（Sigmoid 函数是 S 型函数，常被用作神经网络的阈值函数，将变量映射到 0 和 1 之间）进行非线性映射，有效地解决了非线性分类和学习的问题。乔治·塞本柯（Geogre Cybenko，1989 年）和库尔特·霍尼克（Kurt Hornik，1991 年）证明了多层感知机（MLP）的万能逼近定理，即对于任何闭区间内的一个连续函数 f，都可以用含有一个隐含层的 BP 网络来逼近。同年，延恩·勒昆（Yann LeCun）发明了卷积神经网络——LeNet，并将其用于数字识别。1991 年，BP 算法被指出存在梯度消失的问题，即在误差梯度反向传递的过程中，后层梯度以乘法方式叠加到前层，由于 Sigmoid 函数的饱和特性，后层梯度本来就小，误差梯度传到前层时几乎为 0，因此无法对前层进行有效的学习。1997 年，长短期记忆网络（LSTM）模型被发明，尽管该模型在序列建模上的特性非常突出，但由于当时正处于神经网络的下坡期，因此没有引起足够的重视。

在神经网络发展受阻的同时，其他机器学习方法得到了快速的发展。1986 年，决策树方法被提出，很快 ID3、ID4、CART 等改进的决策树方法相继出现，到目前决策树仍然是非常常用的一种机器学习方法。1995 年，线性支持向量机（SVM）被统计学家万普尼克（Vapnik）提出。该方法的特点有两个：由非常完美的数学理论推导而来（统计学与凸优化等）和符合人的直观感受（最大间隔）。不过，最重要的还是该方法在线性分类的问题上取得了当时最好的成绩。2000 年，Kernel SVM 被提出，核化的 SVM 通过一种巧妙的方式将原空间线性不可分的问题，通过 Kernel 映射成高维空间的线性可分问题，成功解决了非线性分类的问题，且分类效果非常好。至此也进一步终结了神经网络的研究热情。

直到 2006 年 Hinton 提出了深层神经网络训练中梯度消失问题的解决方案（无监督预训练方法对权值进行初始化加上有监督训练微调），神经网络才开始快速发展，从此称多层神经网络为深度学习。其主要思想是先通过自学习的方法学习到训练数据的结构（自动编码器），然后在该结构上进行有监督训练微调。2011 年，ReLU 激活函数被提出，该激活函数能够有效地抑制梯度消失的问题。同年，Microsoft 首次将深度学习应用在语音识别上，并取得了重大突破。

2012 年，Hinton 课题组为了证明深度学习的潜力，首次参加了 ImageNet 图像识别比赛，通过其构建的卷积神经网络（CNN），AlexNet 一举夺得冠军，并在分类性能上远超第二名（采用 SVM 方法）。也正是由于该比赛，卷积神经网络吸引了众多研究者的注意。AlexNet 首次采用 ReLU 激活函数，极大地增加了收敛速度且从根本上解决了梯度消失问题；AlexNet 抛弃了“预训练+微调”的方法，完全采用有监督训练；用添加 Dropout 层方法来减小过拟合，添加局部响应归一化层（全称为 Local Response Normalization，LRN）增强泛化能力/减小过拟合，并首次采用 GPU 对计算进行加速。2015 年，Hinton，LeCun，本吉奥（Bengio）说明了（无严格论证）损失（Loss）的局部极值问题对于深层网络来说可以忽略。该论断也消除了笼罩在神经网络上的局部极值问题的阴霾。具体原因是深层网络虽然局部极值非常多，但是通过深度学习的批量梯度下降（Batch Gradient Descent）优化方法很难陷进去，而且就算陷进去，其局部极小值点与全局极小值点也非常接近，但是浅层网络却不然，其拥有较少的局部极小值点，但是很容易陷进去，且这些局部极小值点与全局极小值点相差较大。2015 年，MSRA（微软亚洲研究院）的何凯明（Kaiming He）等提出了深度残差网络（Deep Residual Net），极大地增强了深度学习网络的表达能力，并且能够轻松训练高达 150 层的神经网络。2014 年，左景贤（Kyunghyun Cho）等人提出了将循环神经网络编码器-解码器（RNN Encoder-Decoder）用于机器翻译。至此，深度学习成为学术界、工业界的热点。而深度卷积神经网络和循环神经网络也成为自动驾驶汽车、语言翻译、对象识别、医疗诊断、自动聊天、自动写作、艺术品生成、植物识别等应用的主流神经网络。

1.3 TensorFlow 应用现状

TensorFlow 是 Google 公司开发并开源的机器学习框架。从 2010 年开始，Google Brain 将 DistBelief 作为第一代专有的机器学习系统。50 多个团队在 Google 和其他 Alphabet 子公司的商业产品中部署了基于 DistBelief 的深度学习神经网络，包括 Google 搜索、Google 语音搜索、广告、Google 相册、Google 地图、Google 街景、Google 翻译和 YouTube。在此基础上，Google 在 Geoffrey Hinton 和杰夫·迪恩（Jeff Dean）的领导下，简化和重构了 DistBelief 的代码库，使其变成一个更快、更健壮的应用级别代码库，并于 2015 年 11 月 9 日以 TensorFlow 这个名称在 Apache 2.0 开源许可证下发布。2016 年 4 月 14 日，Google 发布了重大的更新版本——分布式 TensorFlow 0.8。同年 6 月，发布了 TensorFlow 0.9 版本，增加了对 iOS 的支持。

2017 年 2 月 15 日晚，Google 举办了第一届 TensorFlow 开发者峰会。在该峰会上，Google 正式发布了 TensorFlow 1.0 版本。此后 TensorFlow 版本更新很快，目前已发布到 TensorFlow 1.9 版本。

TensorFlow 支持高性能处理器，包括各种 CPU、GPU 和 Google 的 TPU。TensorFlow 支持分布式运行。TensorFlow 1.0 版本在性能上有了很大的提升，可以做到在 64 块 GPU 上运行时达到 58 倍的加速。

TensorFlow 支持各种设备，能够很好地在服务器、桌面 PC、移动端（如安卓设备、iOS 等）以及云平台等设备上运行。

TensorFlow 支持多种不同的编程语言接口，如 Python、C++、Go、Java 等。

TensorFlow 包括像 TensorBoard 这类的工具，能够有效地提高深度学习网络开发的效率。

TensorFlow 封装了高级 API，在灵活性、可扩展性、可维护性上具有很大的优势。例如，Layers API 封装了一些层的操作；Estimator API 封装了一些更高层的操作（包括 train 和 evaluate 操作），用户可以通过几行代码快速构建训练和评估过程。

Keras 是一个可以在很多平台上应用的深度学习框架，深受广大研究人员和工作者的喜爱。TensorFlow 集成了 Keras，使得 TensorFlow 很容易调用 Keras 代码。

TensorFlow 目前已经成为在机器学习、深度学习项目中最受欢迎的框架之一。很多公司和产品都使用 TensorFlow。

TensorFlow 是使用计算图方式进行计算的框架。计算图中的节点代表数学运算，而计算图中的边则代表在这些节点之间传递的多维数组（张量）。计算图具有高性能，但编程较难的特点。TensorFlow 也发展了将用传统编程方法编写的代码直接转化为图计算的工具。TensorFlow 不仅用于科学研究，也可直接用于工业生产。

Google 公司本身很多的应用都采用了 TensorFlow 框架，例如 Gmail、Google Play Recommendation、Search、Translate、Map 等。在医疗方面，使用 TensorFlow 搭建了根据视网膜来预防因糖尿病致盲的

系统；在音乐、绘画领域使用 TensorFlow 构建了深度学习模型来帮助人类更好地理解艺术；使用 TensorFlow 框架构建的自动化的海洋生物检测系统，可以帮助科学家了解海洋生物的情况；在移动设备上使用 TensorFlow 做翻译工作，等等。以下是几个利用 TensorFlow 做应用的具体例子。

- Magenta：利用深度学习做与艺术相关的工作。
- AlphaGo：在围棋比赛上打败人类，然后升级版的 Master 保持了围棋比赛中连续 60 盘不败的记录。
- WaveNet：语音音频合成。可以利用深度学习将文本用合成语音“说”出来。
- 天体物理学家使用 TensorFlow 分析开普勒任务中的大量数据，以期发现新的行星。
- 医学研究人员使用 TensorFlow 机器学习技术评估一个人心脏病发作和中风发作的概率。
- 空中交通管制员使用 TensorFlow 来预测飞机最有可能行经的路线，以确保飞机安全着陆。
- 工程师使用 TensorFlow 分析热带雨林中的声音数据，用来检测伐木车伐木和其他非法活动。
- 科学家在非洲使用 TensorFlow 检测木薯植物疾病，从而提高木薯产量。

习题

1. 详述人工智能、机器学习、人工神经网络和深度学习之间的关系。
2. 详述深度学习的发展历程。
3. 详述深度学习在社会、经济以及科学技术领域中的应用。

02 第2章　机器学习概论

本章概要性地介绍了机器学习相关的数学基础知识、机器学习方法以及数据的预处理方法。

2.1 机器学习相关的数学知识

深度学习不同于传统的计算机系统。传统的计算机系统主要是由程序决定计算的顺序和结果；而深度学习则是利用数据进行训练，改变神经网络的权值和结构，从而得出不同的计算结果。对于研究新的神经网络模型或结构，计算机专业知识和数学知识是必不可少的；然而对具体领域应用来说，领域知识也许更重要，而计算机专业知识和数学知识不是必需的。当然，具有相关的数学和计算机领域的知识对深度学习的理解和实践应用具有帮助。这里，将对机器学习相关的数学知识进行简单的介绍。

2.1.1 微积分

对于深度学习，经常需要训练数据从而使标记值与预期值的误差尽量小，如反向传播算法。理解反向传播算法需要一些微积分知识。

导数（Derivative）是微积分中的重要基础概念。当函数 $y=f(x)$的自变量 x 在一点 x_0 上产生一个增量 Δx 时，函数输出值的增量 Δy 与自变量增量 Δx 的比值在 Δx 趋于 0 时的极限值 a 如果存在，a 即为在 x_0 处的导数，记作 $f'(x_0)$或 $\mathrm{d}f(x_0)/\mathrm{d}x$。

$$f'(x_0)=\lim_{\Delta x\to 0}\frac{\Delta y}{\Delta x}=\lim_{\Delta x\to 0}\frac{f(x_0+\Delta x)-f(x_0)}{\Delta x}$$

或者

$$\frac{\mathrm{d}y}{\mathrm{d}x}=\lim_{\Delta x\to 0}\frac{\Delta y}{\Delta x}$$

导数是函数的局部性质。一个函数在某一点的导数描述了该函数在这一点附近的变化率。如果函数的自变量和取值都是实数的话，函数在某一点的导数就是该函数所代表的曲线在这一点上的切线斜率，导数的几何意义如图 2.1 所示。

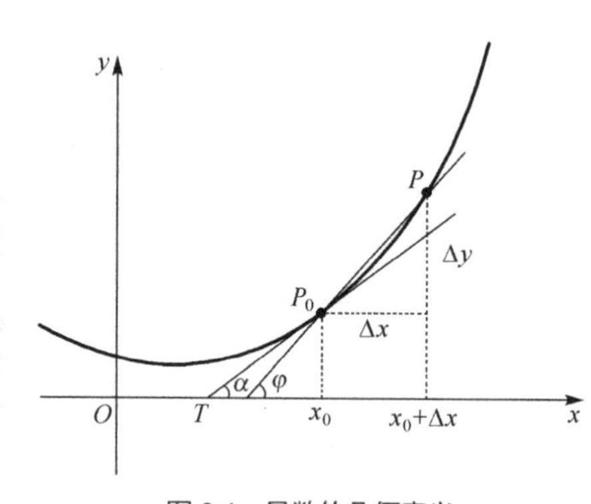

图 2.1　导数的几何意义

1. 导数公式

以下列出了一些常用的导数公式。若需了解公式证明，可参考高等数学教科书。

$$y=C,\ y'=0$$

$$y=x^n,\ y'=nx^{n-1}$$

$$y=\sin x,\ y'=\cos x$$

$$y=\cos x,\ y'=-\sin x$$

$$y=\tan x,\ y'=\frac{1}{\cos^2 x}=\sec^2 x$$

$$y=\cot x,\ y'=-\frac{1}{\sin^2 x}=-\csc^2 x$$

$$y=\sec x,\ y'=\sec x\cdot\tan x$$

$$y=\csc x,\ y'=-\csc x\cdot\cot x$$

$$y = \ln|x|,\ y' = \frac{1}{x}$$

$$y = \log_a x,\ y' = \frac{1}{x\ln a}$$

$$y = \mathrm{e}^x,\ y' = \mathrm{e}^x$$

$$y = a^x,\ y' = a^x \ln a (a > 0, a \neq 1)$$

$$y = \arcsin x,\ y' = \frac{1}{\sqrt{1-x^2}}$$

$$y = \arctan x,\ y' = \frac{1}{1+x^2}$$

$$y = \operatorname{arccot} x,\ y' = -\frac{1}{1+x^2}$$

2. 导数法则

（1）链式法则：$y = f[z(x)]$，则 $y' = f'[z(x)] \cdot z'(x)$。

这里，$f'[z(x)]$ 中将 $z(x)$ 整个看作变量，而 $z'(x)$ 中把 x 看作变量。

或者写为：$\frac{\mathrm{d}y}{\mathrm{d}x} = \frac{\mathrm{d}y}{\mathrm{d}z} \cdot \frac{\mathrm{d}z}{\mathrm{d}x}$。

（2）$y = u + v$，则 $y' = u' + v'$；$y = u - v$，则 $y' = u' - v'$。

（3）$y = uv$，则 $y' = u'v + uv'$。

（4）$y = \frac{u}{v}$，则 $y' = \frac{(u'v - uv')}{v^2}$。

（5）反函数求导法则，$y = f(x)$ 的反函数是 $x = g(y)$，则 $y' = \frac{1}{x'}$。

3. 极值定理

极值定理：若函数 $f(x_0)$ 在 x_0 处可导，且 x_0 是函数 $f(x)$ 的极值点，则 $f'(x_0) = 0$。

极值就是函数在其定义域的某些局部区域所达到的相对最大值或相对最小值。当函数在其定义域的某一点的值大于该点周围任何点的值时，称函数在该点有极大值；当函数在其定义域的某一点的值小于该点周围任何点的值时，称函数在该点有极小值，极值如图 2.2 所示。函数的极值通过其一阶和二阶导数确定。对于一元可微函数 $f(x)$，它在某点 x_0 有极值的充分必要条件是 $f(x)$ 在 x_0 的某邻域上一阶可导，在 x_0 处二阶可导，且 $f'(x_0) = 0$，$f''(x_0) \neq 0$，那么：

（1）若 $f''(x_0) < 0$，则 f 在 x_0 处取得极大值；

（2）若 $f''(x_0) > 0$，则 f 在 x_0 处取得极小值。

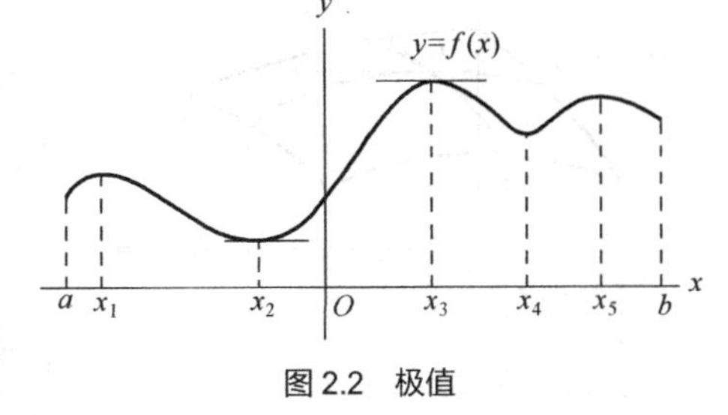

图 2.2　极值

4. 偏导数

以二元函数 $z = f(x, y)$ 为例，如果只有自变量 x 变化，而自变量 y 固定（即看作常量），这时它就是 x 的一元函数，该函数对 x 的导数，就称为二元函数 z 对于 x 的偏导数，即有如下定义。

设函数 $z = f(x, y)$ 在点 (x_0, y_0) 的某一邻域内有定义，当 y 固定在 y_0，而 x 在 x_0 处有增量 Δx 时，相应的函数有增量 $f(x_0 + \Delta x, y_0) - f(x_0, y_0)$，如果

$$\lim_{\Delta x\to 0}\frac{f(x_0+\Delta x,y_0)-f(x_0,y_0)}{\Delta x} \qquad ①$$

存在，则称此极限为函数 $z=f(x,y)$ 在点 (x_0,y_0) 处对 x 的偏导数，记作

$$\left.\frac{\partial z}{\partial x}\right|_{\substack{x=x_0\\y=y_0}}，\left.\frac{\partial f}{\partial x}\right|_{\substack{x=x_0\\y=y_0}}，\left.z_x\right|_{\substack{x=x_0\\y=y_0}} \text{ 或 } f_x(x_0,y_0)。$$

例如，极限①可以表示为

$$f_x(x_0,y_0)=\lim_{\Delta x\to 0}\frac{f(x_0+\Delta x,y_0)-f(x_0,y_0)}{\Delta x}。$$

类似地，函数 $z=f(x,y)$ 在点 (x_0,y_0) 处对 y 的偏导数定义为

$$\lim_{\Delta y\to 0}\frac{f(x_0,y_0+\Delta y)-f(x_0,y_0)}{\Delta y},$$

记作 $\left.\frac{\partial z}{\partial y}\right|_{\substack{x=x_0\\y=y_0}}$，$\left.\frac{\partial f}{\partial y}\right|_{\substack{x=x_0\\y=y_0}}$，$\left.z_y\right|_{\substack{x=x_0\\y=y_0}}$ 或 $f_y(x_0,y_0)$。

如果函数 $z=f(x,y)$ 在区域 D 内每一点 (x,y) 处对 x 的偏导数都存在，那么这个偏导数就是 x,y 的函数，它就称为函数 $z=f(x,y)$ 对自变量 x 的偏导数，记作

$$\frac{\partial z}{\partial x}，\frac{\partial f}{\partial x}，z_x \text{ 或 } f_x(x,y)。$$

类似地，可以定义函数 $z=f(x,y)$ 对自变量 y 的偏导数，记作

$$\frac{\partial z}{\partial y}，\frac{\partial f}{\partial y}，z_y \text{ 或 } f_y(x,y)。$$

偏导数的概念还可以推广到二元以上的函数。

（1）偏导数的几何意义

二元函数 $z=f(x,y)$ 在点 (x_0,y_0) 的两个偏导数有明显的几何意义：设 $M_0(x_0,y_0,f(x_0,y_0))$ 为曲面 $z=f(x,y)$ 上的一点，过点 M_0 作平面 $y=y_0$，截此曲面得一曲线。此曲线在平面 $y=y_0$ 上的方程为 $z=f(x,y_0)$，则导数 $\left.\frac{\mathrm{d}}{\mathrm{d}x}f(x,y_0)\right|_{x=x_0}$，即偏导数 $f_x(x_0,y_0)$ 就是该曲线在点 M_0 处的切线 M_0T_x 对 x 轴的斜率。同样，偏导数 $f_y(x_0,y_0)$ 的几何意义是曲面被平面 $x=x_0$ 所截得的曲线在点 M_0 处的切线 M_0T_y 对 y 轴的斜率，如图 2.3 所示。

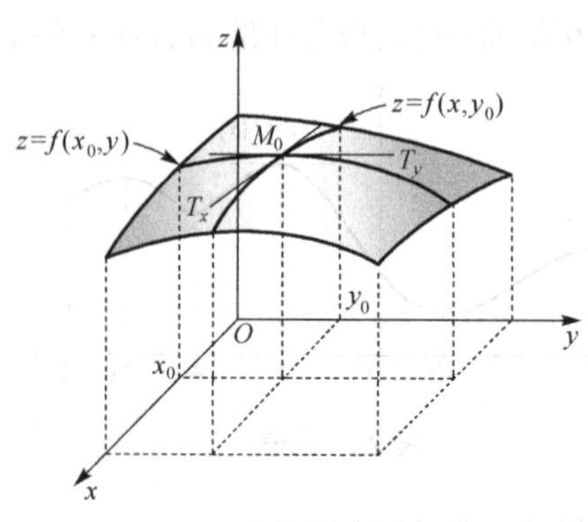

图 2.3 偏导数的几何意义

（2）偏导数链式法则

函数 $u=\phi(x,y)$ 和 $v=\psi(x,y)$ 都在点 (x,y) 具有对 x 和 y 的偏导数，函数 $z=f(u,v)$ 在对应点 (u,v) 具有连续偏导数，那么复合函数 $z=f[\phi(x,y),\psi(x,y)]$ 在点 (x,y) 的两个偏导数都存在，则对应

$$z=f(u,v),\ \begin{cases}u=\phi(x,y)\\v=\psi(x,y)\end{cases}$$

有
$$\frac{\partial z}{\partial x}=\frac{\partial z}{\partial u}\frac{\partial u}{\partial x}+\frac{\partial z}{\partial v}\frac{\partial v}{\partial x},$$

和
$$\frac{\partial z}{\partial y}=\frac{\partial z}{\partial u}\frac{\partial u}{\partial y}+\frac{\partial z}{\partial v}\frac{\partial v}{\partial y}。$$

2.1.2 线性代数

以下是线性代数学习中常使用的符号。

- 符号 $\boldsymbol{A}\in\mathbf{R}^{m\times n}$ 表示一个 m 行 n 列的矩阵，并且矩阵 $\boldsymbol{A}$ 中的所有元素都是实数。
- 符号 $\boldsymbol{X}\in\mathbf{R}^{n}$ 表示一个含有 n 个元素的向量。通常，我们把 n 维向量看成是一个 n 行 1 列矩阵，即列向量。如果想表示一个行向量（1 行 n 列矩阵），通常写作 $\boldsymbol{X}^{\mathrm{T}}$（$\boldsymbol{X}^{\mathrm{T}}$ 表示 $\boldsymbol{X}$ 的转置）。
- 一个向量 $\boldsymbol{X}$ 的第 i 个元素表示为 x_i：

$$\boldsymbol{X}=\begin{bmatrix}x_1\\x_2\\\vdots\\x_n\end{bmatrix}$$

- 用 a_{ij}（或 A_{ij}、$A_{i,j}$ 等）表示第 i 行第 j 列的元素：

$$\boldsymbol{A}=\begin{bmatrix}a_{11}&a_{12}&\cdots&a_{1n}\\a_{21}&a_{22}&\cdots&a_{2n}\\\vdots&\vdots&\ddots&\vdots\\a_{m1}&a_{m2}&\cdots&a_{mn}\end{bmatrix}$$

1. 矩阵加减法

通常矩阵加法被定义为两个相同大小的矩阵的对应元素相加。两个 $m\times n$ 矩阵 $\boldsymbol{A}$ 和 $\boldsymbol{B}$ 的和，标记为 $\boldsymbol{A}+\boldsymbol{B}$，结果同样是个 $m\times n$ 矩阵，其内的各元素为矩阵 $\boldsymbol{A}$ 和 $\boldsymbol{B}$ 相对应元素相加后的值。例如：

$$\begin{bmatrix}1&5\\3&0\\7&8\end{bmatrix}+\begin{bmatrix}0&1\\6&5\\2&3\end{bmatrix}=\begin{bmatrix}1+0&5+1\\3+6&0+5\\7+2&8+3\end{bmatrix}=\begin{bmatrix}1&6\\9&5\\9&11\end{bmatrix}$$

两个相同大小的矩阵也可以做矩阵的减法。$\boldsymbol{A}-\boldsymbol{B}$ 内的各元素为其相对应元素相减后的值，且此矩阵会和矩阵 $\boldsymbol{A}$、$\boldsymbol{B}$ 有相同大小。例如：

$$\begin{bmatrix}1&5\\3&4\\7&2\end{bmatrix}-\begin{bmatrix}0&9\\6&2\\2&3\end{bmatrix}=\begin{bmatrix}1-0&5-9\\3-6&4-2\\7-2&2-3\end{bmatrix}=\begin{bmatrix}1&-4\\-3&2\\5&-1\end{bmatrix}$$

2. 矩阵乘法

（1）矩阵与标量乘法

矩阵 $\boldsymbol{A}$ 与标量 λ 的左标量乘法得到与矩阵 $\boldsymbol{A}$ 相同大小的另一矩阵 $\lambda\boldsymbol{A}$。

$$(\lambda\boldsymbol{A})_{ij}=\lambda\boldsymbol{A}_{ij}$$

更明确的：

$$\lambda\boldsymbol{A}=\lambda\begin{bmatrix}a_{11}&\cdots&a_{1n}\\\vdots&\ddots&\vdots\\a_{m1}&\cdots&a_{mn}\end{bmatrix}=\begin{bmatrix}\lambda a_{11}&\cdots&\lambda a_{1n}\\\vdots&\ddots&\vdots\\\lambda a_{m1}&\cdots&\lambda a_{mn}\end{bmatrix}$$

例如：

$$3\times\begin{bmatrix}1 & 2\\3 & 4\\5 & 6\end{bmatrix}=\begin{bmatrix}3 & 6\\9 & 12\\15 & 18\end{bmatrix}$$

（2）矩阵与矩阵乘法

矩阵 $\boldsymbol{A}\in\boldsymbol{R}^{m\times n}$ 和 $\boldsymbol{B}\in\boldsymbol{R}^{n\times p}$ 的乘积为矩阵：

$$\boldsymbol{C}=\boldsymbol{AB}\in\boldsymbol{R}^{m\times p}$$

其中：

$$C_{ij}=\sum_{k=1}^{n}A_{ik}B_{kj}$$

请注意，矩阵 $\boldsymbol{A}$ 的列数应该与矩阵 $\boldsymbol{B}$ 的行数相等，这样才存在矩阵的乘积。

例如：

$$\begin{bmatrix}1 & 2\\3 & 4\\5 & 6\end{bmatrix}\times\begin{bmatrix}2 & 1\\3 & 5\end{bmatrix}=\begin{bmatrix}1\times2+2\times3 & 1\times1+2\times5\\3\times2+4\times3 & 3\times1+4\times5\\5\times2+6\times3 & 5\times1+6\times5\end{bmatrix}=\begin{bmatrix}8 & 11\\18 & 23\\28 & 35\end{bmatrix}$$

矩阵乘法具有以下基本性质。

- 结合律，即 $(\boldsymbol{AB})\boldsymbol{C}=\boldsymbol{A}(\boldsymbol{BC})$。
- 分配率，即 $\boldsymbol{A}(\boldsymbol{B}+\boldsymbol{C})=\boldsymbol{AB}+\boldsymbol{AC}$。

3. 单位矩阵与对角矩阵

单位矩阵，记作 $\boldsymbol{I}\in\boldsymbol{R}^{n\times n}$，是一个方阵，其对角线上的元素都是 1，其他元素都是 0。即：

$$\boldsymbol{I}_{ij}=\begin{cases}1 & i=j\\0 & i\neq j\end{cases}$$

它具备 $\boldsymbol{A}\in\boldsymbol{R}^{m\times n}$ 矩阵的所有性质：

$$\boldsymbol{AI}=\boldsymbol{A}=\boldsymbol{IA}$$

对角矩阵除了对角线元素，其他元素都是 0。可以记作 $\boldsymbol{D}=\mathrm{diag}(d_1, d_2, \cdots, d_n)$，其中：

$$\boldsymbol{D}_{ij}=\begin{cases}d_i & i=j\\0 & i\neq j\end{cases}$$

显然，$\boldsymbol{I}=\mathrm{diag}(1, 1,\cdots, 1)$。

4. 矩阵转置

矩阵的转置是矩阵行和列的“翻转”。对于一个矩阵 $\boldsymbol{A}\in\boldsymbol{R}^{m\times n}$，它的转置 $\boldsymbol{A}^{\mathrm{T}}\in\boldsymbol{R}^{n\times m}$，是一个 $n\times m$ 的矩阵，其元素

$$(\boldsymbol{A}^{\mathrm{T}})_{ij}=\boldsymbol{A}_{ji}$$

例如：

$$\begin{bmatrix}1 & 2\\3 & 4\\0 & 6\end{bmatrix}^{\mathrm{T}}=\begin{bmatrix}1 & 3 & 0\\2 & 4 & 6\end{bmatrix}$$

列向量的转置是一个行向量。

矩阵转置具有以下性质。

- $(\boldsymbol{A}^{\mathrm{T}})^{\mathrm{T}}=\boldsymbol{A}$。
- $(\boldsymbol{AB})^{\mathrm{T}}=\boldsymbol{B}^{\mathrm{T}}\boldsymbol{A}^{\mathrm{T}}$。
- $(\boldsymbol{A}+\boldsymbol{B})^{\mathrm{T}}=\boldsymbol{A}^{\mathrm{T}}+\boldsymbol{B}^{\mathrm{T}}$。

5. 矩阵的逆

矩阵 $\boldsymbol{A}\in\boldsymbol{R}^{n\times n}$ 的逆，写作 $\boldsymbol{A}^{-1}$，是一个矩阵，并且是唯一的。

矩阵的逆具有如下性质：

$$\boldsymbol{A}^{-1}\boldsymbol{A}=\boldsymbol{I}=\boldsymbol{A}\boldsymbol{A}^{-1}$$

注意不是所有的矩阵都有逆。例如非方阵，是没有逆的。然而，即便对于一些方阵，它仍有可能不存在逆。如果 $\boldsymbol{A}^{-1}$ 存在，称矩阵 $\boldsymbol{A}$ 是可逆的或非奇异的；如果不存在，则称矩阵 $\boldsymbol{A}$ 是不可逆的或奇异的。

具有逆的矩阵具有以下特性。

- $(\boldsymbol{A}^{-1})^{-1}=\boldsymbol{A}$。
- $(\boldsymbol{AB})^{-1}=\boldsymbol{B}^{-1}\boldsymbol{A}^{-1}$。
- $(\boldsymbol{A}^{-1})^{\mathrm{T}}=(\boldsymbol{A}^{\mathrm{T}})^{-1}$。因此这样的矩阵经常写作 $\boldsymbol{A}^{-\mathrm{T}}$。

6. 特征值与特征向量

设 $\boldsymbol{A}$ 为 n 阶方阵，若数 λ 和 n 维的非零列向量 $\boldsymbol{X}$，使关系式 $\boldsymbol{AX}=\lambda\boldsymbol{X}$ 成立，则称数 λ 为方阵 $\boldsymbol{A}$ 的特征值，非零向量 $\boldsymbol{X}$ 称为 $\boldsymbol{A}$ 的对应于特征值 λ 的特征向量。

特征多项式

$$f(\lambda)=|\lambda\boldsymbol{I}-\boldsymbol{A}|=\begin{vmatrix}\lambda-a_{11} & -a_{12} & \cdots & -a_{1n}\\ -a_{21} & \lambda-a_{22} & \cdots & -a_{2n}\\ \vdots & \vdots & \ddots & \vdots\\ -a_{n1} & -a_{n2} & \cdots & \lambda-a_{nn}\end{vmatrix}$$
$$=\lambda^{n}-(a_{11}+a_{22}+\cdots+a_{nn})\lambda^{n-1}+\cdots+(-1)^{n}|\boldsymbol{A}|$$

特征方程 $|\boldsymbol{A}-\lambda\boldsymbol{I}|=0$，这里 $\boldsymbol{I}$ 为单位矩阵。

7. 行列式

行列式在数学中是一个函数，其定义域为 det 的矩阵 $\boldsymbol{A}$，取值为一个标量，写作 det($\boldsymbol{A}$)或|$\boldsymbol{A}$|。

n 阶行列式

$$D=\begin{vmatrix}a_{11} & a_{12} & \cdots & a_{1n}\\ a_{21} & a_{22} & \cdots & a_{2n}\\ \cdots & \cdots & \cdots & \cdots\\ a_{n1} & a_{n2} & \cdots & a_{nn}\end{vmatrix}$$

是由排成 n 阶方阵形式的 n^2 个数 $a_{ij}(i,j=1,2,\cdots,n)$ 确定的一个数，其值为 $n!$ 项之和

$$D=\sum(-1)^{k}a_{1k_1}a_{2k_2}\cdots a_{nk_n}$$

式中 $k_1,k_2,\cdots,k_n$ 是将序列 $1,2,\cdots,n$ 的元素次序交换 k 次所得到的一个序列，Σ 号表示对 $k_1,k_2,\cdots,k_n$ 取遍 $1,2,\cdots,n$ 的一切排列求和。

2.1.3 概率论

概率：样本空间 S 具有有限个基本事件，并且这些基本事件可能发生的情况下，事件 A 包含基本事件数占 S 中的所有基本事件的比例。

$$P(A)=\frac{A\text{包含基本事件数}}{S\text{所有基本事件数}}$$

条件概率：在某一事件已发生的情况下，另一事件发生的概率。例如，A 已发生的条件下，B 发生的概率

$$P(B\mid A)=\frac{P(AB)}{P(A)}$$

乘法定理：

$$P(AB)=P(B\mid A)P(A)$$
$$P(ABC)=P(C\mid AB)P(B\mid A)P(A)$$

如果 $P(AB)=P(A)P(B)$，则 A 和 B 独立。

全概率公式：

$B_1,B_2,\cdots,B_n$ 是样本空间 S 的一个划分，则

$$P(A)=\sum_i P(A\mid B_i)P(B_i)$$

贝叶斯公式：

$B_1,B_2,\cdots,B_n$ 是样本空间 S 的一个划分，则

$$P(B_i\mid A)=\frac{P(A\mid B_i)P(B_i)}{\sum_j P(A\mid B_j)P(B_j)}$$

常用概率分布：表 2.1 为机器学习中常用到的概率分布。

表 2.1 常用概率分布

随机变量	概率分布	均值	方差
一般离散型变量	$p(x)$的表、公式或者图	$\sum_x xp(x)$	$\sum_x (x-\mu)^2 p(x)$
二项分布	$p(x)=C_n^x p^x q^{n-x}(x=0,1,2,3,\cdots,n)$	np	npq
泊松分布	$p(x)=\frac{\lambda^x \mathrm{e}^{-\lambda}}{x!}\ (x=0,1,2,\cdots)$	λ	λ
超几何分布	$p(x)=\frac{C_r^x C_{N-r}^{n-x}}{C_N^n}$	$\frac{nr}{N}$	$\frac{r(N-r)n(N-n)}{N^2(N-1)}$
均匀分布	$f(x)=\frac{1}{b-a}(a\leqslant x\leqslant b)$	$\frac{a+b}{2}$	$\frac{(b-a)^2}{12}$
正态分布	$f(x)=\frac{1}{\sigma\sqrt{2\pi}}\mathrm{e}^{-(1/2)\{(x-\mu)/\sigma\}^2}$	μ	σ^2
标准正态分布	$f(z)=\frac{1}{\sqrt{2\pi}}\mathrm{e}^{-(1/2)z^2}$	0	1
指数分布	$f(x)=\begin{cases}\frac{1}{\theta}\mathrm{e}^{-x/\theta} & (x>0)\\ 0 & (x\leqslant 0)\end{cases}$	θ	θ^2

数学期望（Mean）：是试验中每次可能结果的概率乘以其结果的总和，是最基本的数学特征之一。它反映随机变量平均取值的大小。

对于离散分布有：

$$E(X)=\sum xp(x)$$

对于连续分布有：

$$E(X)=\int_{-\infty}^{\infty} xf(x)\mathrm{d}x$$

方差（Variance）：用来度量随机变量和其数学期望（即均值）之间的偏离程度。统计中的方差（样本方差）是各个数据分别与其平均数之差的平方和的平均数。

$$D(X)=E([X-E(X)]^2)=E(X^2)-[E(X)]^2$$

C 为常数，有：

$$D(CX)=C^2D(X)$$

$$D(X+C)=D(X)$$

X，Y 是两个随机变量，则：

$$D(X+Y)=D(X)+D(Y)+2\mathrm{Cov}(X,Y)$$

其中，$\mathrm{Cov}(X,Y)$ 是协方差。

如果 X，Y 是独立随机变量，则：

$$D(X+Y)=D(X)+D(Y)$$

标准差（Standard Deviation）：也称均方差（Mean Square Error，MSE），用来计算一组数据偏离均值的平均幅度。标准差的计算公式为方差开平方根。

协方差（Covariance）：用于衡量两个变量的总体误差。而方差是协方差的一种特殊情况，即两个变量是相同的。如果两个变量的变化趋势一致，也就是说如果其中一个大于自身的期望值，另外一个也大于自身的期望值，那么两个变量之间的协方差就是正值。如果两个变量的变化趋势相反，即其中一个大于自身的期望值，另外一个却小于自身的期望值，那么两个变量之间的协方差就是负值。

$$\mathrm{Cov}(X,Y)=E([X-E(X)][Y-E(Y)])=E(XY)-E(X)E(Y)$$

当 a 和 b 为常数时，有：

$$\mathrm{Cov}(aX,bY)=ab\mathrm{Cov}(X,Y)$$

$$\mathrm{Cov}(X_1+X_2,Y)=\mathrm{Cov}(X_1,Y)+\mathrm{Cov}(X_2,Y)$$

独立同分布（Independent and Identically Distributed）：随机过程中，任何时刻的取值都为随机变量，如果这些随机变量服从同一分布，并且互相独立，那么这些随机变量独立同分布。在独立同分布的情况下，随机变量 X_1 和 X_2 独立，是指 X_1 的取值不影响 X_2 的取值，X_2 的取值也不影响 X_1 的取值，且随机变量 X_1 和 X_2 服从同一分布，这意味着 X_1 和 X_2 具有相同的分布形状和相同的分布参数，对离散随机变量具有相同的分布律，对连续随机变量具有相同的概率密度函数，有着相同的分布函数、期望、方差。

2.2 机器学习方法

机器学习方法可以分为监督学习、无监督学习、半监督学习和强化学习 4 类。

2.2.1 监督学习

监督学习（Supervised Learning）是目前应用最广泛的一种机器学习方法，例如神经网络传播算法、决策树学习算法等已在许多领域中得到成功的应用。监督学习通过训练既有特征（Feature）又有鉴定标签（Label）的训练数据，让机器学习特征和标签之间产生联系。训练好了以后，可以预测只有特征数据的标签。监督学习可分为回归分析和分类。

回归分析（Regression Analysis）：对训练数据进行分析，拟合出误差最小的函数模型 $y=f(x)$，这里 y 就是数据的标签，而对于一个新的自变量 x，通过这个函数模型得到标签 y。

分类（Classification）：训练数据是特征向量与其对应的标签，同样要通过计算新的特征向量得到其所属的标签。

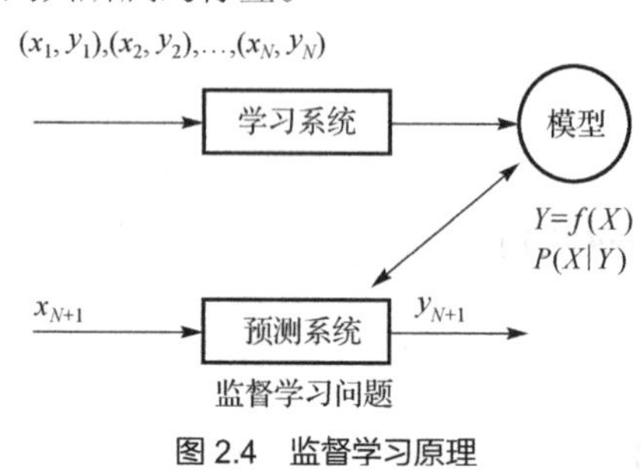

图 2.4　监督学习原理

1. 监督学习的原理

监督学习假定训练数据和真实预测数据属于同一概率分布并且相互独立。监督学习通过训练学习到数据的概率分布，并应用到真实的预测上，其原理如图 2.4 所示。

（1）输入空间、特征空间和输出空间

输入空间与输出空间可以相同，也可以不同，通常输出空间要远小于输入空间。每个具体的输入称为一个实例（Instance），由特征向量（Feature Vector）表示。所有特征向量形成特征空间（Feature Space）。特征空间的每一维对应于一个特征。

输入变量与输出变量均为连续变量的预测问题称为回归问题，输出变量为有限个离散变量的预测问题称为分类问题，输入变量与输出变量均为变量序列的预测问题称为标注问题。

（2）遵循联合概率分布 $P(X, Y)$

监督学习假设输入与输出的随机变量 X 和 Y 遵循联合概率分布 $P(X, Y)$（可以表示为分布函数，也可以表示为分布密度函数）。训练数据与测试数据被看作是依联合概率分布 $P(X, Y)$ 独立同分布的（每一个训练实例或者测试实例都是独立同分布的）。这也是训练好的机器学习系统能够成功的原因。

（3）假设空间

模型属于由输入空间到输出空间的映射集合（不同于特征空间，有的时候特征空间也可以看作是输入空间），这个集合就是假设空间，意味着学习范围的确定（即模型的集合可以看作是问题求解函数的参数向量的集合，求解函数由一系列参数所决定，算法的作用就是找出效果最好的一系列参数，也就是参数向量）。

很多深度学习属于监督学习，会在后面章节详细介绍。这里介绍一下其他监督学习算法。

2. KNN 算法

KNN 算法又称 K 近邻分类（K-Nearest Neighbor Classification）算法，是根据不同特征值之间的距离来进行分类的机器学习方法。训练数据都是有标签的数据，即训练的数据都已人工分类。KNN 算法的主要应用领域是对未知事物进行分类，即判断未知事物属于哪一类。它也可以用于回归，通过找出一个样本的 k 个最近邻居，将这些邻居属性的平均值赋给该样本，就可以得到该样本的属性。

KNN 算法的原理是将测试数据的特征与训练集中对应的特征进行相互比较，找到训练集中与之

最为相似的前 k 个数据，则该测试数据对应的类别就是 k 个数据中出现次数最多的那个分类，其算法的描述如下。

- 计算测试数据与各个训练数据之间的距离。
- 按照距离的递增关系进行排序。
- 选取距离最小的 k 个点。
- 确定前 k 个点所在类别的出现频率。
- 返回前 k 个点中出现频率最高的类别作为测试数据的预测分类。

KNN 算法的距离和 k 参数选取直接决定算法的效果。

（1）KNN 的距离：设定 X 实例和 Y 实例都包含了 N 维的特征，即 $X=(x_1, x_2, x_3, \cdots, x_n)$，$Y=(y_1, y_2, y_3,\cdots, y_n)$。度量两者的差异，主要有距离度量和相似度度量两类。

① 距离（Distance）度量：借助几何空间距离概念，衡量实例的距离，距离越大，差别越大。

欧几里德距离（Euclidean Distance）：简称欧氏距离，衡量的是多维空间中各个点之间的绝对距离。

$$\mathrm{dist}(\boldsymbol{X},\boldsymbol{Y})=\sqrt{\sum_{i=1}^{n}(x_i-y_i)^2}$$

标准化欧氏距离（Standardized Euclidean Distance）：是针对欧氏距离的缺点而做的一种改进。标准化欧氏距离的思路为既然数据各维分量的分布不一样，那先将各个分量都“标准化”到均值、方差相等。假设样本集 X 的均值为 m，标准差为 s，X 的“标准化变量”表示为：

$$\boldsymbol{X}^*=\frac{\boldsymbol{X}-m}{s}$$

标准化欧氏距离公式：

$$d_{12}=\sqrt{\sum_{k=1}^{n}\left(\frac{x_{1k}-x_{2k}}{s_k}\right)^2}$$

明可夫斯基距离（Minkowski Distance）：简称明氏距离，是欧氏距离的推广，是对多个距离度量公式概括性的表述。

$$\mathrm{dist}(\boldsymbol{X},\boldsymbol{Y})=(\sum_{i=1}^{n}|x_i-y_i|^p)^{1/p}$$

这里的 p 值是一个变量，当 p=2 时就得到了上面的欧氏距离。

曼哈顿距离（Manhattan Distance）：曼哈顿距离来源于城市区块距离，是将多个维度上的距离进行求和后的结果。当明氏距离中 p=1 时就得到了曼哈顿距离：

$$\mathrm{dist}(\boldsymbol{X},\boldsymbol{Y})=\sum_{i=1}^{n}|x_i-y_i|$$

切比雪夫距离（Chebyshev Distance）：各坐标数值差的绝对值的最大值。与曼哈顿距离求和不同，切比雪夫距离是选取绝对值的最大值。

$$\mathrm{dist}(\boldsymbol{X},\boldsymbol{Y})=\max|x_i-y_i|$$

扩展到多维空间，其实切比雪夫距离就是当 p 趋向于无穷大时的明氏距离：

$$\mathrm{dist}(\boldsymbol{X},\boldsymbol{Y})=\lim_{p\to\infty}(\sum_{i=1}^{n}|x_i-y_i|^p)^{1/p}=\max|x_i-y_i|$$

马哈拉诺比斯距离（Mahalanobis Distance）：数据的协方差距离，简称马氏距离。与欧氏距离不同的是，它考虑到各种特性之间的联系（例如，一条关于身高的信息会带来一条关于体重的信息，因为两者是有关联的），并且是尺度无关的（scale-invariant），即独立于测量尺度。协方差矩阵为Σ的多变量向量，其马氏距离：

$$D(\boldsymbol{X},\boldsymbol{Y})=\sqrt{(\boldsymbol{X}-\boldsymbol{Y})^{\mathrm{T}}\Sigma^{-1}(\boldsymbol{X}-\boldsymbol{Y})}$$

② 相似度（Similarity）度量：即计算个体间的相似程度，与距离度量相反，相似度度量的值越小，说明个体间相似度越小，差异越大。

向量空间余弦相似度（Cosine Similarity）：用向量空间中两个向量夹角的余弦值作为衡量两个个体间差异的大小。

$$\mathrm{sim}(\boldsymbol{X},\boldsymbol{Y})=\cos\theta=\frac{\boldsymbol{X}\cdot\boldsymbol{Y}}{\|\boldsymbol{X}\|\cdot\|\boldsymbol{Y}\|}$$

皮尔森相关系数（Pearson Correlation Coefficient）：即相关分析中的相关系数 r，分别对 $\boldsymbol{X}$ 和 $\boldsymbol{Y}$ 基于自身总体标准化后计算空间向量的余弦夹角。

$$r(\boldsymbol{X},\boldsymbol{Y})=\frac{n\sum xy-\sum x\sum y}{\sqrt{n\sum x^2-\left(\sum x\right)^2}\cdot\sqrt{n\sum y^2-\left(\sum y\right)^2}}$$

Jaccard 相似系数（Jaccard Coefficient）：主要用于计算符号度量或布尔值度量的个体间的相似度。因为个体的特征属性都是由符号度量或者布尔值标识的，因此无法衡量差异具体值的大小，只能获得“是否相同”这个结果，所以 Jaccard 相似系数只关心个体间共同具有的特征是否一致这个问题。如果比较 $\boldsymbol{X}$ 与 $\boldsymbol{Y}$ 的 Jaccard 相似系数，只比较 x_n 和 y_n 中相同的个数：

$$\mathrm{Jaccard}(X,Y)=\frac{X\cap Y}{X\cup Y}$$

（2）KNN 算法 k 参数选取也可能决定结果。如图 2.5 所示，求解圆形属于三角形类还是四方形类？如果 k=3，由于三角形所占比例为 2/3，圆形将被赋予三角形那个类；如果 k=5，由于四方形所占比例为 3/5，因此圆形被赋予四方形类。

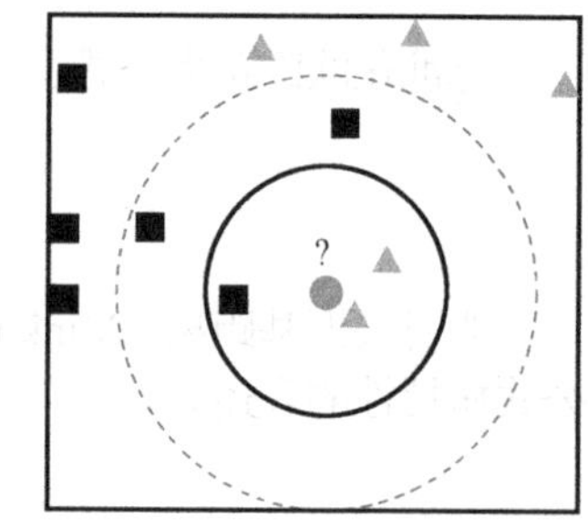

图 2.5　KNN 算法 k 参数的影响

KNN 算法的 Python 程序示例如下。

```
import numpy as np
from sklearn import neighbors
knn = neighbors.KNeighborsClassifier()
data = np.array([[3,104],[2,100],[1,81],[101,10],[99,5],[98,2]])  #训练集特征向量
labels = np.array([1,1,1,2,2,2]) #labels 则是训练集特征向量的标签
knn.fit(data,labels)
print(knn.predict([10,92])) #预测特征向量[10,92]属于哪个标签类
```

3. SVM 算法

SVM 算法由科琳娜·科尔特斯（Corinna Cortes）和万普尼克（Vapnik）在 1995 年首先提出。SVM 算法是基于统计学习理论的一种机器学习方法，它通过寻求结构化风险最小化来提高学习器泛化能力，实现经验风险和置信范围的最小化，从而达到在统计样本量较少的情况下，亦能获得良好统计规律的目的。如今它常用来对小样本、非线性及高维数据进行模式识别、分类以及回归分析，并可以取得很好的效果。

SVM 算法的核心思想可以归纳为以下两点。

（1）SVM 算法是针对线性可分情况进行分析；对于线性不可分的情况，通过使用非线性映射算法将低维输入空间线性不可分的样本转化为高维特征空间线性可分，从而使得对样本的非线性特征进行线性分析成为可能。

（2）SVM 算法以结构风险最小化理论在特征空间中构建最优分割超平面，使得学习器得到全局最优。

支持向量机是个二分类的分类模型。给定一个包含正例和反例（正样本点和负样本点）的样本集合，支持向量机会寻找一个超平面来对样本进行分割，把样本中的正例和反例用超平面分开，并且使正例和反例之间的间隔最大。学习的目标是在特征空间中找到一个分类超平面 $\boldsymbol{wx}+b=0$（分类面由法向量 $\boldsymbol{w}$ 和截距 b 决定）。分类超平面将特征空间划分为两部分，一部分是正类，一部分是负类。

如图 2.6 左图所示，有两类点 Class 1 和 Class 2（也就是正样本集和负样本集）。正样本集和负样本集可以用线分开。如图 2.6 右图所示，可以画出很多线符合要求。而与正样本集和负样本集间隔距离最大的线，即中间的线是最可信的，如果新的数据在这条线左边，它是属于 Class 1，在右边则属于 Class 2。在二维空间中，分类的就是一条线，在三维空间中分类的就是一个平面，更高维叫超平面。一般将任何维的分类边界都统称为超平面。

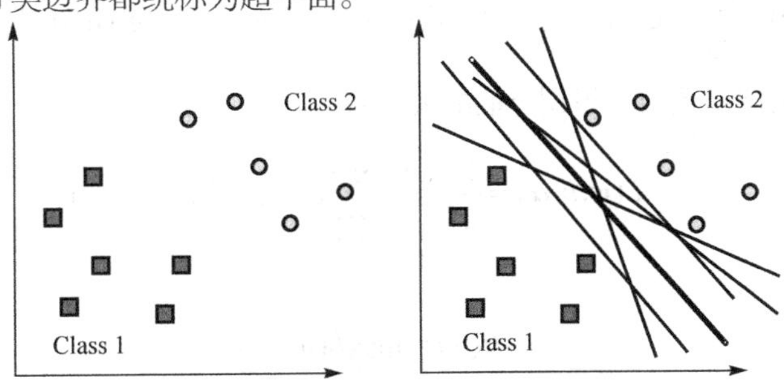

图 2.6　正例和反例样本及其分割

假设有 N 个训练样本 $\{(x_1, y_1),(x_2, y_2), \cdots, (x_n, y_n)\}$，$\boldsymbol{x}$ 是 n 维向量，而 $y_i \in \{+1, -1\}$ 是样本的标签，分别代表正例和反例两个类。从这些样本训练学习得到一个线性分类器（超平面）：$f(x) = \text{sgn}(\boldsymbol{w}^\text{T}\boldsymbol{x} + b)$，也就是 $\boldsymbol{w}^\text{T}\boldsymbol{x} + b$ 大于 0 的时候，输出+1，小于 0 的时候，输出−1。而 $g(x) =\boldsymbol{w}^\text{T}\boldsymbol{x} + b=0$ 就是要寻找的分类超平面，如图 2.7 所示。

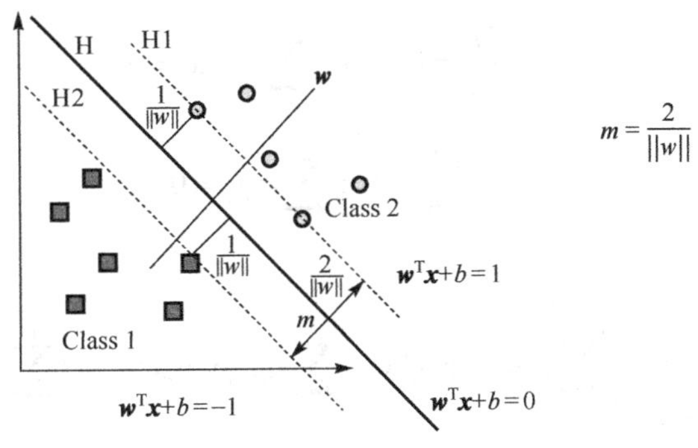

图 2.7　最大距离分割超平面

首先找到两个和这个超平面平行且距离相等的超平面：H1: $y = \boldsymbol{w}^\text{T}\boldsymbol{x} + b = +1$ 和 H2: $y = \boldsymbol{w}^\text{T}\boldsymbol{x} + b= -1$。这两个超平面需要满足两个约束：（1）没有任何样本在这两个平面之间；（2）这两个平面的距离需要最大。

这里的 x 和 y 都表示二维坐标。而用 $\boldsymbol{w}$ 来表示 H1: $w_1x_1+w_2x_2=+1$ 和 H2: $w_1x_1+w_2x_2=-1$，那么 H1 和 H2 的距离就是$|1+1|/\text{sqrt}(w_1^2+w_2^2)=2/||w||$。也就是 $\boldsymbol{w}$ 的模的倒数的两倍。我们需要 $2/||w||$最大，也就是应该最小化$||w||$，由于$||w||$非负，等价于最小化$||w||^2$，但同时还要满足没有数据点分布在 H1 和 H2 之间。也就是说，对于任何一个正样本 $y_i=+1$，它都要处于 H1 的右边，也就是要保证：$y=\boldsymbol{w}^{\mathrm{T}}\boldsymbol{x}+b\geqslant+1$。对于任何一个负样本 $y_i=-1$，它都要处于 H2 的左边，也就是要保证：$y=\boldsymbol{w}^{\mathrm{T}}\boldsymbol{x}+b\leqslant-1$。这两个约束，其实可以合并成同一个式子：$y_i(\boldsymbol{w}^{\mathrm{T}}x_i+b)\geqslant1$。

所以就变成凸二次规划问题：

$$\min\frac{1}{2}\|w\|^2$$

$$\text{s.t.}\ \ y_i(\boldsymbol{w}^{\mathrm{T}}x_i+b)\geqslant1,\forall x_i$$

$$\text{s.t.}\ -(y_i(\boldsymbol{w}^{\mathrm{T}}x_i+b)-1)\leqslant0,\forall x_i$$

由于符合 KKT 条件[KKT 条件将 Lagrange 乘数法（Lagrange Multiplier Method）中的等式约束优化问题推广至不等式约束]，因此通过给每一个约束条件加上一个拉格朗日乘子（Lagrange Multiplier），统一目标函数与约束函数。

$L(\boldsymbol{w},b,\alpha)=f(\boldsymbol{w},b)+\sum_{i=1}^{n}\alpha_i g_i(\boldsymbol{w},b)$，其中 $f(\boldsymbol{w},b)$ 为目标函数，$g_i(\boldsymbol{w},b)$ 为 $\leqslant0$ 的约束函数，α 称为拉格朗日乘子，α_i 为待定系数。根据上面的公式有：

$$L(\boldsymbol{w},b,\alpha)=\frac{1}{2}\|w\|^2-\sum_{i=1}^{n}\alpha_i[y_i(\boldsymbol{w}^{\mathrm{T}}x_i+b)-1]$$

我们定义：

$$\theta(w)=\max_{a_i\geqslant0}L(\boldsymbol{w},b,\alpha)$$

容易验证，当所有约束条件都满足时，最优值为目标函数，亦即最初要最小化的量。

由于符合 KKT 条件，$\min_{\boldsymbol{w},b}\theta(\boldsymbol{w})=\min_{\boldsymbol{w},b}\max_{a_i\geqslant0}L(\boldsymbol{w},b,\alpha)=p^*$ 可以转换为原始问题的对偶问题 $\max_{a_i\geqslant0}\min_{\boldsymbol{w},b}L(\boldsymbol{w},b,\alpha)=d^*$，可以证明 p^*和 d^*是相同的。

我们分别对 $\boldsymbol{w}$、b 求极小值，即偏导数等于 0：

$$\frac{\partial L}{\partial\boldsymbol{w}}=0\Rightarrow\boldsymbol{w}-\sum_{i=1}^{n}\alpha_i y_i x_i=0$$

$$\frac{\partial L}{\partial b}=0\Rightarrow\sum_{i=1}^{n}\alpha_i y_i=0$$

从而：

$$\begin{aligned}L(w,b,\alpha)&=\frac{1}{2}\sum_{i,j=1}^{n}\alpha_i\alpha_j y_i y_j x_i^{\mathrm{T}}x_j-\sum_{i,j=1}^{n}\alpha_i\alpha_j y_i y_j x_i^{\mathrm{T}}x_j-b\sum_{i=1}^{n}\alpha_i y_i+\sum_{i=1}^{n}\alpha_i\\&=\sum_{i=1}^{n}\alpha_i-\frac{1}{2}\sum_{i,j=1}^{n}\alpha_i\alpha_j y_i y_j x_i^{\mathrm{T}}x_j\end{aligned}$$

利用 SMO 算法可以得到一组 α_i 的最优解。从而方便地算出 $\boldsymbol{w}$ 和 b。

在线性不可分的情况下，支持向量机首先在低维空间中完成计算，然后通过核函数将输入空间映射到高维特征空间，最终在高维特征空间中构造出最优分离超平面，从而把平面上本身不好分的非线性数据分开。

SVM 的 Python 程序示例如下。

```
from sklearn import svm
import numpy as np
import matplotlib.pyplot as plt
##设置子图数量
fig, axes = plt.subplots(nrows=2, ncols=2,figsize=(7,7))
ax0, ax1, ax2, ax3 = axes.flatten()
#准备训练样本
x=[[1,8],[3,20],[1,15],[3,35],[5,35],[4,40],[7,80],[6,49]]
y=[1,1,-1,-1,1,-1,-1,1]
'''
   说明 1:
      核函数（这里简单介绍了 sklearn 中 SVM 算法的 4 个核函数，还有 precomputed 及自定义的）
      LinearSVC：主要用于线性可分的情形。参数少，速度快，对于一般数据，分类效果很理想
      RBF：主要用于线性不可分的情形。参数多，分类结果非常依赖参数
      Polynomial：多项式函数，degree 表示多项式的程度——支持非线性分类
      Sigmoid：在生物学中常见的 S 型的函数，也称为 S 型生长曲线
   说明 2：根据设置的参数不同，得出的分类结果及显示结果也会不同
'''
##设置子图的标题
titles = ['LinearSVC (linear kernel)',
          'SVC with polynomial (degree 3) kernel',
          'SVC with RBF kernel',      ##这个是默认的
          'SVC with Sigmoid kernel']
##生成随机试验数据（15 行 2 列）
rdm_arr=np.random.randint(1, 15, size=(15,2))
def drawPoint(ax,clf,tn):
    ##绘制样本点
    for i in x:
        ax.set_title(titles[tn])
        res=clf.predict(np.array(i).reshape(1, -1))
        if res > 0:
           ax.scatter(i[0],i[1],c='r',marker='*')
        else :
           ax.scatter(i[0],i[1],c='g',marker='*')
     ##绘制实验点
    for i in rdm_arr:
        res=clf.predict(np.array(i).reshape(1, -1))
        if res > 0:
           ax.scatter(i[0],i[1],c='r',marker='.')
        else :
           ax.scatter(i[0],i[1],c='g',marker='.')

if __name__=="__main__":
     ##选择核函数
    for n in range(0,4):
        if n==0:
            clf = svm.SVC(kernel='linear').fit(x, y)
            drawPoint(ax0,clf,0)
```

```
        elif n==1:
            clf = svm.SVC(kernel='poly', degree=3).fit(x, y)
            drawPoint(ax1,clf,1)
        elif n==2:
            clf= svm.SVC(kernel='rbf').fit(x, y)
            drawPoint(ax2,clf,2)
        else :
            clf= svm.SVC(kernel='sigmoid').fit(x, y)
            drawPoint(ax3,clf,3)
    plt.show()
```

由于样本数据的关系，4 个核函数得出的结果一致。在实际操作中，应该选择效果最好的核函数进行分析。

4. 朴素贝叶斯分类（Nave Bayes）

假设有训练数据集合，其中特征向量 $\boldsymbol{X}=(x_1,x_2,x_3,\cdots,x_n)$ 对应分类变量 y，可以这样用贝叶斯理论：

$$P(y\mid\boldsymbol{X})=\frac{P(\boldsymbol{X}\mid y)P(y)}{P(\boldsymbol{X})}$$

假设每个特征之间都是相互独立的。根据独立变量联合概率公式

$$P(AB)=P(A)P(B)$$

可以得到以下结果：

$$P(y\mid x_1,\cdots,x_n)=\frac{P(x_1\mid y)P(x_2\mid y)\cdots P(x_n\mid y)P(y)}{P(x_1)P(x_2)\cdots P(x_n)}$$

可以写成：

$$P(y\mid x_1,\cdots,x_n)=\frac{P(y)\prod_{i=1}^{n}P(x_i\mid y)}{P(x_1)P(x_2)\cdots P(x_n)}$$

因为分母与输入数据是常量相关的，所以可以除去这一项：

$$P(y\mid x_1,\cdots,x_n)\propto P(y)\prod_{i=1}^{n}P(x_i\mid y)$$

选择输出概率是最大的结果为求特征向量所属的类。数学公式为：

$$\hat{y}=\arg\max_{y}P(y)\prod_{i=1}^{n}P(x_i\mid y)$$

5. 决策树算法

决策树学习是根据数据的属性采用树状结构建立的一种决策模型，可以用此模型解决分类和回归问题。常见的算法包括 CART（Classification And Regression Tree）、ID3 和 C4.5 等。决策树算法主要是指对数据特征进行划分的时候选取最优特征的算法，将无序的数据尽可能变得更加有序。

（1）决策树的决策选择最优特征常用的 3 个度量为：信息增益（Information Gain）、增益比率（Gain Ratio）和基尼不纯度（Gini Impurity）。

① 信息增益：用划分前集合与划分后集合之间信息熵差值来衡量当前特征对于样本集合划分的效果。在详细介绍信息增益之前，先介绍一下信息熵。

信息熵在信息论中代表随机变量不确定性的度量。越不确定的事物，它的熵就越大。随机变量 X 的熵表达式为：

$$H(X) = -\sum_{x \in X} p(x) \log p(x)$$

$p(x)$代表了取值为 x 的概率，log 为以 2 或者 e 为底的对数。比如 X 有两个可能的取值，而这两个取值各为 0.5 时 X 的熵最大，此时 X 具有最大的不确定性，如图 2.8 所示。值为 $H(X)=-(0.5\log0.5+0.5\log0.5) = \log2 = 1$（这里 log 为以 2 为底的对数）。

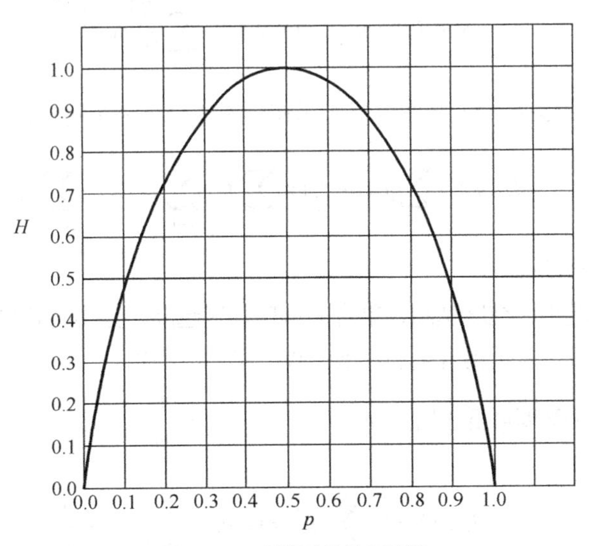

图 2.8　互斥事件的信息熵值

条件熵：设 X 和 Y 是两个离散型随机变量，随机变量 X 给定的条件下随机变量 Y 的条件熵 $H(Y|X)$ 表示在已知随机变量 X 的条件下随机变量 Y 的不确定性。公式推导如下：

$$\begin{aligned} H(Y \mid X) &= \sum_{x \in X} p(x) H(Y \mid X = x) \\ &= -\sum_{x \in X} p(x) \sum_{y \in Y} p(y \mid x) \log p(y \mid x) \\ &= -\sum_{x \in X} \sum_{y \in Y} p(x, y) \log p(y \mid x) \end{aligned}$$

信息增益以某特征划分数据集前后的熵的差值。

划分前样本集合 S 的熵 Entroy（前）是一定的，使用某个特征 v 划分数据集 S，计算划分后的数据子集的熵 Entroy（后）。

信息增益= Entroy（前）–Entroy（后）

信息增益的计算公式如下：

$$Gain(S,T) = IG(S \mid T) = H(S) - \sum_{v \in value(T)} \frac{|S_v|}{|S|} H(S_v)$$

其中 S 为全部样本集合，value(T)是属性划分后 T 所有取值的集合，v 是 T 的其中一个属性值，S_v 是 S 中属性 T 的值为 v 的样例集合，$|S_v|$为 S_v 中所含样例数。

② 信息增益率：节点信息增益与节点分裂信息度量的比值。信息增益率是C4.5算法的基础。信息增益率度量是用增益度量 *Gain*(*S*, *T*)和分裂信息度量 *SplitInformation*(*S*, *T*)来共同定义的。分裂信息度量 *SplitInformation*(*S*, *T*）就相当于特征 *T*（取值为 t_1，t_2，…，t_c，各自的概率为 P_1，P_2，…，P_c，P_k 就是样本空间中特征 *T* 取值为 t_k 的数量除上该样本空间总数）的熵。

$$GainRatio(S,T)=\frac{Gain(S,T)}{SplitInformation(S,T)}$$

$$SplitInformation(S,T)=-\sum_{i=1}^{c}\frac{|S_i|}{|S|}\log\frac{|S_i|}{|S|}$$

③ 基尼不纯度：衡量集合的无序程度，表示在样本集合中一个随机选中的样本被分错的概率。

$$I_G(f)=\sum_{i=1}^{m}f_i(1-f_i)=\sum_{i=1}^{m}f_i-\sum_{i=1}^{m}f_i^2=1-\sum_{i=1}^{m}f_i^2$$

其中 f_i 为样本 i 出现的频率。

- 显然基尼不纯度越小，纯度越高，集合的有序程度越高，分类的效果越好。
- 基尼不纯度为 0 时，表示集合类别一致，仅有唯一的类别。
- 基尼不纯度最高（纯度最低）时，$f_1=f_2=\cdots=f_m=\frac{1}{m}$，

$$I_G(f)=1-\sum_{i=1}^{m}f_i^2=1-m\times\left(\frac{1}{m}\right)^2=1-\frac{1}{m}$$

（2）ID3 算法使用最大信息增益构造决策树。因为信息增益越大，就越能减少不确定性，区分样本的能力就越强，越具有代表性。所以，ID3 算法在决策树的每一个非叶子节点划分之前，先计算每一个属性所带来的信息增益，选择最大信息增益的属性来划分，ID3 算法流程如图 2.9 所示。

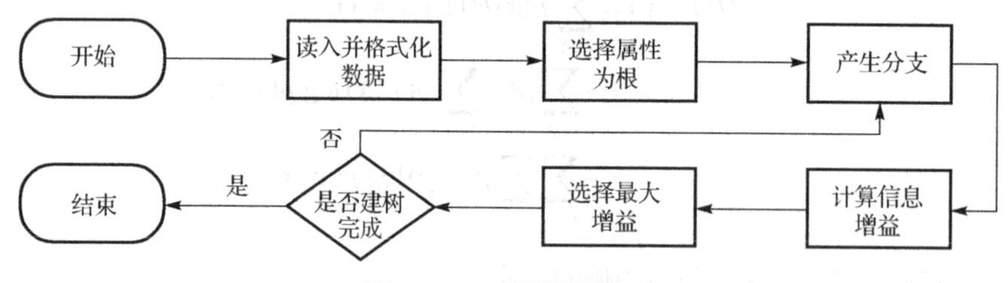

图 2.9　ID3 算法流程框图

2.2.2　无监督学习

与监督学习相对的，是无监督学习（Unsupervised Learning）。在只有特征没有标签的训练数据集中，通过数据之间的内在联系和相似性将它们分成若干类。聚类就是按照某个特定标准（如上节中各种距离）把一个数据集分割成不同的类，使得同一个类内的数据对象之间的相似性尽可能大，不同类的数据对象之间的差异性尽可能大，即同一类的数据尽可能聚集到一起，不同类数据尽量分离。

表 2.2 列出了基于划分的聚类算法（Partition Clustering）。

表 2.2　基于划分的聚类算法

K-Means	是一种典型的划分聚类算法，它用一个聚类的中心来代表一个簇，即在迭代过程中选择的聚点不一定是聚类中的一个点，该算法只能处理数值型数据
K-Modes	K-Means 算法的扩展，采用简单匹配方法来度量分类型数据的相似度
K-Prototypes	结合了 K-Means 和 K-Modes 两种算法，能够处理混合型数据
K-Medoids	在迭代过程中选择簇中的某点作为聚点，PAM 是典型的 K-Medoids 算法
CLARA	在 PAM 的基础上采用了抽样技术，能够处理大规模数据
CLARANS	融合了 PAM 和 CLARA 两者的优点，是第一个用于空间数据库的聚类算法
Focused CLARAN	采用了空间索引技术提高了 CLARANS 算法的效率
PCM	将模糊集合理论引入聚类分析中并提出了 PCM 模糊聚类算法

表 2.3 列出了一些基于层次的聚类算法。

表 2.3　基于层次的聚类算法

CURE	采用抽样技术先对数据集 D 随机抽取样本，再采用分区技术对样本进行分区，然后对每个分区局部聚类，最后对局部聚类进行全局聚类
ROCK	采用了随机抽样技术，该算法在计算两个对象的相似度时，同时考虑了周围对象的影响
CHEMALOEN（变色龙算法）	首先由数据集构造成一个 K-最近邻图 G_k，再通过一个图的划分算法将图 G_k 划分成大量的子图，每个子图代表一个初始子簇，最后用一个凝聚的层次聚类算法反复合并子簇，直到找到真正的结果簇
SBAC	在计算对象间相似度时，考虑了属性特征对于体现对象本质的重要程度，对更能体现对象本质的属性赋予较高的权值
BIRCH	利用树结构对数据集进行处理，叶节点存储一个聚类，用中心和半径表示，顺序处理每一个对象，并把它划分到距离最近的节点，该算法也可以作为其他聚类算法的预处理过程
BUBBLE	把 BIRCH 算法的中心和半径概念推广到普通的距离空间
BUBBLE-FM	通过减少距离的计算次数，提高 BUBBLE 算法的效率

表 2.4 列出了一些基于密度的聚类算法。

表 2.4　基于密度的聚类算法

DBSCAN	是一种典型的基于密度的聚类算法，该算法采用空间索引技术来搜索对象的邻域，引入了“核心对象”和“密度可达”等概念，从核心对象出发，把所有密度可达的对象组成一个簇
GDBSCAN	通过泛化 DBSCAN 算法中邻域的概念，来适应空间对象的特点
OPTICS	结合了聚类的自动性和交互性，先生成聚类的次序，可以对不同的聚类设置不同的参数，来得到用户满意的结果
FDC	通过构造 k-d tree 把整个数据空间划分成若干个矩形空间，当空间维数较少时可以大大提高 DBSCAN 的效率

表 2.5 列出了一些基于网格的聚类算法。

表 2.5　基于网格的聚类算法

STING	利用网格单元保存数据统计信息，从而实现多分辨率的聚类
WaveCluster	在聚类分析中引入了小波变换的原理，主要应用于信号处理领域
CLIQUE	是一种结合了网格和密度的聚类算法

表 2.6 列出了一些基于神经网络的聚类算法。

表 2.6　基于神经网络的聚类算法

自组织神经网络 SOM	该方法的基本思想是由外界输入不同的样本到人工的自组织映射网络中，一开始时，输入样本引起输出兴奋细胞的位置各不相同，但自组织后会形成一些细胞群，它们分别代表了输入样本，反映了输入样本的特征

表 2.7 列出了一些基于统计学的聚类算法。

表 2.7　基于统计学的聚类算法

COBWeb	是一个通用的概念聚类方法，它用分类树的形式表现层次聚类
AutoClass	以概率混合模型为基础，利用属性的概率分布来描述聚类，该方法能够处理混合型的数据，但要求各属性相互独立

下面这个基于划分的聚类算法 K-Means 聚类的可能划分结果如图 2.10 所示。

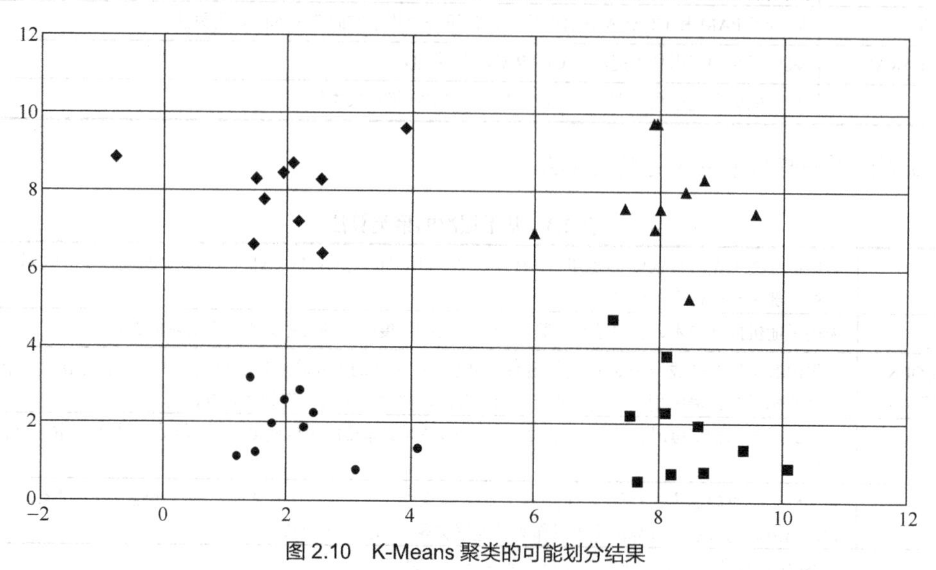

图 2.10　K-Means 聚类的可能划分结果

K-Means 聚类算法流程如下。

（1）随机地选择 k 个对象，每个对象的初始点代表了一个簇的中心。

（2）对剩余的每个对象，根据其与各簇中心的距离，将它赋给最近的簇。

（3）重新计算每个簇的平均值，更新为新的簇中心。

（4）不断重复步骤（2）、步骤（3），直到均值函数收敛。

K-Means 聚类算法示例代码如下。

```
import numpy as np
from sklearn.cluster import KMeans
data = np.random.rand(100, 3) #生成一个随机数据，样本大小为 100，特征数为 3
estimator = KMeans(n_clusters=3) #构造聚类数为 3 的聚类器
estimator.fit(data)   #聚类
label_pred = estimator.labels_ #获取聚类标签
centroids = estimator.cluster_centers_ #获取聚类中心
inertia = estimator.inertia_  #获取聚类均值的总和
```

2.2.3　半监督学习

半监督学习的基本思想是利用数据分布上的模型建立学习器从而对未标签样本进行标签。半监督学习（Semi-supervised Learning）发挥作用的场合是：数据中有的有标签，有的没有标签。而且一般是绝大部分都没有标签，只有少许几个有标签。半监督学习算法会充分地利用未标签数据来捕捉整个数据的潜在分布。它基于以下三大假设。

（1）平滑假设（Smoothness）：相似的数据具有相同的标签。

（2）聚类假设（Cluster）：处于同一个聚类下的数据具有相同标签。

（3）流形假设（Manifold）：处于同一流形结构下的数据具有相同标签。

图 2.11 给出了一个直观的示例。若仅基于图 2.11 中的一个正例和反例，则由于待判别样本恰位于两者正中间，大体上只能随机猜测；若能观察到样本周围为标记样本，则将很有把握地判别为正例（见图 2.11 右）。

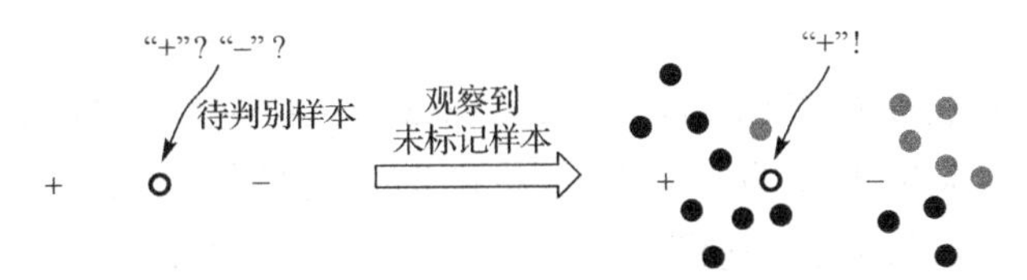

图 2.11　半监督学习原理示意图

半监督学习可以在监督学习的基础上引入未标注数据来优化性能，也可以在非监督学习的基础上引入监督信息来优化性能。半监督学习有生成式方法（Generative Methods），半监督支持向量机（Semi-supervised Support Vector Machine，简称 S3VM），图半监督学习——基于图的算法（Graph-Based Algorithms），基于分歧的方法（Disagreement-Based Methods）和半监督聚类（Semi-Supervised Clustering）等方法。

生成式方法假设所有数据（无论是否标记）都是由同一个潜在的模型"生成"的。将未标记示例属于每个类别的概率视为一组缺失参数，然后采用 EM 算法来进行标记估计和模型参数估计。EM 算法是期望极大（Expectation Maximization）算法的简称，是一种迭代型的算法，在每一次的迭代过程中，主要分为两步：计算期望（Expectation）和最大化（Maximization）。

S3VM 是支持向量机在半监督学习上的推广。在不考虑未标记样本时，支持向量机试图找到最大间隔划分超平面，而在考虑未标记样本后，S3VM 试图找到能将两类有效标记样本分开，且穿过数据低密度区域的划分超平面。最著名的 S3VM 是 TSVM（Transductive Support Vector Machine）。TSVM 尝试对未标记样本进行各种可能的标记指派（Label Assignment），即尝试将每个未标记样本分别当作正例和反例，寻求一个在所有样本（包括有标记样本和进行了标记指派的未标记样本）上间隔最大化的划分超平面。

图半监督学习——基于图的算法：将数据集映射为一个图，每个样本对应图中一个节点，若两个样本之间的相似度很高（或相关性很强），则对应的节点之间存在一条边，边的"强度（Strength）"正比于样本之间的相似度（或相关性）。将有标记样本所对应的节点想象为已染过色，而未标记样本所对应的节点尚未染色。于是，半监督学习就对应于"颜色"在图上扩散或传播的过程。

基于分歧的方法：使用多学习器之间对未标记数据的"分歧（Disagreement）"进行学习。"协同训练（Co-Training）"是此类方法的重要代表。协同训练利用的是多视图（Multi-View）的"相融互补性"。假设数据拥有两个充分且条件独立的视图，则协同训练学习的基本逻辑如下。

（1）在每个视图上基于有标记样本分别训练出一个分类器。

（2）让每个分类器分别挑选自己"最有把握的"未标记样本赋予伪标记。

（3）将伪标记样本提供给另一个分类器作为新增的有标记样本用于训练更新。

（4）重复步骤（2）、步骤（3）直到两个学习器不再变化或达到预设的迭代次数时停止。

半监督聚类：利用现实聚类任务中的额外监督信息来获得更好的聚类效果。聚类任务中获得的监督信息大致有两种类型，“必连（Must-Link）”与“勿连（Cannot-Link）”约束；前者是指样本必属于同一簇，后者是指样本必不属于同一簇。约束 K 均值（Constrained K-Means）算法是一个经典的半监督聚类算法，其在 K-Means 算法的基础上考虑了“必连”和“勿连”约束。具体逻辑如下。

（1）初始化 k 个簇，随机选择 k 个样本作为 k 个簇的初始均值向量，然后，不断迭代以下几个步骤。

（2）对每个样本 x，计算其与每个簇均值向量的距离 d，找出距离样本 x 最近的簇 i，判断将 x 放进 i 是否违反“约束”。

（3）如果不违反，则将簇 i 作为 x 的簇标记，并将 x 放入该簇集合 C_i 中。

（4）如果违反，则找次近的簇，以此类推直到找到满足约束的最近簇 i'，将 x 放入该簇集合 $C'i$ 中。

（5）对所有的簇集合，根据本次迭代得到的簇集合计算新的均值向量，当均值向量均未更新时，退出迭代步骤，否则重复步骤（2）~步骤（5）。

2.2.4 强化学习

强化学习或称增强学习（Reinforcement Learning）是指没有规则的训练样本和标签，主要通过奖励和惩罚达到学习的目的。做法也类似，它主要包含 3 个概念：状态、动作和回报。强化学习不同于监督学习，监督学习是通过正确结果来指导学习，而强化学习则通过环境提供的信号对产生的动作的好坏做一种评价，它必须要靠自身经历进行学习。学习后智能体知道在什么状态下该采取什么行为，学习从环境状态到动作的映射，该映射称为策略。强化学习的应用非常广泛，如无人机、运动机器人、蜂窝电话网络路由、市场策略选择、工业控制和高效的页面排序。强化学习的理论基础是马尔可夫决策过程（Markov Decision Processes，MDP）。

MDP 是基于马尔可夫过程理论的随机动态系统的决策过程，共分为 5 个部分。

（1）S 表示状态集（States）。

（2）A 表示动作集（Action）。

（3）$P_{ss',a}$ 表示在状态 s 下采取动作 a 之后转移到 s' 状态的概率。

（4）$R_{s,a}$ 表示在状态 s 下采取动作 a 获得的奖励。

（5）γ 是衰减因子。

R：$S\times A\to R$　　　R 是回报函数。

MDP 的动态过程如下：某个智能体（agent）的初始状态为 s_0，然后从 A 中挑选一个动作 a_0 执行，执行后，agent 按 $P_{ss',a}$ 概率随机转移到了下一个 s_1 状态，然后再执行一个动作 a_1，就转移到了 s_2，接下来再执行 a_2…，状态转移的过程如下所示。

$$s_0 \xrightarrow{a_0} s_1 \xrightarrow{a_1} s_2 \xrightarrow{a_2} s_3 \xrightarrow{a_3} \cdots$$

和一般的马尔可夫过程不同，MDP 考虑了动作，即系统下一个状态不仅和当前的状态有关，也和当前采取的动作有关。

这里介绍一下 Q-学习（Q-learning）。Q-学习是强化学习的主要算法之一，是一种无模型的学习方法，它提供智能系统在马尔可夫环境中利用经历的动作序列选择最优动作的一种学习能力。它通过一个动作——价值函数来进行学习，并且最终能够根据当前状态以及最优策略给出期望的动作。

在 Q-学习中，每个 $Q(s, a)$对应一个相应的 Q 值，在学习过程中根据 Q 值选择动作。最优 Q 值

可表示为 Q^*，其定义是执行相关的动作并按照最优策略执行下去，将得到的回报的总和，其定义如下：

$$Q^*(s,a)=\gamma\sum T(s,a,s')\max Q^*(s',a')+r(s,a)$$

其中：s 属于状态集 S，a 属于动作集 A，$T(s, a, s')$表示在状态 s 下执行动作 a 转换到状态 s'的概率，$r(s,a)$表示在状态 s 下执行动作 a 将得到的回报，γ 表示衰减因子，决定时间的远近对回报的影响程度。

智能体的每一次学习过程可以看作是从一个随机状态开始，采用一个策略来选择动作。智能体在执行完所选的动作后，观察新的状态和回报，然后根据新状态的最大 Q 值和回报来更新上一个状态和动作的 Q 值。智能体将不断根据新的状态选择动作，直至到达一个终止状态。下面给出 Q-学习算法的描述。

```
1 设置γ相关系数，以及奖励矩阵 R
2 将 Q 矩阵初始化为全 0
3  For each episode :
    设置随机的初使状态
    Do While 当没有到达目标时
      选择一个最大可能性的行为(action)，根据这个行为到达下一个状态
      根据计算公式：Q(state, action) = R(state, action) + γMax[Q(next state, all actions)]
计算这个状态 Q 的值
      设置当前状态为所到达的状态
    End Do
End For
```

下面用一个例子说明。假设有 5 个房间，如图 2.12 所示，这 5 个房间有些是相通的，分别用 0～4 进行标注；5 代表出口（两个出口）。

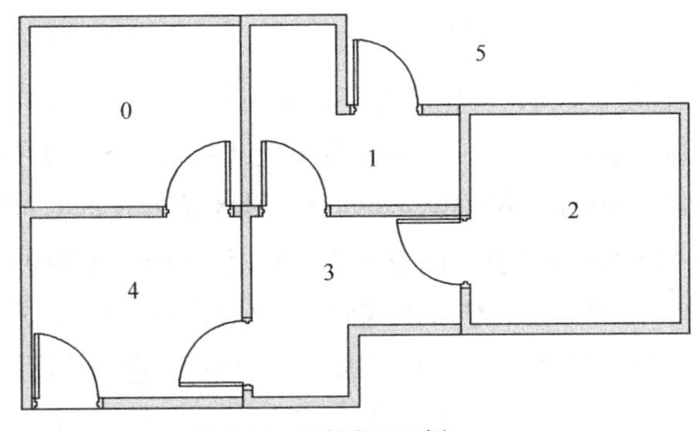

图 2.12　强化学习示例

根据每个房间是否有门相连，确定是否能走到下一个房间，如图 2.13 所示。

我们的目标是能够走出房间，也就是到达状态 5 的位置。为了能更好地达到这个目标，为每一个门设置一个奖励。比如能立即到达状态 5，那么给予 100 的奖励，其他没法到状态 5 的给予 0 奖励，如图 2.14 所示。

状态 5 因为也可以到它自己，所以也是给 100 的奖励，其他方向到状态 5 的也都是 100 的奖励。在 Q-学习中，目标是权值累加的最大化，所以一旦达到状态 5，它将会一直保持在那儿。将不能到达的奖励设置成−1。则有奖励矩阵 $\boldsymbol{R}$ 如下：

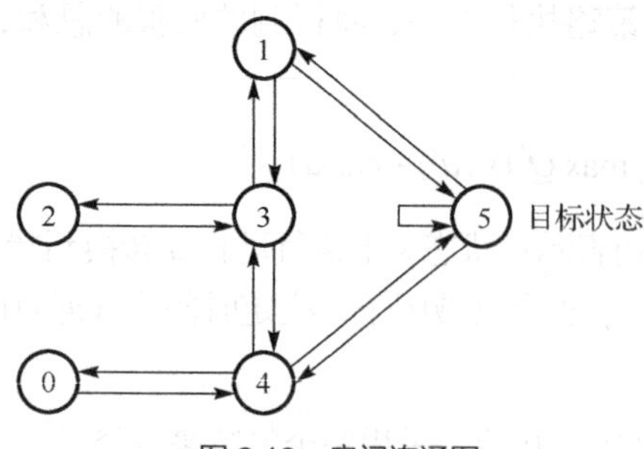

图 2.13 房间连通图

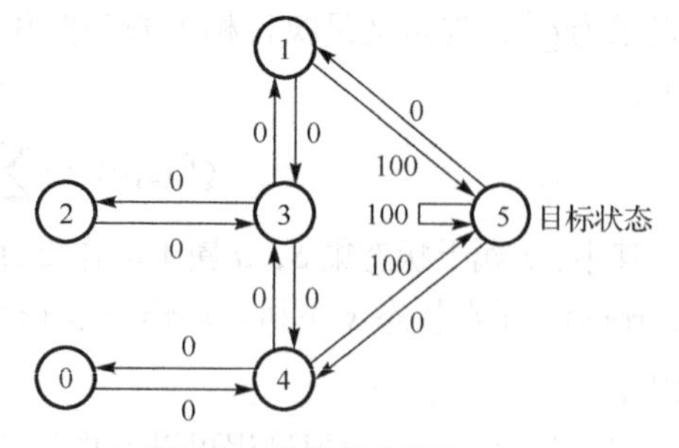

图 2.14 初始奖励函数

$$
\begin{array}{c} \text{action} \\ \begin{array}{cc} & \begin{array}{cccccc} \text{state} & 0 & 1 & 2 & 3 & 4 & 5 \end{array} \\ \boldsymbol{R} = \begin{array}{c} 0 \\ 1 \\ 2 \\ 3 \\ 4 \\ 5 \end{array} & \begin{bmatrix} -1 & -1 & -1 & -1 & 0 & -1 \\ -1 & -1 & -1 & 0 & -1 & 100 \\ -1 & -1 & -1 & 0 & -1 & -1 \\ -1 & 0 & 0 & -1 & 0 & -1 \\ 0 & -1 & -1 & 0 & -1 & 100 \\ -1 & 0 & -1 & -1 & 0 & 100 \end{bmatrix} \end{array} \end{array}
$$

初始设置矩阵 $\boldsymbol{Q}$ 为全 0，γ 为 0.8，则：

$$
\boldsymbol{Q} = \begin{array}{c} \\ 0 \\ 1 \\ 2 \\ 3 \\ 4 \\ 5 \end{array} \begin{array}{c} \begin{array}{cccccc} 0 & 1 & 2 & 3 & 4 & 5 \end{array} \\ \begin{bmatrix} 0 & 0 & 0 & 0 & 0 & 0 \\ 0 & 0 & 0 & 0 & 0 & 0 \\ 0 & 0 & 0 & 0 & 0 & 0 \\ 0 & 0 & 0 & 0 & 0 & 0 \\ 0 & 0 & 0 & 0 & 0 & 0 \\ 0 & 0 & 0 & 0 & 0 & 0 \end{bmatrix} \end{array}
$$

现在，假设初始位置是状态 1，首先检查一下 $\boldsymbol{R}$ 矩阵，在 $\boldsymbol{R}$ 矩阵中发现从状态 1 可以到两个位置，状态 3 和状态 5。随机选择一个方向，比如从状态 1 到状态 5，可用以下公式计算：

$$\boldsymbol{Q}(\text{state, action}) = \boldsymbol{R}(\text{state, action}) + \gamma \text{ Max}[\boldsymbol{Q}(\text{next state, all actions})]$$

即：$\boldsymbol{Q}(1, 5) = \boldsymbol{R}(1, 5) + 0.8\text{Max}[\boldsymbol{Q}(5, 1), \boldsymbol{Q}(5, 4), \boldsymbol{Q}(5, 5)] = 100 + 0.8\times0 = 100$

因为 $\boldsymbol{Q}$ 矩阵已初始化为 0，所以 $\boldsymbol{Q}(5,1)$、$\boldsymbol{Q}(5,4)$、$\boldsymbol{Q}(5,5)$都是 0，所以 $\boldsymbol{Q}(1,5)$的值为 100，现在状态 5 变成了当前状态，因为状态 5 已经是最终状态了，所以，$\boldsymbol{Q}$ 矩阵变为：

$$
\boldsymbol{Q} = \begin{array}{c} \\ 0 \\ 1 \\ 2 \\ 3 \\ 4 \\ 5 \end{array} \begin{array}{c} \begin{array}{cccccc} 0 & 1 & 2 & 3 & 4 & 5 \end{array} \\ \begin{bmatrix} 0 & 0 & 0 & 0 & 0 & 0 \\ 0 & 0 & 0 & 0 & 0 & 100 \\ 0 & 0 & 0 & 0 & 0 & 0 \\ 0 & 0 & 0 & 0 & 0 & 0 \\ 0 & 0 & 0 & 0 & 0 & 0 \\ 0 & 0 & 0 & 0 & 0 & 0 \end{bmatrix} \end{array}
$$

然后再随机地选择一个状态，比如选择状态 3 为初始状态，在 $\boldsymbol{R}$ 矩阵中，状态 3 可以到状态 1、状态 2、状态 4。随机地选择状态 1，继续用公式计算：

$$Q(\text{state, action}) = R(\text{state, action}) + \gamma \text{Max}[Q(\text{next state, all actions})]$$

即：$Q(3, 1) = R(3, 1) + 0.8\text{Max}[Q(1, 3), Q(1, 5)]= 0 + 0.8\text{Max}(0, 100) = 80$

然后，更新矩阵如下：

$$Q = \begin{array}{c} \\ 0 \\ 1 \\ 2 \\ 3 \\ 4 \\ 5 \end{array}\begin{array}{c} \begin{array}{cccccc} 0 & 1 & 2 & 3 & 4 & 5 \end{array} \\ \begin{bmatrix} 0 & 0 & 0 & 0 & 0 & 0 \\ 0 & 0 & 0 & 0 & 0 & 100 \\ 0 & 0 & 0 & 0 & 0 & 0 \\ 0 & 80 & 0 & 0 & 0 & 0 \\ 0 & 0 & 0 & 0 & 0 & 0 \\ 0 & 0 & 0 & 0 & 0 & 0 \end{bmatrix} \end{array}$$

当前状态变成了状态 1，但状态 1 并不是最终状态，所以算法还要往下执行，此时，观察 R 矩阵，状态 1 可以到状态 3 和状态 5，假设选择状态 5，重新计算 $Q(1,5)$的值：

$$Q(\text{state, action}) = R(\text{state, action}) + \gamma \text{Max}[Q(\text{next state, all actions})]$$

$Q(1, 5) = R(1, 5) + 0.8\text{Max}[Q(5, 1), Q(5, 4)，Q(5,5)]= 100 + 0.8\text{Max}(0, 0,0) = 100$

Q 矩阵没有改变。状态 5 是最终状态，结束 episode。

经过循环迭代，得出了最终 Q 矩阵为：

$$Q = \begin{array}{c} \\ 0 \\ 1 \\ 2 \\ 3 \\ 4 \\ 5 \end{array}\begin{array}{c} \begin{array}{cccccc} 0 & 1 & 2 & 3 & 4 & 5 \end{array} \\ \begin{bmatrix} 0 & 0 & 0 & 0 & 400 & 0 \\ 0 & 0 & 0 & 320 & 0 & 500 \\ 0 & 0 & 0 & 320 & 0 & 0 \\ 0 & 400 & 256 & 0 & 400 & 0 \\ 320 & 0 & 0 & 320 & 0 & 500 \\ 0 & 400 & 0 & 0 & 400 & 500 \end{bmatrix} \end{array}$$

经过正则化处理，Q 矩阵最终为：

$$Q = \begin{array}{c} \\ 0 \\ 1 \\ 2 \\ 3 \\ 4 \\ 5 \end{array}\begin{array}{c} \begin{array}{cccccc} 0 & 1 & 2 & 3 & 4 & 5 \end{array} \\ \begin{bmatrix} 0 & 0 & 0 & 0 & 80 & 0 \\ 0 & 0 & 0 & 64 & 0 & 100 \\ 0 & 0 & 0 & 64 & 0 & 0 \\ 0 & 80 & 51 & 0 & 80 & 0 \\ 64 & 0 & 0 & 64 & 0 & 100 \\ 0 & 80 & 0 & 0 & 80 & 100 \end{bmatrix} \end{array}$$

机器人自动学习到了最优的路径，即按照最大奖励值的路径，比如从状态 2 开始，沿最大奖励值，到状态 5 的路径，如图 2.15 中粗箭头标示。

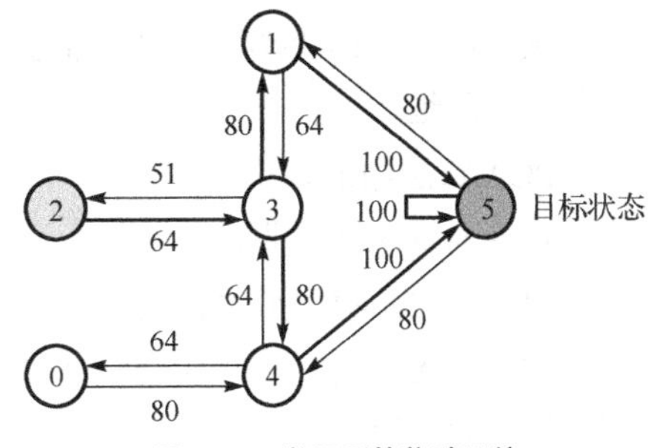

图 2.15　学习后的奖励函数

2.3　数据的预处理方法

在机器学习之前，必须获得数据。数据来源可以采用公开的数据，也可以采用项目的真实原始数据。公开来源的数据大多是已标注的数据，但数据量少，并且样本数据可能不适用于项目的特殊性（如疾病诊断项目中病人属于不同地域、不同人群种类等）。原始数据存在许多需要解决的问题。首先，需要对原始数据进行预处理，分为以下几个步骤。

1. 有效数据的获取

一致性检查是根据每个变量的合理取值范围和相互关系，通过检查数据是否合乎要求，发现超出正常范围、逻辑上不合理或者相互矛盾的数据。例如，病人调查表记录同时有喝酒与不喝酒，吃加碘盐和不吃加碘盐的矛盾数据，年龄不一致，生活地点不一致等，需要进一步核对和纠正。

由于调查、编码和录入误差，数据中可能存在一些无效值和缺失值。通过估算、整例删除、变量删除和成对删除等方法进行适当的处理。估算的办法就是用某个变量的样本均值、中位数或众数代替无效值和缺失值，或者根据调查对象对其他问题的答案，通过变量之间的相关分析或逻辑推论进行估计。整例删除是剔除含有缺失值的样本。变量删除（Variable Deletion）是指如果某一变量的无效值和缺失值很多，而且该变量对于所研究的问题不是特别重要，则可以考虑将该变量删除。成对删除是用一个特殊码（通常是 9、99、999 等）代表无效值和缺失值，同时保留数据集中的全部变量和样本。

2. 数据的数值化

原始数据可能含有文字描述的字段，首先需要对其数值化。例如，感觉（好、差）、失眠严重程度（严重、一般、轻度、正常）等，可以通过模糊数学等方法对其进行数值化。

3. 数据的标准化（Scale）和归一化（Normalization）

由于原始数据各个维度之间的数值往往相差很大，比如病人年龄维度为 0～150，而体温为 35～42℃，因此有必要对整体数据进行归一化工作，也就是将它们都映射到一个指定的数值区间，这样就不会对后续的数据分析产生重大影响。为了区别各维度的重要性，使用新的加权方案对属性进行预处理。利用离差标准化（Min-Max Normalization）进行归一化。离差标准化公式为$(x\text{-}min)/(max\text{-}min)$，其中 max 为样本数据最大值，min 为样本数据最小值。仅当所有的数据大于等于 1 时，所有数据才能映射到[0,1]区间。

4. 数据的降维

原始数据可以使用数据的相关性分析来降低数据维度。可以采用主成分分析法，也可以采用统计分析、专家调查决定相关特征，并采用信息增益、聚类分析、深度受限玻尔兹曼机（RBM）、深度自编码器（Autoencoder）等进行降维分析。可以利用线性判别分析（Linear Discriminant Analysis，LDA）降低特征维数。

主成分分析法（Principal Component Analysis，PCA）是一种常用的数据分析方法。PCA 通过线性变换将原始数据变换为一组各维度线性无关的表示，可用于提取数据的主要特征分量，常用于高维数据的降维。

PCA 算法如下。

设有 m 条 n 维数据。

（1）将原始数据组成 m 行 n 列矩阵 $\boldsymbol{X}$。

（2）将 $\boldsymbol{X}$ 的每一列（代表一个属性字段）元素进行零均值化，即减去这一列的均值。

（3）求出协方差矩阵。

（4）求出协方差矩阵的特征值及对应的特征向量。

（5）将特征向量按对应特征值大小从上到下按行排列成矩阵，取前 k 行组成矩阵 $\boldsymbol{P}$。

（6）$\boldsymbol{Y=XP}$，即为降维到 k 维后的数据。

下面举一个简单的例子说明 PCA 的过程。原始数据是二维的数据。

	1	2
1	10.2352	11.3220
2	10.1223	11.8110
3	9.1902	8.9049
4	9.3064	9.8474
5	8.3301	8.3404
6	10.1528	10.1235
7	10.4085	10.8220
8	9.0036	10.0392
9	9.5349	10.0970
10	9.4982	10.8254

计算每一维特征的平均值为：

	1	2
1	9.5782	10.2133

减除均值后的矩阵为：

	1	2
1	0.6570	1.1087
2	0.5441	1.5977
3	-0.3880	-1.3083
4	-0.2719	-0.3659
5	-1.2481	-1.8729
6	0.5746	-0.0898
7	0.8303	0.6087
8	-0.5746	-0.1741
9	-0.0434	-0.1163
10	-0.0800	0.6122

计算协方差矩阵为：

	1	2
1	0.4298	0.5614
2	0.5614	1.1036

计算特征值为：

	1	2
1	0.1120	1.4214

计算特征向量为：

	1	2
1	-0.8702	0.4926
2	0.4926	0.8702

将特征值进行排序，显然就两个特征值，选择最大的那个特征值对应的特征向量。

2
0.4926
0.8702

转换到新的空间，从 2 维降至 1 维。

	1
1	1.2885
2	1.6584
3	-1.3297
4	-0.4523
5	-2.2447
6	0.2049
7	0.9388
8	-0.4346
9	-0.1226
10	0.4933

Python Sklearn 程序很简单。

```
import numpy as np
from sklearn.decomposition import PCA
X = np.array([[-1, 1], [-2, -1], [-3, -2], [1, 1], [2, 1], [3, 2]])
pca=PCA(n_components=1)
pca.fit(X)
pca.transform(X)
```

运行结果如下。

```
array([[-0.50917706],
   [-2.40151069],
   [-3.7751606 ],
   [ 1.20075534],
   [ 2.05572155],
   [ 3.42937146]])
```

习题

1. 求 $y=3x^2+8$ 的极值。
2. 求$(x^2-x+2)^x$的导数。
3. 设 $f(x, y)=x^2+y^4+xy+y+x$，求 $\left.\frac{\partial f}{\partial x}\right|_{(0,0)}$，$\left.\frac{\partial f}{\partial y}\right|_{(0,0)}$。
4. 计算 $D=\begin{vmatrix} a_1 & 1 & 1 & 1 \\ 1 & a_2 & 0 & 0 \\ 1 & 0 & a_3 & 0 \\ 1 & 0 & 0 & a_4 \end{vmatrix}$。
5. 求 $\boldsymbol{A}=\begin{bmatrix} 1 & 2 & 4 \\ 2 & -2 & 2 \\ 4 & 2 & 1 \end{bmatrix}$所有的特征值和特征向量。
6. 一间宿舍共有 8 位同学，求他们中 4 人的生日同在一个月的概率。
7. $\boldsymbol{y}$、$\boldsymbol{w}$ 为列向量，$\boldsymbol{X}$ 为矩阵，求 $\frac{\partial(\boldsymbol{y}-\boldsymbol{X}\boldsymbol{w})^{\mathrm{T}}(\boldsymbol{y}-\boldsymbol{X}\boldsymbol{w})}{\partial \boldsymbol{w}}$。
8. 什么是增益比率?
9. 什么是基尼不纯度?
10. 详述 CART 算法。
11. 详述随机森林算法。
12. 详述有监督学习、无监督学习、半监督学习与强化学习的共同点和不同点。

03 第3章　神经网络

本章介绍了神经网络基础知识和神经网络模型，包括径向基函数网络、Hopfield 神经网络、 Elman 神经网络、玻尔兹曼机、自动编码器以及生成对抗神经网络。

3.1 神经网络基础知识

现代科学认为人类的学习与智能活动和大脑中的神经元有关。大脑包含 860 亿~1000 亿个神经元。生物神经元包含细胞体、树突和轴突。树突是从细胞体发出的一至多个突起，呈放射状。起始部分较粗，树突逐层分支而变细，形如树枝。每个神经元只有一个轴突。神经元通过树突和轴突与其他神经元相连（相连处称为突触），形成复杂的生物神经网络，如图 3.1 所示。

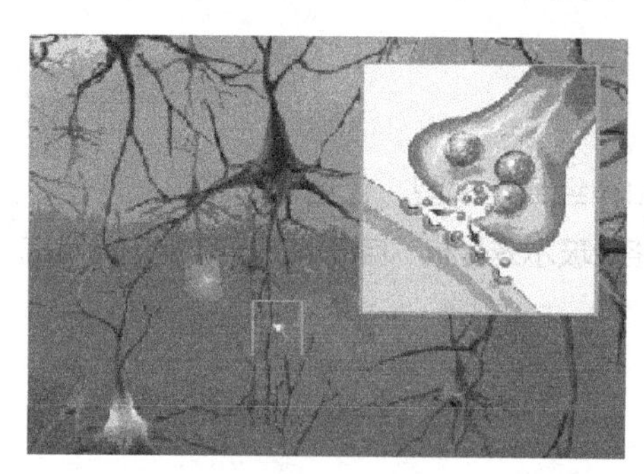

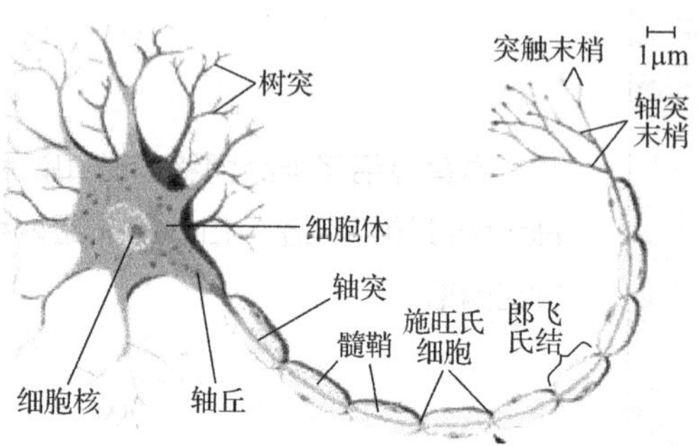

图 3.1 生物神经元

3.1.1 MP 模型

从图 3.2 所示的 MP 模型示意图来看，对于某一个神经元 j，它可能同时接受了许多个输入信号，用 x_i 表示。由于生物神经元具有不同的突触性质和突触强度，所以对神经元的影响不同，用权值 w_{ij} 来表示，其正负模拟了生物神经元中突触的兴奋和抑制，其大小则代表了突触的不同连接强度。θ_j 表示为一个阈值（Threshold），或称为偏置（Bias）。由于累加性，对全部输入信号进行累加整合，相当于生物神经元中的膜电位，其值为：

$$net_j(t)=\sum_{i=1}^{n}w_{ij}x_i(t)-\theta_j$$

神经元激活与否取决于某一阈值电位，即只有当其输入总和超过阈值 θ_j 时，神经元才被激活而发放脉冲，否则神经元不会发生输出信号。整个过程可以用下面这个函数来表示：

$$y_j=f(net_j)$$

y_j 表示神经元 j 的输出，函数 f 称为激活函数（Activation Function）或转移函数（Transfer Function），$net_j(t)$ 称为净激活（Net Activation）。

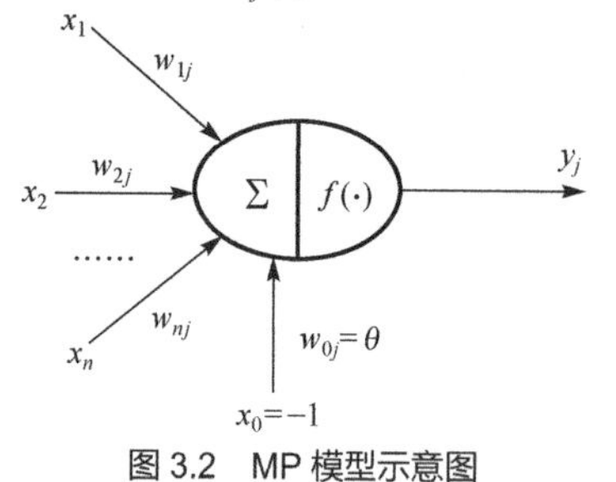

图 3.2 MP 模型示意图

若将阈值看成神经元 j 的一个输入 x_0 的权值 w_{0j}，则上面的式子可以简化为：

$$net_j(t)=\sum_{i=0}^{n}w_{ij}x_i(t)$$

$$y_j=f(net_j)$$

若用 $\boldsymbol{X}$ 表示输入向量，用 $\boldsymbol{W}$ 表示权值向量，即：

$$\boldsymbol{X}=[x_0,x_1,\cdots,x_n]$$

$$W = \begin{bmatrix} w_{0j} \\ w_{1j} \\ \vdots \\ w_{nj} \end{bmatrix}$$

则神经元的输出可以表示为向量相乘的形式：

$$net_j = XW$$

$$y_j = f(net_j) = f(XW)$$

若神经元的净激活 *net* 为正，称该神经元处于激活状态或兴奋状态（Fire），若净激活 *net* 为负，则称神经元处于抑制状态。表 3.1 表明了生物神经元与 MP 模型的对应关系。

表 3.1　生物神经元与 MP 模型的对应关系

生物神经元	神经元	输入信号	权值	输出	总和	膜电位	阈值
MP 模型	j	x_i	w_{ij}	y_j	$\sum$	$\sum_{i=1}^{n} w_{ij}x_i(t)$	θ_j

MP 模型具有以下 6 个特点。

（1）每个神经元都是一个多输入单输出的信息处理单元。

（2）神经元输入分兴奋性输入和抑制性输入两种类型。

（3）神经元具有空间整合特性和阈值特性。

（4）神经元输入与输出间有固定的时滞，主要取决于突触时延。

（5）忽略时间整合作用和不应期。

（6）神经元本身是非时变的，即其突触时延和突触强度均为常数。

MP 模型 6 个特点中的前 4 点和生物神经元的特性一致，后两点简化了生物神经元的特性。

从 MP 模型的公式来看，输入 x_{ij} 的下标 i=1,2,⋯,n 和输出 y_j 的下标 j 体现了第 1 个特点“多输入单输出”；权值 w_{ij} 的正负体现了第 2 个特点中“突触的兴奋与抑制”；θ_j 代表第 3 个特点中的阈值，当 $net'_j(t)-\theta_j>0$ 时，神经元才能被激活；为了简单起见，对膜电位的计算 $net_j(t)$ 并没有考虑时间整合，只考虑了空间整合，即只对每条神经末梢传来的信号根据权值进行累加整合，而没有考虑输入输出间的突触时延，这体现了第 5 个特点。

MP 模型提出后，加拿大著名生理心理学家唐纳德·赫布在 1949 年出版的《行为的组织》中，提出了 Hebb 学习规则，认为神经网络的学习过程最终是发生在神经元之间的突触部位，突触的联结强度随着突触前后神经元的活动而变化，变化的量与两个神经元的活性之和成正比。

$$\Delta W_j = k \times f(W_j^{\mathrm{T}} X)X$$

从 Hebb 学习规则公式可以看出，权值调整量与输入输出的乘积成正比，显然经常出现的模式将对权向量有较大的影响。

Hebb 的理论认为在同一时间被激发的神经元间的联系会被强化。比如，铃声响时一个神经元被激发，在同一时间食物的出现会激发附近的另一个神经元，那么这两个神经元间的联系就会强化，从而记住这两个事物之间存在着联系。相反，如果两个神经元总是不能同步激发，那么它们间的联系将会越来越弱。

由赫布提出的 Hebb 学习规则为神经网络的学习算法奠定了基础，在此基础上，人们提出了各种学习规则和算法，以适应不同网络模型的需要。使用有效的学习算法，神经网络能够通过权值的调整，构造客观世界的内在表征。

于是计算科学家们开始考虑用调整权值的方法来让机器学习，这就奠定了今天神经网络基础算法的理论依据。到了 1957 年，计算科学家罗森布拉特（Rosenblatt）提出了由两层神经元组成的神经网络——“感知机（Perception）”。

3.1.2 感知机

感知机是线性分类模型，属于监督学习算法。输入为实例的特征向量，输出为实例的类别（取值为+1 和–1）。感知机对应输入空间中将实例划分为两类超平面，感知机旨在求出该超平面。为计算出此超平面，罗森布拉特导入了基于误分类的损失函数，利用梯度下降法对损失函数进行最优化。感知机的学习算法具有简单并易于实现的优点，分为原始形式和对偶形式。感知机预测用学习得到的感知机模型对新的实例进行预测，因此属于判别模型。

假设输入空间（特征向量）为 $\boldsymbol{X}\subseteq\boldsymbol{R}^n$，输出空间为 $Y=\{-1,+1\}$。输入 $\boldsymbol{x}\in X$ 表示实例的特征向量，对应于输入空间的点；输出 $y\in Y$ 表示实例的类别。由输入空间到输出空间的函数为 $f(\boldsymbol{x})=\mathrm{sign}(\boldsymbol{w}\cdot\boldsymbol{x}+b)$，称为感知机。其中，参数 $\boldsymbol{w}$ 称为权值向量 *weight*，b 称为偏置 *bias*。$\boldsymbol{w}\cdot\boldsymbol{x}$ 表示 $\boldsymbol{w}$ 和 $\boldsymbol{x}$ 的点积。即：

$$\sum_{i=1}^{m} w_i x_i = w_1 x_1 + w_2 x_2 + \cdots + w_n x_n$$

sign 为符号函数，即：

$$g(z)=\begin{cases}+1 & z\geqslant 0\\ -1 & z<0\end{cases}$$

在二分类问题中，$f(\boldsymbol{x})$的值（+1 或–1）用于分类 $\boldsymbol{x}$ 为正样本（+1）还是负样本（–1）。感知机是一种线性分类模型。我们需要做的就是找到一个最佳的满足 $\boldsymbol{wx}+b=0$ 的 $\boldsymbol{w}$ 和 b 值，即分离超平面（Separating Hyperplane）。图 3.3 显示了一个线性可分的感知机模型。

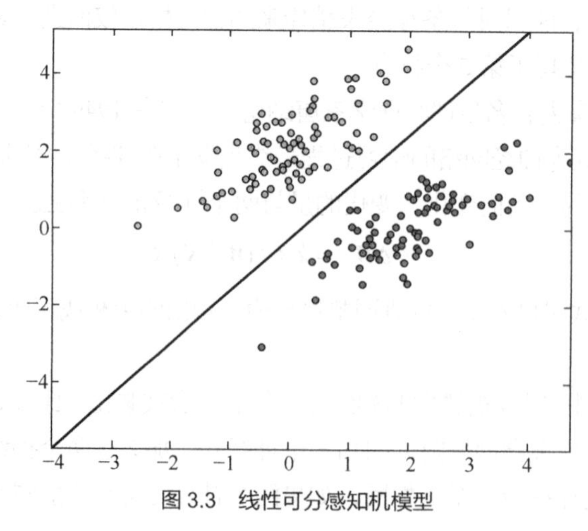

图 3.3 线性可分感知机模型

图 3.3 中间的直线即 $\boldsymbol{w}\cdot\boldsymbol{x}+b=0$，也就是分离超平面。

如何找到最优的分类线（超平面）？一种办法是从随机的 $\boldsymbol{w}$ 和 b 出发，不断调整 $\boldsymbol{w}$ 和 b 的值，使得不同的分类点尽量分开。由点到平面的距离公式可以得到任意一点距离。MP 模型的距离为：

$$len(x_i)=\frac{1}{\|w\|}|\boldsymbol{w}x_i+b|$$

对于模型来说，在分类错误的情况下，实际的 y_i 等于−1，但 $\boldsymbol{w}\cdot x_i+b\geqslant 0$ 得出+1；实际的 y_i 等于+1，但 $\boldsymbol{w}\cdot x_i+b<0$ 得出−1。因此由这个特性可以去掉上面的绝对值符号，将公式转化为：

$$len(x_i)=-\frac{1}{\|w\|}y_i(\boldsymbol{w}\cdot x_i+b)$$

将所有错误分类的情况相加，称其为损失函数：

$$L(\boldsymbol{w},b)=\|w\|\sum_{x_i\in M}len(x_i)=\sum_{x_i\in M}-y_i(\boldsymbol{w}\cdot x_i+b)$$

我们希望得到最少错误分类的模型，即损失函数最小。逐步调整 $\boldsymbol{w}$ 和 b 使损失函数最小。要最快找到损失函数最小值，一般采用梯度下降法。

1. 梯度下降法

梯度是一个向量（矢量），表示某一函数在该点处的方向导数沿着该方向取得最大值，即函数在该点处沿该方向（此梯度的方向）变化最快，变化率最大。

设二元函数 $z=f(x,y)$ 在平面区域 D 上具有一阶连续偏导数，则对于每一个点 $P(x,y)$ 都可定义一个向量：$\left\{\frac{\partial f}{\partial x},\frac{\partial f}{\partial y}\right\}=f_x(x,y)\boldsymbol{i}+f_y(x,y)\boldsymbol{j}$，该函数就称为函数在点 $P(x,y)$ 的梯度，记作 $\mathbf{grad}f(x,y)$ 或 $\nabla f(x,y)$。即：

$$\mathbf{grad}f(x,y)=\nabla f(x,y)=\left\{\frac{\partial f}{\partial x},\frac{\partial f}{\partial y}\right\}=f_x(x,y)\boldsymbol{i}+f_y(x,y)\boldsymbol{j}$$

其中 $\nabla=\frac{\partial}{\partial x}\boldsymbol{i}+\frac{\partial}{\partial y}\boldsymbol{j}$ 称为（二维的）向量微分算子或 Nabla 算子，$\nabla f=\frac{\partial f}{\partial x}\boldsymbol{i}+\frac{\partial f}{\partial y}\boldsymbol{j}$。

设 $\boldsymbol{e}=\{\cos\alpha,\cos\beta\}$ 是方向 $\boldsymbol{l}$ 上的单位向量，则 $\boldsymbol{x}=\boldsymbol{l}\cos\alpha$，$\boldsymbol{y}=\boldsymbol{l}\cos\beta$，根据微分链式法则，向量点积的几何意义可以用来表征或计算两个向量之间的夹角，以及 $\boldsymbol{b}$ 向量在 $\boldsymbol{a}$ 向量方向上的投影，有：

$$\begin{aligned}\frac{\partial f}{\partial l}&=\frac{\partial f}{\partial x}\cos\alpha+\frac{\partial f}{\partial y}\cos\beta=\left\{\frac{\partial f}{\partial x},\frac{\partial f}{\partial y}\right\}\{\cos\alpha,\cos\beta\}\\&=\mathbf{grad}f(x,y)\boldsymbol{e}=|\mathbf{grad}f(x,y)|\|\boldsymbol{e}\|\cos[\mathbf{grad}f(x,y),\boldsymbol{e}]\\&=|\mathbf{grad}f(x,y)|\cos[\mathbf{grad}f(x,y),\boldsymbol{e}]\text{（单位向量}\boldsymbol{e}\text{的模为1）}\end{aligned}$$

由于当方向 $\boldsymbol{l}$ 与梯度方向一致时，有

$$\cos[\mathbf{grad}f(x,y),\boldsymbol{e}]=1$$

所以当方向 $\boldsymbol{l}$ 与梯度方向一致时，方向导数 $\frac{\partial f}{\partial l}$ 有最大值（cos0 为最大值 1），且最大值为梯度的模，即：

$$|\mathbf{grad}f(x,y)|=\sqrt{\left(\frac{\partial f}{\partial x}\right)^2+\left(\frac{\partial f}{\partial y}\right)^2}$$

因此说，函数在某一点处沿梯度方向的变化率最大，且最大值为该梯度的模。

那么如何快速找到最小值？既然在变量空间的某一点处，函数沿梯度方向具有最大的变化率，那么在优化目标函数的时候，自然是沿着负梯度方向去减小函数值，以此达到优化目标的目的。

如何沿着负梯度方向减小函数值呢？既然梯度是偏导数的集合，可得如下公式：

$$\mathbf{grad}f(x_0,x_1,\cdots,x_n)=\left\{\frac{\partial f}{\partial x_0},\frac{\partial f}{\partial x_1},\cdots,\frac{\partial f}{\partial x_n}\right\}$$

同时梯度和偏导数都是向量，那么参考向量运算法则，我们在每个变量轴上减小对应变量值即可，梯度下降法可以描述如下：

$$\begin{aligned}&\text{Repeat}\{\\&\quad x_0 := x_0-\alpha\frac{\partial f}{\partial x_0}\\&\quad\cdots\\&\quad x_j := x_j-\alpha\frac{\partial f}{\partial x_j}\\&\quad\cdots\\&\quad x_n := x_n-\alpha\frac{\partial f}{\partial x_n}\\&\}\end{aligned}$$

这里 α 为步长。

图 3.4 是梯度下降法的一个直观的解释。比如人们在一座大山上的某处位置，由于不知道怎么下山，于是决定走一步算一步。也就是每走到一个位置的时候，求解当前位置的梯度，沿着梯度的负方向，也就是当前最陡峭的位置向下走一步，然后继续求解当前位置梯度。这样一步步地走下去，一直走到山脚。当然这样走下去，也有可能走不到山脚，而是到了某一个局部的山峰低处。

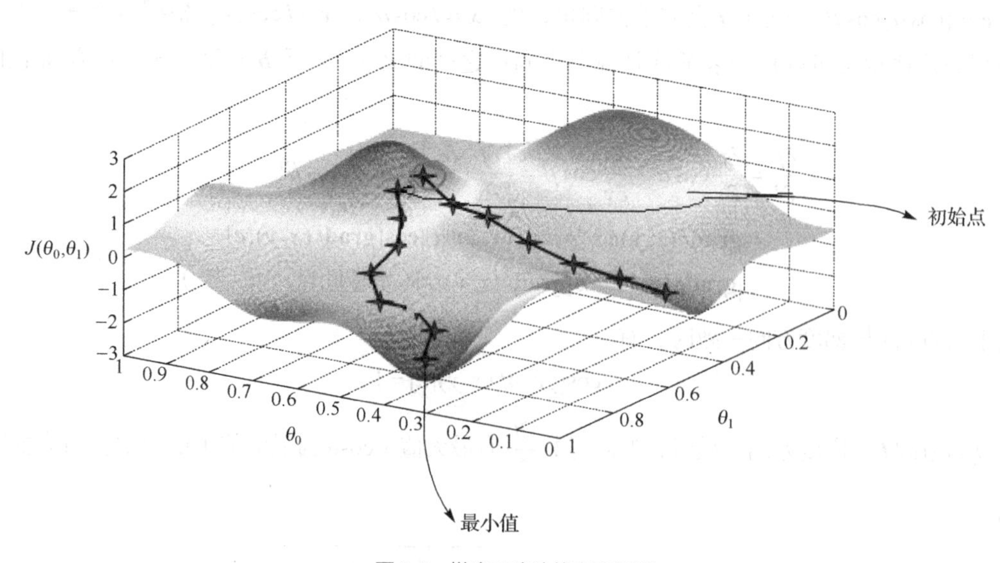

图 3.4　梯度下降法的直观解释

2. 感知机学习算法

感知机损失函数是：

$$L(\boldsymbol{w},b)=\sum_{x_i\in M}-y_i(\boldsymbol{w}\cdot x_i+b)$$

采用梯度下降法，可有：

$$\nabla_w L(\boldsymbol{w},b)=-\sum_{x_i\in M}y_i x_i$$

$$\nabla_b L(\boldsymbol{w},b)=-\sum_{x_i\in M}y_i$$

采用下面的感知机学习算法，通过不断迭代，损失函数不断减小，直到为 0。

（1）随机选取 w_0 和 b_0。

（2）在训练数据中选取（x_i, y_i）。

（3）如果 $y_i(\boldsymbol{w}\cdot x_i+b)\leqslant 0$

$$\boldsymbol{w}\leftarrow \boldsymbol{w}+\eta y_i x_i$$

$$b\leftarrow b+\eta y_i$$

（4）跳转到步骤（2），直到训练数据中没有误分类点。

3. 感知机缺陷

感知机是线性的。1969 年明斯基和佩珀特（Papert）合作出版了《感知器》，书里面通过数学证明了感知机的弱点，尤其是感知机对 XOR（异或）这样的简单分类任务都无法解决。图 3.5 直观解释线性模型不可分类异或问题（x 和 y 相同时为 0，不同时为 1）。假设以它们的(x,y)坐标值来分类，x 和 y 值相同的为一类，不同的为另一类，能用线性模型分类吗？显然是不可能的。如图 3.5 所示，相同符号表示的点属于一类，没有办法画一条线将两种类别分开。

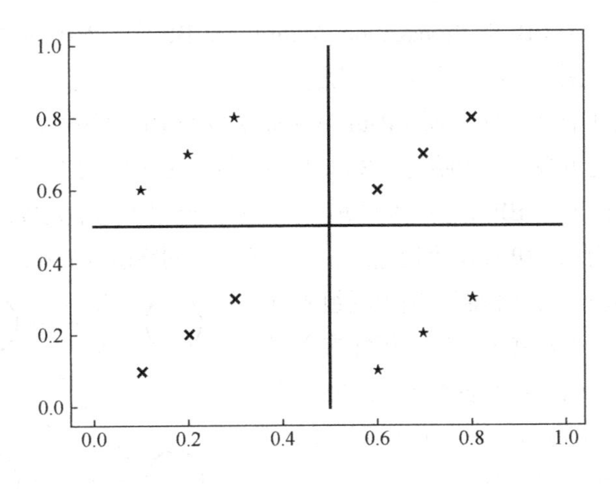

图 3.5　感知机弱点（异或问题）

3.1.3　三层感知机

感知机是线性的，不能对异或问题进行分类。然而在感知机中间增加隐含层后，就能够进行非线性映射。

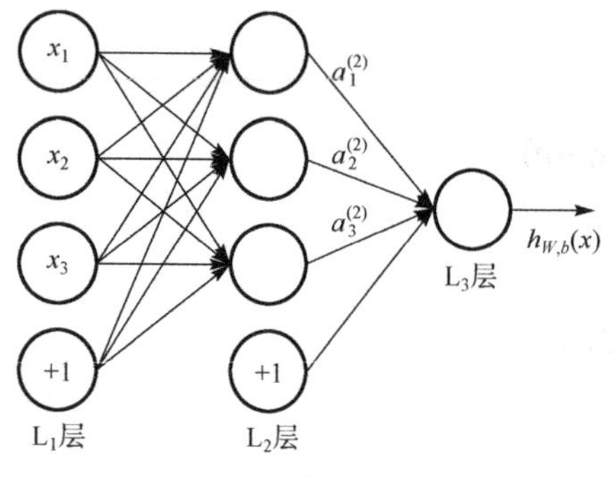

图 3.6　三层感知机神经网络

三层感知机神经网络如图 3.6 所示。其中 L_1 层是输入层，L_2 层是隐含层，L_3 层是输出层。与两层感知机不同的是三层感知机神经网络增加了隐含层。

1. *万能逼近定理

Cybenko 等人于 1989 年证明了具有隐含层（最少一层）感知机神经网络在激励函数（也称激活函数）为 Sigmoid 函数的情况下具有逼近任何函数的作用。Hornik 等人在 1991 年进一步证明激励函数为任何非常数函数的情况同样适用。这就是著名的万能逼近定理（Universal Approximation Theorem）。也就是一个仅有单隐含层的神经网络，在神经元个数足够多的情况下，通过非线性的激活函数，足以拟合任意函数。

设定 $\phi(\cdot)$ 是有界、非常量的单调递增连续函数，I_m 为单位立方体 $[0,1]^m$，I_m 上连续函数空间记为 $C(I_m)$。那么，对任意 $\epsilon > 0$ 和任意函数 $f \in C(I_m)$，存在整数 N 和实常数 $v_i, b_i \in R$ 以及实向量 $w_i \in R^m$，当 $i = 1,2 \cdots N$，有：

$$F(x) = \sum_{i=1}^{N} v_i \phi(w_i^{\mathrm{T}} x + b_i)$$

能够逼近任何独立于 ϕ 的 f，即：

$$|F(x) - f(x)| < \varepsilon, \quad x \in I_m$$

2. BP 算法

万能逼近定理说明了任意函数都可以被具有隐含层的感知机神经网络逼近。然而，如何找到最佳的权值和偏置也是一个重要的问题。

在反向传播学习算法（Back Propagation Algorithm，BP 算法）出现之前，一直没有有效的机器学习方法。正是 BP 算法推动了神经网络的快速发展。

1974 年哈佛大学的保罗·沃伯斯（Paul Werbos）发明 BP 算法时，正值神经网络发展低潮期，其研究并未受到应有的重视。鲁姆哈特（Rumelhart）等学者出版的《平行分布处理：认知的微观结构探索》一书完整地提出了 BP 算法，系统地解决了多层网络中隐单元权值的学习问题，并在数学上给出了完整的推导。至此，BP 算法迅速走红，掀起了神经网络研究的第二次高潮。

BP 神经网络由输入层、隐含层和输出层组成阶层型神经网络，隐含层可扩展为多层。相邻层之间各神经元进行全连接，而每层的各神经元之间无连接，属于有监督学习。学习的方法为不断调整权值，期望获得输出与实际输出的最小误差。

接下来，先用一个具体例子说明 BP 算法，然后用数学公式进行推导。

假设有图 3.7 所示的三层神经网络。其中有两个输入神经元节点、两个隐含层节点、两个输出层节点。

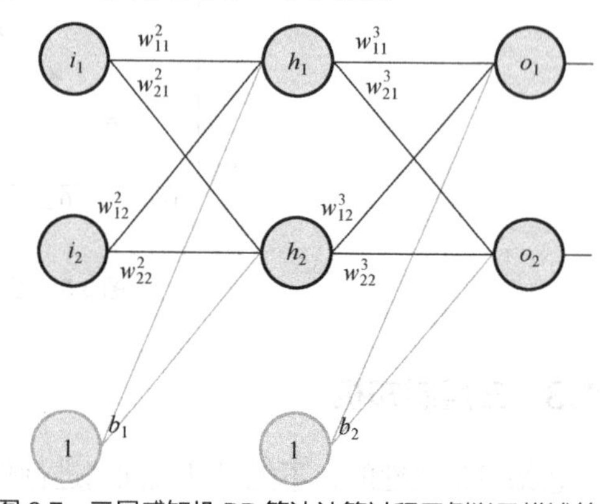

图 3.7　三层感知机 BP 算法计算过程示例以及描述符号

第一层是输入层，包含两个神经元 i_1、i_2 和偏置 b_1；第二层是隐含层，包含两个神经元 h_1、h_2 和偏置 b_2，第三层是输出 o_1、o_2，每条线上标的 w_{ij}^l 是层与层之间连接的权值（为了和第 4 章公式推导一致，w_{ij}^l 的 l 是层序号，i 是 l 层的神经元序号，j 是 l–1 层的神经元序号），激活函数默认为 Sigmoid 函数。

训练数据输入为 0.05 和 0.10，对应的输出为 0.01 和 0.99。开始时不知道权值和偏置，如何通过 BP 算法获得相应的权值和偏置，使得通过网络计算的输出接近 0.01 和 0.99？

开始时，将权值和偏置设置为随机值。例如：初始权值 w_{11}^2=0.1，w_{12}^2=0.25，w_{21}^2=0.2，w_{22}^2=0.3，b_1=0.35，w_{11}^3=0.4，w_{12}^3=0.5，w_{21}^3=0.45，w_{22}^3=0.55，b_2=0.6，如图 3.8 所示。

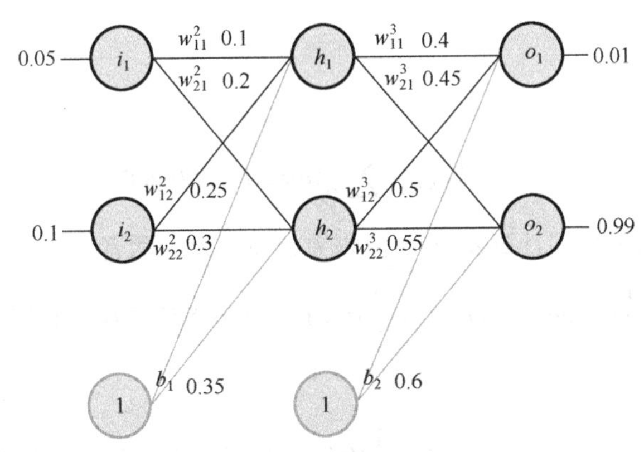

图 3.8　BP 算法计算过程初始值

BP 算法包括前向传播和反向传播两个步骤，并不断迭代。

（1）前向传播

① 计算输入层到隐含层的值

计算神经元 h_1 的输入加权和：

$$net_{h_1} = w_{11}^2 \times i_1 + w_{12}^2 \times i_2 + b_1 \times 1 = 0.1 \times 0.05 + 0.25 \times 0.1 + 0.35 \times 1 = 0.38$$

神经元 h_1 的输出 o_1（此处用到的激活函数为 Sigmoid 函数）：

$$out_{h_1} = \frac{1}{1+\mathrm{e}^{-net_{h_1}}} = \frac{1}{1+\mathrm{e}^{-0.38}} = 0.5938731029$$

同理，可计算出神经元 h_2 的输出 o_2：

$$net_{h_2} = w_{21}^2 \times i_1 + w_{22}^2 \times i_2 + b_1 \times 1 = 0.2 \times 0.05 + 0.3 \times 0.1 + 0.35 \times 1 = 0.39$$

$$out_{h_2} = \frac{1}{1+\mathrm{e}^{-net_{h_2}}} = \frac{1}{1+\mathrm{e}^{-0.39}} = 0.5962826993$$

② 隐含层→输出层

计算输出层神经元 o_1 和 o_2 的值：

$$\begin{aligned} net_{o_1} &= w_{11}^3 \times out_{h_1} + w_{12}^3 \times out_{h_2} + b_2 \times 1 \\ &= 0.4 \times 0.5938731029 + 0.5 \times 0.5962826993 + 0.6 \times 1 \\ &= 1.1356905909 \end{aligned}$$

$$out_{o_1} = \frac{1}{1+\mathrm{e}^{-net_{o_1}}} = \frac{1}{1+\mathrm{e}^{-1.1356905909}} = 0.7568875479$$

同理：

$$
\begin{aligned}
net_{o_2} &= w_{21}^3 \times out_{h_1} + w_{22}^3 \times out_{h_2} + b_2 \times 1 \\
&= 0.45 \times 0.5938731029 + 0.55 \times 0.5962826993 + 0.6 \times 1 \\
&= 1.1951983809
\end{aligned}
$$

$$out_{o_2} = \frac{1}{1+e^{-net_{o_2}}} = \frac{1}{1+e^{-1.1951983809}} = 0.7676695010$$

到此，得到输出值为[0.7568875479, 0.7676695010]，与实际值[0.01, 0.99]不一致。对误差进行反向传播计算，更新权值，重新计算输出。

（2）反向传播

① 计算总误差

总误差（Square Error）：

$$E_{total} = \sum \frac{1}{2}(target - output)^2$$

但是有两个输出，所以分别计算 o_1 和 o_2 的误差，总误差为两者之和：

$$E_{o_1} = \frac{1}{2}(target_{o_1} - out_{o_1})^2 = \frac{1}{2}(0.01 - 0.7568875479)^2 = 0.2789205046$$

同样可计算：

$$E_{o_2} = \frac{1}{2}(target_{o_2} - out_{o_2})^2 = \frac{1}{2}(0.99 - 0.7676695010)^2 = 0.0247154254$$

所以：

$$E_{total} = E_{o_1} + E_{o_2} = 0.2789205046 + 0.0247154254 = 0.3036359300$$

② 隐含层→输出层的权值更新

以权值参数 w_{11}^3 为例，如果想知道 w_{11}^3 对整体误差产生了多少影响，可以用整体误差对 w_{11}^3 求偏导（链式法则）：

$$\frac{\partial E_{total}}{\partial w_{11}^3} = \frac{\partial E_{total}}{\partial out_{o_1}} \cdot \frac{\partial out_{o_1}}{\partial net_{o_1}} \cdot \frac{\partial net_{o_1}}{\partial w_{11}^3}$$

图 3.9 可以更直观地看清楚误差是怎样反向传播的。

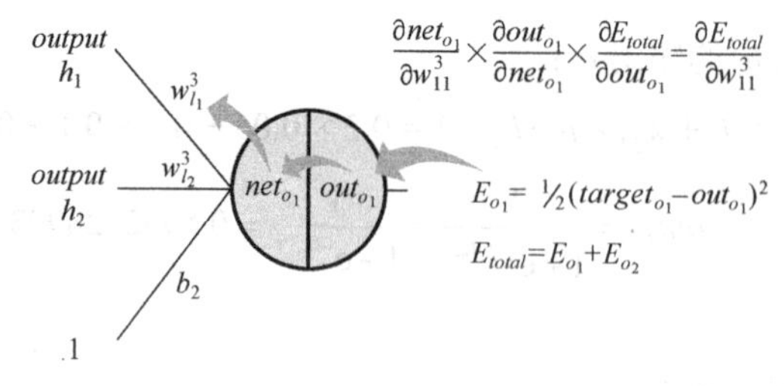

图 3.9　误差的反向传播过程

现在来分别计算每个式子的值。

计算 $\frac{\partial E_{total}}{\partial out_{o_1}}$：

$$E_{total} = \frac{1}{2}(target_{o_1} - out_{o_1})^2 + \frac{1}{2}(target_{o_2} - out_{o_2})^2$$

$$\frac{\partial E_{total}}{\partial out_{o_1}} = 2\times\frac{1}{2}(target_{o_1} - out_{o_1})^{2-1}\times(-1)+0$$

$$\frac{\partial E_{total}}{\partial out_{o_1}} = -(target_{o_1} - out_{o_1})$$

$$\frac{\partial E_{total}}{\partial out_{o_1}} = -(0.01-0.7568875479) = 0.7468875479$$

计算 $\frac{\partial out_{o_1}}{\partial net_{o_1}}$：

$$out_{o_1} = \frac{1}{1+\mathrm{e}^{-net_{o_1}}}$$

$$\frac{\partial out_{o_1}}{\partial net_{o_1}} = out_{o_1}(1-out_{o_1}) = 0.7568875479(1-0.7568875479) = 0.1840087877$$

这里，Sigmoid 函数求导得到这个公式：

$$f'(z) = \left(\frac{1}{1+\mathrm{e}^{-z}}\right)' = \frac{\mathrm{e}^{-z}}{(1+\mathrm{e}^{-z})^2} = \frac{1+\mathrm{e}^{-z}-1}{(1+\mathrm{e}^{-z})^2} = \frac{1}{(1+\mathrm{e}^{-z})}\left(1-\frac{1}{(1+\mathrm{e}^{-z})}\right) = f(z)[1-f(z)]$$

计算 $\frac{\partial net_{o_1}}{\partial w_{11}^3}$：

$$net_{o_1} = w_{11}^3\times out_{h_1} + w_{12}^3\times out_{h_2} + b_2\times 1$$

$$\frac{\partial net_{o_1}}{\partial w_{11}^3} = out_{h_1} + 0 + 0 = out_{h_1} = 0.5938731029$$

最后三者相乘：

$$\frac{\partial E_{total}}{\partial w_{11}^3} = \frac{\partial E_{total}}{\partial out_{o_1}}\cdot\frac{\partial out_{o_1}}{\partial net_{o_1}}\cdot\frac{\partial net_{o_1}}{\partial w_{11}^3}$$

$$\frac{\partial E_{total}}{\partial w_{11}^3} = 0.7468875479\times0.1840087877\times0.5938731029=0.0816182801$$

这样就计算出了整体误差 E_{total} 对 w_{11}^3 的偏导值。

回过头来再看看上面的公式，可以发现：

$$\frac{\partial E_{total}}{\partial w_{11}^3} = -(target - out_{o_1})\times out_{o_1}(1-out_{o_1})\times out_{h_1}$$

为了表达方便，用 δ_{o_1} 来表示输出层的误差：

$$\delta_{o_1} = \frac{\partial E_{total}}{\partial net_{o_1}} = \frac{\partial E_{total}}{\partial out_{o_1}}\cdot\frac{\partial out_{o_1}}{\partial net_{o_1}}$$

$$\delta_{o_1} = -(target - out_{o_1})\times out_{o_1}(1-out_{o_1})$$

因此，整体误差 E_{total} 对 w_{11}^3 的偏导公式可以写成：

$$\frac{\partial E_{total}}{\partial w_{11}^3} = \delta_{o_1} out_{h_1}$$

最后来更新 w_{11}^3 的值（梯度下降法）：

$$w_{11}'^{3} = w_{11}^{3} - \eta \frac{\partial E_{total}}{\partial w_{11}^{3}}$$

$$w_{11}'^{3} = w_{11}^{3} - \eta \delta_{o_1} out_{h_1}$$

取学习速率η为 0.5，可得

$$\delta_{o_1} = 0.7468875479 \times 0.1840087877 = 0.1374338722$$

$$\delta_{o_1} out_{h_1} = 0.1374338722 \times 0.5938731029 = 0.0816182801$$

$$w_{11}'^{3} = 0.4 - 0.5 \times 0.0816182801 = 0.4 - 0.0408091401 = 0.3591908599$$

同理，可更新w_{12}^{3}、w_{21}^{3}、w_{22}^{3}：

$$\frac{\partial E_{total}}{\partial w_{12}^{3}} = \frac{\partial E_{total}}{\partial out_{o_1}} \cdot \frac{\partial out_{o_1}}{\partial net_{o_1}} \cdot \frac{\partial net_{o_1}}{\partial w_{12}^{3}}$$

所以：

$$net_{o_1} = w_{11}^{3} \times out_{h_1} + w_{12}^{3} \times out_{h_2} + b_2 \times 1$$

$$\frac{\partial net_{o_1}}{\partial w_{12}^{3}} = 0 + out_{h_2} + 0 = out_{h_2} = 0.5962826993$$

$$\delta_{o_1} out_{h_2} = 0.1374338722 \times 0.5962826993 = 0.0819494403$$

$$w'^{3}_{12} = w_{12}^{3} - \eta \delta_{o_1} out_{h_2} = 0.5 - 0.5 \times 0.0819494403 = 0.5 - 0.0409747202 = 0.4590252798$$

$$\frac{\partial E_{total}}{\partial w_{21}^{3}} = \frac{\partial E_{total}}{\partial out_{o_2}} \cdot \frac{\partial out_{o_2}}{\partial net_{o_2}} \cdot \frac{\partial net_{o_2}}{\partial w_{21}^{3}}$$

$$\frac{\partial E_{total}}{\partial out_{o_2}} = -(target_{o_2} - out_{o_2}) = -(0.99 - 0.7676695010) = -0.2223304990$$

$$\frac{\partial out_{o_2}}{\partial net_{o_2}} = out_{o_2}(1 - out_{o_2}) = 0.7676695010 \times (1 - 0.7676695010) = 0.1783530382$$

$$\delta_{o_2} = \frac{\partial E_{total}}{\partial net_{o_2}} = \frac{\partial E_{total}}{\partial out_{o_2}} \cdot \frac{\partial out_{o_2}}{\partial net_{o_2}} = -0.2223304990 \times 0.1783530382 = -0.0396533200$$

因为：

$$net_{o_2} = w_{21}^{3} \times out_{h_1} + w_{22}^{3} \times out_{h_2} + b_2 \times 1$$

$$\frac{\partial net_{o_2}}{\partial w_{21}^{3}} = out_{h_1} + 0 + 0 = out_{h_1} = 0.5938731029$$

$$\delta_{o_2} out_{h_1} = -0.0396533200 \times 0.5938731029 = -0.0235490402$$

$$w_{21}'^{3} = w_{21}^{3} - \eta \delta_{o_2} out_{h_1} = 0.45 - 0.5 \times (-0.0235490402) = 0.4617745201$$

同理：

$$w_{22}'^{3} = w_{22}^{3} - \eta \delta_{o_2} out_{h_2} = 0.55 - 0.5 \times (-0.0396533200) \times 0.5962826993 = 0.5618222944$$

求偏置b_2和两个输出相关，所以：

$$\frac{\partial E_{total}}{\partial b_2} = \frac{\partial E_{total}}{\partial out_{o_1}} \cdot \frac{\partial out_{o_1}}{\partial net_{o_1}} \cdot \frac{\partial net_{o_1}}{\partial b_2} + \frac{\partial E_{total}}{\partial out_{o_2}} \cdot \frac{\partial out_{o_2}}{\partial net_{o_2}} \cdot \frac{\partial net_{o_2}}{\partial b_2}$$

计算 $\frac{\partial net_{o_1}}{\partial b_2}$：

$$net_{o_1} = w_{11}^3 \times out_{h_1} + w_{12}^3 \times out_{h_2} + b_2 \times 1$$

$$\frac{\partial net_{o_1}}{\partial b_2} = 0 + 0 + 1 = 1$$

所以：

$$\frac{\partial E_{total}}{\partial b_2} = \delta_{o_1} + \delta_{o_2}$$

最后来更新 b_2 的值（梯度下降法）：

$$b_2' = b_2 - \eta \frac{\partial E_{total}}{\partial b_2}$$

$$b_2' = b_2 - \eta(\delta_{o_1} + \delta_{o_2})$$

$$b_2' = 0.6 - 0.5 \times (0.1374338722 - 0.0396533200) = 0.6 - 0.0488902761 = 0.5511097239$$

③ 输入层→隐含层的权值更新

计算总误差对 w_{11}^3 的偏导时，是从 $out_{o_1} \to net_{o_1} \to w_{11}^3$，但是在隐含层之间的权值更新时，是 $out_{h_1} \to net_{h_1} \to w_{11}^2$，而 out_{h_1} 会接受 E_{o_1} 和 E_{o_2} 两个地方传来的误差，所以在这里两个地方都要计算，隐含层的反向传播过程如图 3.10 所示。

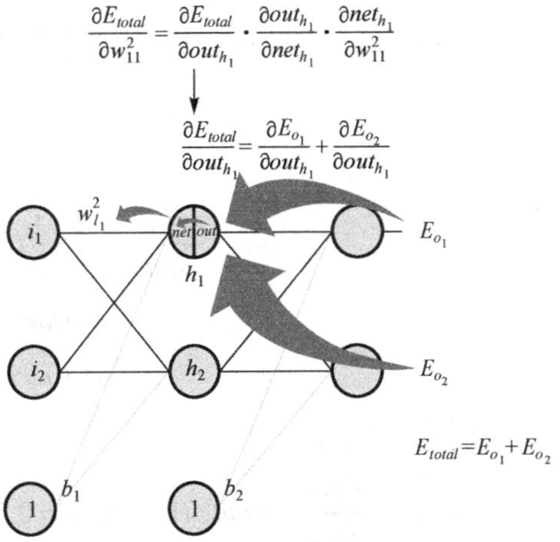

$$\frac{\partial E_{total}}{\partial w_{11}^2} = \frac{\partial E_{total}}{\partial out_{h_1}} \cdot \frac{\partial out_{h_1}}{\partial net_{h_1}} \cdot \frac{\partial net_{h_1}}{\partial w_{11}^2}$$

计算 $\frac{\partial E_{total}}{\partial out_{h_1}}$：

$$\frac{\partial E_{total}}{\partial out_{h_1}} = \frac{\partial E_{o_1}}{\partial out_{h_1}} + \frac{\partial E_{o_2}}{\partial out_{h_1}}$$

先计算 $\frac{\partial E_{o_1}}{\partial out_{h_1}}$：

$$\frac{\partial E_{o_1}}{\partial out_{h_1}} = \frac{\partial E_{o_1}}{\partial out_{o_1}} \cdot \frac{\partial out_{o_1}}{\partial out_{h_1}}$$

图 3.10　隐含层误差的反向传播过程

计算 $\frac{\partial out_{o_1}}{\partial out_{h_1}}$：

$$\frac{\partial out_{o_1}}{\partial out_{h_1}} = \frac{\partial out_{o_1}}{\partial net_{o_1}} \cdot \frac{\partial net_{o_1}}{\partial out_{h_1}}$$

所以：

$$\frac{\partial E_{o_1}}{\partial out_{h_1}} = \frac{\partial E_{o_1}}{\partial out_{o_1}} \cdot \frac{\partial out_{o_1}}{\partial net_{o_1}} \cdot \frac{\partial net_{o_1}}{\partial out_{h_1}}$$

从误差函数得出：

$$\frac{\partial E_{o_1}}{\partial out_{o_1}} = 2 \times \frac{1}{2}(target_{o_1} - out_{o_1})^{2-1} \times (-1)$$

$$\frac{\partial E_{o_1}}{\partial out_{o_1}} = -(target_{o_1} - out_{o_1}) = -(0.01 - 0.7568875479) = 0.7468875479$$

前面已经计算：

$$\frac{\partial out_{o_1}}{\partial net_{o_1}} = out_{o_1}(1 - out_{o_1}) = 0.7568875479(1 - 0.7568875479) = 0.1840087877$$

从
$$net_{o_1} = w_{11}^3 \times out_{h_1} + w_{12}^3 \times out_{h_2} + b_2 \times 1$$

有：
$$\frac{\partial out_{o_1}}{\partial out_{h_1}} = w_{11}^3 = 0.40$$

定义隐含层输出对误差的影响：

$$\frac{\partial E_{o_1}}{\partial net_{o_1}} = \frac{\partial E_{o_1}}{\partial out_{o_1}} \cdot \frac{\partial out_{o_1}}{\partial net_{o_1}} = 0.74688753479 \times 0.1840087877 = 0.1374338698$$

所以：

$$\frac{\partial E_{o_1}}{\partial out_{h_1}} = \frac{\partial E_{o_1}}{\partial net_{o_1}} \cdot \frac{\partial net_{o_1}}{\partial out_{h_1}} = 0.1374338698 \times 0.4 = 0.0549735479$$

同理，计算出：

$$\frac{\partial E_{o_2}}{\partial out_{h_1}} = \frac{\partial E_{o_2}}{\partial net_{o_2}} \cdot \frac{\partial net_{o_2}}{\partial out_{h_1}}$$

定义 net_{o_1} 隐含层输出对 E_{o_2} 误差的影响：

$$\frac{\partial E_{o_2}}{\partial net_{o_2}} = \frac{\partial E_{o_2}}{\partial out_{o_2}} \cdot \frac{\partial out_{o_2}}{\partial net_{o_2}}$$

$$\begin{aligned}\frac{\partial E_{o_2}}{\partial out_{o_2}} &= 2 \times \frac{1}{2}(target_{o_2} - out_{o_2})^{2-1} \times (-1) \\ &= -(target_{o_2} - out_{o_2}) \\ &= -(0.99 - 0.7676695010) = -0.2223304990\end{aligned}$$

前面已经计算：

$$\frac{\partial out_{o_2}}{\partial net_{o_2}} = out_{o_2}(1 - out_{o_2}) = 0.7676695010(1 - 0.7676695010) = 0.1783530382$$

$$\frac{\partial E_{o_2}}{\partial net_{o_2}} = \frac{\partial E_{o_2}}{\partial out_{o_2}} \cdot \frac{\partial out_{o_2}}{\partial net_{o_2}} = -0.2223304990 \times 0.1783530382 = -0.0396533200$$

$$\frac{\partial E_{o_2}}{\partial out_{h_1}} = \frac{\partial E_{o_2}}{\partial net_{o_2}} \cdot \frac{\partial net_{o_2}}{\partial out_{h_1}}$$

从
$$net_{o_2} = w_{21}^3 \times out_{h_1} + w_{22}^3 \times out_{h_2} + b_2 \times 1$$

有：
$$\frac{\partial net_{o_2}}{\partial out_{h_1}} = w_{21}^3 = 0.45$$

$$\frac{\partial E_{o_2}}{\partial out_{h_1}} = -0.0396533200 \times 0.45 = -0.0178439940$$

两者相加得到总值：

$$\frac{\partial E_{total}}{\partial out_{h_1}} = \frac{\partial E_{o_1}}{\partial out_{h_1}} + \frac{\partial E_{o_2}}{\partial out_{h_1}} = 0.0549735479 + (-0.0178439940) = 0.0371295539$$

再计算 $\frac{\partial out_{h_1}}{\partial net_{h_1}}$：

$$out_{h_1} = \frac{1}{1+\mathrm{e}^{-net_{h_1}}}$$

$$\frac{\partial out_{h_1}}{\partial net_{h_1}} = out_{h_1}(1-out_{h_1}) = 0.5938731029(1-0.5938731029) = 0.2411878406$$

然后计算 $\frac{\partial net_{h_1}}{\partial w_{11}^2}$：

$$net_{h_1} = w_{11}^2 \times i_1 + w_{12}^2 \times i_2 + b_1 \times 1$$

$$\frac{\partial net_{h_1}}{\partial w_{11}^2} = i_1 = 0.05$$

最后，三者相乘：

$$\frac{\partial E_{total}}{\partial w_{11}^2} = \frac{\partial E_{total}}{\partial out_{h_1}} \cdot \frac{\partial out_{h_1}}{\partial net_{h_1}} \cdot \frac{\partial net_{h_1}}{\partial w_{11}^2} = 0.0371295539 \times 0.2411878406 \times 0.05 = 0.0004477598$$

为了简化公式，用 δ_{h_1} 表示隐含层单元 h_1 的误差：

$$\frac{\partial E_{total}}{\partial w_{11}^2} = \left(\sum_o \left(\frac{\partial E_{total}}{\partial out_o} \cdot \frac{\partial out_o}{\partial net_o} \cdot \frac{\partial net_o}{\partial out_{h_1}}\right)\right) \cdot \frac{\partial out_{h_1}}{\partial net_{h_1}} \cdot \frac{\partial net_{h_1}}{\partial w_{11}^2}$$

$$\frac{\partial E_{total}}{\partial w_{11}^2} = \left(\sum_i \delta_{o_i} \times w_{1_i}^3\right) \times out_{h_1}(1-out_{h_1}) \times i_1$$

$$\delta_{h_1} = \left(\sum_i \delta_{o_i} \times w_{1_i}^3\right) \times out_{h_1}(1-out_{h_1})$$

$$\frac{\partial E_{total}}{\partial w_{11}^2} = \delta_{h_1} \times i_1$$

$$\delta_{h_1} = 0.0371295539 \times 0.2411878406 = 0.0089551969$$

最后，更新 w_{11}^2 的权值：

$$w_{11}'^2 = w_{11}^2 - \eta \times \frac{\partial E_{total}}{\partial w_{11}^2}$$

$$w_{11}'^2 = w_{11}^2 - \eta \times \delta_{h_1} \times i_1 = 0.1 - 0.5 \times 0.0004477598 = 0.1 - 0.0002238799 = 0.0997761201$$

同理，也可更新 w_{12}^2、w_{21}^2、w_{22}^2 的权值：

$$\frac{\partial E_{total}}{\partial w_{12}^2} = \frac{\partial E_{total}}{\partial out_{h_1}} \cdot \frac{\partial out_{h_1}}{\partial net_{h_1}} \cdot \frac{\partial net_{h_1}}{\partial w_{12}^2} = \delta_{h_1} \times i_2 = 0.0089551969 \times 0.10 = 0.00089551969$$

$$w_{12}'^2 = w_{12}^2 - \eta \times \delta_{h_1} \times i_2 = 0.25 - 0.5 \times 0.0089551969 \times 0.10 = 0.25 - 0.0004477599 = 0.2495522401$$

$$out_{h_2} = 0.7676695010$$

$$\begin{aligned}\delta_{h_2} &= (\sum_i \delta_{o_i} \times w_{2_i}^3) \times out_{h_2}(1-out_{h_2}) \\ &= [0.1374338722 \times 0.45 + (-0.0396533200 \times 0.55)] \times 0.1783530382 \\ &= (0.0618452425 - 0.0218093260) \times 0.1783530382 \\ &= 0.0071405273\end{aligned}$$

$$w_{21}'^2 = w_{21}^2 - \eta \times \delta_{h_2} \times i_1 = 0.2 - 0.5 \times 0.0071405273 \times 0.05 = 0.2 - 0.0001785132 = 0.1998214868$$

$$w_{22}'^2 = w_{22}^2 - \eta \times \delta_{h_2} \times i_2 = 0.3 - 0.5 \times 0.0071405273 \times 0.1 = 0.3 - 0.00035702637 = 0.2996429736$$

现在来计算 b_1 的梯度：

$$\frac{\partial E_{total}}{\partial b_1} = \frac{\partial E_{total}}{\partial out_{h_1}} \cdot \frac{\partial out_{h_1}}{\partial net_{h_1}} \cdot \frac{\partial net_{h_1}}{\partial b_1} + \frac{\partial E_{total}}{\partial out_{h_2}} \cdot \frac{\partial out_{h_2}}{\partial net_{h_2}} \cdot \frac{\partial net_{h_2}}{\partial b_1}$$

$$net_{h_1} = w_{11}^2 \times i_1 + w_{12}^2 \times i_2 + b_1 \times 1$$

$$\frac{\partial net_{h_1}}{\partial b_1} = 1$$

同样，$\frac{\partial net_{h_2}}{\partial b_1} = 1$

$$\frac{\partial E_{total}}{\partial b_1} = \delta_{h_1} + \delta_{h_2} = 0.1374338722 + 0.0071405273 = 0.1445743995$$

$$b_1' = b_1 - \eta \times \frac{\partial E_{total}}{\partial b_1}$$

$$b_1' = b_1 - \eta \times (\delta_{h_1} + \delta_{h_2}) = 0.35 - 0.5 \times 0.1445743995 = 0.35 - 0.0722871998 = 0.2777128002$$

到此，完成了一次误差反向传播。更新后的参数分别为：w_{11}^2=0.0997761201，w_{21}^2= 0.1998214868，w_{12}^2=0.2495522401，w_{22}^2=0.2996429736，b_1=0.2777128002；w_{11}^3=0.3591908599，w_{21}^3= 0.4617745201，w_{12}^3= 0.4590252798，w_{22}^3=0.5618222944，b_2= 0.5511097239。重新求前向传播：

$$\begin{aligned}net_{h_1} &= w_{11}^2 \times i_1 + w_{12}^2 \times i_2 + b_1 \times 1 \\ &= 0.0997761201 \times 0.05 + 0.2495522401 \times 0.1 + 0.2777128002 \times 1 \\ &= 0.3076568302\end{aligned}$$

$$out_{h_1} = \frac{1}{1+\mathrm{e}^{-net_{h_1}}} = \frac{1}{1+\mathrm{e}^{-0.3076568302}} = 0.5763132172$$

$$\begin{aligned}net_{h_2} &= w_{21}^2 \times i_1 + w_{22}^2 \times i_2 + b_1 \times 1 \\ &= 0.1998214868 \times 0.05 + 0.2996429736 \times 0.1 + 0.2777128002 \times 1 \\ &= 0.3176681719\end{aligned}$$

$$out_{h_2} = \frac{1}{1+\mathrm{e}^{-net_{h_2}}} = \frac{1}{1+\mathrm{e}^{-0.3176681719}} = 0.5787558629$$

$$\begin{aligned}net_{o_1} &= w_{11}^3 \times out_{h_1} + w_{12}^3 \times out_{h_2} + b_2 \times 1 \\ &= 0.3591908599 \times 0.5763132172 + 0.4590252798 \times 0.5787558629 + 0.5511097239 \times 1 \\ &= 1.0237797359\end{aligned}$$

$$out_{o_1} = \frac{1}{1+\mathrm{e}^{-net_{o_1}}} = \frac{1}{1+\mathrm{e}^{-1.0237797359}} = 0.7357081920$$

$$net_{o_2} = w_{21}^3 \times out_{h_1} + w_{22}^3 \times out_{h_2} + b_2 \times 1$$
$$= 0.4617745201 \times 0.5763132172 + 0.5618222944 \times 0.5787558629 + 0.5511097239 \times 1$$
$$= 1.1423944300$$

$$out_{o_2} = \frac{1}{1+e^{-net_{o_2}}} = \frac{1}{1+e^{-1.1423944300}} = 0.7581189880$$

总误差 $E_{total} = E_{o_1} + E_{o_2} = 0.2633261900+0.0268844019 = 0.2902105919$。比之前的总误差 $E_{total} = E_{o_1} + E_{o_2} = 0.2789205046 + 0.0247154254 = 0.3036359300$ 下降了。

然后再把更新的权值重新计算，不停地迭代。每一次迭代之后，总误差 E_{total} 就会下降。迭代 10000 次后，预测输出值就很接近原输出[0.01,0.99]了。

3. *BP 算法的推导

图 3.11 所示为三层 BP 网络拓扑结构，具有一个输入层、一个隐含层和一个输出层。在输入层将样本每个特征值数据输入到每个隐含层节点，隐含层的激励函数 Sigmoid 的输出为输出层的输入。输出层再经过 Sigmoid 函数输出预测值。同一层的节点不相连，不同层的节点全连接（每个都连接）。

损失函数定义为：$E(w) = \frac{1}{2} \sum_{k \in outputs} (t_k - o_k)^2$

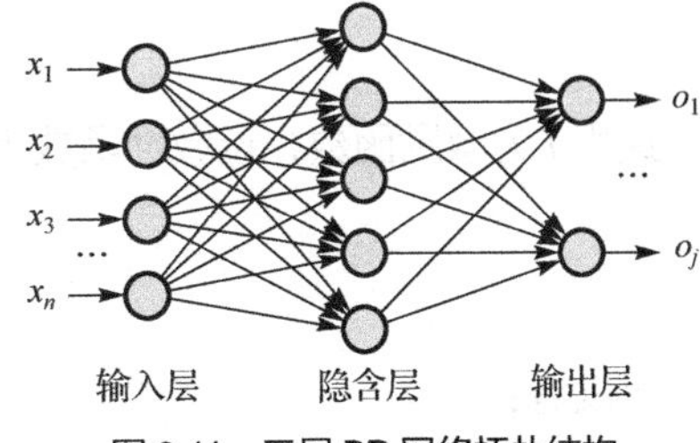

图 3.11 三层 BP 网络拓扑结构

t_k 为标签监督数据，o_k 为输出层激励函数输出的数据。损失函数定义为方差除以 2。除以 2 是为了推导公式方便。我们希望运行 BP 算法使得损失函数最小，显然乘以一个常数仍然是最小的。

具有两层 Sigmoid 单元的前馈网络的 BP 算法如下。

（1）将网络中的所有权值随机初始化。

（2）对每一个训练样例，执行如下操作。

① 根据实例的输入，从前向后依次计算，得到输出层每个单元的输出。然后从输出层开始反向计算每一层的每个单元的误差项。

② 对于输出层的每个单元 k，计算它的误差项：

$$\delta_k = -o_k(1-o_k)(t_k - o_k)$$

③ 对于网络中每个隐藏单元 h，计算它的误差项：

$$\delta_h = o_h(1-o_h) \sum_{k \in outputs} w_{kh} \delta_k$$

④ 更新每个权值：

$$w_{ji} = w_{ji} - \eta \delta_j x_{ji}$$

符号说明如下。

x_{ji}：节点 i 到下一层节点 j 的输入，w_{ji} 表示对应的权值；偏置也归于权值，只是相应的输入恒为 1，这样就去掉了偏置项。*outputs*：表示输出层节点集合。而单下标项为节点的值，如 δ_j、o_k 等。

算法的推导主要利用梯度下降算法求最小化损失函数。

损失函数为：

$$E(w) = \frac{1}{2} \sum_{k \in outputs} (t_k - o_k)^2$$

对于网络中的每个权值 w_{ji}，计算其导数：

$$\frac{\partial E}{\partial w_{ji}} = \frac{\partial E}{\partial net_j} \cdot \frac{\partial net_j}{\partial w_{ji}} = \frac{\partial E}{\partial net_j} \cdot \frac{\partial}{\partial w_{ji}} (\sum_{i=0}^{n} w_{ji} x_{ji}) = \frac{\partial E}{\partial net_j} x_{ji}$$

（1）若 j 是网络的输出层单元

对 net_j 求导：$\frac{\partial E}{\partial net_j} = \frac{\partial E}{\partial o_j} \cdot \frac{\partial o_j}{\partial net_j}$

其中：

$$\frac{\partial E}{\partial o_j} = \frac{\partial}{\partial o_j} \left(\frac{1}{2} \sum_{k \in outputs} (t_k - o_k)^2 \right)$$

由于 o_k 相互独立，

$$\frac{\partial E}{\partial o_j} = \frac{1}{2} 2(t_j - o_j) \frac{\partial (t_j - o_j)}{\partial o_j} = -(t_j - o_j)$$

$$\frac{\partial o_j}{\partial net_j} = \frac{\partial f(net_j)}{\partial net_j}$$

这里 f 为激励函数，设激励函数为 Sigmoid 函数，则：

$$\frac{\partial o_j}{\partial net_j} = \frac{\partial f(net_j)}{\partial net_j} = o_j(1 - o_j)$$

所以有：

$$\frac{\partial E}{\partial net_j} = \frac{\partial E}{\partial o_j} \cdot \frac{\partial o_j}{\partial net_j} = -(t_j - o_j) o_j (1 - o_j)$$

为了使表达式简洁，这里使用：

$$\delta_j = \frac{\partial E}{\partial net_j} = -(t_j - o_j) o_j (1 - o_j)$$

权值的改变朝着损失函数的负梯度方向，于是权值更新：

$$\begin{aligned} w_{ji}^{+} &= w_{ji} - \eta \frac{\partial E}{\partial w_{ji}} = w_{ji} - \eta \frac{\partial E}{\partial net_j} x_{ji} \\ &= w_{ji} - \eta [-(t_j - o_j) o_j (1 - o_j)] x_{ji} \\ &= w_{ji} + \eta (t_j - o_j) o_j (1 - o_j) x_{ji} \\ &= w_{ji} - \eta \delta_j x_{ji} \end{aligned}$$

（2）若 j 是网络中的隐藏单元

由于隐藏单元中 w 的值通过下一层来间接影响输入，故使用逐层剥离的方式来进行求导：

$$\frac{\partial E}{\partial net_j} = \sum_{k \in outputs} \frac{\partial E}{\partial net_k} \cdot \frac{\partial net_k}{\partial net_j} = \sum_{k \in outputs} \delta_k \frac{\partial net_k}{\partial net_j} = \sum_{k \in outputs} \delta_k \frac{\partial net_k}{\partial f(net_j)} \cdot \frac{\partial f(net_j)}{\partial net_j}$$

这里 f 为激励函数，设激励函数为 Sigmoid 函数，则：

$$\frac{\partial \sigma(net_j)}{\partial net_j} = o_j(1 - o_j)$$

这里的 o_j 是隐含层的输出，不是输出层的输出。

$$\frac{\partial net_k}{\partial \sigma(net_j)} = \frac{\partial}{\partial \sigma(net_j)}\left[\sum_{s\in隐含层} w_{ks}\sigma(net_s)\right] = w_{kj}$$

所以：

$$\frac{\partial E}{\partial net_j} = \sum_{k\in outputs} \delta_k \frac{\partial net_k}{\partial \sigma(net_j)} \cdot \frac{\partial \sigma(net_j)}{\partial net_j} = \sum_{k\in outputs} \delta_k w_{kj} o_j (1-o_j)$$

同样，这里使用：

$$\delta_j = \frac{\partial E}{\partial net_j} = -o_j(1-o_j)\sum_{k\in outputs}\delta_k w_{kj}$$

所以权值更新公式为：

$$w_{ji}^{+} = w_{ji} - \eta\frac{\partial E}{\partial w_{ji}} = w_{ji} - \eta\frac{\partial E}{\partial net_j}x_{ji} = w_{ji} - \eta\delta_j x_{ji}$$

3.2　神经网络模型

随着神经网络研究的再次升温，神经网络的种类也越来越多。各种神经网络的不同主要在于神经元的连接方式、激活函数、神经元时延性、反馈方式等。

前馈网络，又称前馈神经网络（Feedforward Neural Network），采用一种单向多层结构。其中每一层包含若干个神经元，同一层的神经元之间没有互相连接，层间信息的传送只沿一个方向进行。其中，第一层称为输入层；最后一层称为输出层；中间为一到多层的隐含层，简称隐层。前馈网络结构简单，应用广泛。它通过引入隐含层及非线性转移函数（激活函数）使得网络具有复杂的非线性映射能力，能够以任意精度逼近任意连续函数。前馈网络的输出仅由当前输入和权矩阵决定，而与网络先前的输出状态无关。前馈网络是很多神经网络的基础。

反馈神经网络（Feedback Neural Network）是一种反馈动力学系统。在这种网络中，每个神经元同时将自身的输出信号作为输入信号反馈给其他神经元，它需要工作一段时间才能达到稳定。反馈神经网络的典型代表是 Elman 网络和 Hopfield 网络。

递归神经网络（RNN）是两种人工神经网络的总称。一种是时间递归神经网络（Recurrent Neural Network）或称为循环神经网络，另一种是结构递归神经网络（Recursive Neural Network）。时间递归神经网络的神经元间连接构成有向图，而结构递归神经网络利用相似的神经网络结构递归构造更为复杂的深度网络。两者训练的算法不同，但属于同一算法的变体。

生成对抗网络（Generative Adversarial Network，GAN）是一种无监督学习方法。模型框架中含有（至少）两个模块：生成模型（Generative Model）和判别模型（Discriminative Model）。它们互相博弈学习，期望不断迭代出以假乱真的输出样本数据。

本节将介绍一些神经网络（多层感知机神经网络、卷积神经网络、循环神经网络、深度置信网络将在第 4 章详细介绍）。

神经网络的种类越来越多，来自 Asimov 研究所的费奥多范维恩（Fjodor Van Veen）编写了一个关于神经网络的图表，如图 3.12 所示。

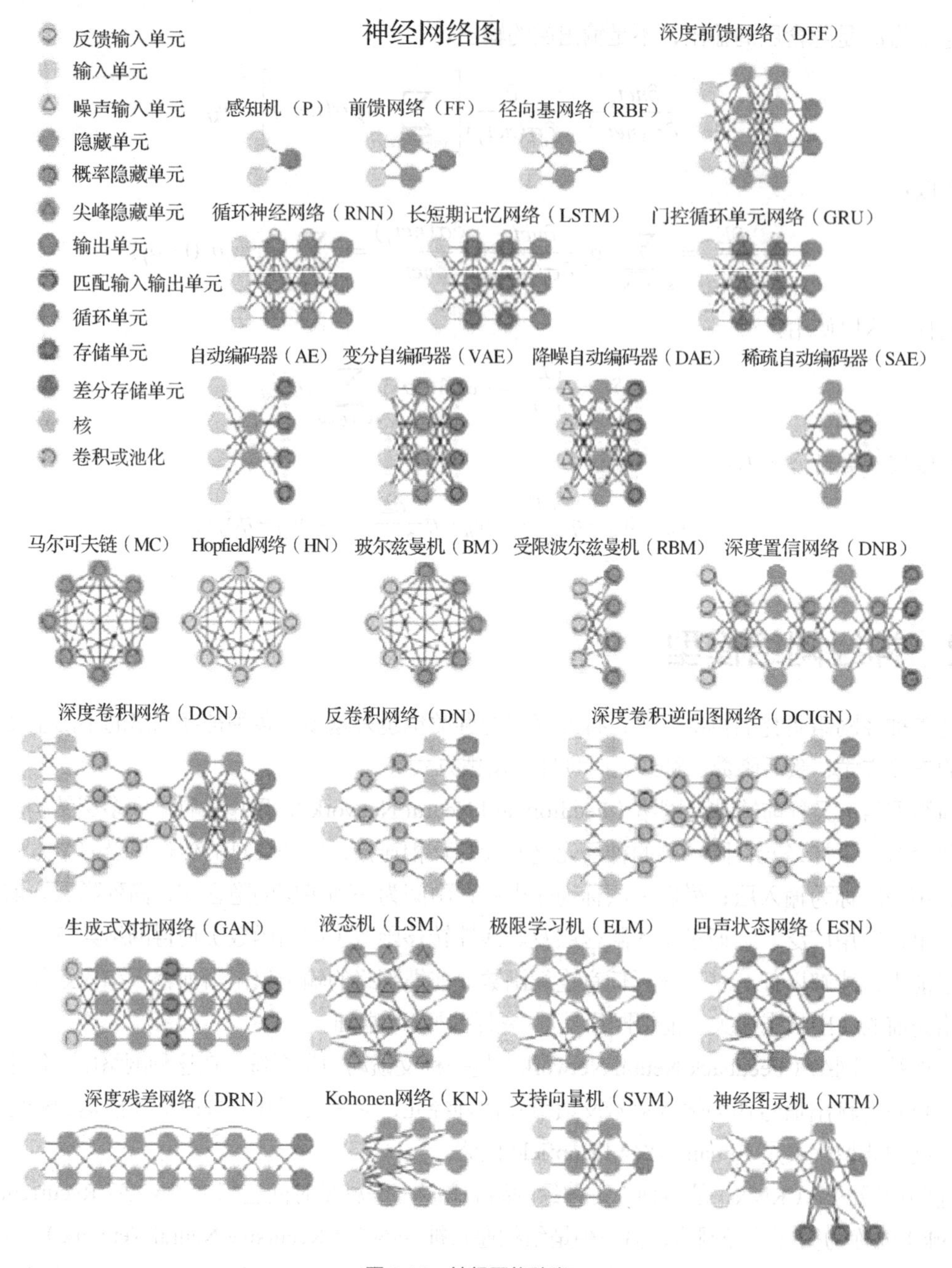

图 3.12 神经网络种类

3.2.1 径向基函数网络

径向基函数网络（Radial Basis Function Network，RBFN）是以径向基函数为基础，并能够逼近任意的非线性函数，可以处理系统内难以解析的规律性，具有良好的泛化能力，并有很快的学习收敛速度，已成功应用于非线性函数逼近、时间序列分析、数据分类、模式识别、信息处理、图像处理、系统建模、控制和故障诊断等领域。径向基函数也称为径向基函数网络的核函数。径向基函数的值仅仅依赖于变量到原点的距离，即 $\Phi(x)=\Phi(\| x \|)$；或者取决于变量到任意一点 c 的距离（c 点称为中心点），也就是 $\Phi(x, c)=\Phi(\| x-c \|)$。

下面介绍基于高斯核的径向基函数神经网络拓扑结构，如图 3.13 和图 3.14 所示。

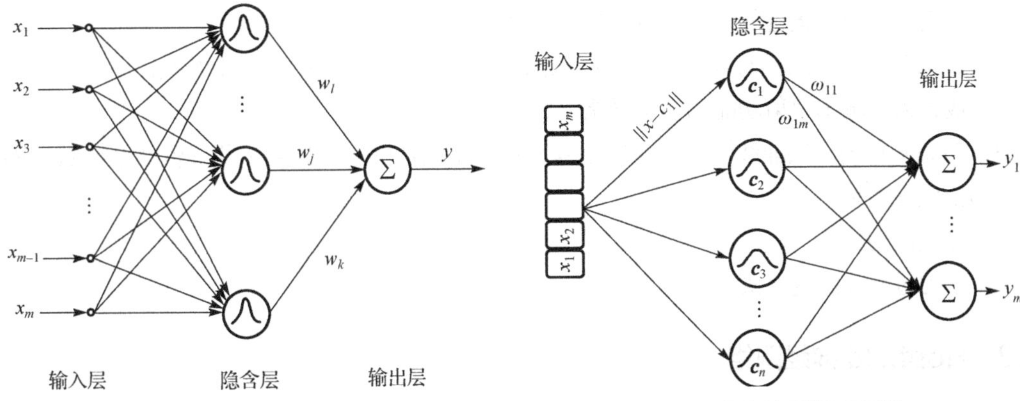

图 3.13 基于高斯核的径向基函数网络拓扑结构　　图 3.14 径向基函数网络示例

第一层输入层：将数据的特征信息传输到隐含层节点。输入层节点个数等于数据特征向量的元素个数。第二层隐含层：节点数按需设定。隐含层神经元核函数（激活函数）是径向基函数（比如高斯函数），对输入信息进行空间映射的变换。第三层输出层：输出结果。输出层神经元的激励函数为线性函数，对隐含层神经元输出的信息进行线性加权后输出，作为整个神经网络的输出结果。

径向基函数网络输出值可用以下公式表示：

$$y_i=\sum_j w_{ij}\mathrm{e}^{-\left(\frac{\|\boldsymbol{x}-\boldsymbol{c}_j\|}{\boldsymbol{\delta}_j}\right)^2}$$

其中，$\boldsymbol{c}_j$ 是隐含层第 j 个神经元的中心点向量，$\boldsymbol{x}$ 为输入层所有神经元传入的输入数据特征值向量，$\boldsymbol{\delta}_j$ 为隐含层第 j 个神经元的宽度向量，与 $\boldsymbol{c}_j$ 相对应，$\boldsymbol{\delta}_j$ 越大，隐含层对输入向量的影响范围就越大，且神经元间的平滑度也比较好；“$\|\ \|$”为欧式范数。

和三层感知机的激活函数为线性累加不同，径向基函数的核函数为径向基函数。线性累加具有全域性，而径向基函数具有中心点对称性，并且具有局域性，即神经元随着离中心点距离的增加，其影响会越来越小。

径向基函数有多种形式，常见的有以下几种，其中目前使用最普遍的形式是高斯函数。

（1）高斯函数（Gaussian 函数）：

$$\phi_i(r)=\mathrm{e}^{-\frac{r^2}{\delta_i^2}}$$

（2）反常 S 型函数（Reflected Sigmoidl 函数）：

$$\phi_i(r)=\frac{1}{1+\mathrm{e}^{\frac{r^2}{\delta_i^2}}}$$

（3）逆畸变校正函数（Inverse Multiquadrics 函数）：

$$\phi_i(r)=\frac{1}{(r^2+\delta_i^2)^a}\quad a>0$$

当 $a=1/2$ 时称为拟多二次函数。

其中 $r=\|\boldsymbol{x}-\boldsymbol{c}\|$ 为输入向量与中心点向量的距离。δ 称为径向基函数的扩展常数，它反映了函数作用范围的宽度，δ 越小，宽度越窄，函数越具有选择性。

径向基函数网络具有以下优点。

（1）具有唯一最佳逼近的特性，且无局部极小问题。

（2）径向基函数网络具有较强的输入和输出映射功能。理论证明在前馈神经网络中径向基函数网络是完成输入和输出映射功能的最优网络。

（3）与感知机输出层非线性激活函数不同，径向基函数网络输出层采用线性激活函数，网络权值与输出呈线性关系。

（4）分类能力好。

（5）学习过程收敛速度快。

3.2.2 Hopfield 神经网络

J.J.霍普菲尔德（J.J. Hopfield）在反馈神经网络中引入了能量函数的概念，使反馈型神经网络运行稳定性的判断有了可靠依据。1985 年 Hopfield 和谭克（Tank）共同用模拟电子线路实现了 Hopfield 神经网络，并成功地求解了优化组合问题中最具有代表性的旅行商问题，即 TSP 问题，从而开辟了神经网络用于智能信息处理的新途径。前馈网络中，不论是离散还是连续，一般都不考虑输入和输出之间在时间上的滞后性，而只是表达两者间的映射关系，但在 Hopfield 神经网络中，需考虑输入输出间的延迟因素，因此需要通过微分方程或差分方程描述网络的动态数学模型。

Hopfield 神经网络分为连续性和离散型，分别记为 CHNN 和 DHNN。这里主要讲解 DHNN，如图 3.15 所示。

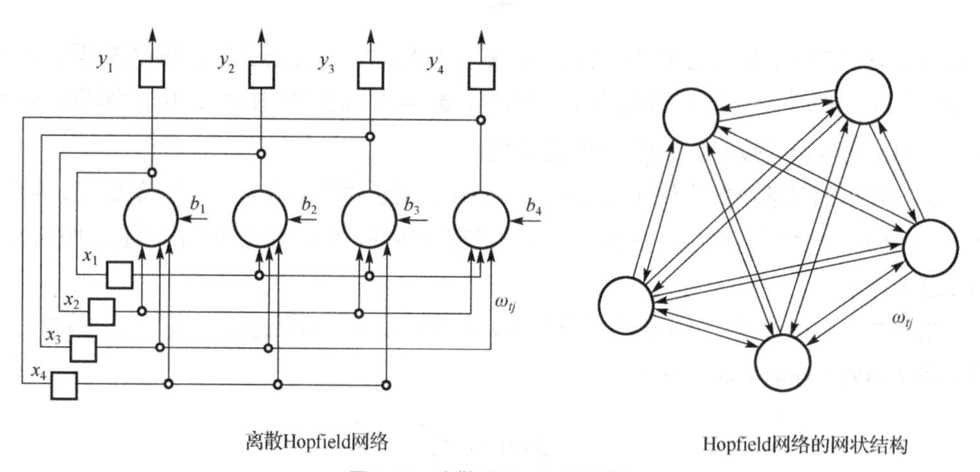

图 3.15　离散型 Hopfield 网络

从其对应的网状结构可以清晰地看出，DHNN 和其他神经网络不同的是，DHNN 并没有层的概念，也没有前向和后向的区别。图 3.15 中 b_i 称为每一个神经元的门槛值，又可称其为截断值。每一个神经元的输出会反馈给其他所有神经元，反馈回自己的权值为 0，其他神经元得到的反馈值会作为下一轮的输入值；这里权值需满足 $w_{ii}=0$，$w_{ij}=w_{ji}$（对称性规定）。这样，Hopfield 神经网络经过不断迭代从而形成稳定的输出。

3.2.3 Elman 神经网络

基本的 Elman 神经网络由输入层、隐含层、连接层和输出层组成，如图 3.16 所示。与 BP 网络相比，Elman 神经网络在结构上多了一个连接层，用于构成局部反馈。连接层的激活函数为线性函数，但多了一个延迟单元，所以连接层可以记忆过去的状态，并且在下一时刻与网络的输入一起作为隐含层的输入，使网络具有动态记忆功能，因此非常适合时间序列预测问题。

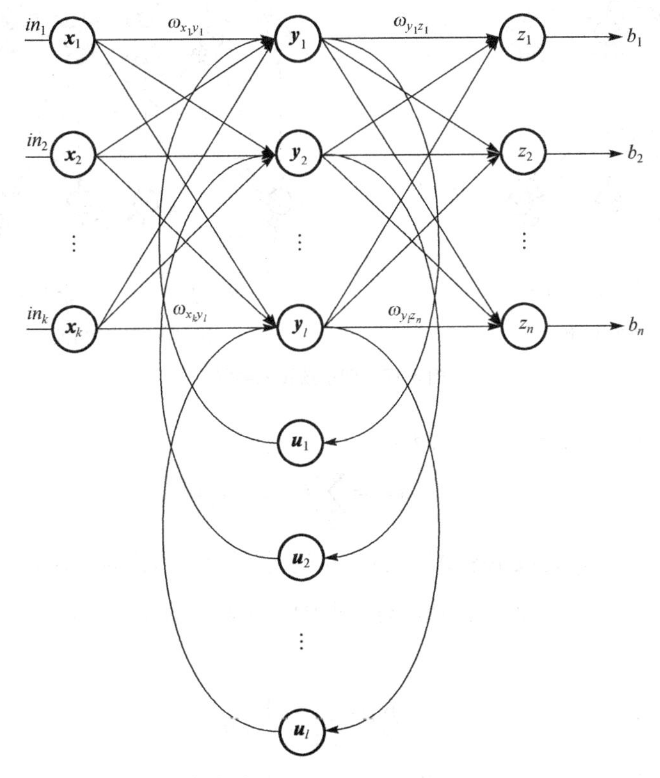

图 3.16　Elman 神经网络

$$\boldsymbol{h}_t=\sigma_h(W_h\boldsymbol{x}_t+U_h\boldsymbol{h}_{t-1}+b_h)$$
$$\boldsymbol{y}_t=\sigma_y(W_y\boldsymbol{h}_t+b_y)$$

在这里 $\boldsymbol{x}_t$ 为输入向量，$\boldsymbol{h}_t$ 为隐含层向量，$\boldsymbol{y}_t$ 为输出向量，$\boldsymbol{W}$，$\boldsymbol{U}$ 为权值矩阵，$\boldsymbol{b}$ 为截距向量，σ_h 和 σ_y 为激活函数。

3.2.4　玻尔兹曼机

玻尔兹曼机（Boltzmann Machine）是 G.E.辛顿（G.E.Hinton）等人于 1983 ~ 1986 年提出的随机神经网络。随机神经网络与其他神经网络相比有两个主要区别。

（1）在学习阶段，随机网络不像其他网络那样基于某种确定性算法调整权值，而是按某种概率分布进行修改。

（2）在运行阶段，随机网络不是按某种确定性的网络方程进行状态演变，而是按某种概率分布决定其状态的转移。

神经元的净输入不能决定其状态取 1 还是取 0，但能决定其状态取 1 还是取 0 的概率。这就是随机神经网络算法的基本概念。

玻尔兹曼机中神经元只有两种输出状态（0 或 1）。状态的取值根据概率统计法则决定，由于这种概率统计法则的表达形式与 Boltzmann 分布类似，故将这种网络取名为玻尔兹曼机。

根据学习类型，玻尔兹曼机可分为自联想型和异联想型，如图 3.17 所示。

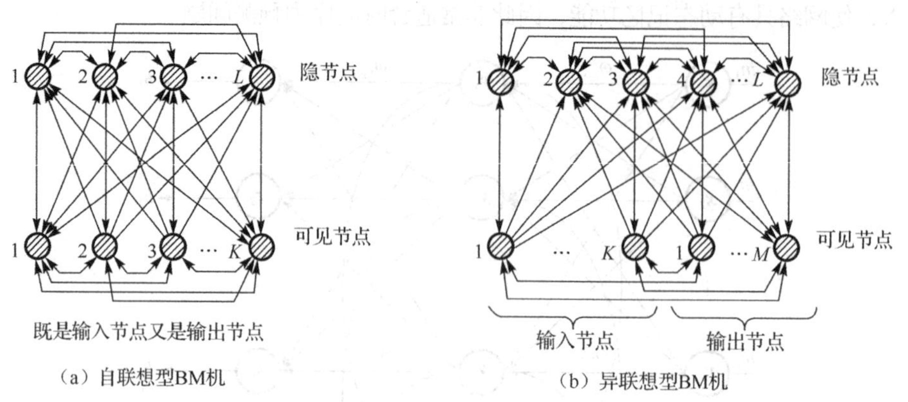

图 3.17 玻尔兹曼机类型

设玻尔兹曼机中单个神经元的净输入为：

$$net_j = \sum_i (w_{ij}x_i - T_j)$$

这里的 T_j 称为温度，w_{ij} 为玻尔兹曼机权值，玻尔兹曼机权值为对称权值，即 $w_{ij} = w_{ji}$。

与其他学习算法不同，玻尔兹曼机并没有一个确定的映射函数输出值，而是输出某种状态的转移概率：

$$P_j(1) = \frac{1}{1 + \mathrm{e}^{-net_j/T}}$$

上式表示的是神经元 j 输出状态取值为 1 的概率。状态为 0 的概率就用 1 减去上式的值即可。可以看出，净输入越大，神经元状态取值为 1 的概率越大；净输入越小，神经元状态取值为 0 的概率越大。而温度 T 的变化可改变概率曲线的形状，具体如图 3.18 所示。

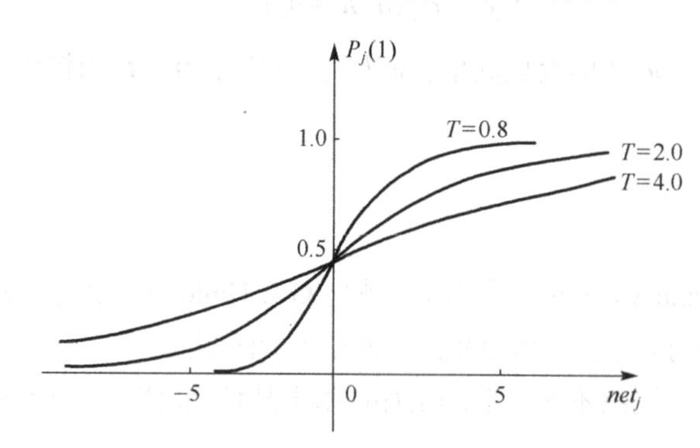

图 3.18 玻尔兹曼机输入与温度对输出的影响

从图 3.18 中可以看出，当温度 T 较高时，概率曲线变化平缓，对于同一净输入得到的状态为 0 或 1 的概率差别小；而温度 T 较低时，概率曲线陡峭，对于同一净输入状态为 1 或 0 的概率差别大；当 $T=0$ 时，概率函数退化为符号函数，神经元输出状态将无随机性。

玻尔兹曼机采用能量函数描述其网络状态：

$$E(t) = -\frac{1}{2}\boldsymbol{X}^{\mathrm{T}}(t)\boldsymbol{W}\boldsymbol{X}(t) + \boldsymbol{X}^{\mathrm{T}}(t)T$$
$$= -\frac{1}{2}\sum_{j=1}^{n}\sum_{i=1}^{n} w_{ij}x_i x_j + \sum_{i=1}^{n} T_i x_i$$

设玻尔兹曼机按异步方式工作，即每次仅第 j 个神经元改变状态，根据：

$$net_j = \sum_i (w_{ij}x_i - T_j)$$

有能量变化公式：

$$\frac{\partial E(t)}{\partial x_j(t)} = \frac{\partial}{\partial x_j(t)}\left(-\frac{1}{2}\sum_{l=1}^{n}\sum_{i=1}^{n} w_{il}x_i x_l + \sum_{i=1}^{n} T_i x_i\right)$$

$$\frac{\partial E(t)}{\partial x_j(t)} = -\frac{1}{2}\sum_{i=1}^{n} w_{ij}x_i + -\frac{1}{2}\sum_{i=1}^{n} w_{ij}x_i + T_j = -\sum_{i=1}^{n} w_{ij}x_i + T_j = -net_j$$

所以：

$$\Delta E(t) = -net_j(t)\Delta x_j(t)$$

下面进一步讨论各种情况下的能量变化情况。

（1）当净输入大于 0 时，状态为 1 的概率大于 0.5。若原来状态 $x_j=1$，则 $\Delta x_j=0$，从而 $\Delta E=0$；若原来状态 $x_j=0$，则 $\Delta x_j=1$，从而 $\Delta E<0$，能量下降。

（2）当净输入小于 0 时，状态为 1 的概率小于 0.5。若原来状态 $x_j=0$，则 $\Delta x_j=0$，从而 $\Delta E=0$；若原来状态 $x_j=1$，则 $\Delta x_j=-1$，从而 $\Delta E<0$，能量下降。

从以上对各种可能的情况讨论中可以看出，对于玻尔兹曼机，随着网络状态的演变，从概率意义上网络的能量总是朝着减小的方向变化。这就意味着网络能量的总趋势是朝着减小的方向演进的。

设状态 $x_j=1$ 时对应的网络能量为 E_1，状态 $x_j=0$ 时对应的网络能量为 E_0，根据前面的分析结果，当状态 x_j 由 1 变为 0 时，有 $\Delta x_j=-1$，于是有公式：$E_0-E_1=\Delta E = net_j$；对应的状态为 1 或状态为 0 的概率有以下公式：

$$P_j(1) = \frac{1}{1+\mathrm{e}^{-net_j/T}} = \frac{1}{1+\mathrm{e}^{-\Delta E/T}}$$

$$P_j(0) = 1 - P_j(1) = 1 - \frac{1}{1+\mathrm{e}^{-\Delta E/T}} = \frac{\mathrm{e}^{-\Delta E/T}}{1+\mathrm{e}^{-\Delta E/T}}$$

$$\frac{P_j(0)}{P_j(1)} = \mathrm{e}^{-\Delta E/T} = \mathrm{e}^{-(E_0-E_1)/T} = \frac{\mathrm{e}^{-E_0/T}}{\mathrm{e}^{-E_1/T}}$$

玻尔兹曼机处于某一状态的概率主要取决于此状态下的能量，能量越低概率越大；玻尔兹曼机处于某一状态的概率还取决于温度参数 T，温度越高，不同状态出现的概率越近，网络能量越容易跳出局部极小而搜索全局最小；温度越低，不同状态出现的概率差别越大，网络能量越不容易改变，从而可以使得网络搜索收敛。

用玻尔兹曼机进行优化计算时，可将目标函数构造为网络的能量函数，为防止目标函数陷入局部最优，开始时温度应设置很高，此时神经元状态为 1 或 0 的概率几乎相等，因此网络能量可以达到任意可能的状态，包括局部最小或全局最小。当温度下降，不同状态的概率发生变化，能量低的状态出现的概率变大，而能量高的状态出现的概率变小。当温度逐渐降至 0 时，每个神经元要么只能取 1，要么只能取 0，此时网络的状态就凝固在目标函数全局最小附近。对应的网络状态就是优化问题的最优解。

玻尔兹曼机具有防止局部最优的问题。常规的梯度下降法在解决多维度的优化问题时遇到最常见的困难是局部最优问题。当神经元节点越多，对应的权矩阵也就越大。由于每个权值可以通过学习修改，可视为一个自由度或者变量，因此模型的能力很强。然而模型的能力越强，模型就越容易过拟合，对噪声就越敏感。另外，使用梯度下降进行最优解搜寻时，多变量的误差曲面很像是连绵起伏的山峰，变量越多，山峰和山谷则越多，这就导致梯度下降法极容易陷入到局部的一个小山谷而停止搜索。这就是最常见的局部最优问题，究其原因是梯度下降法的搜索准则所致，按照梯度的负方向搜索，一味追求网络误差或能量函数的降低，使得搜索只具有“下山”的能力，而不具备“爬山”的能力。所谓“爬山”的能力，就是当搜索陷入局部最优时，还能具备一定的“翻山越岭”的能力，能够从局部最优中跳出来，继续搜索全局最优。玻尔兹曼机就是通过一定的概率保证搜索陷入局部最优时能够具有一定的“爬山”能力。这个形象的对比如图 3.19 所示。

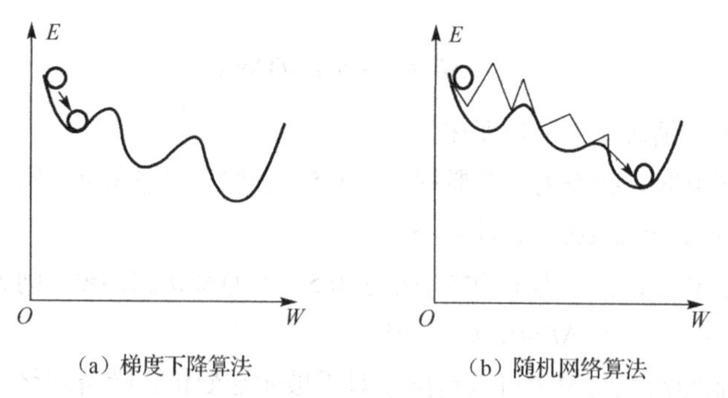

（a）梯度下降算法　　（b）随机网络算法

图 3.19　局部最优问题

3.2.5　自动编码器

自动编码器（Autoencoders）是一种无监督的神经网络模型，它可以学习到输入数据的隐含特征，这称为编码（Coding），同时用学习到的新特征可以重构出原始输入数据，称为解码（Decoding），如图 3.20 所示。

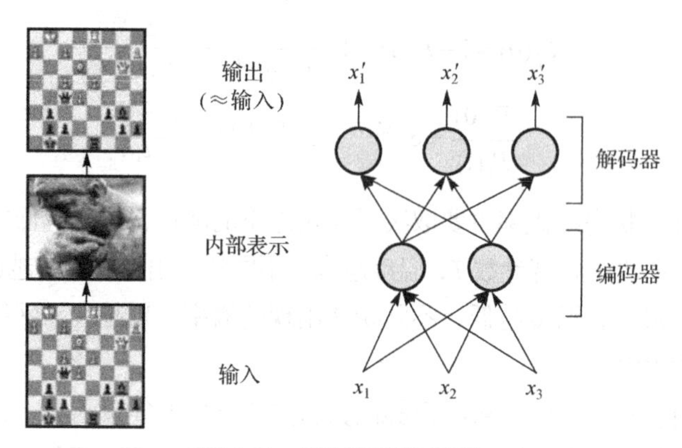

图 3.20　自动编码器示意图

自动编码器可以用于其他神经网络的预训练，从而确定 ***W*** 的初始值。其目标是让输入值等于输出值。如图 3.21 所示，首先用 $\boldsymbol{W}$ 对输入进行编码，经过激活函数后，再用 $\boldsymbol{W}^{\mathrm{T}}$ 进行解码，从而使得 $h(x) \approx x$。该过程可以看作是对输入数据的压缩编码，将高维的原始数据用低维的向量表示，使压缩后的低维向量能保留输入数据的典型特征，从而能够较为方便地恢复原始数据。需要注意的是，这里增加了一个约束条件，即在对数据进行编码和解码时，使用的是同一个参数矩阵 $\boldsymbol{W}$。自动编码器可以用于减少参数的个数，控制模型的复杂度。

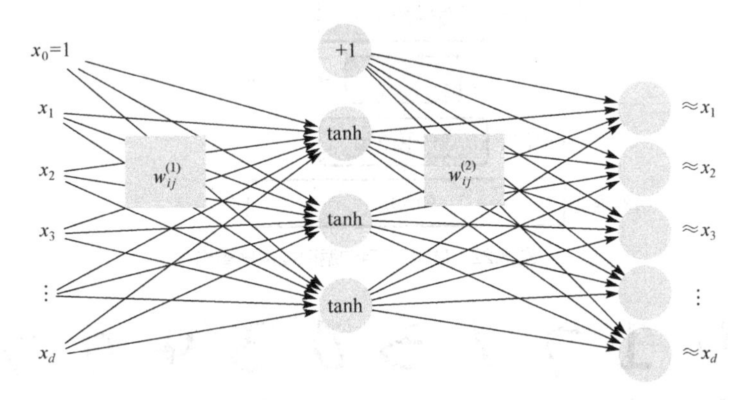

图 3.21　自动编码器数据变换

我们希望重构出的值和原始输入值尽可能一致。衡量重构值和原始输入值的方法，对于高斯分布的数据，可以采用均方误差；而对于伯努利分布的数据，可以采用交叉熵损失函数。

自动编码器可以用于特征降维，类似 PCA，但功能更强，这是由于神经网络模型可以提取更有效的新特征。除了进行特征降维，自动编码器学习到的新特征可以送入有监督学习模型中，所以自动编码器可以起到特征提取器的作用。作为无监督学习模型，自动编码器还可以用于生成与训练样本中不同的新数据，这样自动编码器（变分自动编码器，Variational Autoencoders）就变成了生成式模型。一般情况下，会对自动编码器加上一些限制，常用的是使用 $\boldsymbol{W}^{\mathrm{T}}$，这称为绑定权值（Tied Weights）。有时候，我们希望自动编码器在近似重构原始输入的情况下能够捕捉到原始输入中更有价值的信息，可以给自动编码器加上更多的约束条件，降噪自动编码器（Denoising Autoencoder）以及稀疏自动编码器（Sparse Autoencoder）就属于这种情况。降噪自动编码器是在自动编码器的基础上，为了防止过拟合问题而给输入的数据（网络的输入层）加入噪音，使学习得到的编码器 W 具有较强的健壮性，从而增强模型的泛化能力。稀疏自编码器要求输出尽可能等于输入，并且它的隐含层必须满足一定的稀疏性，即隐含层不能携带太多信息。为了保证隐含层的稀疏性，在自动编码器的代价方程加入一个稀疏性惩罚项。

自动编码器可以采用更深层的架构，这就是深度自动编码器，本质上就是增加中间特征层数。这里以 MNIST（手写数字识别项目）数据为例来说明自动编码器，这里建立了两个隐含层的自动编码器用来数据重构，如图 3.22 所示。

对于 MNIST 来说，其输入是 28×28=784 维度的特征，这里使用了两个隐含层，其维度分别为 300 和 150。可以看到特征的维度不断降低，从 784 降到 300 再降到 150，得到的最终编码为 150 维度的特征，使用这个特征进行反向重构得到重建的特征，我们希望重建特征和原始特征尽量相同。由于 MNIST 是 0 或 1，可以采用交叉熵作为损失函数建立一个模型。当训练这个模型后，可以将原始 MNIST 的数字手写体与重构出的手写体做个比较，如图 3.23 所示，上一排是原始图片，下一排是重构图片，相差非常小。尽管将维度从 784 降低到了 150，得到的新特征还是抓取了原始特征的核心信息。

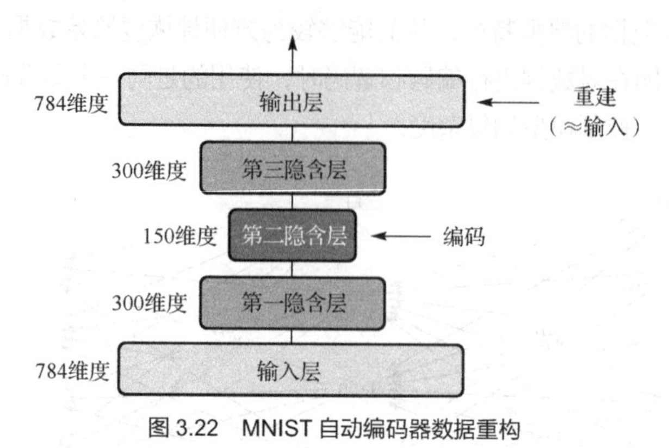

图 3.22　MNIST 自动编码器数据重构

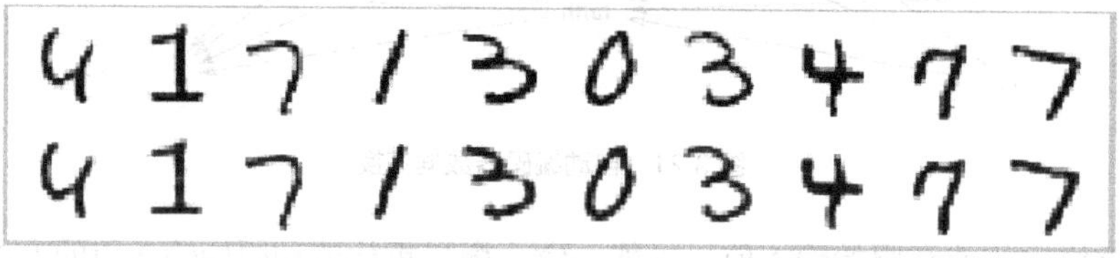

图 3.23　MNIST 数字手写体与重构手写体比较

3.2.6　生成对抗网络

生成对抗网络（Generative Adversarial Network，GAN）思想是一种二人零和博弈（Two-player Game），博弈双方的利益之和是一个常数。博弈双方分别为一个生成器（Generator）和一个判别器（Discriminator）。生成器捕捉真实数据样本的潜在分布，并生成新的数据样本；判别器是一个二分类器，判别输入是真实数据还是生成的样本。博弈双方需要不断优化，各自提高自己的生成能力或判别能力，这个学习优化过程就是寻找两者之间的纳什均衡过程。

- 判别网络的目的：判别出一张图来自真实样本集还是假样本集。假如输入的是真样本，网络输出就接近 1；输入的是假样本，网络输出就接近 0，即达到了很好的判别目的。
- 生成网络的目的：生成假样本数据，目的就是使得自己生成假样本的能力尽可能强，以至于判别网络没法判断是真样本还是假样本。

当 GAN 达到纳什均衡时，生成网络生成的假样本到了判别网络以后，判别网络给出的结果是一个接近 0.5 的值，极限情况就是 0.5，也就是说不能判别。

生成模型与对抗模型是完全独立的两个模型，它们之间没有什么联系。那么训练采用的大原则是单独交替迭代训练。

单独交替迭代训练步骤如下。

1. 判别网络

- 假设现在有了生成网络（当然可能不是最好的），给一些随机数组后，就会得到一些假的样本集（因为不是最终的生成模型，现在生成网络可能处于劣势，导致生成的样本不太好，很容易就被判别网络判别为假）。
- 现在有了这个假样本集（真样本集一直都有），再人为地定义真假样本集的标签，很明显，这里默认真样本集的类标签为1，而假样本集的类标签为0，这是因为希望真样本集的输出尽可能为1，假样本集为0。

- 现在有了真样本集以及它们的标签（都是1）、假样本集以及它们的标签（都是0）。这样一来，单就判别网络来说，问题就变成了有监督的二分类问题。
- 训练判别网络。

2. 生成网络

- 对于生成网络，我们的目的是生成尽可能逼真的样本。而原始的生成网络生成的样本的真实程度只能通过判别网络才知道，所以在训练生成网络时，需要联合判别网络才能达到训练的目的。
- 所以生成网络的训练其实是图3.24所示的对生成—判别网络串接的训练。因为如果只使用生成网络，那么无法得到误差，也就无法训练。

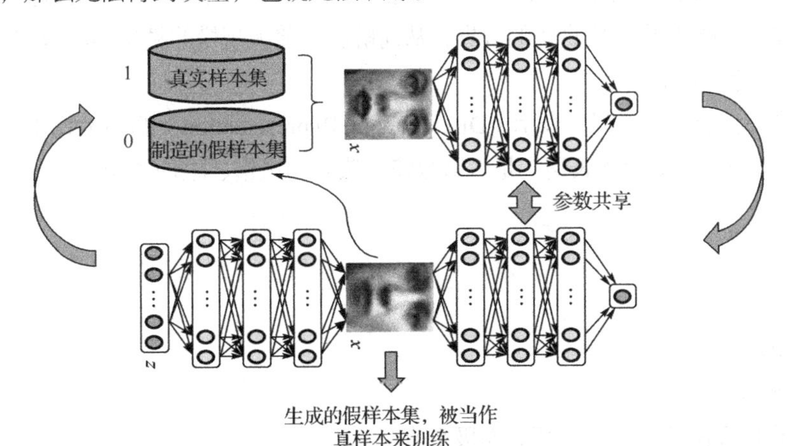

图3.24 生成—判别网络

- 当通过原始的噪声数组 Z 生成了假样本后，把这些假样本的标签都设置为1，即认为这些假样本在生成网络训练的时候是真样本。因为此时是通过判别器来生成误差的，而误差回传的目的是使得生成器生成的假样本逐渐逼近真样本（当假样本不真实，标签却为1时，判别器给出的误差会很大，这就迫使生成器进行很大的调整；反之，当假样本足够真实，标签为1时，判别器给出的误差就会减小，这就完成了假样本向真样本逐渐逼近的过程）。
- 对于生成网络的训练，有了样本集（只有假样本集，没有真样本集），有了对应的标签（全为1），有了误差，就可以开始训练了。
- 在训练这个串接网络时，一个很重要的操作是固定判别网络的参数，不让判别网络参数更新，只是让判别网络将误差传到生成网络，更新生成网络的参数。
- 在生成网络训练完成后，可以根据训练后的生成网络对先前的噪声 Z 生成新的假样本，一般地，这次生成的假样本会更加真实。

3. 更新假样本集

- 将生成网络生成的新的假样本集加入到判别网络中，重复步骤1、步骤2。可以定义一个迭代次数，交替迭代到一定次数后即可停止。

2014年伊恩·古德费洛（Ian Goodfellow）等人提出GAN以后，许多研究者提出了改进的模型。

条件生成对抗网络（Conditional Generative Adversarial Networks，CGAN）首次为 GAN 增加限制条件，从而增加 GAN 的准确率。原始的 GAN 产生的数据模糊不清，为了解决 GAN 太过自由这个问题，一个很自然的想法就是给 GAN 加一些约束，在生成模型和判别模型分别为数据加上标签，也就是加上了限制条件。

LAPGAN 称为拉普拉斯对抗生成网络，主要致力于生成更加清晰、更加锐利的数据。LAPGAN 事实上受启发于 CGAN，同样在训练生成模型的时候加入了条件约束。

深度卷积生成对抗网络（Deep Convolutional Generative Adversarial Networks，DCGAN）将深度学习中的卷积神经网络应用到了 GAN 中。这个模型为工业界具体使用卷积神经网络的 GAN 提供了非常完善的解决方案，并且生成的图片质量精细，为之后 GAN 在应用领域的发展奠定了很好的基础。

iGAN 完美地将 DCGAN 和流形学习（Manifold Learning）融合在一起。

Apple 出品的 SimGAN 利用了 GAN 可以产生和训练数据质量一样的生成数据这个特性，通过 GAN 生成大量的和训练数据一样真实的数据，从而解决当前大规模的精确标注数据难以获取、人工标注成本过高等一系列问题。

InfoGAN 是一种能够学习解缠表示（Disentangled Representation）的 GAN，比如对人脸数据集中各种不同的属性特点（如脸部表情、是否戴眼镜、头发的风格、眼珠的颜色等）进行处理。

习题

1. 详述 MP 模型。
2. 详述感知机。
3. 为什么梯度算法能够快速求解局部极小值？
4. 在什么情况下，梯度算法能够求解全局极小值？
5. 详述 BP 算法。
6. 什么是损失函数？
7. 什么是交叉熵损失函数？
8. 详述径向基模型。
9. 详述玻尔兹曼机。玻尔兹曼机有何作用？
10. 详述自动编码器。自动编码器有何作用？
11. 详述 GAN。GAN 有何优点？
12. 为什么玻尔兹曼机相对于 BP 算法，能够更容易找到全局极小值？

04 第4章　深度学习

本章介绍了多层感知机神经网络、卷积神经网络、循环神经网络、深度置信网络以及几个比较重要的使用 Python 语言的深度学习框架。

4.1 多层感知机神经网络

按不同层的位置划分，多层感知机神经网络内部的神经网络层可以分为 3 类，输入层、隐含层和输出层，如图 4.1 所示，一般来说第一层是输入层，最后一层是输出层，而中间的层都是隐含层。

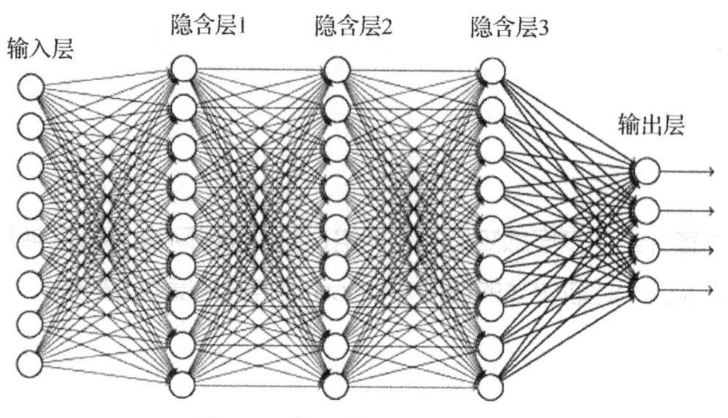

图 4.1 多层感知机神经网络

多层感知机神经网络的学习算法是多层 BP 算法，和第 3 章的三层感知机神经网络 BP 算法类似。为了清楚地推导多层 BP 算法，可对权值的标号做出图 4.2 所示的规定。第一层为输入层，最后一层为输出层，中间为隐含层。

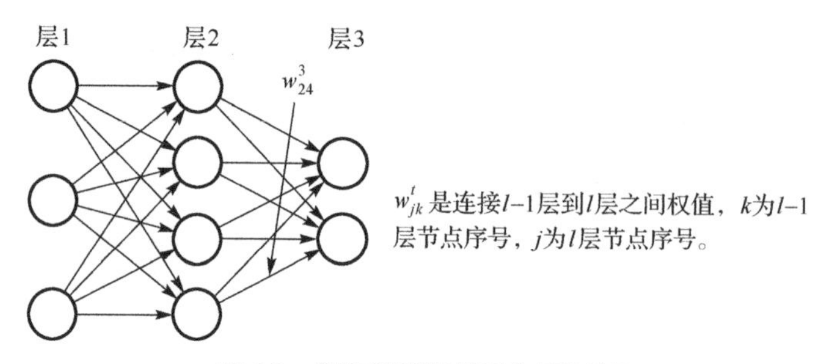

图 4.2 多层感知机神经网络权值编号

假设第 $l-1$ 层共有 m 个神经元，而第 l 层共有 n 个神经元。则第 l 层的线性系数 W 组成了一个 $n\times m$ 的矩阵 $\boldsymbol{W}^{(l)}$,第 l 层的偏置 b 组成了一个 $n\times1$ 的向量 $b^{(l)}$，第 $l-1$ 层的输出 a 组成了一个 $m\times1$ 的向量 $a^{(l-1)}$，第 l 层的未激活前线性输出 z 组成了一个 $n\times1$ 的向量 $z^{(l)}$，第 l 层的输出 a 组成了一个 $n\times1$ 的向量 $a^{(l)}$。则用矩阵法表示，第 l 层很好地解释为：

$$a^{(l)}=f(z^{(l)})=f(\boldsymbol{W}^{(l)}a^{(l-1)}+b^{(l)})$$

1. 多层感知机 BP 算法

（1）多层感知机前向传播算法

多层感知机的前向传播算法也就是利用若干个权值系数矩阵 $\boldsymbol{W}$、偏置向量 b 来与输入值向量 x 进行一系列线性运算和激活运算，从输入层开始，一层层的向后计算，一直运算到输出层，得到输出值。

输入：总层数 n_l，所有隐含层和输出层对应的矩阵 $\boldsymbol{W}$，偏置向量 b，输入值向量 x。

输出：输出层的输出 $a^{(l)}$ 。

① 初始化 $a^{(1)}=x$ 。

② for l=2 to n_l，计算：

$$a^{(1)}=f(z^{(l)})=f(\boldsymbol{W}^{(l)}a^{(l-1)}+b^{(l)})$$

（2）多层感知机 BP 算法

为了简化描述，这里以最基本的批量梯度下降法为例来描述 BP 算法。

输入：总层数 n_l，以及各隐含层与输出层的神经元个数，激活函数，损失函数，迭代步长 η ，最大迭代次数 MAX 与停止迭代阈值 ϵ ，输入的 m 个训练样本为 $\{(x^{(l)},y^{(l)}),\cdots(x^{(m)},y^{(m)})\}$ 。

输出：各隐含层与输出层的线性关系系数矩阵 $\boldsymbol{W}$ 和偏置向量 b。

① 初始化各隐含层与输出层的线性关系系数矩阵 $\boldsymbol{W}$ 和偏置向量 b 的值为一个随机值。

② for $iter$ = 1 to MAX

for i =1 to m

for l=2 to n_l，使用多层感知机前向传播算法，求出向量 a^l 。因此可以求出向量 a^l 中的一个元素 $a_j^{(l)}$ 。

for $l=n_l$ to 2，求梯度：

$$\frac{\partial}{\partial W_{ij}^{(l)}}L(\boldsymbol{W},b;x,y)=a_j^{(l-1)}\delta_i^{(l)}$$

$$\frac{\partial}{\partial b_i^{(l)}}L(\boldsymbol{W},b;x,y)=\delta_i^{(l)}$$

$$\delta_i^{(l)}=\left(\sum_{j=1}^{s_{l+1}}\left(W_{ji}^{(l+1)}\delta_j^{(l+1)}\right)\right)f'(z_i^{(l)})$$

$$\delta_i^{(n_l)}=\frac{\partial}{\partial z_i^{(n_l)}}\frac{1}{2}\left\|y-h_{W,b}(x)\right\|^2=-(y_i-a_i^{(n_l)})\cdot f'(z_i^{(n_l)})$$

这里 f 为激励函数，z 为上层输入与权值加权和。s_l 为第 l 层的神经元节点个数。

for l =2 to n_l，更新第 l 层的 $\boldsymbol{W}$ 和 b

$$W_{ij}^{(l)}=W_{ij}^{(l)}-\eta\frac{\partial}{\partial W_{ij}^{(l)}}L(\boldsymbol{W},b)$$

$$b_i^{(l)}=b_i^{(l)}-\eta\frac{\partial}{\partial b_i^{(l)}}L(\boldsymbol{W},b)$$

这里可以通过以下公式求出：

$$\frac{\partial}{\partial W_{ij}^{(l)}}L(\boldsymbol{W},b)=\left[\frac{1}{m}\sum_{i=1}^{m}\frac{\partial}{\partial W_{ij}^{(l)}}L(\boldsymbol{W},b;x^{(i)},y^{(i)})\right]+\lambda W_{ij}^{(l)}$$

$$\frac{\partial}{\partial b_i^{(l)}}L(\boldsymbol{W},b)=\frac{1}{m}\sum_{i=1}^{m}\frac{\partial}{\partial b_i^{(l)}}L(\boldsymbol{W},b;x^{(i)},y^{(i)})$$

如果所有 $\boldsymbol{W}$、b 的变化值都小于停止迭代阈值 ϵ ，则跳出迭代循环转到步骤③。

③ 输出各隐含层与输出层的 $W_{ji}^{(l)}$ 和偏置向量 $b_i^{(l)}$。

2. *多层感知机 BP 算法的推导

假设有一个固定样本集 $\{(x^{(l)}, y^{(l)}), \cdots, (x^{(m)}, y^{(m)})\}$，它包含 m 个样例。可以用批量梯度下降法来求解神经网络。具体来讲，对于单个样例 (x, y)，其损失函数为：

$$L(\boldsymbol{W}, b; x, y) = \frac{1}{2}\left\|\boldsymbol{y} - h_{\boldsymbol{W},\boldsymbol{b}}(\boldsymbol{x})\right\|^2$$

这是一个（1/2 的）方差损失函数。给定一个包含 m 个样例的数据集，可以定义整体损失函数为：

$$L(\boldsymbol{W}, b) = \left[\frac{1}{m}\sum_{i=1}^{m} L(\boldsymbol{W}, b; x^{(i)}, y^{(i)})\right] + \frac{\lambda}{2}\sum_{l=2}^{n_l}\sum_{i=1}^{s_l}\sum_{j=1}^{s_{l+1}}(W_{ji}^{(l)})^2$$

$$= \left[\frac{1}{m}\sum_{i=1}^{m}\left(\frac{1}{2}\left\|y^{(i)} - h_{\boldsymbol{W},\boldsymbol{b}}(x^{(i)})\right\|^2\right)\right] + \frac{\lambda}{2}\sum_{l=2}^{n_l}\sum_{i=1}^{s_l}\sum_{j=1}^{s_{l+1}}(W_{ji}^{(l)})^2$$

以上关于 $L(\boldsymbol{W}, b)$ 定义中的第一项是一个均方差项。第二项是一个规则化项（也叫权值衰减项），其目的是减小权值的幅度，防止过度拟合。权值衰减参数 λ 用于控制公式中两项的相对重要性。这里 $L(\boldsymbol{W}, b; x, y)$ 是针对单个样例计算得到的方差代价函数；$L(\boldsymbol{W}, b)$ 是整体样本损失函数，它包含权值衰减项。

我们的目标是针对参数 $\boldsymbol{W}$ 和 b 来求其函数 $L(\boldsymbol{W}, b)$ 的最小值。为了求解神经网络，需要将每一个参数 $W_{ij}^{(l)}$ 和 $b_i^{(l)}$ 初始化为一个很小的、接近零的随机值（比如使用正态分布 $Normal(0, \varepsilon^2)$ 生成的随机值，其中 ε 设置为 0.001），之后对目标函数使用诸如批量梯度下降法的最优化算法。

梯度下降法中每一次迭代都按照如下公式对参数 $\boldsymbol{W}$ 和 b 进行更新：

$$W_{ij}^{(l)} = W_{ij}^{(l)} - \eta\frac{\partial}{\partial W_{ij}^{(l)}}L(\boldsymbol{W}, b)$$

$$b_i^{(l)} = b_i^{(l)} - \eta\frac{\partial}{\partial b_i^{(l)}}L(\boldsymbol{W}, b)$$

其中 η 是学习速率，关键步骤是计算偏导数。现在介绍 BP 算法，它是计算偏导数的一种有效方法。

首先来看如何使用 BP 算法计算 $\frac{\partial}{\partial W_{ij}^{(l)}}L(\boldsymbol{W}, b; x, y)$ 和 $\frac{\partial}{\partial b_i^{(l)}}L(\boldsymbol{W}, b; x, y)$，这两项是单个样例 (x, y) 的损失函数 $L(\boldsymbol{W}, b; x, y)$ 的偏导数。一旦求出该偏导数，就可以推导出整体损失函数 $L(\boldsymbol{W}, b)$ 的偏导数：

$$\frac{\partial}{\partial W_{ij}^{(l)}}L(\boldsymbol{W}, b) = \left[\frac{1}{m}\sum_{i=1}^{m}\frac{\partial}{\partial W_{ij}^{(l)}}L(\boldsymbol{W}, b; x^{(i)}, y^{(i)})\right] + \lambda W_{ij}^{(l)}$$

$$\frac{\partial}{\partial b_i^{(l)}}L(\boldsymbol{W}, b) = \frac{1}{m}\sum_{i=1}^{m}\frac{\partial}{\partial b_i^{(l)}}L(\boldsymbol{W}, b; x^{(i)}, y^{(i)})$$

以上两行公式稍有不同，第一行比第二行多出一项，是因为权值衰减项仅包括 $\boldsymbol{W}$ 而不包括 b，并且 W_{ij} 是相互独立的变量。

BP 算法的思路如下：给定一个样例 (x,y)，首先进行“前向传导”运算，计算出网络中所有的激活值，包括 $h_{W,b(x)}$ 的输出值。之后，针对第 l 层的每一个节点 i，计算出其“残差” $\delta_i^{(l)}$，该残差表明了该节点对最终输出值的残差产生了多少影响。对于最终的输出节点，可以直接算出网络产生的激活值与实际值之间的差距，将这个差距定义为 $\delta_i^{(n_l)}$（第 n_l 层表示输出层）。对于隐藏单元该如何处理呢？基于第 $l+1$ 层残差的加权平均值计算 $\delta_i^{(l)}$，这些节点以 $a_i^{(l)}$ 作为输入。下面将给出反向传导算法的细节。

（1）进行前馈传导计算，利用前向传导公式，得到 L_2、L_3 直到输出层 L_{n_l} 的激活值。

（2）对于第 n_l 层（输出层）的每个输出单元 i，根据以下公式计算残差：

$$\delta_i^{(n_l)} = \frac{\partial}{\partial z_i^{(n_l)}} \frac{1}{2} \left\| \boldsymbol{y} - h_{\boldsymbol{W},\boldsymbol{b}}(x) \right\|^2 = -(y_i - a_i^{(n_l)}) \cdot f'(z_i^{(n_l)})$$

这里

$$\begin{aligned}
\delta_i^{(n_l)} &= \frac{\partial}{\partial z_i^{(n_l)}} L(\boldsymbol{W}, b; x, y) = \frac{\partial}{\partial z_i^{(n_l)}} \frac{1}{2} \left\| \boldsymbol{y} - h_{\boldsymbol{W},\boldsymbol{b}}(x) \right\|^2 \\
&= \frac{\partial}{\partial z_i^{(n_l)}} \frac{1}{2} \sum_{j=1}^{s_{nl}} (y_j - a_j^{(n_l)})^2 = \frac{\partial}{\partial z_i^{(n_l)}} \frac{1}{2} \sum_{j=1}^{s_{nl}} (y_j - f(z_j^{(n_l)}))^2 \\
&= -(y_i - f(z_i^{(n_l)})) \cdot f'(z_i^{(n_l)}) = -(y_i - a_i^{(n_l)}) \cdot f'(z_i^{(n_l)})
\end{aligned}$$

（3）对 $l = n_l - 1, n_l - 2, n_l - 3, \cdots, 2$ 的各个层，第 l 层的第 i 个节点的残差计算方法如下：

$$\delta_i^{(l)} = \left(\sum_{j=1}^{s_{l+1}} \left(W_{ji}^{(l+1)} \delta_j^{(l+1)} \right) \right) f'(z_i^{(l)})$$

这里

$$\begin{aligned}
\delta_i^{(n_l-1)} &= \frac{\partial}{\partial z_i^{(n_l-1)}} L(\boldsymbol{W}, b; x, y) = \frac{\partial}{\partial z_i^{(n_l-1)}} \frac{1}{2} \left\| \boldsymbol{y} - h_{\boldsymbol{W},\boldsymbol{b}}(x) \right\|^2 = \frac{\partial}{\partial z_i^{(n_l-1)}} \frac{1}{2} \sum_{j=1}^{s_{nl}} (y_j - a_j^{(n_l)})^2 \\
&= \frac{1}{2} \sum_{j=1}^{s_{nl}} \frac{\partial}{\partial z_i^{(n_l-1)}} (y_j - a_j^{(n_l)})^2 = \frac{1}{2} \sum_{j=1}^{s_{nl}} \frac{\partial}{\partial z_i^{(n_l-1)}} (y_j - f(z_j^{(n_l)}))^2 \\
&= \sum_{j=1}^{s_{nl}} \left\{ -(y_j - f(z_j^{(n_l)})) \cdot \frac{\partial}{\partial z_i^{(n_l-1)}} f(z_j^{(n_l)}) \right\} = \sum_{j=1}^{s_{nl}} \left\{ -(y_j - f(z_j^{(n_l)})) \cdot f'(z_j^{(n_l)}) \cdot \frac{\partial z_j^{(n_l)}}{\partial z_i^{(n_l-1)}} \right\} \\
&= \sum_{j=1}^{s_{nl}} \left\{ \delta_j^{(n_l)} \cdot \frac{\partial z_j^{(n_l)}}{\partial z_i^{(n_l-1)}} \right\} = \sum_{j=1}^{s_{nl}} \left\{ \delta_j^{(n_l)} \cdot \frac{\partial}{\partial z_i^{(n_l-1)}} \left\{ \sum_{k=1}^{s_{nl-1}} \left\{ f(z_k^{(n_l-1)}).W_{jk}^{(nl)} \right\} + b_j^{(nl)} \right\} \right\} \\
&= \sum_{j=1}^{s_{nl}} \left\{ \delta_j^{(n_l)} \cdot W_{ji}^{(n_l)} \cdot f'(z_i^{(n_l-1)}) \right\} = \left(\sum_{j=1}^{s_{nl}} \left(W_{ji}^{(n_l)} \delta_j^{(n_l)} \right) \right) f'(z_i^{(n_l-1)})
\end{aligned}$$

求前一层残差：

$$\begin{aligned}
\delta_i^{(n_l-2)} &= \frac{\partial}{\partial z_i^{(n_l-2)}} L(\boldsymbol{W}, b; x, y) = \frac{\partial}{\partial z_i^{(n_l-2)}} \frac{1}{2} \left\| \boldsymbol{y} - h_{\boldsymbol{W},b}(x) \right\|^2 = \frac{\partial}{\partial z_i^{(n_l-2)}} \frac{1}{2} \sum_{j=1}^{s_{nl}} (y_j - a_j^{(n_l)})^2 \\
&= \sum_{j}^{s_{nl-1}} \left(\frac{\partial L(\boldsymbol{W}, b; x, y)}{\partial z_j^{(n_l-1)}} \frac{\partial z_j^{(n_l-1)}}{\partial z_i^{(n_l-2)}} \right) \text{（复合偏导数公式）}
\end{aligned}$$

$$=\sum_{j}^{s_{n_l-1}}\left(\delta_j^{(n_l-1)}\frac{\partial z_j^{(n_l-1)}}{\partial z_i^{(n_l-2)}}\right)$$

$$=\sum_{j=1}^{s_{n_l-1}}\left\{\delta_j^{(n_l-1)}\frac{\partial}{\partial z_i^{(n_l-2)}}\left\{\sum_{k=1}^{s_{n_l-2}}\left\{f(z_k^{(n_l-2)})W_{jk}^{(n_l-1)}\right\}+b_j^{(n_l-1)}\right\}\right\}$$

$$=\sum_{j=1}^{s_{n_l-1}}\left\{\delta_j^{(n_l-1)}W_{ji}^{(n_l-1)}f'(z_i^{(n_l-2)})\right\}$$

$$=\left(\sum_{j=1}^{s_{n_l-1}}\left(W_{ji}^{(n_l-1)}\delta_j^{(n_l-1)}\right)\right)f'(z_i^{(n_l-2)})$$

从以上推导可以看出递推关系，将上式中的n_l-2与n_l-1的关系替换为l与$l+1$的关系，就可以得到：

$$\delta_i^{(l)}=\left(\sum_{j=1}^{s_{l+1}}\left(W_{ji}^{(l+1)}\delta_j^{(l+1)}\right)\right)f'(z_i^{(l)})$$

（4）计算需要的偏导数，计算方法如下：

$$\frac{\partial}{\partial W_{ij}^{(l)}}L(\boldsymbol{W},b;x,y)=\frac{\partial L(\boldsymbol{W},b;x,y)}{\partial z_i^{(l)}}\frac{\partial z_i^{(l)}}{\partial W_{ij}^{(l)}}=\delta_i^{(l)}\cdot\frac{\partial}{\partial W_{ij}^{(l)}}(a_j^{(l-1)}.W_{ij}^{(l)}+b^{(l)})=a_j^{(l-1)}\delta_i^{(l)}=\delta_i^{(l)}a_j^{(l-1)}$$

$$\frac{\partial}{\partial b_i^{(l)}}L(\boldsymbol{W},b;x,y)=\frac{\partial L(\boldsymbol{W},b;x,y)}{\partial z_i^{(l)}}\frac{\partial z_i^{(l)}}{\partial b_i^{(l)}}=\delta_i^{(l)}\cdot\frac{\partial}{\partial b_i^{(l)}}(a_j^{(l-1)}W_{ij}^{(l)}+b_i^{(l)})=\delta_i^{(l)}$$

梯度公式也可以用矩阵表示。设$\delta^{(l)}$为向量$(\delta_1^{(l)},\delta_2^{(l)},\cdots,\delta_{s_l}^{(l)})^{\mathrm{T}}$，$a^{(l)}$为第 l 层节点输出向量$(a_1^{(l)},a_2^{(l)},\cdots,a_{s_l}^{(l)})^{\mathrm{T}}$，$\frac{\partial L}{\partial b^{(l)}}$为第$l$层偏置偏导数向量$\left(\frac{\partial L}{\partial b_1^{(l)}},\frac{\partial L}{\partial b_2^{(l)}},\cdots,\frac{\partial L}{\partial b_{s_l}^{(l)}}\right)^{\mathrm{T}}$，$\frac{\partial \boldsymbol{L}}{\partial \boldsymbol{W}^{(l)}}$为第$l$层权值偏导数矩阵：

$$\begin{pmatrix}\frac{\partial \boldsymbol{L}}{\partial \boldsymbol{w}_{11}^{(l)}} & \frac{\partial \boldsymbol{L}}{\partial \boldsymbol{w}_{12}^{(l)}} & \cdots & \frac{\partial \boldsymbol{L}}{\partial \boldsymbol{w}_{1m}^{(l)}}\\ \frac{\partial \boldsymbol{L}}{\partial \boldsymbol{w}_{21}^{(l)}} & \frac{\partial \boldsymbol{L}}{\partial \boldsymbol{w}_{22}^{(l)}} & \cdots & \frac{\partial \boldsymbol{L}}{\partial \boldsymbol{w}_{2m}^{(l)}}\\ \vdots & \vdots & \ddots & \vdots\\ \frac{\partial \boldsymbol{L}}{\partial \boldsymbol{w}_{n1}^{(l)}} & \frac{\partial \boldsymbol{L}}{\partial \boldsymbol{w}_{n2}^{(l)}} & \cdots & \frac{\partial \boldsymbol{L}}{\partial \boldsymbol{w}_{nm}^{(l)}}\end{pmatrix}$$

则

$$\frac{\partial \boldsymbol{L}}{\partial \boldsymbol{W}^{(l)}}=\delta^{(l)}(a^{(l-1)})^{\mathrm{T}}$$

即

$$\begin{pmatrix}\delta_1^{(l)}\\ \delta_2^{(l)}\\ \vdots\\ \delta_{s_l}^{(l)}\end{pmatrix}\left(a_1^{(l-1)},a_2^{(l-1)},\cdots,a_{s_{l-1}}^{(l-1)}\right)=\begin{pmatrix}\delta_1^{(l)}a_1^{(l-1)} & \delta_1^{(l)}a_2^{(l-1)} & \cdots & \delta_1^{(l)}a_{s_{l-1}}^{(l-1)}\\ \delta_2^{(l)}a_1^{(l-1)} & \delta_2^{(l)}a_2^{(l-1)} & \cdots & \delta_2^{(l)}a_{s_{l-1}}^{(l-1)}\\ \vdots & \vdots & \ddots & \vdots\\ \delta_{s_l}^{(l)}a_1^{(l-1)} & \delta_{s_l}^{(l)}a_2^{(l-1)} & \cdots & \delta_{s_l}^{(l)}a_{s_{l-1}}^{(l-1)}\end{pmatrix}$$

$$\frac{\partial \boldsymbol{L}}{\partial b^{(l)}} = \delta^{(l)}$$

设 $f'(z^{(l)})$ 为第 l 层激活函数导数向量 $(f'(z_1^{(l)}), f'(z_2^{(l)}), \cdots, f'(z_{s_l}^{(l)}))^{\mathrm{T}}$，

则：

$$\delta^{(l)} = (W^{(l+1)})^{\mathrm{T}} \delta^{(l+1)} \circ f'(z^{(l)})$$

$$\delta^{(n_l)} = -(y - a^{(n_l)}) \circ f'(z^{(n_l)})$$

这里使用“∘”表示向量乘积运算符（也称作阿达马乘积）。若 $a = b \circ c$，则 $a_i = b_i c_i$。

4.2　激活函数、损失函数和过拟合

神经网络模型的成效与激活函数、损失函数（或称代价函数）、防止过拟合措施如正则化等有关。

4.2.1　激活函数

由于线性函数的线性函数仍然是线性函数，所以需要非线性的激活函数（也称激励函数）将线性加权值变换为输出值。

激活函数通常有以下性质。

① 非线性：当激活函数是非线性的时候，一个含有一层隐含层的三层神经网络就可以逼近所有的函数。

② 可微性：当优化方法是基于梯度下降法的时候，这个性质是必需的。

③ 单调性：当激活函数是单调的时候，单层网络能够保证是凸函数。凸函数能够保证只有一个极小值。当激活函数满足这个性质的时候，神经网络的训练和参数的初始化基本无关。如果不满足这个性质，就需要额外设置初始值，以尽可能找到一个全局最优值。

当激活函数输出值是有限的时候，基于梯度算法的优化方法会更加稳定，因为特征的表示受有限权值的影响更显著；当激活函数的输出无限时，模型的训练会更加高效，不过在这种情况下，一般需要更小的学习步长。

Sigmoid 函数是最早使用的激活函数，但现在不常使用。这主要是因为 Sigmoid 函数有以下不足。

① 容易过饱和并且造成梯度消失。因为 Sigmoid 函数的导数等于 $f(1-f)$，显然，当 Sigmoid 函数等于 0 或 1 时，梯度为 0。考虑到梯度传播时需要与 Sigmoid 函数的导数相乘，那么梯度通过该函数后几乎没有信号流出。因此应小心初始化参数，以避免大部分的神经元过饱和。

② Sigmoid 函数不是以 0 为中心的。假设数据全部为正，那么 $\boldsymbol{W}$ 参数的梯度一定是全正或者全负的，这样优化 $\boldsymbol{W}$ 参数时就会有“之”字型的线路，寻找最优 $\boldsymbol{W}$ 参数可能会很费时。

③ Sigmoid 函数包含 exp 函数，计算 exp 函数的开销很大。

tanh 函数是对 Sigmoid 函数的改进，tanh 函数是以 0 为中心的，这样优化 $\boldsymbol{W}$ 参数会很快。但依然有 Sigmoid 函数过饱和的潜在可能，也可能会造成梯度消失，并依然有开销大的指数运算。

ReLU 函数（Rectified Linear Unit），其函数表达式为 $f(x) = \max(0, x)$。与传统的 Sigmoid 激活函数相比，ReLU 能够有效缓解梯度消失和梯度爆炸问题（就是在 BP 算法的过程中，由于使用了求导的链式法则，有一大串连乘，如果连乘的数字在每层都是小于 1 的，则越乘梯度越小，将导致梯度

消失，而如果连乘的数字在每层都是大于 1 的，则越乘梯度越大，将导致梯度爆炸）。直接以监督的方式训练深度神经网络，无须依赖无监督的逐层预训练。ReLU 函数具有以下特点。

① 由于其分段线性的特性，相比于 Sigmoid 和 tanh，计算速度大大增加。

② 不是以原点为中心，和 Sigmoid 函数一样有很大缺点。

③ 没有指数运算，收敛速度快。

④ 当位于负半轴时，会使网络处于“dead”的状态（在训练过程中不会再激活）；但通过设置合适的学习速率可以避免这个问题。一般地，在初始化参数时会设置一个很小的偏置 bias，比如 0.01。

表 4.1 为单节点激活函数，表 4.2 为多节点激活函数，即激活函数值取决于多个神经元节点。

表 4.1 单节点激活函数

函数名称	函数图形	函数表达式	导数（对 x）	值域
恒等 Identity	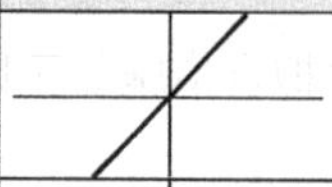	$f(x)=x$	$f(x)=1$	$(-\infty,+\infty)$
二值阶梯 Binary step	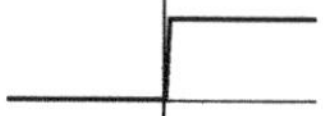	$f(x)=\begin{cases}0 & \text{for } x<0\\ 1 & \text{for } x\geqslant 0\end{cases}$	$f(x)=\begin{cases}0 & \text{for } x\neq 0\\ ? & \text{for } x=0\end{cases}$	$\{0,1\}$
逻辑 Logistic（Sigmoid）	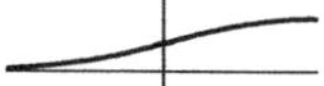	$f(x)=\sigma(x)=\dfrac{1}{1+\mathrm{e}^{-x}}$	$f'(x)=f(x)(1-f(x))$	$(0,1)$
双曲正切 TanH	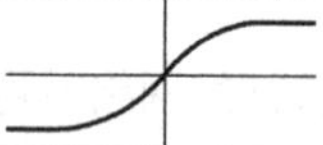	$f(x)=\tanh(x)=\dfrac{(\mathrm{e}^{x}-\mathrm{e}^{-x})}{(\mathrm{e}^{x}+\mathrm{e}^{-x})}$	$f(x)=1-f(x)^2$	$(-1,1)$
反正切 ArcTan	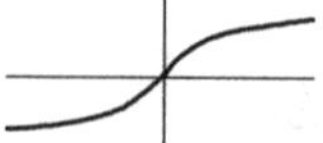	$f(x)=\tan^{-1}(x)$	$f'(x)=\dfrac{1}{x^2+1}$	$\left(-\dfrac{\pi}{2},\dfrac{\pi}{2}\right)$
温和符号 Softsign	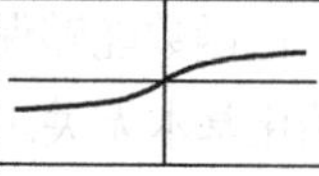	$f(x)=\dfrac{x}{1+\|x\|}$	$f'(x)=\dfrac{1}{(1+\|x\|)^2}$	$(-1,1)$
平方根倒数单元 Inverse Square Root Unit（ISRU）	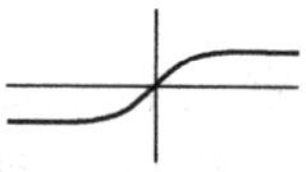	$f(x)=\dfrac{x}{\sqrt{1+\alpha x^2}}$	$f'(x)=\left(\dfrac{1}{\sqrt{1+\alpha x^2}}\right)^3$	$\left(-\dfrac{1}{\sqrt{\alpha}},\dfrac{1}{\sqrt{\alpha}}\right)$
修正线性单元 Rectified Linear Unit（ReLU）	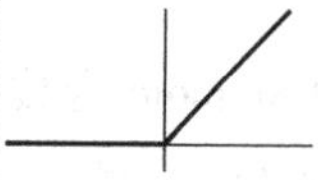	$f(x)=\begin{cases}0 & \text{for } x<0\\ x & \text{for } x\geqslant 0\end{cases}$	$f'(x)=\begin{cases}0 & \text{for } x<0\\ 1 & \text{for } x\geqslant 0\end{cases}$	$[0,+\infty)$
渗漏修正线性单元 Leaky ReLU	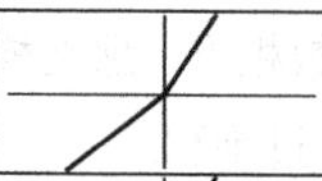	$f(x)=\begin{cases}0.01x & \text{for } x<0\\ x & \text{for } x\geqslant 0\end{cases}$	$f'(x)=\begin{cases}0.01 & \text{for } x<0\\ 1 & \text{for } x\geqslant 0\end{cases}$	$(-\infty,+\infty)$
参数修正线性单元 PReLU	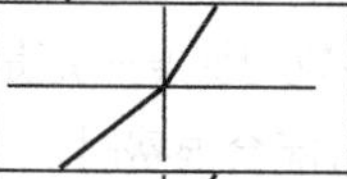	$f(\alpha,x)=\begin{cases}\alpha x & \text{for } x<0\\ x & \text{for } x\geqslant 0\end{cases}$（$\alpha$ 数据决定）	$f'(\alpha,x)=\begin{cases}\alpha & \text{for } x<0\\ 1 & \text{for } x\geqslant 0\end{cases}$	$(-\infty,+\infty)$
随机修正线性单元 RReLU	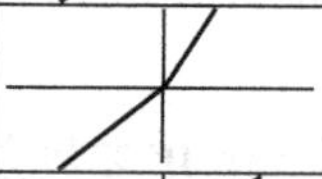	$f(\alpha,x)=\begin{cases}\alpha x & \text{for } x<0\\ x & \text{for } x\geqslant 0\end{cases}$ α 随机	$f'(\alpha,x)=\begin{cases}\alpha & \text{for } x<0\\ 1 & \text{for } x\geqslant 0\end{cases}$	$(-\infty,+\infty)$
指数线性单元 LLU	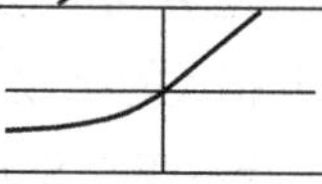	$f(\alpha,x)=\begin{cases}\alpha(\mathrm{e}^{x}-1) & \text{for } x<0\\ x & \text{for } x\geqslant 0\end{cases}$	$f'(\alpha,x)=\begin{cases}f(\alpha,x)+\alpha & \text{for } x<0\\ 1 & \text{for } x\geqslant 0\end{cases}$	$(-\alpha,+\infty)$
比例指数线性单元 SELU		$f(\alpha,x)=\lambda\begin{cases}\alpha(\mathrm{e}^{x}-1) & \text{for } x<0\\ x & \text{for } x\geqslant 0\end{cases}$ with $\lambda=1.0507$ and $\alpha=1.67326$	$f'(\alpha,x)=\lambda\begin{cases}\alpha(\mathrm{e}^{x}) & \text{for } x<0\\ 1 & \text{for } x\geqslant 0\end{cases}$	$(-\lambda\alpha,+\infty)$

续表

函数名称	函数图形	函数表达式	导数（对 x）	值域
S 型修正线性激活单元 SReLU		$f_{t_l,a_l,t_r,a_r}(x)=\begin{cases}t_l+a_l(x-t_l) & \text{for } x\leqslant t_l\\ x & \text{for } t_l<x<t_r\\ t_r+a_r(x-t_r) & \text{for } x\geqslant t_r\end{cases}$ t_l,a_l,t_r,a_r are parameters.	$f'_{t_l,a_l,t_r,a_r}(x)=\begin{cases}a_l & \text{for } x\leqslant t_l\\ 1 & \text{for } t_l<x<t_r\\ a_r & \text{for } x\geqslant t_r\end{cases}$	$(-\infty,+\infty)$
平方根倒数线性单元 ISRLU		$f(x)=\begin{cases}\dfrac{x}{\sqrt{1+\alpha x^2}} & \text{for } x<0\\ x & \text{for } x\geqslant 0\end{cases}$	$f'(x)=\begin{cases}\left(\dfrac{1}{\sqrt{1+\alpha x^2}}\right)^3 & \text{for } x<0\\ 1 & \text{for } x\geqslant 0\end{cases}$	$\left(-\dfrac{1}{\sqrt{\alpha}},+\infty\right)$
自适应分段线性 Adaptive Piecewise Linear（APL）		$f(x)=\max(0,x)+\sum_{s=1}^{S}a_i^s\max(0,-x+b_i^s)$	$f'(x)=H(x)-\sum_{s=1}^{S}a_i^s H(-x+b_i^s)$	$(-\infty,+\infty)$
温和增长 SoftPlus		$f(x)=\ln(1+\mathrm{e}^x)$	$f'(x)=\dfrac{1}{1+\mathrm{e}^{-x}}$	$(0,+\infty)$
弯曲恒等 Bent identity		$f(x)=\dfrac{\sqrt{x^2+1}-1}{2}+x$	$f'(x)=\dfrac{x}{2\sqrt{x^2+1}}+1$	$(-\infty,+\infty)$
带 Sigmoid 权值线性单元 Sigmoidweighted Linear Unit（SiLU）		$f(x)=x\sigma(x)$	$f'(x)=f(x)+\sigma(x)(1-f(x))$	$(\approx -0.28,+\infty)$
温和指数 Soft exponential		$f(\alpha,x)=\begin{cases}-\dfrac{\ln(1-\alpha(x+\alpha))}{\alpha} & \text{for } \alpha<0\\ x & \text{for } \alpha=0\\ \dfrac{\mathrm{e}^{\alpha x}-1}{\alpha}+\alpha & \text{for } \alpha>0\end{cases}$	$f'(\alpha,x)=\begin{cases}\dfrac{1}{1-\alpha(\alpha+x)} & \text{for } \alpha<0\\ \mathrm{e}^{\alpha x} & \text{for } \alpha\geqslant 0\end{cases}$	$(-\infty,+\infty)$
正弦 Sinuxoid		$f(x)=\sin(x)$	$f'(x)=\cos(x)$	$[-1,1]$
辛格函数 Sinc		$f(x)=\begin{cases}1 & \text{for } x=0\\ \dfrac{\sin(x)}{x} & \text{for } x\neq 0\end{cases}$	$f'(x)=\begin{cases}0 & \text{for } x=0\\ \dfrac{\cos(x)}{x}-\dfrac{\sin(x)}{x^2} & \text{for } x\neq 0\end{cases}$	$[\approx -217234,1]$
高斯 Gaussian		$f(x)=\mathrm{e}^{-x^2}$	$f'(x)=-2x\mathrm{e}^{-x^2}$	$(0,1]$

表 4.2　多节点激活函数

函数名称	函数表达式	导数	值域
Softmax	$f_i(\boldsymbol{x})=\dfrac{\mathrm{e}^{x_i}}{\sum_{j=1}^{J}\mathrm{e}^{x_j}}$　for $i=1,\cdots,J$	$\dfrac{\partial f_i(\boldsymbol{x})}{\partial x_j}=f_i(\boldsymbol{x})(\delta_{ij}-f_j(\boldsymbol{x}))$	$(0,1)$
Maxout	$f(\boldsymbol{x})=\max\limits_i x_i$	$\dfrac{\partial f}{\partial x_j}=\begin{cases}1 & \text{for } j=\operatorname{argmax}x_i\\ 0 & \text{for } j\neq \operatorname{argmax}x_i\end{cases}$	$(-\infty,+\infty)$

这里，$\delta_{ij}=\begin{cases}0 & \text{if } i\neq j\\ 1 & \text{if } i=j\end{cases}$

Maxout 激活函数具有非常强的拟合能力，可以拟合任意凸函数，这是因为任意凸函数都可以由分段线性函数以任意精度拟合。Maxout 具有与 ReLU 同样的优点，如线性、有效缓解梯度消失和梯度爆炸问题；同时还没有 ReLU 的缺点，如使网络处于“dead”的状态。可以将 Maxout 看成上层神经元和下层神经元之间增加了 k 个“隐隐含层”节点。上层神经元到“隐隐含层”节点也是线性的，

即 $\boldsymbol{Z}=\boldsymbol{X}^{\mathrm{T}}\boldsymbol{W}+\boldsymbol{B}$ 。Maxout 取 k 个“隐隐含层”节点的最大值 z_i。由于增加了“隐隐含层”，Maxout 激活函数额外增加了 k 组权值和偏置训练参数，因此增加了训练难度。

逻辑回归常用于解决二分类问题，对于多分类问题，比如识别手写数字，就需要 10 个分类，通常使用 Softmax。Softmax 函数的输出将每个输出都映射到了 0～1 区间，并且所有值之和等于 1。自然，可以认为 Softmax 函数的输出值为概率，如图 4.3 所示。显然，这里选择了最大的输出值（概率最大）为分类结果。Softmax 经常与交叉熵损失函数一起使用。

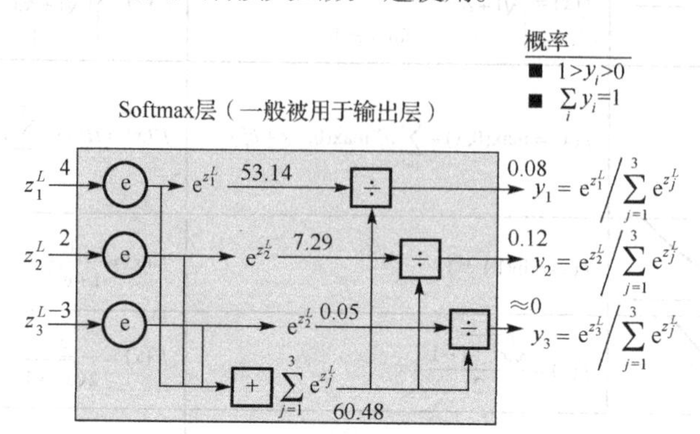

图 4.3　Softmax 激活函数

4.2.2　损失函数（代价函数）

1. 二次损失函数

假设有一个固定样本集 $\{(x^{(l)},y^{(l)}),\cdots(x^{(m)},y^{(m)})\}$ ，包含 m 个样例。对于单个样例 (x,y) ，其二次损失函数为：

$$L(\boldsymbol{W},b;x,y)=\frac{1}{2}\left\|y-h_{W,b}(x)\right\|^2$$

给定包含 m 个样例的数据集，可以定义整体损失函数为：

$$L(\boldsymbol{W},b)=\left[\frac{1}{m}\sum_{i=1}^{m}L(\boldsymbol{W},b;x^{(i)},y^{(i)})\right]=\left[\frac{1}{m}\sum_{i=1}^{m}\left(\frac{1}{2}\left\|y^{(i)}-h_{\boldsymbol{W},\boldsymbol{b}}(x^{(i)})\right\|^2\right)\right]$$

其中，$L(\boldsymbol{W},b)$ 表示损失函数，m 表示样本总数。显然，$L(\boldsymbol{W},b)$ 越小，表示模型越好。

假如使用梯度下降法（Gradient Descent）来调整权值和偏置值大小，则输出层对 $\boldsymbol{W}$ 和 b 求偏导：

$$\frac{\partial}{\partial W_{ij}^{(l)}}L(\boldsymbol{W},b;x,y)=a_j^{(l-1)}\delta_i^{(l)}$$

$$\frac{\partial}{\partial b_i^{(l)}}L(\boldsymbol{W},b;x,y)=\delta_i^{(l)}$$

这里，对于第 n_l 层（输出层）的每个输出单元 i ，可根据以下公式计算残差：

$$\delta_i^{(n_l)}=\frac{\partial}{\partial z_i^{(n_l)}}\frac{1}{2}\left\|\boldsymbol{y}-h_{\boldsymbol{W},\boldsymbol{b}}(\boldsymbol{x})\right\|^2=-(y_i-a_i^{(n_l)})f'(z_i^{(n_l)})$$

对其他层计算残差：

$$\delta_i^{(l)}=\left(\sum_{j=1}^{s_{l+1}}(W_{ji}^{(l+1)}\delta_j^{(l+1)})\right)f'(z_i^{(l)})$$

$f(.)$ 为激活函数。

权值与偏置更新公式如下：

$$W_{ij}^{(l)} = W_{ij}^{(l)} - \eta \frac{\partial}{\partial W_{ij}^{(l)}} L(\boldsymbol{W}, b)$$

$$b_i^{(l)} = b_i^{(l)} - \eta \frac{\partial}{\partial b_i^{(l)}} L(\boldsymbol{W}, b)$$

权值与偏置的偏导数乘以学习率就变成了每次调整权值和偏置值的步长计算。当学习率一定时，可以看出 $\boldsymbol{W}$ 和 b 的梯度跟激活函数的导数成正比，激活函数的导数越大，则 $\boldsymbol{W}$ 和 b 调整得就越快，训练收敛得就越快。

2. 交叉熵

给定一个随机变量 $X=x_1$，x_2，…，x_n，对应的概率为 p_1，p_2，…，p_n，则信息熵用来衡量随机变量的不确定性大小。即

$$H(X) = \sum_{i=1}^{n} p_i \log_2 \frac{1}{p_i}$$

或者

$$H(X) = \sum_{x \in X} P(x) \log \frac{1}{P(x)}$$

当 X 为 0～1 概率分布时，熵与概率 p 的对应关系如图 4.4 所示。可以看出，当不确定性越大时，熵值越大。

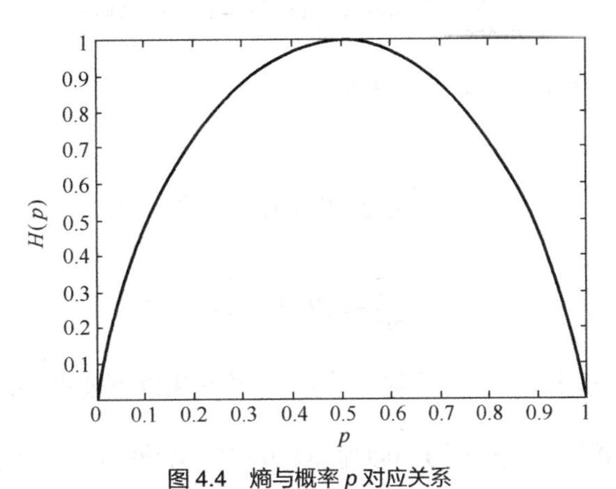

图 4.4 熵与概率 p 对应关系

信息熵在联合概率分布自然推广，就得到了联合熵：

$$H(X,Y) = -\sum_{x \in X, y \in Y} P(x,y) \log P(x,y)$$

当 X 和 Y 相互独立时，$H(X, Y) = H(X)+H(Y)$；当 X 和 Y 不独立时，可以用 $I(X, Y) = H(X)+H(Y)-H(X, Y)$来衡量两个分布的相关性。

一般情况下并不知道真实分布，但可以找出最接近真实分布的近似分布。交叉熵就是用来衡量在给定的真实分布下，使用非真实分布得出的信息熵。

交叉熵刻画的是实际输出（概率）与期望输出（概率）的距离，也就是交叉熵的值越小，两个

概率分布就越接近。假设概率分布 p 为期望输出，概率分布 q 为实际输出，$H(p,q)$为交叉熵，则：

$$H(p,q)=\sum_{i=1}^{n}p_i\log_2\frac{1}{q_i}$$

或者

$$H(p,q)=\sum_{x\in X}P(x)\log\frac{1}{Q(x)}$$

当机器学习的样本固定时，信息熵是固定的，可以通过学习参数降低交叉熵（交叉熵是负值），逐渐优化系统。交叉熵越低，表示策略就越好，最低的交叉熵也就是使用了真实分布所计算出来的信息熵。此时，交叉熵=信息熵。

假设有一个固定样本集 $\{(x^{(l)},y^{(l)}),\cdots,(x^{(m)},y^{(m)})\}$，它包含 m 个样例。对于单个样例 (x,y)，其交叉熵损失函数为：

$$L(\boldsymbol{W},b;x,y)=-(\boldsymbol{y}\log(h_{\boldsymbol{W},\boldsymbol{b}}(x))+(1-\boldsymbol{y})\log(1-h_{\boldsymbol{W},\boldsymbol{b}}(x)))$$

可以定义交叉熵损失函数为：

$$\begin{aligned}L(\boldsymbol{W},b)&=\left[\frac{1}{m}\sum_{i=1}^{m}L(\boldsymbol{W},b;x^{(i)},y^{(i)})\right]\\&=-\left[\frac{1}{m}\sum_{i=1}^{m}(y^{(i)}\log(h_{\boldsymbol{W},\boldsymbol{b}}(x^{(i)}))+(1-y^{(i)})\log(1-h_{\boldsymbol{W},\boldsymbol{b}}(x^{(i)})))\right]\\&=-\frac{1}{m}\sum_{i=1}^{m}\left[y^{(i)}\log(h_{\boldsymbol{W},\boldsymbol{b}}(x^{(i)}))+(1-y^{(i)})\log(1-h_{\boldsymbol{W},\boldsymbol{b}}(x^{(i)}))\right]\end{aligned}$$

其中，$L(\boldsymbol{W},b)$ 表示损失函数，m 表示样本总数。

对 $\boldsymbol{W}$ 和 b 求偏导：

$$\frac{\partial}{\partial W_{ij}^{(l)}}L(\boldsymbol{W},b;x,y)=a_j^{(l-1)}\delta_i^{(l)}$$

$$\frac{\partial}{\partial b_i^{(l)}}L(\boldsymbol{W},b;x,y)=\delta_i^{(l)}$$

这里，对于第 n_l 层（输出层）的每个输出单元 i，可根据以下公式计算残差：

$$\begin{aligned}\delta_i^{(n_l)}&=-\frac{\partial}{\partial z_i^{(n_l)}}\left[\boldsymbol{y}_i\log(h_{\boldsymbol{W},\boldsymbol{b}}(x_i))+(1-\boldsymbol{y}_i)\log(1-h_{\boldsymbol{W},\boldsymbol{b}}(x_i))\right]\\&=-\frac{\partial}{\partial z_i^{(n_l)}}\left[\boldsymbol{y}_i\log(f(z_i^{(n_l)}))+(1-\boldsymbol{y}_i)\log(1-f(z_i^{(n_l)}))\right]\\&=-\left[\boldsymbol{y}_i\frac{1}{f(z_i^{(n_l)})}f'(z_i^{(n_l)})+(1-\boldsymbol{y}_i)\frac{-1}{1-f(z_i^{(n_l)})}f'(z_i^{(n_l)})\right]\\&=-f'(z_i^{(n_l)})\left(\frac{\boldsymbol{y}_i}{f(z_i^{(n_l)})}-\frac{(1-\boldsymbol{y}_i)}{1-f(z_i^{(n_l)})}\right)\\&=f'(z_i^{(n_l)})\left(\frac{f(z_i^{(n_l)})-\boldsymbol{y}_i}{f(z_i^{(n_l)})(1-f(z_i^{(n_l)}))}\right)\end{aligned}$$

对其他层计算残差：

$$\delta_i^{(l)} = \left(\sum_{j=1}^{s_{l+1}} \left(W_{ji}^{(l+1)} \delta_j^{(l+1)} \right) \right) f'(z_i^{(l)})$$

如果选择 Sigmoid 激活函数，可得 $f'(\cdot) = f(\cdot)(1 - f(\cdot))$ ，则

$$\begin{aligned}
\delta_i^{(n_l)} &= f'(z_i^{(n_l)}) \left(\frac{f(z_i^{(n_l)}) - y_i}{f(z_i^{(n_l)})(1 - f(z_i^{(n_l)}))} \right) \\
&= f(z_i^{(n_l)})(1 - f(z_i^{(n_l)})) \left(\frac{f(z_i^{(n_l)}) - y_i}{f(z_i^{(n_l)})(1 - f(z_i^{(n_l)}))} \right) \\
&= f(z_i^{(n_l)}) - y_i
\end{aligned}$$

可以看出，输出层权值和偏置值的调整与 Sigmoid 函数导数 $\sigma'(z)$无关，而与 $\sigma(z)$有关。此外，$\sigma(z)-y$ 表示真实值与输出值之间的误差。当误差越大时，梯度就越大，$\boldsymbol{W}$ 和 b 的调整就越快，训练速度就越快。

3. 对数似然函数

考虑神经网络输出层神经元对应多分类问题时，o_k 表示第 k 个神经元的输出，y_k 表示第 k 个神经元对应的真实值，取值为 0 或 1。则总的对数似然损失函数为：

$$L(\boldsymbol{w}, b) = -\sum_k y_k \log o_k$$

其中，$o_k = f(z_j)$，$f(\cdot)$ 表示 Softmax 激活函数；$z_j = \sum w_{jk} a_k + b_j$ 为每个神经元的输入。

对于 Softmax 激活函数，当 $j = i$ 时，$\frac{\partial f}{\partial z_i} = o_j(1 - o_j)$；当 $j \neq i$ 时，$\frac{\partial f}{\partial z_i} = -o_j o_i$。

对输出层权值 w_{jk} 求偏导，得到权值更新步长为：

$$\begin{aligned}
\frac{\partial L(\boldsymbol{w}, b)}{\partial w_{jk}} &= \frac{\partial}{\partial w_{jk}} \left(-\sum_k y_k \log o_k \right) = -\sum_k y_k \frac{\partial \log o_k}{\partial z_j} \frac{\partial z_j}{\partial w_{jk}} \\
&= -\sum_k \left(y_k \frac{\partial \log o_k}{\partial z_j} \frac{\partial}{\partial w_{jk}} \left(\sum_k w_{jk} a_k + b_j \right) \right) \\
&= -\sum_k \left(y_k a_k \frac{\partial \log o_k}{\partial z_j} \right) = -\sum_k \left(y_k a_k \frac{1}{o_k} \frac{\partial o_k}{\partial z_j} \right) \\
&= -y_j a_j \frac{1}{o_j} o_j (1 - o_j) - \sum_{k \neq j} y_k a_k \frac{1}{o_k} (-o_j o_k) \text{（Softmax拆分求导）} \\
&= -y_j a_j (1 - o_j) + o_j \sum_{k \neq j} y_k a_k \\
&= -y_j a_j + o_j \sum_k y_k a_k \text{（合并）} \\
&= -y_j a_j + o_j a_j \\
&= a_j (o_j - y_j)
\end{aligned}$$

上式中，$\sum_k y_k a_k = a_j$ 是由于 Softmax 函数对应多分类真实值时，只能有一项为 1（该项最可能为输出神经元 j 输出值对应的项），其余皆为 0。上式也用到了 Softmax 函数导数拆分求导与合并。

同理得偏置值更新步长为：

$$\frac{\partial L(\boldsymbol{w},b)}{\partial b_j}=o_j-y_j$$

可以看出，权值和偏置值更新与输出值和真实值之间的误差有关，误差越大，权值和偏置更新的速度越快，训练的速度也就越快。

4.2.3 防止过拟合

在训练数据不够，或者过度训练时，常常会导致过拟合。其直观表现如图 4.5 所示（如多项式回归模型，当多项式次数增加时，训练集数据拟合很好，但是和测试数据有较大偏差），随着训练过程的进行，模型复杂度增加，在训练数据集合上的误差渐渐减小，但是在验证集上的误差却反而渐渐增大——因为训练出来的网络过拟合了训练集，对训练集外的数据却无反应。

避免过拟合的方法有很多：提前终止训练（Early Stopping）、数据集扩增（Data Augmentation）及正则化（Regularization）。

1. 正则化

（1）L2 正则化（L2 Regularization）

L2 正则化，也称权值衰减（Weight Decay），就是在损失函数后面再加上一个正则化项。

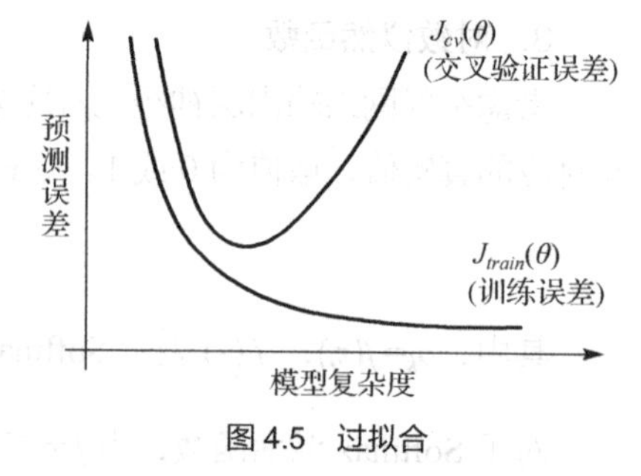

图 4.5 过拟合

$$L(\boldsymbol{w},b)=L_0(\boldsymbol{w},b)+\frac{\lambda}{2n}\sum_{w_i\in W}(w_i)^2$$

这里，$L_0(\boldsymbol{w},b)$ 代表原始的损失函数，$\frac{\lambda}{2n}\sum_{w_i\in W}(w_i)^2$ 就是 L2 正则化项。L2 正则化项为所有参数 $\boldsymbol{w}$ 的平方的和除以训练集的样本大小 n，λ 为正则项系数，代表权衡正则项与 $L_0(\boldsymbol{w},b)$ 项的比重。另外还有一个系数 1/2，因为 L2 正则化项求导会产生一个 2，与 1/2 相乘刚好相抵。

加上 L2 正则化项以后的损失函数对参数的梯度为：

$$\frac{\partial L(\boldsymbol{w},b)}{\partial w_i}=\frac{\partial L_0(\boldsymbol{w},b)}{\partial w_i}+\frac{\lambda}{n}w_i$$

$$\frac{\partial L(\boldsymbol{w},b)}{\partial b_i}=\frac{\partial L_0(\boldsymbol{w},b)}{\partial b_i}$$

可以发现 L2 正则化项对 b 的更新没有影响，但是对 $\boldsymbol{w}$ 的更新有影响：

$$w_i\to w_i-\eta\frac{\partial L_0(\boldsymbol{w},b)}{\partial w_i}-\frac{\eta\lambda}{n}w_i=\left(1-\frac{\eta\lambda}{n}\right)w_i-\eta\frac{\partial L_0(\boldsymbol{w},b)}{\partial w_i}$$

在不使用 L2 正则化时，求导结果中 $\boldsymbol{w}$ 前系数为 1，现在 $\boldsymbol{w}$ 前系数为$1-\eta\lambda/n$，因为η、λ、n 都是正的，所以$1-\frac{\eta\lambda}{n}$ 小于 1，它的效果是减小 $\boldsymbol{w}$，这也就是权值衰减的由来。当然考虑到后面的导数项，$\boldsymbol{w}$ 最终的值可能增大也可能减小。

拟合过程中通常都倾向于让权值尽可能小，最后构造一个所有参数都比较小的模型。因为一般认为参数值小的模型比较简单，能适应不同的数据集，也在一定程度上避免了过拟合现象。可以设想一下，对于一个线性回归方程，若参数很大，那么只要数据偏移一点，就会对结果造成很大的影响，如图 4.6 所示的过拟合示例。但如果参数足够小，数据偏移得多一点也不会对结果造成很大的影响。

正则化是通过约束参数的范数使其不要太大的，所以可以在一定程度上减少过拟合情况。

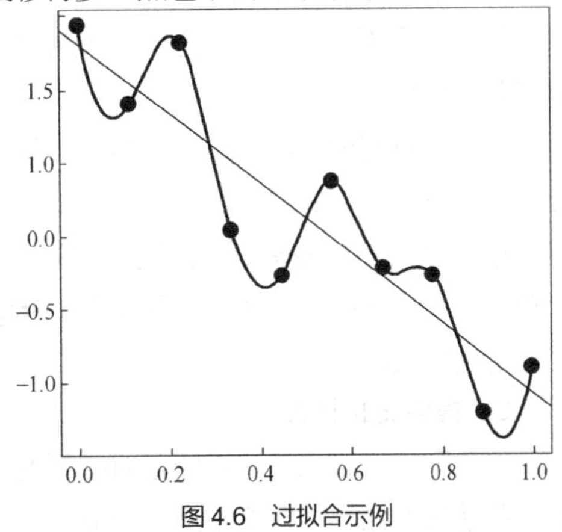

图 4.6 过拟合示例

（2）L1 正则化（L1 Regularization）

在原始的损失函数后面加上一个 L1 正则化项，即所有权值 $\boldsymbol{w}$ 的绝对值的和，乘以 λ / n。

$$L(\boldsymbol{w},b) = L_0(\boldsymbol{w},b) + \frac{\lambda}{n}\sum_{w_i \in W}|w_i|$$

同样先计算导数：

$$\frac{\partial L(\boldsymbol{w},b)}{\partial w_i} = \frac{\partial L_0(\boldsymbol{w},b)}{\partial w_i} + \frac{\lambda}{n}\operatorname{sgn}(w_i)$$

上式中 sgn(w)表示 $\boldsymbol{w}$ 的符号。那么权值 $\boldsymbol{w}$ 的更新规则为：

$$w_i \to w_i - \frac{\eta\lambda}{n}\operatorname{sgn}(w_i) - \eta\frac{\partial L_0(\boldsymbol{w},b)}{\partial w_i}$$

比原始的更新规则多出了 $\frac{\eta\lambda}{n}\operatorname{sgn}(w_i)$ 这一项。当 $\boldsymbol{w}$ 为正时，更新后的 $\boldsymbol{w}$ 变小。当 $\boldsymbol{w}$ 为负时，更新后的 $\boldsymbol{w}$ 变大。因此它的效果就是让 $\boldsymbol{w}$ 往 0 靠，使网络中的权值尽可能为 0，也就相当于减小了网络复杂度，可防止过拟合。

另外，上面没有提到一个问题，当 $\boldsymbol{w}$ 为 0 时怎么办？当 $\boldsymbol{w}$ 等于 0 时，$|W|$是不可导的，所以只能按照原始的未经正则化的方法去更新 $\boldsymbol{w}$，这就相当于去掉 $\frac{\eta\lambda}{n}\operatorname{sgn}(w_i)$ 这一项，所以可以规定 sgn(0)=0，这样就把 w=0 的情况也统一进来了。

2. Dropout

L1 正则化、L2 正则化是通过修改损失函数来实现的，而 Dropout 则是通过修改神经网络本身来实现的，是在训练网络时用的一种技巧。它的流程如图 4.7 所示。

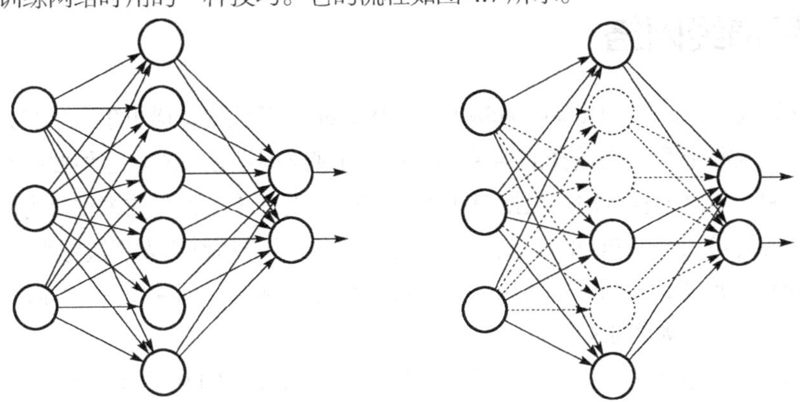

图 4.7 Dropout 示意图

假设要训练图 4.7（左）所示的这个网络，在训练开始时，随机地“删除”一半的隐含层单元，视为不存在，得到图 4.7（右）所示的的网络。保持输入输出层不变，按照 BP 算法更新图 4.7（右）

所示的神经网络中的权值（虚线连接的单元不更新，因为它们被“临时删除”了）。以上就是一次迭代的过程，在第二次迭代中，也用同样的方法，只不过这次删除的那一半隐含层单元，跟上一次删除掉的肯定是不一样的，因为每一次迭代都是“随机”地删掉一半。第三次、第四次……都是这样，直至训练结束。

在标准神经网络中，每个参数的导数告诉其应该如何改变，使损失函数最后被减少。因此神经元可以通过这种方式修正其他神经元的误差。但这可能导致复杂的神经元节点之间的关联，反过来导致过拟合，因为这些关联没有推广到未知数据。Dropout 通过使其他隐含层单元存在不可靠性来防止神经元节点之间的关联。简而言之，Dropout 在实践中能很好地工作是因为其在训练阶段能阻止神经元之间的关联。

3. 提前终止训练

对模型进行训练的过程即是对模型的参数进行学习更新的过程，这个参数学习的过程往往会用到一些迭代方法，如梯度下降学习算法。提前终止训练便是一种用迭代截断的方式来防止过拟合的方法，即在模型对训练数据集迭代收敛之前停止迭代来防止过拟合。

提前终止训练的具体做法是，在每一个迭代（Epoch）结束时（一个 Epoch 为对所有训练数据的一轮遍历）计算验证数据（Validation Data，如损失函数）的精度（Accuracy），当精度不再提高时，就停止训练。一般的做法是，在训练过程中，记录到目前为止最好的验证数据精度，当连续 10 次（或者更多次）迭代没达到最佳精度时，则可以认为精度不再提高了，此时便可以停止迭代了（即提前终止训练）。提前终止训练可以防止过拟合，即在把噪声学习到模型里之前停止学习。

4. 数据集扩增

数据集扩增可以防止过拟合产生。

在深度学习方法中，更多的训练数据意味着可以用更深的网络训练出更好的模型。但是，收集更多的数据意味着需要耗费更多的人力、物力。所以，可以在原始数据上做些改动，得到更多的数据。

以图片数据集为例，通过各种变换（如将原始图片旋转一个小角度、添加随机噪声、截取原始图片的一部分等方法）增加数据集。

4.3 卷积神经网络

20 世纪 60 年代，休贝尔（Hubel）和威塞尔（Wiesel）（两位都是诺贝尔医学奖获得者）在研究猫脑皮层中用于局部敏感和方向选择的神经元时发现可视皮层是分级的，这种独特的网络结构可以有效地降低反馈神经网络的复杂性。根据 Hubel 和 Wiesel 的理论，人类的视觉分为以下几个步骤：摄入原始信号（瞳孔摄入像素 Pixels），做初步处理（大脑皮层某些细胞发现边缘和方向），抽象（大脑判定眼前的物体的形状，如圆形形状），进一步抽象（如大脑进一步判定该物体是只气球）。人脑进行人脸识别的一个示例如图 4.8 所示。

人类视觉也是这样通过逐层分级对不同物体进行区分的，如图 4.9 所示。可以看出，所有物体在最底层的特征基本上是类似的，即各种边缘形状，越往上，越能提取出物体的一些特征（轮子、眼睛、躯干等），到最上层，不同的高级特征最终组合成相应的图像，从而能够让人类准确地区分不同的物体，如图 4.8 中的人脸、小轿车、大象和椅子。

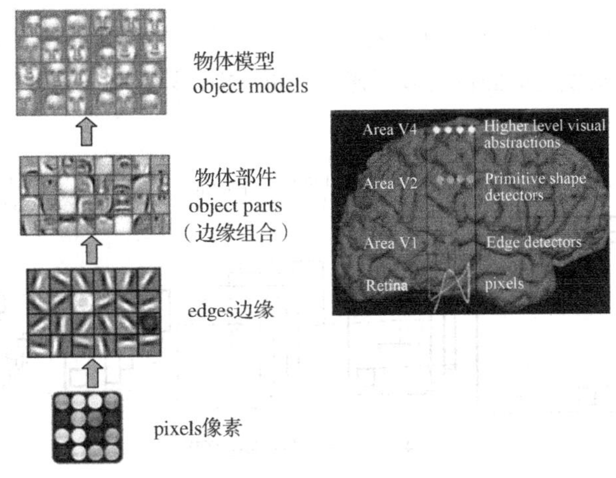

图 4.8　人脑进行人脸识别示意图

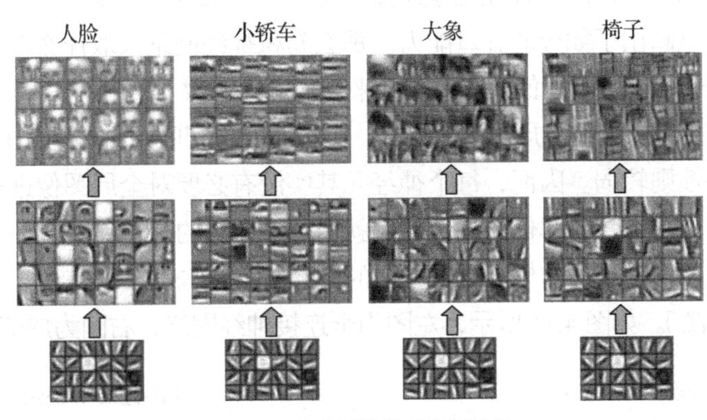

图 4.9　人类视觉逐层分级机制

在此理论基础上，提出了卷积神经网络。K.福岛（K.Fukushima）在 1980 年提出的新识别机是卷积神经网络的第一个实现网络。Yann Lecun 最早将卷积神经网络用于手写数字识别并一直保持了其在该领域的霸主地位。由于卷积神经网络避免了对图像复杂的前期预处理，可以直接输入原始图像，因而得到了更为广泛的应用。近年来卷积神经网络在多个方向持续发力，如在语音识别、人脸识别、通用物体识别、运动分析、自然语言处理甚至脑电波分析方面均有突破。

4.3.1　卷积神经网络原理

卷积神经网络由 3 部分构成。第 1 部分是输入层（Input Layer）。第 2 部分由 n 个卷积计算层（Convolution Layer）+ ReLU 激励层（ReLU Layer）+池化层（Pooling Layer）的组合组成。第 3 部分由一个全连接层（FC layer）的多层感知机分类器构成。

图 4.10 所示的是一个图形识别的卷积神经网络模型。图 4.10 最左边的船图像就是输入层，也就是若干个输入数据矩阵，这点和多层感知机基本相同。接着是卷积层，这是卷积神经网络特有的。卷积层的激活函数使用的是 ReLU。在卷积层后面是池化层，池化层没有激活函数。卷积层+池化层的组合可以在隐含层出现很多次，如图 4.10 中就出现过两次，而实际上这个次数是根据模型的需要来的。当然也可以灵活地使用“卷积层+卷积层”组合，或者“卷积层+卷积层+池化层”组合，这些在构建模型的时候没有限制。但是最常见的卷积神经网络都是若干“卷积层+池化层”组合，如

图 4.10 所示的卷积神经网络结构。在若干“卷积层+池化层”后面是全连接层（Fully Connected Layer，FC Layer），全连接层其实就是前面讲的多层感知机的结构，只是输出层使用了 Softmax 激活函数来做图像识别的分类。

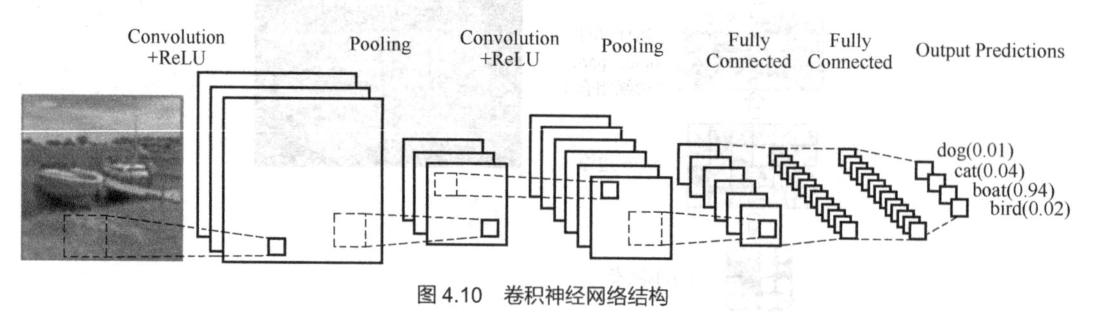

图 4.10　卷积神经网络结构

由于深度多层感知机神经网络神经元全连接的特点，当隐含层以及神经元节点数增加时，会出现大量参数的计算，这超出了如今的计算能力。那么卷积神经网络采取什么办法解决这个问题呢？卷积神经网络采取局部感知域和权值共享的方式来降低参数个数。

一般认为人对外界的认知是从局部到全局的，而图像的空间联系也是局部的像素联系较为紧密，距离较远的像素相关性则较弱。因而，每个神经元其实没有必要对全局图像进行感知，只需要对局部进行感知，然后在更高层将局部信息综合起来就得到了全局的信息。网络部分连通的思想，也是受启发于生物学里面的视觉系统结构。视觉皮层的神经元就是局部接收信息的（即这些神经元只响应某些特定区域的刺激）。如图 4.11 所示，左图为全连接神经网络，右图为局部连接神经网络。

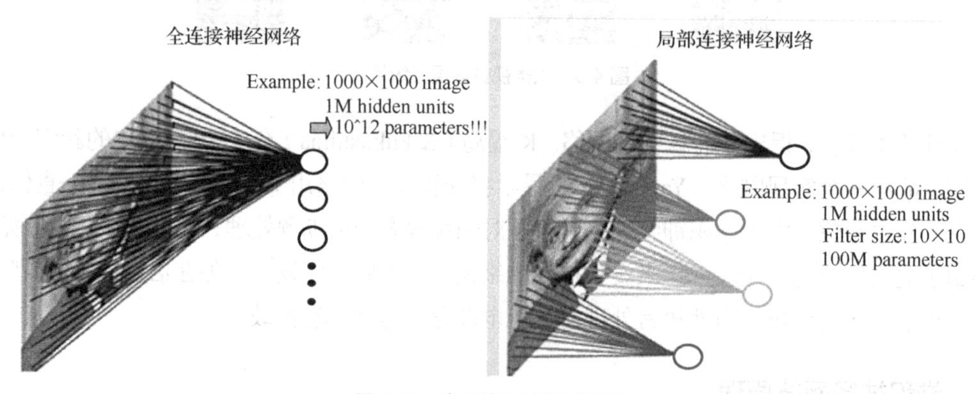

图 4.11　全连接与局部感知域

在全连接神经网络中，输入数据是 1000000 个像素，隐藏神经元节点个数为 1000000。那么，全连接就有 10 的 12 次方个参数。而在局部连接中，假如每个神经元只和 10×10 个像素值相连，那么权值数据为 1000000×100 个参数，减少为原来的万分之一。而 10×10 个像素值对应 10×10 个参数，其实就相当于卷积操作，也就是说一个神经元的局部感知域为 10×10 个像素。

在局部连接中，每个神经元都对应 100 个参数，一共 1000000 个神经元，如果这 1000000 个神经元的 100 个参数都不同的话，则是 1000000×100 个权值参数。卷积神经网络权值共享，认为每个神经元权值参数都是相等的，那么参数个数就变为 100 了。

我们可以把这 100 个参数看成是提取特征的方式，该方式与位置无关。这其中隐含的原理是，图像的一部分的统计特性与其他部分是一样的。这也意味着在这一部分学习的特征也能用在另一部分上，所以对于这个图像上的所有位置，都能使用同样的学习特征。

现在，具体讲解卷积神经网络是如何做卷积计算的。

如图 4.12 所示，输入是一个 2 维的 3×4 的矩阵，而卷积核（filter，有时也称为过滤核）是一个 2×2 的矩阵。这里假设一次移动一个像素来卷积，那么首先对输入的左上角 2×2 的局部和卷积核卷积，即各个位置的元素相乘再相加，得到输出矩阵 $\boldsymbol{S}$ 的 S_{00} 的元素，值为 $aw+bx+ey+fz$。接着将输入的局部向右平移 1 个像素，现在是（b, c, f, g）4 个元素构成的矩阵和卷积核来卷积，这样得到了输出矩阵 $\boldsymbol{S}$ 的 S_{01} 的元素，用同样的方法，可以得到输出矩阵 $\boldsymbol{S}$ 的 S_{02}、S_{10}、S_{11}、S_{12} 的元素。

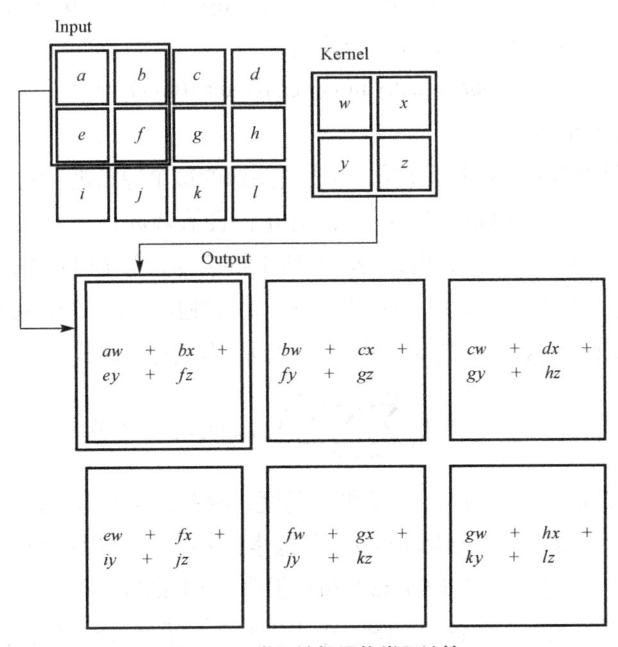

图 4.12 卷积神经网络卷积计算

最终将得到卷积输出的一个 2×3 的矩阵 $\boldsymbol{S}$。通常情况下，采用 ReLU 激活函数进行转化。

如图 4.13 所示，是一个具体例子的卷积计算结果。输入是一个 4×4 的图矩阵数据（Image），经过两个 2×2 的卷积核进行卷积运算后，变成两个 3×3 的特征图（Feature Map）。

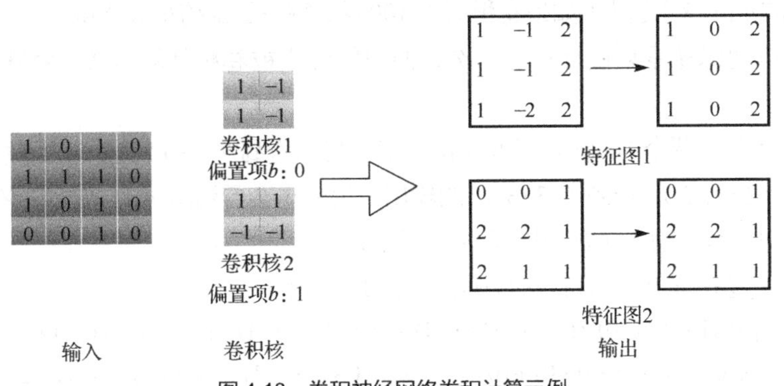

图 4.13 卷积神经网络卷积计算示例

以卷积核 filter1 为例（stride = 1），如图 4.14 所示。

$$\begin{matrix} i_{11} & i_{12} & i_{13} & i_{14} \\ i_{21} & i_{22} & i_{23} & i_{24} \\ i_{31} & i_{32} & i_{33} & i_{34} \\ i_{41} & i_{42} & i_{43} & i_{44} \end{matrix} \qquad \begin{matrix} h_{11} & h_{12} \\ h_{21} & h_{22} \end{matrix} \qquad \begin{matrix} o_{11} & o_{12} & o_{13} \\ o_{21} & o_{22} & o_{23} \\ o_{31} & o_{32} & o_{33} \end{matrix}$$

input　　filter　　output

图 4.14　输入、卷积核、输出矩阵

计算第一个卷积层神经元 o_{11} 的输入：

$$net_{o11}=\text{conv}(\text{input},\text{filter})=i_{11}\times h_{11}+i_{12}\times h_{12}+i_{21}\times h_{21}+i_{22}\times h_{22}+b_1=1\times1+0\times(-1)+1\times1+1\times(-1)+0=1$$

神经元 o_{11} 的输出（此处使用 ReLU 激活函数）：

$$out_{o11}=\text{activators}(net_{o11})=\max(0,net_{o11})=1$$

其他神经元计算方式相同。

为了从数学上清楚地描述卷积计算过程，首先对图像的每个像素进行编号，用 $X_{i,j}$ 表示图像的第 i 行第 j 列元素；对卷积核的每个权值进行编号，用 $W_{m,n}$ 表示第 m 行第 n 列权值，用 W_b 表示积的偏置项；对特征图的每个元素进行编号，用 $a_{i,j}$ 表示特征图的第 i 行第 j 列元素；用 f 表示激活函数（这个例子选择 ReLU 函数作为激活函数）。一般情况下，输入数据不止一个，称之为深度。如果卷积前的图像深度为 D，那么相应的卷积核的深度也必须为 D。卷积计算公式为：

$$a_{i,j}=f\left(\sum_{d=0}^{D-1}\sum_{m=0}^{F-1}\sum_{n=0}^{F-1}w_{d,m,n}x_{d,i+m,j+n}+w_b\right)$$

这里，D 是深度，F 是卷积核的大小（宽度或高度，两者相同），$w_{d,m,n}$ 表示卷积核的第 d 层第 m 行第 n 列权值；$x_{d,i,j}$ 表示图像的第 d 层第 i 行第 j 列像素，$a_{i,j}$ 表示第 i 行第 j 列的特征输出。

这里需要特别说明一下卷积步长（Stride）和卷积填充（Padding）。

卷积步长（或称步幅）表示卷积核在原图片中水平方向和垂直方向每次的步进长度。若 stride=2，则表示卷积核每次步进长度为 2，即隔一点移动一次。

如果卷积步长大于 1，则有可能对应卷积核的位置出了原图的边界，采用卷积填充解决此问题。卷积填充就是在原图边界以外扩充 0 值的行或列。

卷积填充还可以解决以下问题。

（1）卷积后的矩阵越变越小（如果卷积层为 100 层，每一层都缩小最终得到的将是很小的图片）。

（2）输入矩阵边缘像素只被计算过一次，而中间像素被卷积计算多次，意味着丢失图像角落信息。

图 4.15 显示了包含两个卷积核的卷积层的计算。可以看到 7×7×3 的输入，经过两个 3×3×3 卷积核的卷积（卷积步长为 2），得到了 3×3×2 的输出。另外也会看到图 4.15 所示的零卷积填充（Zero Padding）是 1，也就是在输入元素的周围补了一圈 0。

在图 4.15 中，卷积核 W_1 计算卷积的其中一个过程如下：

$$\begin{aligned}&[(0\times1+0\times1+0\times(-1))+(1\times(-1)+1\times(-1)+0\times1)+(2\times0+2\times(-1)+2\times1)]\\&+[(0\times0+0\times1+0\times0)+(0\times(-1)+2\times0+2\times(-1))+(0\times(-1)+0\times1+2\times0)]\\&+[(0\times(-1)+0\times0+0\times0)+(1\times(-1)+2\times0+0\times1)+(0\times(-1)+0\times0+1\times0)]\\&=-5\end{aligned}$$

这里没有经过激活函数处理。

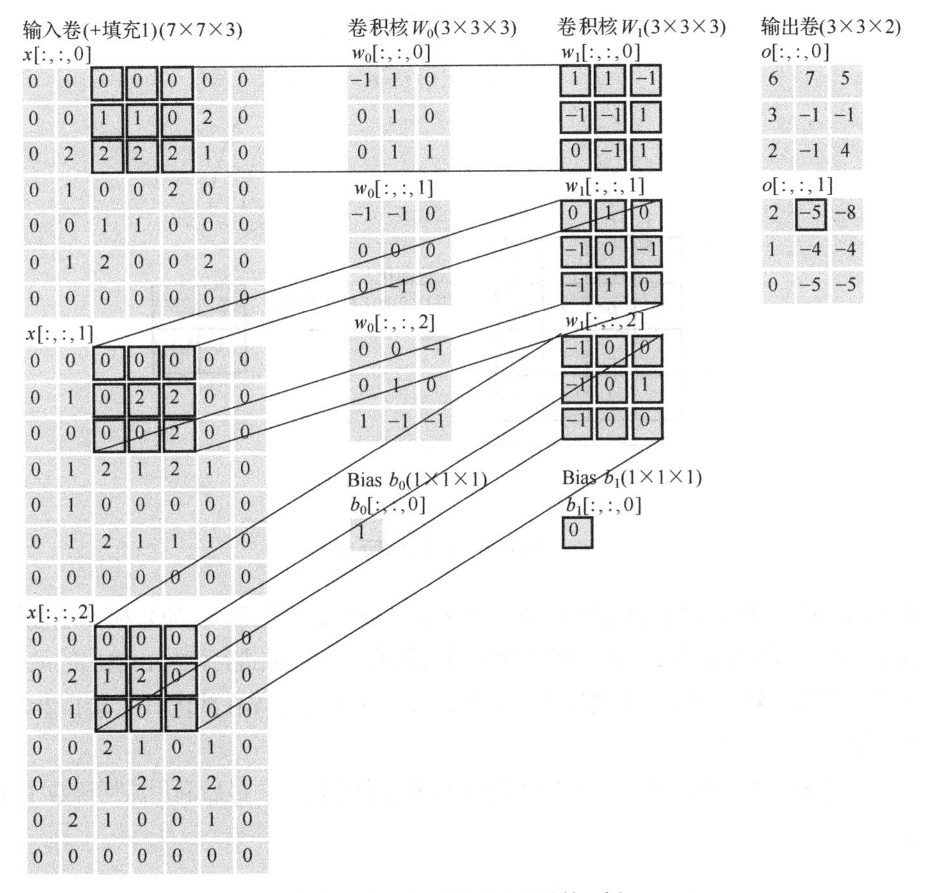

图 4.15　两个卷积核的卷积层计算示例

在通过卷积获得了特征（Features）之后，下一步希望利用这些特征去做分类。理论上讲，人们可以用所有提取到的特征去训练分类器，如 Softmax 分类器，但这样做将面临计算量的挑战。例如，对于一个 96×96px 的图像，假设我们已经学习得到了 400 个定义在 8×8 输入上的特征，每一个特征和图像卷积都会得到一个(96−8+1)×(96−8+1) = 7921 维的卷积特征，由于有 400 个特征，所以每个样例（Example）都会得到一个 7921×400 = 3168400 维的卷积特征向量。学习一个拥有超过 300 万特征输入的分类器十分不便，并且容易出现过拟合（Over-fitting）。

为了解决这个问题，首先回忆一下，之所以决定使用卷积后的特征是因为图像具有一种“静态性”的属性，这也就意味着在一个图像区域有用的特征极有可能在另一个区域同样适用。因此，为了描述大的图像，一个很自然的想法就是对不同位置的特征进行聚合统计，例如，可以计算图像一个区域上的某个特定特征的平均值（或最大值）。这些概要统计特征不仅具有低得多的维度（相比使用所有提取到的特征），同时还会改善结果（不容易过拟合）。这种聚合的操作就叫做池化，有时也称为平均池化或者最大池化（取决于计算池化的方法）。

相比卷积层的复杂，池化层则要简单得多。假如是 2×2 的池化（也称为 2×2 的池化核，或 2×2 的池化窗口，池化核无权值），那么就将子矩阵的每 2×2 个元素变成一个元素；如果是 3×3 的池化，那么就将子矩阵的每 3×3 个元素变成一个元素，这样输入矩阵的维度就变小了。

取最大值的池化计算方法如图 4.16 所示，采用的是 2×2 的池化，步幅（也称池化步长）为 2。

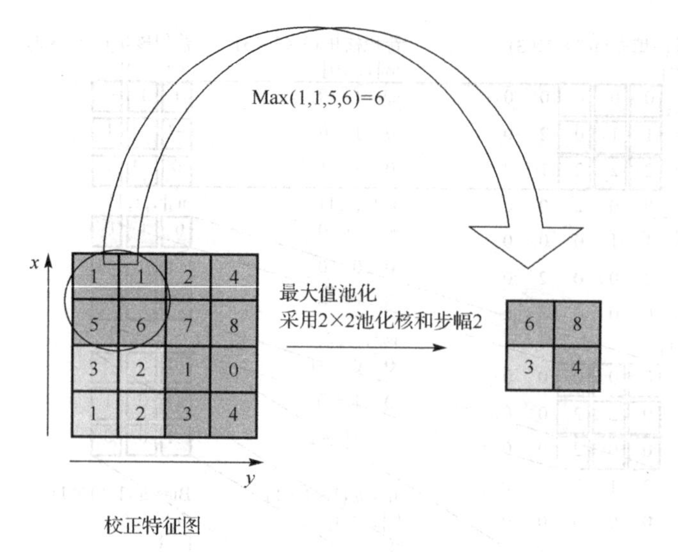

图 4.16　池化计算示例

首先对圆圈中的 2×2 区域进行池化，由于此 2×2 区域的最大值为 6，那么对应的池化输出位置的值应该为 6，由于卷积步长为 2，此时移动到圆圈右侧的 2×2 区域进行池化，输出的最大值为 8。用同样的方法，可以得到其他区域的输出值。最终，输入 4×4 的矩阵在池化后变成了 2×2 的矩阵。从而完成了压缩。

最后将经过多次卷积和池化的数据输入到一到多层全连接层，最后利用激活函数（如 Softmax）进行分类。

4.3.2　*卷积神经网络 BP 算法的数学推导

假设 $\boldsymbol{A}$ 的大小为 $h_a \times w_a$，$\boldsymbol{K}$ 的大小为 $h_k \times w_k$（其中 $h_a \geqslant h_k, w_a \geqslant w_k$），则 $\boldsymbol{C}$ 的大小为 $(h_a-h_k+1)\times(w_a-w_k+1)$，矩阵 $\boldsymbol{K}$ 为卷积核，矩阵 $\boldsymbol{C}$ 称为特征图。上述运算称为窄卷积，若矩阵 $\boldsymbol{A}$ 预先在上下各添加 h_k-1 行零向量，在左右各添加 w_k-1 列零向量，再与 $\boldsymbol{K}$ 卷积，则称为宽卷积。窄卷积和宽卷积分别用 **conv2(*A*, *K*, 'valid')**和 **conv2(*A*, *K*, 'full')**表示。按照池化窗口大小将矩阵 $\boldsymbol{C}$ 分割成不相交的小矩阵，对每个小矩阵的所有元素做求和平均操作，称为平均池化，取最大值则称为最大池化。得到的矩阵 $\boldsymbol{S}$ 称为池化图（Pool Map）。池化也称为下采样，用 $\boldsymbol{S}=down(\boldsymbol{C})$表示。为了使池化层具有可学习性，一般令 $\boldsymbol{S}=\beta down(\boldsymbol{C})+k$，其中，$\beta$ 和 b 为标量参数。

卷积神经网络是权值共享、非全连接的神经网络。下面以两个卷积层和两个池化层的卷积神经网络为例讲解，如图 4.17 所示。

1. **前向传导**

C1 层：卷积神经网络的输入是 28×28 的矩阵 $\boldsymbol{A}$，经过 F_1 个 5×5 的卷积核 $K_i^1 (i=1,2,\dots,F_1)$的卷积生成 F_1 个 24×24 大小的特征图：

$$C_i^1 = \text{conv2}(A, K_i^1, 'valid') + b_i^1$$

$$z_i^1 = C_i^1$$

$$a_i^1 = f(z_i^1)$$

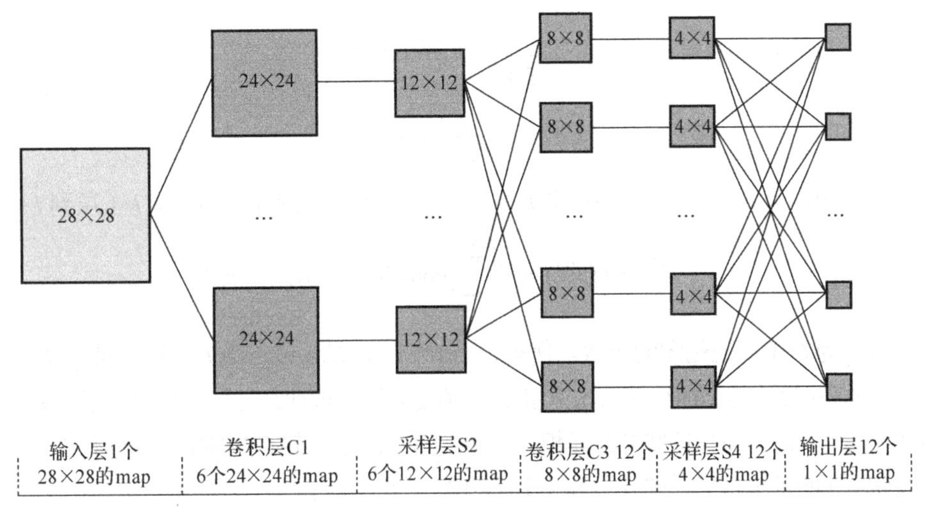

图 4.17　卷积神经网络结构图

S2 层：池化，池化窗口为 2×2，一个 24×24 的特征图将池化成一个 12×12 大小的池化图（Pool Map），共生成 F_1 个池化图：

$$S_i^2 = \beta_i^2 down(a_i^1) + b_i^2$$

$$z_i^2 = S_i^2$$

$$a_i^2 = f(z_i^2)$$

C3 层：接着再次卷积，C3 层中含有 F_3 个 8×8 的特征图。C_i^3 都是由 S2 层中所有池化图（F_1 个）与 F_3 个 $5\times5\times F_1$ 的卷积核 K_{ij}^3 (j=1,2,…,F_1，i=1,2,…,F_3)进行卷积计算得到的，共生成 F_3 个特征图：

$$C_i^3 = \sum_{j=1}^{F_1} \text{conv2}(a_j^2, k_{ij}^3, 'valid') + b_{ij}^3$$

$$z_i^3 = C_i^3$$

$$a_i^3 = f(z_i^3)$$

S4 层：接着再次池化，池化窗口为 2×2，一个 8×8 的特征图将会池化成一个 4×4 大小的池化图，共生成 F_3 个池化图：

$$S_i^4 = \beta_i^4 down(a_i^3) + b_i^4$$

$$z_i^4 = S_i^4$$

$$a_i^4 = f(z_i^4)$$

全连接层：最后，将 a_i^4 (i=1,2,...,F_3)顺序展开成向量，并有序连接成一个长向量，作为全连接层网络的输入。

2. 反向传播

卷积神经网络的反向传播本质上是和 BP 神经网络一致的，区别在于全连接和非全连接：在反向求导时，卷积神经网络要明确参数连接了哪些神经元；而全连接的普通神经网络中相邻两层的神经元都是与另一层的所有神经元相连的，因此反向求导时非常简单。

全连接层的反向求导与普通神经网络的反向求导是一致的：

$$\frac{\partial L}{\partial W^{(l)}} = \delta^{(l)}(a^{(l-1)})^{\mathrm{T}}$$

$$\frac{\partial L}{\partial b^{(l)}} = \delta^{(l)}$$

假设当前卷积层为 l，下一层为池化层 l+1，上一层为池化层 l−1。那么从 l−1 层到 l 层有：

$$a_i^{(l)} = f(z_i^{(l)}) = f\left(\sum_{j=1}^{N_{l-1}} \mathrm{conv2}(a_j^{(l-1)}, K_{ij}^{(l)}) + b_{ij}^{(l)}\right)$$

其中，N_{l-1} 为 $l-1$ 层池化图的个数。例如，当 l=1 时，N_{l-1}=1；当 l=3 时，N_{l-1}=F_1。

为了求得卷积层 l 的各个神经元的 δ，关键是必须要弄清楚该神经元与 l+1 层中的哪些神经元连接，因为求该神经元的 δ 时，只与这些神经元相关。递推的方式与全连接的神经网络的不同之处如下。

（1）卷积层 l 的各个神经元的 δ 只和 l+1 层的相关神经元有关。

（2）卷积层 l 到池化层 l+1 做了下采样运算，使得矩阵维度减小，因此，$\delta_i^{(l+1)}$ 需要上采样（up）转化成卷积层的矩阵维度。定义 up 运算为（若上采样窗口为 2×2）：

$$up\left(\begin{bmatrix} 1 & 2 \\ 3 & 4 \end{bmatrix}\right) = \begin{bmatrix} 1 & 1 & 2 & 2 \\ 1 & 1 & 2 & 2 \\ 3 & 3 & 4 & 4 \\ 3 & 3 & 4 & 4 \end{bmatrix}$$

$up(.)$表示一个上采样操作。如果下采样的采样因子是 n 的话，它简单地将每个像素在水平和垂直方向上复制 n 次。这样就可以恢复原来的大小了。实际上，这个函数可以用 Kronecker 乘积来实现：$up(x) = x \otimes 1_{nn}$。

多层感知机的残差公式：$\delta^{(l)} = (W^{(l+1)})^{\mathrm{T}} \delta^{(l+1)} \circ f'(z^{(l)})$。

BP 算法中残差计算等于第 l+1 层与其连接的所有节点的权值和残差的加权和再乘以该点对 z 的导数值。卷积层的下一层是池化层，采用的是一对一非重叠采样，故残差计算更为简单。这里 z 为矩阵。

$$\begin{aligned}
\delta_i^{(l)} &= \frac{\partial L}{\partial z_i^{(l)}} \\
&= \frac{\partial L}{\partial z_i^{(l+1)}} \circ \frac{\partial z_i^{(l+1)}}{\partial z_i^{(l)}} \text{（一对一非重叠采样）} \\
&= \delta_i^{(l+1)} \circ \frac{\partial z_i^{(l+1)}}{\partial z_i^{(l)}} \\
&= \delta_i^{(l+1)} \circ \frac{\partial}{\partial z_i^{(l)}} (\beta_i^{(l+1)} down(a_i^{(l)}) + b_i^{(l+1)}) \\
&= \beta_i^{(l+1)} (\delta_i^{(l+1)} \circ \frac{\partial}{\partial z_i^{(l)}} (down(f(z_i^{(l)})))) \text{（下采样函数是线性的）} \\
&= \beta_i^{(l+1)} \frac{\partial}{\partial z_i^{(l)}} (down(\delta_i^{(l+1)} \circ f(z_i^{(l)}))) \\
&= \beta_i^{(l+1)} \frac{\partial}{\partial f} (down(\delta_i^{(l+1)} \circ f(z_i^{(l)}))) \circ f'(z_i^{(l)}) \text{（下采样函数是线性的）} \\
&= \beta_i^{(l+1)} (f'(z_i^{(l)}) \circ up(\delta_i^{(l+1)}))
\end{aligned}$$

因此，有：

$$\delta_i^{(l)} = \beta_i^{(l+1)}(f'(z_i^{(l)}) \circ up(\delta_i^{(l+1)}))$$

$$\frac{\partial L}{\partial b_i^{(l)}} = \sum_{u,v}(\delta_i^{(l)})_{u,v}$$

$$\frac{\partial L}{\partial K_{ij}^{(l)}} = \sum_{u,v}(\delta_i^{(l)})_{u,v}(P_j^{(l-1)})_{u,v}$$

损失值与元素所有值相关，将所有元素的损失值相加（复合函数求导），即：

$$\frac{\partial L}{\partial b_i^{(l)}} = sum\left(\frac{\partial L}{\partial z_i^{(l)}} \circ \frac{\partial z_i^{(l)}}{\partial b_i^{(l)}}\right) = sum(\delta_i^{(l)}) = \sum_{u,v}(\delta_i^{(l)})_{u,v}$$

$$\frac{\partial L}{\partial K_{ij}^{(l)}} = sum\left(\frac{\partial L}{\partial z_i^{(l)}} \circ \frac{\partial z_i^{(l)}}{\partial k_{ij}^{(l)}}\right) = sum(\delta_i^{(l)} \circ P_j^{(l-1)}) = \sum_{u,v}(\delta_i^{(l)})_{u,v}(P_j^{(l-1)})_{u,v}$$

假设当前池化层为 l，下一层为全连接层，那么当前池化层就是全连接层的输入，可以根据全连接层的 BP 求导公式递推算出。因此只需讨论下一层 l+1 为卷积层，上一层 l–1 也为卷积层的情形，该情形下有：

$$a_i^{(l)} = f(\beta_i^{(l)} down(a_i^{(l-1)}) + b_i^{(l)})$$

同样地，为了求得池化层 l 各个神经元的 δ，关键是必须要弄清楚该神经元与 l+1 层中的哪些神经元连接，因为求该神经元的 δ 时，只与这些神经元相关。递推的方式与全连接的神经网络的不同之处如下。

（1）池化层 l 的各个神经元的 δ 只和 l+1 层的相关神经元有关。

（2）池化层 l 到卷积层 l+1 做了窄卷积运算，使得矩阵维度减小，因此，$\delta_i^{(l+1)}$ 需要与相应的卷积核做宽卷积运算使得矩阵维度扩展回去。因此，有：

$$\delta_i^{(l)} = \sum_j a_i^{(l)} \circ \text{conv2}(\delta_i^{(l+1)}, K_{ji}^{(l=1)}, '\mathit{full}')$$

$$\frac{\partial L}{\partial b_i^{(l)}} = \sum_{u,v}(\delta_i^{(l)})_{u,v}$$

$$\frac{\partial L}{\partial \beta_i^{(l)}} = \sum_{u,v}(\delta_i^{(l)} \circ d_i^{(l-1)})_{u,v}$$

其中，$\sum_{u,v}(*)$遍历“*”的所有元素，$d_i^{(l-1)} = down(a_i^{(l-1)})$。

4.4　循环神经网络

在传统的神经网络模型中，节点连接顺序为输入层到隐含层再到输出层，同一层节点之间是无连接的。但是有一类问题用多层感知机和卷积神经网络不好解决，就是训练样本的输入是连续的序列，且序列的长短不一，比如基于时间的序列：一段段连续的语音或一段段连续的手写文字。这些序列比较长，且长度不一，很难直接拆分成一个个独立的样本来通过多层感知机或卷积神经网络进行训练。

4.4.1 循环神经网络模型原理

循环神经网络（Recurrent Neuron Network，RNN）是一种对序列数据建模的神经网络，即一个序列当前的输出与前面的输出有关。具体的表现形式为网络会对前面的信息进行记忆并应用于当前输出的计算中，即隐含层之间的节点不再是无连接而是有连接的，这种类型的神经网络主要被使用在上下文对当前序列很重要的时候，即过去的迭代结果和样本产生的决策会对当前产生影响。

RNN 引入不同类型的神经元——递归神经元。假设样本是基于序列的，比如从序列索引 1 到序列索引 τ。对于其中的任意序列索引号 t，对应的输入是对应的样本序列中的 $x^{(t)}$。而模型在序列索引号 t 位置的隐藏状态 $h^{(t)}$，则由 $x^{(t)}$和在 t–1 位置的隐藏状态 $h^{(t-1)}$共同决定。在任意序列索引号 t 位置，也有对应的模型预测输出 $o^{(t)}$。通过预测输出 $o^{(t)}$和训练序列真实输出 $y^{(t)}$，以及损失函数 $L^{(t)}$，就可以用与多层感知机类似的方法来训练模型，也可以用来预测测试序列中的一些位置的输出。

在图 4.18 所示的 RNN 模型结构中，左边是 RNN 模型没有按时间展开的结构图，如果按时间序列展开，则是右边部分结构图。这里重点观察右边部分的结构图。

这幅结构图描述了在序列索引号 t 附近 RNN 的模型。

（1）$x^{(t)}$代表在序列索引号为 t 时训练样本的输入。同样的，$x^{(t-1)}$和 $x^{(t+1)}$代表在序列索引号为 t–1 和 t+1 时训练样本的输入。

（2）$h^{(t)}$代表在序列索引号为 t 时模型的隐藏状态。$h^{(t)}$由 $x^{(t)}$和 $h^{(t-1)}$共同决定。$h^{(t)}=f(Ux^{(t)}+Wh^{(t-1)})$，其中 f 一般是非线性的激活函数，在计算 $h^{(0)}$时，即第一个序列的隐含层状态，需要用到 $h^{(-1)}$，但是其并不存在，在实现中一般置为 0。

（3）$o^{(t)}$代表在序列索引号为 t 时模型的输出。$o^{(t)}$只由模型当前的隐藏状态 $h^{(t)}$决定。$o^{(t)}=\text{Softmax}(Vh^{(t)})$。

（4）$L^{(t)}$代表在序列索引号为 t 时模型的损失函数。

（5）$y^{(t)}$代表在序列索引号为 t 时训练样本序列的真实输出。

（6）U、W、V 这 3 个矩阵是模型的线性关系参数，所有同一层次神经元均共享同样的参数，即它在整个 RNN 中是共享的，因此大大地降低了网络中需要学习的参数。

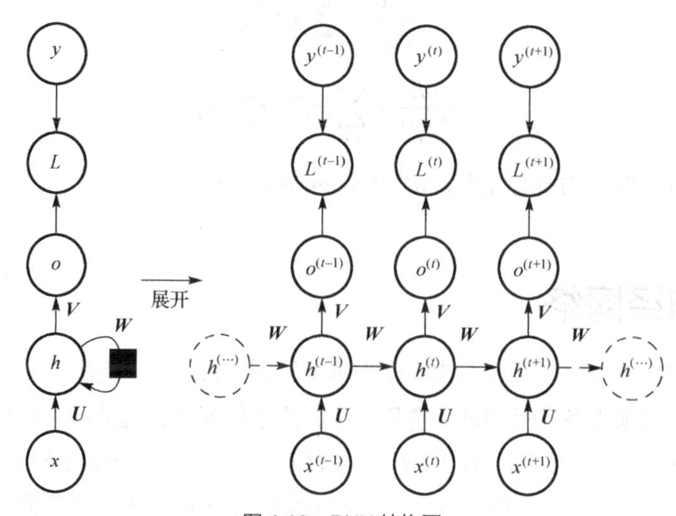

图 4.18　RNN 结构图

4.4.2 *BPTT 算法

为了推导训练算法，这里采用 4.4.1 节中图 4.18 的符号。

$$o^{(t)} = g(\boldsymbol{V}h^{(t)})$$

$$h^{(t)} = f(\boldsymbol{U}x^{(t)} + \boldsymbol{W}h^{(t-1)})$$

$\boldsymbol{V}$ 是输出层的权值矩阵，g 是激活函数。$\boldsymbol{U}$ 是输入 x 的权值矩阵，$\boldsymbol{W}$ 是上一次的 $\boldsymbol{h}$ 值，这里作为这一次输入的权值矩阵，f 是激活函数。

$$\begin{aligned}
o^{(t)} &= g(\boldsymbol{V}h^{(t)}) \\
&= g(\boldsymbol{V}f(\boldsymbol{U}x^{(t)} + \boldsymbol{W}h^{(t-1)})) \\
&= g(\boldsymbol{V}f(\boldsymbol{U}x^{(t)} + \boldsymbol{W}f(\boldsymbol{U}x^{(t-1)} + \boldsymbol{W}h^{(t-2)}))) \\
&= g(\boldsymbol{V}f(\boldsymbol{U}x^{(t)} + \boldsymbol{W}f(\boldsymbol{U}x^{(t-1)} + \boldsymbol{W}f(\boldsymbol{U}x^{(t-2)} + \boldsymbol{W}h^{(t-3)})))) \\
&= g(\boldsymbol{V}f(\boldsymbol{U}x^{(t)} + \boldsymbol{W}f(\boldsymbol{U}x^{(t-1)} + \boldsymbol{W}f(\boldsymbol{U}x^{(t-2)} + \boldsymbol{W}f(\boldsymbol{U}x^{(t-3)} + \cdots)))))
\end{aligned}$$

从上面公式可以看出，RNN 的输出值受前面历次输入值 $x^{(0)}, x^{(1)}, \cdots, x^{(t-1)}, x^{(t)}$ 的影响，这就是 RNN 可以往前看任意多个输入值的原因。

BPTT 算法（Back Propagation Through Time Algorithm）就是通过计算出反向传播的损失函数的梯度来优化 $\boldsymbol{V}$、$\boldsymbol{U}$ 和 $\boldsymbol{W}$ 的值的。BPTT 的误差项沿两个方向传播，一个是从当前层传向上一层，另一个是从当前时刻传到上一时刻。

设：f 为激活函数 tanh，g 为激活函数 Softmax，期望输出为 $\boldsymbol{o}^{(t)}$，真实输出为 $\boldsymbol{y}^{(t)}$，损失函数为负对数拟然函数，总损失函数为各时刻损失函数的总和。

$$\boldsymbol{o}^{(t)} = \mathrm{softmax}(\boldsymbol{V}\boldsymbol{h}^{(t)})$$

$$\boldsymbol{h}^{(t)} = \tanh(\boldsymbol{U}\boldsymbol{x}^{(t)} + \boldsymbol{W}\boldsymbol{h}^{(t-1)})$$

$$L^{(t)}(\boldsymbol{y}^{(t)}, \boldsymbol{o}^{(t)}) = -\boldsymbol{y}^{(t)} \log \boldsymbol{o}^{(t)}$$

$$L(\boldsymbol{y}, \boldsymbol{o}) = \sum_t L^{(t)}(\boldsymbol{y}^{(t)}, \boldsymbol{o}^{(t)}) = -\sum_t \boldsymbol{y}^{(t)} \log \boldsymbol{o}^{(t)}$$

设各变量的维度如下。

$\boldsymbol{V}: m \times n$

$\boldsymbol{x}^{(t)}: m \times 1$

$\boldsymbol{h}^{(t)}: n \times 1$

$\boldsymbol{U}: n \times m$

$\boldsymbol{W}: n \times n$

$\boldsymbol{y}: m \times 1$

$\boldsymbol{o}: m \times 1$

设总损失如下：

$$L = \sum_t L^{(t)}$$

设时间长度为 T，t 从 0 到 t–1。

1. 对 V 求导

根据设定有：

$$L^{(t)} = -\sum_k (y_k^{(t)} \log o_k^{(t)})$$

$$O_k^{(t)} = \frac{e^{q_k^{(t)}}}{\sum_l e^{q_l^{(t)}}}$$

$$q_l^{(t)} = \sum_m V_{lm} h_m^{(t)}$$

对 V_{ij} 求导：

$$\begin{aligned}\frac{\partial L^{(t)}}{\partial V_{ij}} &= \sum_k \left(\frac{\partial L^{(t)}}{\partial o_k^{(t)}} \frac{\partial o_k^{(t)}}{\partial V_{ij}} \right) \\ &= \sum_k \left[\frac{\partial L^{(t)}}{\partial o_k^{(t)}} \left(\sum_l \frac{\partial o_k^{(t)}}{\partial q_l^{(t)}} \frac{\partial q_l^{(t)}}{\partial V_{ij}} \right) \right] \\ &= \sum_k \sum_l \left[\frac{\partial L^{(t)}}{\partial o_k^{(t)}} \frac{\partial o_k^{(t)}}{\partial q_l^{(t)}} \frac{\partial q_l^{(t)}}{\partial V_{ij}} \right]\end{aligned}$$

其中：

$$\frac{\partial L^{(t)}}{\partial o_k^{(t)}} = -y_k^{(t)} \times \frac{1}{o_k^{(t)}} \text{（根据对数导数公式）}$$

$$\frac{\partial o_k^{(t)}}{\partial q_l^{(t)}} = \begin{cases} -o_k^{(t)} o_l^{(t)} & \text{if} \quad l \neq k \\ (1 - o_k^{(t)}) o_k^{(t)} & \text{if} \quad l = k \end{cases} \text{（根据 Softmax 导数公式）}$$

将前两项合并：

$$\begin{aligned}\frac{\partial L^{(t)}}{\partial q_l^{(t)}} &= \sum_k \frac{\partial L^{(t)}}{\partial o_k^{(t)}} \frac{\partial o_k^{(t)}}{\partial q_l^{(t)}} \text{（Softmax分拆求导）} \\ &= \left\{ [-\left(y_l^{(t)} \frac{1}{o_l^{(t)}} \right) \times (1 - o_l^{(t)}) o_l^{(t)}] + \sum_{k \neq l} -\left(y_k^{(t)} \frac{1}{o_k^{(t)}} \right) \times (-o_k^{(t)} o_l^{(t)}) \right\} \\ &= \left\{ [-y_l^{(t)} \times (1 - o_l^{(t)}) + \sum_{k \neq l} -y_k^{(t)} \times (-o_l^{(t)}) \right\} \\ &= \left\{ -y_l^{(t)} \times (1 - o_l^{(t)}) + \sum_{k \neq l} y_k^{(t)} \times o_l^{(t)} \right\} \\ &= -\left\{ y_l^{(t)} - y_l^{(t)} o_l^{(t)} - \sum_{k \neq l} y_k^{(t)} \times o_l^{(t)} \right\} \text{（合并）} \\ &= -\left\{ y_l^{(t)} - \sum_k y_k^{(t)} \times o_l^{(t)} \right\} \\ &= -\left\{ y_l^{(t)} - o_l^{(t)} \sum_k y_k^{(t)} \right\} \text{（标签是onehot热独数据）} \\ &= o_l^{(t)} - y_l^{(t)}\end{aligned}$$

第三项为：

$$\frac{\partial q_l^{(t)}}{\partial V_{ij}} = \frac{\partial}{\partial V_{ij}}\left(\sum_m V_{lm} h_m^{(t)}\right) = \sum_m \frac{\partial}{\partial V_{ij}}(V_{lm} h_m^{(t)})$$

全部合并：

$$\begin{aligned}\frac{\partial L^{(t)}}{\partial V_{ij}} &= \sum_l \left(\frac{\partial L^{(t)}}{\partial q_l^{(t)}} \frac{\partial q_l^{(t)}}{\partial V_{ij}}\right) \\ &= \sum_l \left((o_l^{(t)} - y_l^{(t)}) \sum_m \frac{\partial}{\partial V_{ij}}(V_{lm} h_m^{(t)})\right) \quad (V \text{变量相互独立，只有} V_{ij} \text{有导数，其他为} 0) \\ &= (o_i^{(t)} - y_i^{(t)}) h_j^{(t)}\end{aligned}$$

所以，矩阵表示为：

$$\frac{\partial L^{(t)}}{\partial V} = (o^{(t)} - y^{(t)}) \otimes h^{(t)}$$

“⊗”为 Kronecker 积（克罗内克积），是两个任意大小的矩阵间的运算。克罗内克积也称为直积或张量积。计算过程如下例所示：

$$\begin{pmatrix}1 & 3 & 2\\ 1 & 0 & 0\\ 1 & 2 & 2\end{pmatrix} \times \begin{pmatrix}0 & 0 & 2\\ 7 & 5 & 0\\ 2 & 1 & 1\end{pmatrix} = \begin{pmatrix}1\times 0 & 3\times 0 & 2\times 2\\ 1\times 7 & 0\times 5 & 0\times 0\\ 1\times 2 & 2\times 1 & 2\times 1\end{pmatrix} = \begin{pmatrix}0 & 0 & 4\\ 7 & 0 & 0\\ 2 & 2 & 2\end{pmatrix}$$

2. 对 W 求导

有等式：

$$L^{(t)} = -\sum_k (y_k^{(t)} \log o_k^{(t)})$$

$$O_k^{(t)} = \frac{e^{q_k^{(t)}}}{\sum_l e^{q_l^{(t)}}}$$

$$q_l^{(t)} = \sum_m V_{lm} h_m^{(t)}$$

$$\boldsymbol{h}^{(t)} = \tanh(\boldsymbol{U}\boldsymbol{x}^{(t)} + \boldsymbol{W}\boldsymbol{h}^{(t-1)})$$

$$\boldsymbol{h}_m^{(t)} = \tanh\left(\sum_c U_{mc} x_c^{(t)} + \sum_d W_{md} h_d^{(t-1)}\right)$$

和对 V_{ij} 求导类似，对 W_{ij} 求导：

$$\frac{\partial L^{(t)}}{\partial W_{ij}} = \sum_k \sum_l \sum_m \left[\frac{\partial L^{(t)}}{\partial o_k^{(t)}} \frac{\partial o_k^{(t)}}{\partial q_l^{(t)}} \frac{\partial q_l^{(t)}}{\partial h_m^{(t)}} \frac{\partial h_m^{(t)}}{\partial W_{ij}}\right]$$

前两项为：

$$\frac{\partial L^{(t)}}{\partial q_l^{(t)}} = \sum_k \frac{\partial L^{(t)}}{\partial o_k^{(t)}} \frac{\partial o_k^{(t)}}{\partial q_l^{(t)}} = o_l^{(t)} - y_l^{(t)}$$

第三项为：

$$\frac{\partial q_l^{(t)}}{\partial h_m^{(t)}}=\frac{\partial}{\partial h_m^{(t)}}\left(\sum_d V_{ld}h_d^{(t)}\right)=V_{lm}$$（h 变量相互独立，只有 $h_m^{(t)}$ 有导数，其他为 0）

第四项：根据 $\boldsymbol{h}^{(t)}=f(Ux^{(t)}+Wf(Ux^{(t-1)}+Wf(Ux^{(t-2)}+Wf(Ux^{(t-3)}+\cdots))))$，可以看出 $\frac{\partial h_m^{(t)}}{\partial W_{ij}}$ 依赖于 $\boldsymbol{h}^{(0)},\boldsymbol{h}^{(1)},\ldots,\boldsymbol{h}^{(t-1)}$。根据复合函数求导：

$$\frac{\partial h_m^{(t)}}{\partial W_{ij}}=\frac{\partial h_m^{(t)}}{\partial h_m^{(t-1)}}\frac{\partial h_m^{(t-1)}}{\partial W_{ij}}+\frac{\partial h_m^{(t)}}{\partial h_m^{(t-2)}}\frac{\partial h_m^{(t-2)}}{\partial W_{ij}}+\cdots+\frac{\partial h_m^{(t)}}{\partial h_m^{(0)}}\frac{\partial h_m^{(0)}}{\partial W_{ij}}=\sum_{r=0}^{t}\left(\frac{\partial h_m^{(t)}}{\partial h_m^{(r)}}\frac{\partial h_m^{(r)}}{\partial W_{ij}}\right)$$

所以最终结果可以表示为：

$$\frac{\partial L^{(t)}}{\partial W_{ij}}=\sum_l\left\{(o_l^{(t)}-y_l^{(t)})\sum_m\left[V_{lm}\sum_{r=0}^{t}\left(\frac{\partial h_m^{(t)}}{\partial h_m^{(r)}}\frac{\partial h_m^{(r)}}{\partial W_{ij}}\right)\right]\right\}$$

其中：

$$\begin{aligned}\frac{\partial h_n^{(r)}}{\partial W_{ij}}&=\frac{\partial}{\partial W_{ij}}\left(\tanh\left(\sum_c U_{mc}x_c^{(r)}+\sum_d W_{md}h_d^{(r-1)}\right)\right)\\&=(1-(h_n^{(r)})^2)\frac{\partial}{\partial W_{ij}}\left(\sum_c U_{mc}x_c^{(r)}+\sum_d W_{md}h_d^{(r-1)}\right)\\&=(1-(h_n^{(r)})^2)\sum_d\frac{\partial}{\partial W_{ij}}\left(W_{md}h_d^{(r-1)}\right)\\&=(1-(h_n^{(r)})^2)\sum_d\left(\delta_{mi}\delta_{jd}h_d^{(r-1)}\right)\end{aligned}$$（δ_{mi}、δ_{jd} 为狄拉克符号）

$$=(1-(h_n^{(r)})^2)\delta_{mi}h_j^{(r-1)}$$

$$\begin{aligned}\frac{\partial h_m^{(t)}}{\partial h_n^{(t-1)}}&=\frac{\partial}{\partial h_n^{(t-1)}}\left(\tanh\left(\sum_c U_{mc}x_c^{(t)}+\sum_d W_{md}h_d^{(t-1)}\right)\right)\\&=(1-(h_m^{(t)})^2)\frac{\partial}{\partial h_n^{(t-1)}}\left(\sum_c U_{mc}x_c^{(r)}+\sum_d W_{md}h_d^{(t-1)}\right)\\&=(1-(h_m^{(t)})^2)\sum_d(\delta_{nd}W_{md})\end{aligned}$$（δ_{nd} 为狄拉克符号）

$$=(1-(h_m^{(t)})^2)W_{mn}$$

设 $$\mu^t=\frac{\partial h_m^{(t)}}{\partial h_n^{(t-1)}}$$

同理，

$$\frac{\partial h_m^{(t-1)}}{\partial h_n^{(t-2)}}=\frac{\partial}{\partial h_n^{(t-2)}}\left(\tanh\left(\sum_c U_{mc}x_c^{(t-1)}+\sum_d W_{md}h_d^{(t-2)}\right)\right)=(1-(h_m^{(t-1)})^2)W_{mn}$$

所以：

$$\frac{\partial h_m^{(t)}}{\partial h_n^{(r)}}=\frac{\partial h_m^{(t)}}{\partial h_p^{(t-1)}}\frac{\partial h_p^{(t-1)}}{\partial h_q^{(t-2)}}\cdots\frac{\partial h_u^{(r+1)}}{\partial h_n^{(r)}}=\prod_{i=r}^{t}\mu^i$$

3. 对 *U* 求导

与 **W** 十分类似。有等式：

$$L^{(t)}=-\sum_k(y_k^{(t)}\log o_k^{(t)})$$

$$O_k^{(t)}=\frac{\mathrm{e}^{q_k^{(t)}}}{\sum_l \mathrm{e}^{q_l^{(t)}}}$$

$$q_l^{(t)}=\sum_m V_{lm}h_m^{(t)}$$

$$h^{(t)}=\tanh(Ux^{(t)}+Wh^{(t-1)})$$

$$h_m^{(t)}=\tanh(\sum_c U_{mc}x_c^{(t)}+\sum_d W_{md}h_d^{(t-1)})$$

同对 W_{ij} 求导类似，对 U_{ij} 求导：

$$\frac{\partial L^{(t)}}{\partial U_{ij}}=\sum_k\sum_l\sum_m\left[\frac{\partial L^{(t)}}{\partial o_k^{(t)}}\frac{\partial o_k^{(t)}}{\partial q_l^{(t)}}\frac{\partial q_l^{(t)}}{\partial h_m^{(t)}}\frac{\partial h_m^{(t)}}{\partial U_{ij}}\right]$$

前三项相同，只要看第四项：

$$\begin{aligned}\frac{\partial h_m^{(t)}}{\partial U_{ij}}&=\frac{\partial}{\partial U_{ij}}\left(\tanh\left(\sum_c U_{mc}x_c^{(t)}+\sum_d W_{md}h_d^{(t-1)}\right)\right)\\&=(1-(h_m^{(t)})^2)\frac{\partial}{\partial U_{ij}}\left(\sum_c U_{mc}x_c^{(t)}+\sum_d W_{md}h_d^{(t-1)}\right)\\&=(1-(h_m^{(t)})^2)\frac{\partial}{\partial U_{ij}}\left(\sum_c U_{mc}x_c^{(t)}\right)\\&=(1-(h_m^{(t)})^2)\delta_{mi}x_j^{(t)}\text{（}\delta_{mi}\text{ 为狄拉克符号）}\end{aligned}$$

所以最终结果为：

$$\begin{aligned}\frac{\partial L^{(t)}}{\partial U_{ij}}&=\sum_l\left\{(o_l^{(t)}-y_l^{(t)})\sum_m\left[V_{lm}(1-(h_m^{(t)})^2)\delta_{mi}x_j^{(t)}\right]\right\}\\&=\sum_l\left\{(o_l^{(t)}-y_l^{(t)})\left[V_{li}(1-(h_i^{(t)})^2)x_j^{(t)}\right]\right\}\\&=(1-(h_i^{(t)})^2)x_j^{(t)}\sum_l\left\{(o_l^{(t)}-y_l^{(t)})V_{li}\right\}\end{aligned}$$

4.4.3 双向循环神经网络

双向循环神经网络（Bi-Directional Recurrent Neural Network，BDRNN），简称双向 RNN，即不止利用前面的信息，还会利用后面的信息。为了解决单向 RNN 某些情况下的不足，提出了 BDRNN。因为很多项目需要能关联未来的数据，而单向 RNN 属于关联历史数据，所以对于未来数据，我们提出了反向 RNN，两个方向的网络结合到一起就能很好地关联历史与未来。例如，她是玛丽，她妈妈送她到幼儿园，如果没有后面的部分词语就不能很好地推断出玛丽是“小女孩”，也有可能推断出玛丽是“妻子”或“医生”，等等。

双向 RNN 按时刻展开的结构如图 4.19 所示，可以看到向前层和向后层共同连接着输出层，其中包含了 6 个共享权值，分别为输入到向前层和向后层的两个权值、向前层和向后层各自隐含层到隐含层的权值、向前层和向后层各自隐含层到输出层的权值。

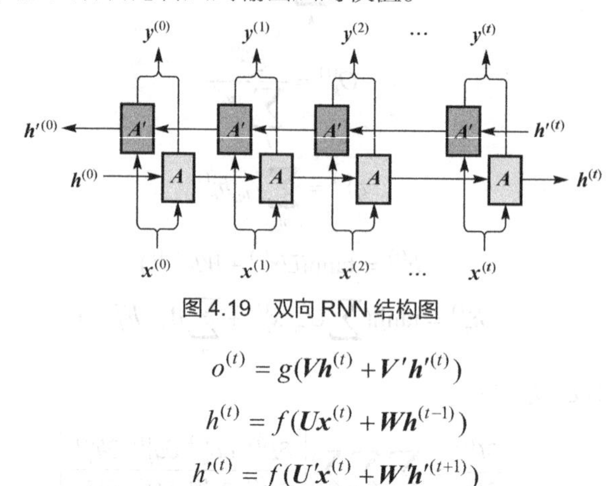

图 4.19　双向 RNN 结构图

$$o^{(t)} = g(\boldsymbol{V}\boldsymbol{h}^{(t)} + \boldsymbol{V}'\boldsymbol{h}'^{(t)})$$

$$h^{(t)} = f(\boldsymbol{U}\boldsymbol{x}^{(t)} + \boldsymbol{W}\boldsymbol{h}^{(t-1)})$$

$$h'^{(t)} = f(\boldsymbol{U}'\boldsymbol{x}^{(t)} + \boldsymbol{W}'\boldsymbol{h}'^{(t+1)})$$

4.4.4　深度循环神经网络

RNN 单元只有一层隐含层，如果将多个 RNN 单元堆叠在一起，如图 4.20 所示，那就形成了深度循环神经网络（Deep RNN），或称多层 RNN（Multi-layers RNN）。

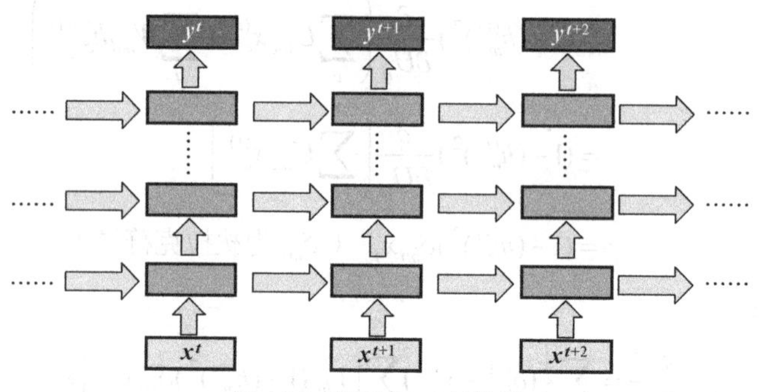

图 4.20　深层 RNN 结构图

深层双向 RNN 与双向 RNN 相比，多了几个隐含层，如图 4.21 所示，区别在于每一步的输入有多层网络，这样的话该网络便具有更加强大的表达能力和学习能力，但是复杂性也提高了，同时需要训练更多的数据。

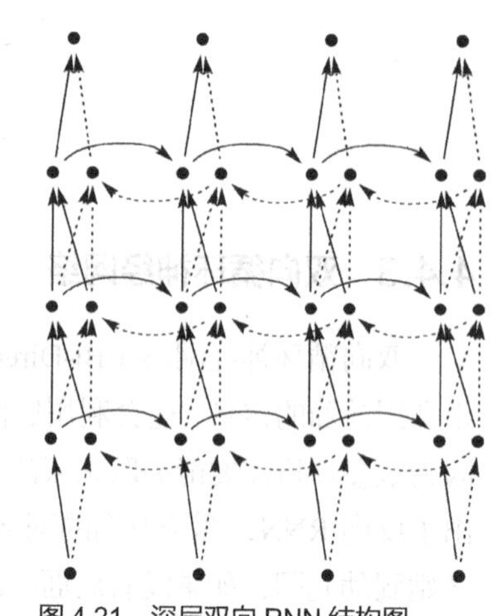

图 4.21　深层双向 RNN 结构图

4.4.5　长短时记忆网络

RNN 的关键点之一就是它们可以将先前的信息连接到当前的任务上。但是在相关的信息和预测的词位置之间的间隔很长时，在理论上，RNN 绝对可以处理这样的长期依赖问题；但在实践中，本吉奥（Bengio）等人在 1994 年对该问题进行了深入研究，他们发现在这种情况下训练 RNN 变得非常困难。

长短时记忆网络（Long Short-Term Memory，LSTM）是一种特殊类型的 RNN，可以学习长期依赖信息。LSTM 在 1997 年由霍克赖特（Hochreiter）和施米德胡贝（Schmidhuber）提出，并在近期被亚历克斯·格拉维斯（Alex Graves）进行了改良和推广。在很多问题上，LSTM 都取得了相当巨大的成功，并得到了广泛的使用。

LSTM 通过刻意的设计来避免长期依赖问题。和一般 RNN 相比，记住长期的信息在实践中是 LSTM 的默认行为，而非需要付出很大代价才能获得的能力。

LSTM 引入了一个特殊的存储单元，当数据有时间间隔（或滞后）时可以处理数据。一般 RNN 可以通过"记住"前 10 个词来处理文本，但 LSTM 可以"记住"许久之前发生的事情。

存储单元实际上由一些元素组成，称为门，控制信息被记住还是遗忘。LSTM 的结构如图 4.22 所示。

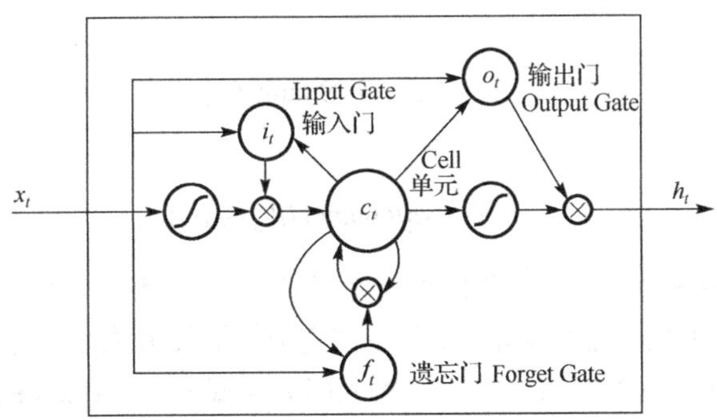

图 4.22　LSTM 存储单元结构图

图 4.22 中的"⊗"是门，它们拥有自己的权值，有时也有激活函数。在每个样本上，它们决定是否传递数据、擦除记忆等。输入门（Input Gate）决定上一个样本有多少信息将保存在内存中；输出门（Output Gate）调节传输到下一层的数据量；遗忘门（Forget Gate）控制存储记忆的损失率。LSTM 的巧妙之处在于通过增加输入门限、遗忘门限和输出门限，使得自循环的权值是变化的，这样一来在模型参数固定的情况下，不同时刻的积分尺度可以动态改变，从而避免了梯度消失或者梯度膨胀的问题。

和普通 RNN 不同的是，LSTM 中每一个输入序列对应一个复杂交互的 LSTM 存储单元，如图 4.23 所示。

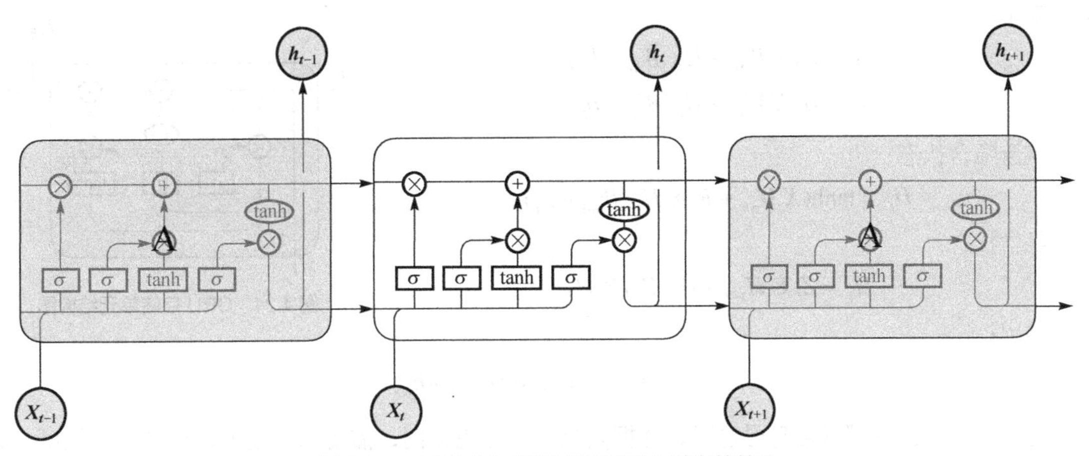

图 4.23　LSTM 输入序列对应复杂交互的存储单元

设隐含状态长度为 h，t 时刻输入 $X_t \in \boldsymbol{R}^{n\times x}$（$x$ 维）及 t-1 时刻隐含状态 $H_{t-1} \in \boldsymbol{R}^{n\times h}$。输入门、遗忘门、输出门、候选细胞如下：

$$I_t = \sigma(X_t W_{xi} + H_{t-1} W_{hi} + b_i)$$
$$F_t = \sigma(X_t W_{xf} + H_{t-1} W_{hf} + b_f)$$
$$O_t = \sigma(X_t W_{xo} + H_{t-1} W_{ho} + b_o)$$
$$\overline{C}_t = \tanh(X_t W_{xc} + H_{t-1} W_{hc} + b_c)$$

记忆细胞如下：

$$C_t = F_t \otimes C_{t-1} + I_t \otimes \overline{C}_t$$

如果遗忘门一直近似 1 且输入门一直近似 0，过去的细胞将一直保存并传递至当前时刻的隐含状态。

$$H_t = O_t \otimes \tanh(C_t)$$

而输出与 RNN 相同：

$$\overline{Y} = soft\max(HW_{hy} + b_y)$$

遗忘门 F_t 决定从细胞状态中丢弃什么信息，该门会读取 h_{t-1} 和 x_t，输出一个 0～1 之间的数值，从而决定细胞状态 C_{t-1} 中的信息是否保留；1 表示“完全保留”，0 表示“完全舍弃”。遗忘门 F_t 的作用为 $C_t = F_t \otimes C_{t-1} + I_t \otimes \overline{C}_t$ 中的 $F_t \otimes C_{t-1}$ 部分；输入门 I_t 过滤输入信息对细胞信息更新的作用，其作用为 $C_t = F_t \otimes C_{t-1} + I_t \otimes \overline{C}_t$ 中的 $I_t \otimes \overline{C}_t$ 部分。输出门 O_t 过滤输出信息，即 $H_t = O_t \otimes \tanh(C_t)$。

LSTM 一个单元共有 14 个学习参数。

4.4.6 门控循环单元网络

门控循环单元网络（Gated Recurrent Unit，GRU）是由左景贤等人于 2014 年提出的。它包含了将 LSTM 遗忘门和输入门合成的单一的更新门（Update Gate），以及与输入密切相关的复位门（Reset Gate），见图 4.24，同时还混合了细胞状态和隐藏状态，以及其他一些改动。最终的模型比标准的 LSTM 模型要简单。GRU 比 LSTM 消耗资源少，但几乎有相同的效果。

设隐含状态长度为 h，t 时刻输入 $X_t \in \boldsymbol{R}^{n\times x}$（$x$ 维）及 t-1 时刻隐含状态 $H_{t-1} \in \boldsymbol{R}^{n\times h}$。重置门，更新门如下：

$$R_t = \sigma(X_t W_{xr} + H_{t-1} W_{hr} + b_r)$$
$$Z_t = \sigma(X_t W_{xz} + H_{t-1} W_{hz} + b_z)$$

候选隐含状态：

$$\overline{H}_t = \tanh(X_t W_{xh} + R_t \otimes H_{t-1} W_{hh} + b_h)$$

隐含状态：

$$H_t = Z_t \otimes H_{t-1} + (1 - Z_t) \otimes \overline{H}_t$$

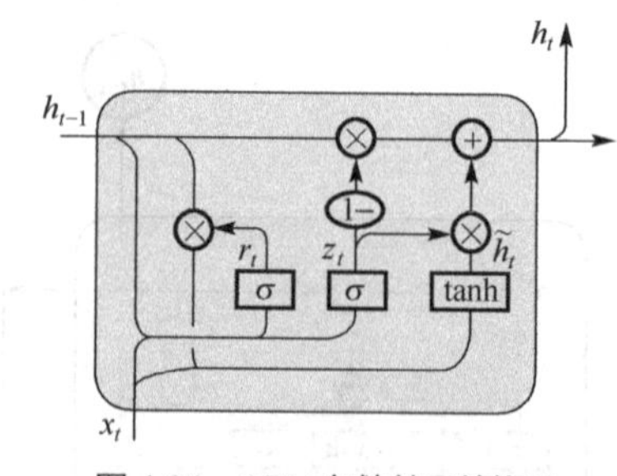

图 4.24　GRU 存储单元结构图

输出：

$$\overline{Y} = soft\max(HW_{hy} + b_y)$$

复位门需要选择哪些信息已过时，并把它删除。在更新门，需要知道过去信息的重要程度，如果重要，它前边的系数比较大；否则，前边的系数会减小。

4.5 深度置信网络

深度置信网络（Deep Belief Nets，DBN）是神经网络的一种。既可以用于非监督学习，类似于一个自编码机；也可以用于监督学习，可作为分类器来使用。

从非监督学习角度来讲，其目的是尽可能地保留原始特征的特点，同时降低特征的维度。从监督学习角度来讲，其目的在于使得分类错误率尽可能得小。而不论是监督学习还是非监督学习，DBN 的本质都是特征学习的过程，即如何得到更好的特征表达。

作为神经网络，神经元自然是其必不可少的组成部分。DBN 由若干层神经元构成，组成元件是**受限玻尔兹曼机（RBM）**。RBM，是一种用于降维、分类、回归、协同过滤、特征学习和主题建模的算法。

4.5.1 RBM 原理

RBM 是有两个层的浅层神经网络，它是组成深度置信网络的基础部件，其结构图如图 4.25 所示。RBM 的第一个层称为可见层，又称输入层，而第二个层是隐含层。

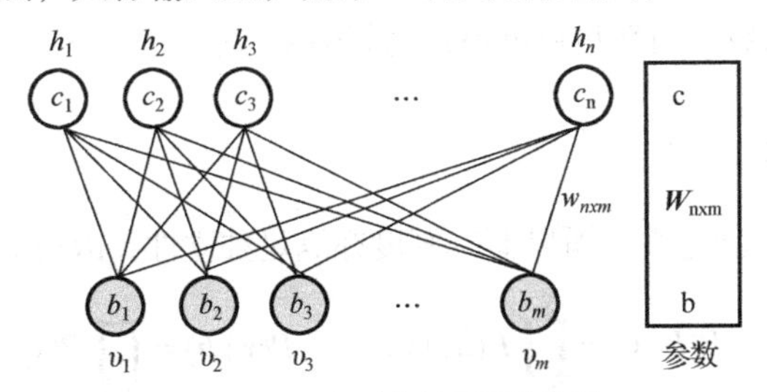

图 4.25 受限玻尔兹曼机结构图

一个 RBM 包含一个由随机的隐单元构成的隐含层(一般是伯努利分布)和一个由随机的可见(观测)单元构成的可见（观测）层（一般是伯努利分布或高斯分布)。RBM 可以表示成一个二分图模型，所有可见单元和隐单元之间存在连接，而隐单元两两之间和可见单元两两之间不存在连接，也就是层间全连接(而且是双向全连接)，层内无连接。每一个可见层节点和隐含层节点都有两种状态：处于激活状态时值为 1，未被激活状态时值为 0。这里 0 和 1 状态的意义是决定模型会选取哪些节点，处于激活状态的节点被使用，未处于激活状态的节点不被使用。节点的激活概率由可见层和隐含层节点的分布函数计算。

在 RBM 中，任意两个相连的神经元之间有一个权值 $\boldsymbol{w}$ 表示其连接强度($\boldsymbol{w}$ 矩阵一般转置为自身)，每个神经元自身有一个偏置系数 b（对可见层神经元）和 c（对隐含层神经元）来表示其自身权值。输入向量 $\boldsymbol{v}$ 和隐含层输出向量 $\boldsymbol{h}$ 之间的能量函数值为：

$$E(\boldsymbol{v},\boldsymbol{h}) = -\sum_{i=1}^{N_v} b_i v_i - \sum_{j=1}^{N_h} c_j h_j - \sum_{i=1}^{N_v}\sum_{j=1}^{N_h} h_j w_{ij} v_i$$

而向量 $\boldsymbol{v}$ 与向量 $\boldsymbol{h}$ 之间的联合概率为：

$$P(\boldsymbol{v},\boldsymbol{h}) = \frac{1}{z}\mathrm{e}^{-E(\boldsymbol{v},\boldsymbol{h})} \qquad z = \sum_{\boldsymbol{v},\boldsymbol{h}} \mathrm{e}^{-E(\boldsymbol{v},\boldsymbol{h})}$$

其中 z 是归一化因子。显然，当能量为 0 时，联合概率为 1。

从联合概率以及全概率公式，可以得到概率：

$$P(\boldsymbol{v})=\frac{1}{z}\sum_{\boldsymbol{h}}\mathrm{e}^{-E(\boldsymbol{v},\boldsymbol{h})} \qquad P(\boldsymbol{h})=\frac{1}{z}\sum_{\boldsymbol{v}}\mathrm{e}^{-E(\boldsymbol{v},\boldsymbol{h})}$$

根据条件概率定义 $P(B\mid A)=\dfrac{P(AB)}{P(A)}$ 有：

$$P(\boldsymbol{v}\mid\boldsymbol{h})=\frac{\mathrm{e}^{-E(\boldsymbol{v},\boldsymbol{h})}}{\sum_{\boldsymbol{v}}\mathrm{e}^{-E(\boldsymbol{v},\boldsymbol{h})}} \qquad P(\boldsymbol{h}\mid\boldsymbol{v})=\frac{\mathrm{e}^{-E(\boldsymbol{v},\boldsymbol{h})}}{\sum_{\boldsymbol{h}}\mathrm{e}^{-E(\boldsymbol{v},\boldsymbol{h})}}$$

在通常的情况下使用二值化单元（v_j 和 $h_j\in\{0,1\}$）能得到隐含层神经元 h_j 被激活的概率：

$$P(h_k=1\mid v)=\sigma(c_k+\sum_{i=1}^{N_v}w_{ik}v_i)$$

由于是双向连接，可见层神经元同样能被隐含层神经元激活：

$$P(v_k=1\mid h)=\sigma(b_k+\sum_{j=1}^{N_h}w_{kj}h_j)$$

其中，σ 为 Sigmoid 函数，当然也可以设定为其他函数。

4.5.2 RBM 求解算法

同一层神经元之间具有独立性，所以概率密度亦满足独立性，故得到下式：

$$P(\boldsymbol{h}\mid\boldsymbol{v})=\prod_{j=1}^{N_h}P(h_j\mid\boldsymbol{v}) \qquad P(\boldsymbol{v}\mid\boldsymbol{h})=\prod_{i=1}^{N_v}P(v_i\mid\boldsymbol{h})$$

RBM 共有 5 个参数：$\boldsymbol{h}$、$\boldsymbol{v}$、b、c、W，其中 b、c、W，也就是相应的权值和偏置值，是通过学习得到的，$\boldsymbol{v}$ 是输入向量，$\boldsymbol{h}$ 是输出向量。接下来介绍如何进行学习得到最优的 b、c、W。

RBM 求解的目标就是让 RBM 网络表示的 Gibbs 分布尽最大可能地拟合训练数据（分布）。给定训练样本，RBM 的训练意味着调整参数，从而拟合给定的训练样本，使得参数条件下对应 RBM 表示的概率分布尽可能符合训练数据。

假定训练样本集合为 $S=\{v^1,v^2,\cdots,v^{n_s}\}$，其中 n_s 为训练样本的数目，RBM 的观测数据集 $v^i=(v_1^i,v_2^i,\cdots,v_{n_v}^i)^{\mathrm{T}}$，$i=1,2,\cdots,n_s$，它们是独立同分布的，则训练 RBM 的目标就是最大化似然函数 $L_{\theta,s}=\prod_{i=1}^{n_s}P(v^i)$，一般通过对数转化为连加的形式实现，其等价形式：$\ln L_{\theta,s}=\ln\prod_{i=1}^{n_s}P(v^i)=\sum_{i=1}^{n_s}\ln P(v^i)$，$L_{\theta,s}$ 简记为 L_θ。

最大化 L_θ 常用的数值方法是梯度上升法（Gradient Ascent），通过迭代的方法进行逼近，迭代形式：$\theta:=\theta+\eta\dfrac{\partial\ln L_\theta}{\partial\theta}$，其中 $\eta>0$ 表示学习速率。其关键就是计算梯度 $\dfrac{\partial\ln L_\theta}{\partial\theta}$（各个参数的偏导数 $\dfrac{\partial\ln L_\theta}{\partial w_{ij}}$，$\dfrac{\partial\ln L_\theta}{\partial c_i}$，$\dfrac{\partial\ln L_\theta}{\partial b_i}$）。

如果 RBM 中的每个单元都是二值的，有：

$$\frac{\partial \ln L_\theta}{\partial w_{ji}} = P(h_j = 1 | v)v_i - \sum_v P(v)P(h_j = 1 | v)v_i$$

$$\frac{\partial \ln L_\theta}{\partial b_i} = v_i - \sum_v P(v)v_i$$

$$\frac{\partial \ln L_\theta}{\partial c_j} = P(h_j = 1 | v) - \sum_v P(v)P(h_j = 1 | v)$$

最大化似然梯度就是计算每个样本数据的梯度，最后将所有梯度加起来。

在梯度公式中的概率值计算困难，一般先采用 Gibbs 采样，然后对采样出来的数据求和来估计概率值。

4.5.3 对比散度算法

对于一条样本数据 x，可采用对比散度算法对其进行训练。

先将 x 赋给可见层 v_1，利用 $P(h_k = 1 | v) = \sigma\left(c_k + \sum_{i=1}^{N_v} w_{ik} v_i\right)$ 计算出隐含层中每个神经元被激活的概率 $P(h_i | v_1)$。

再从计算的概率分布 $P(h_i | v_1)$ 中采取 Gibbs 抽样抽取一个样本：$h_1 \approx P(h_1 | v_1)$。

用 h_1 重构可见层，即通过隐含层反推可见层，利用 $P(v_k = 1 | h) = \sigma\left(b_k + \sum_{j=1}^{N_h} w_{kj} h_j\right)$ 计算可见层中每个神经元被激活的概率 $P(v_j | h_1)$。

同样地，从计算得到的概率分布 $P(v_j | h_1)$ 中采取 Gibbs 抽样抽取一个样本：$v_2 \approx P(v_2 | h_1)$。

通过 v_2 再次计算隐含层中每个神经元被激活的概率 $P(h_i | v_2)$，并采取 Gibbs 抽样抽取一个样本：$h_2 \approx P(h_2 | v_2)$。

更新权值：

$$W \leftarrow W + \eta\left(P(h_1 | v_1)v_1 - P(h_2 | v_2)v_2\right)$$

$$b \leftarrow b + \eta(v_1 - v_2)$$

$$c \leftarrow c + \eta(h_1 - h_2)$$

若干次训练后，隐含层不仅能较为精准地显示可见层的特征，同时还能够还原可见层。当隐含层神经元数量小于可见层时，则会产生一种“数据压缩”的效果，类似于自动编码器。

4.5.4 *公式推导

1. 激活概率 $P(h_k = 1 | v)$ 公式推导

激活概率 $P(h_k = 1 | v) = \sigma(c_k + \sum_{i=1}^{N_v} w_{ik} v_i)$。

设：$h_{-k} = (h_1, h_2, \cdots, h_{k-1}, h_{k+1}, \cdots, h_{n_h})^{\mathrm{T}}$，表示去掉分量 k 后的向量。

设：$\alpha_k(v)=c_k+\sum_{i=1}^{N_v}w_{ik}v_i$

$$\rho_k(v)=b_k+\sum_{j=1}^{N_h}w_{kj}h_j$$

$$\beta_k(v,h_{-k})=\sum_{i=1}^{N_v}b_iv_i+\sum_{\substack{j=1\\j\neq k}}^{N_h}c_jh_j+\sum_{i=1}^{N_v}\sum_{\substack{j=1\\j\neq k}}^{N_h}h_jw_{ij}v_i$$

$$\varsigma_k(v_{-k},h)=\sum_{\substack{i=1\\i\neq k}}^{N_v}b_iv_i+\sum_{j=1}^{N_h}c_jh_j+\sum_{\substack{i=1\\i\neq k}}^{N_v}\sum_{j=1}^{N_h}h_jw_{ij}v_i$$

显然，有：

$$E(v,h)=-\beta(v,h_{-k})-h_k\alpha_k(v)$$
$$E(v,h)=-\varsigma(v_{-k},h)-v_k\rho_k(v)$$

下面给出 $P(h_k=1|v)$ 的公式推导。

显然，h_k，h_{-k} 是一个整体，必同时出现，有：

$$P(h_k=1|v)=P(h_k=1|h_{-k},v)$$

根据条件概率定义，有

$$P(h_k=1|v)=P(h_k=1|h_{-k},v)=\frac{P(h_k=1,h_{-k},v)}{P(h_{-k},v)}$$

根据全概率公式，有

$$P(h_k=1|v)=\frac{P(h_k=1,h_{-k},v)}{P(h_k=1,h_{-k},v)+P(h_k=0,h_{-k},v)}\quad（h_k \text{ 必等于 } 0 \text{ 或 } 1）$$

根据 RBM 的联合概率公式，有

$$P(h_k=1|v)=\frac{\frac{1}{Z}\mathrm{e}^{-E(h_k=1,h_{-k},v)}}{\frac{1}{Z}\mathrm{e}^{-E(h_k=1,h_{-k},v)}+\frac{1}{Z}\mathrm{e}^{-E(h_k=0,h_{-k},v)}}$$

约简为

$$P(h_k=1|v)=\frac{1}{1+\mathrm{e}^{-E(h_k=0,h_{-k},v)+E(h_k=1,h_{-k},v)}}$$

代入得

$$P(h_k=1|v)=\frac{1}{1+\mathrm{e}^{[\beta(v,h_{-k})+0\cdot\alpha_k(v)]+[-\beta(v,h_{-k})-1\cdot\alpha_k(v)]}}$$
$$=\frac{1}{1+\mathrm{e}^{-\alpha_k(v)}}$$

根据 Sigmoid 函数定义，有

$$P(h_k=1|v)=\sigma(\alpha_k(v))=\sigma(c_k+\sum_{i=1}^{N_v}w_{ik}v_i)$$

同理，可以推导出：

$$P(v_k=1|h)=\sigma(b_k+\sum_{j=1}^{N_h}w_{kj}h_j)$$

推导完毕。

2. 梯度公式推导

根据全概率公式以及 $P(v,h)=\frac{1}{z}e^{-E(v,h)}$，$Z=\sum_{v,h}e^{-E(v,h)}$，有：

$$\ln P(v)=\ln\sum_h P(v,h)=\ln\sum_h e^{-E(v,h)}-\ln\sum_{v,h}e^{-E(v,h)}$$

在只考虑一个样本的情况下，则：

$$\begin{aligned}\frac{\partial\ln L_\theta}{\partial\theta}&=\frac{\partial\ln P(v)}{\partial\theta}\\&=\frac{\partial}{\partial\theta}\left(\ln\sum_h e^{-E(v,h)}\right)-\frac{\partial}{\partial\theta}\left(\ln\sum_{v,h}e^{-E(v,h)}\right)\\&=-\frac{1}{\sum_h e^{-E(v,h)}}\sum_h\left(e^{-E(v,h)}\frac{\partial E(v,h)}{\partial\theta}\right)+\frac{1}{\sum_{v,h}e^{-E(v,h)}}\sum_{v,h}\left(e^{-E(v,h)}\frac{\partial E(v,h)}{\partial\theta}\right)\end{aligned}$$

而

$$P(v,h)=\frac{1}{z}e^{-E(v,h)},\quad Z=\sum_{v,h}e^{-E(v,h)},\quad P(v|h)=\frac{e^{-E(v,h)}}{\sum_h e^{-E(v,h)}}$$

有：$\frac{\partial\ln L_\theta}{\partial\theta}=-\sum_h\left(P(h|v)\frac{\partial E(v,h)}{\partial\theta}\right)+\sum_{v,h}\left(P(v,h)\frac{\partial E(v,h)}{\partial\theta}\right)$

其中，第一部分表示的是能量梯度函数在条件分布 $P(h|v)$ 下的期望；第二部分表示的是能量梯度函数在联合分布 $P(v,h)$ 下的期望。

对于 $\sum_{v,h}\left(P(v,h)\frac{\partial E(v,h)}{\partial\theta}\right)$，可以表示为：

$$\sum_v\sum_h\left(P(v)P(h|v)\frac{\partial E(v,h)}{\partial\theta}\right)=\sum_v P(v)\sum_h\left(P(h|v)\frac{\partial E(v,h)}{\partial\theta}\right)$$

因此，计算 $\frac{\partial\ln L_\theta}{\partial\theta}$ 的重点为只需要计算 $\sum_h\left(P(h|v)\frac{\partial E(v,h)}{\partial\theta}\right)$。现在，分别对 w、b、c 参数进行计算。

已知能量函数为：

$$E(v,h)=-\sum_{i=1}^{N_v}b_iv_i-\sum_{j=1}^{N_h}c_jh_j-\sum_{i=1}^{N_v}\sum_{j=1}^{N_h}h_jw_{ji}v_i$$

现在对 w_{ji} 求导数：

$$\sum_h\left(P(h|v)\frac{\partial E(v,h)}{\partial w_{ji}}\right)=\sum_h\left(P(h|v)\frac{\partial}{\partial w_{ji}}\left(-\sum_{i=1}^{N_v}b_iv_i-\sum_{j=1}^{N_h}c_jh_j-\sum_{i=1}^{N_v}\sum_{j=1}^{N_h}h_jw_{ji}v_i\right)\right)$$

$$=-\sum_h\left(P(h|v)h_jv_i\right)$$

$$=-\sum_h\left(\prod_{k=1}^{N_h}P(h_k|v)h_jv_i\right)\text{（分量独立性）}$$

$$=-\sum_h\left(P(h_j|v)P(h_{-j}|v)h_jv_i\right)\text{（}P(h_{-j})\text{的定义）}$$

$$=-\sum_{h_j}\sum_{h_{-j}}\left(P(h_j|v)P(h_{-j}|v)h_jv_i\right)\text{（对}\sum_h\text{进行拆分）}$$

$$=-\left(\sum_{h_j}\left(P(h_j|v)h_jv_i\right)\right)\left(\sum_{h_{-j}}P(h_{-j}|v)\right)\text{（求和项进行分组）}$$

（$\sum_{h_{-j}}P(h_{-j}|v)=1$，这是因为 h_j、h_{-j} 是一个整体，必同时出现）

$$=-\sum_{h_j}\left(P(h_j|v)h_jv_i\right)$$

如果 RBM 中的每个单元都是二值的，有：

$$\sum_h\left(P(h|v)\frac{\partial E(v,h)}{\partial w_{ji}}\right)=-(P(h_j=0|v)\cdot 0\cdot v_i+P(h_j=1|v)\cdot 1\cdot v_i)\text{（}h_j\text{取值只能为 0，1）}$$

$$=-P(h_j=1|v)v_i$$

现在对 c 求导数：

$$\sum_h\left(P(h|v)\frac{\partial E(v,h)}{\partial c_j}\right)=\sum_h\left(P(h|v)\frac{\partial}{\partial c_j}\left(-\sum_{i=1}^{N_v}b_iv_i-\sum_{j=1}^{N_h}c_jh_j-\sum_{i=1}^{N_v}\sum_{j=1}^{N_h}h_jw_{ji}v_i\right)\right)$$

$$=-\sum_h\left(P(h|v)h_j\right)$$

$$=-\sum_h\left(\prod_{k=1}^{N_h}P(h_k|v)h_j\right)\text{（分量独立性）}$$

$$=-\sum_h\left(P(h_j|v)P(h_{-j}|v)h_j\right)\text{（}P(h_{-j})\text{的定义）}$$

$$=-\sum_{h_j}\sum_{h_{-j}}\left(P(h_j|v)P(h_{-j}|v)h_j\right)\text{（对}\sum_h\text{进行拆分）}$$

$$=-\left(\sum_{h_j}\left(P(h_j|v)h_j\right)\right)\left(\sum_{h_{-j}}P(h_{-j}|v)\right)\text{（求和项进行分组）}$$

（$\sum_{h_{-j}}P(h_{-j}|v)=1$，这是因为 h_j、h_{-j} 是一个整体，必同时出现）

$$=-\sum_{h_j}\left(P(h_j|v)h_j\right)$$

如果 RBM 中每个单元都是二值的，有

$$\sum_h\left(P(h|v)\frac{\partial E(v,h)}{\partial c_j}\right)=-(P(h_j=0|v)\cdot 0+P(h_j=1|v)\cdot 1)\text{（}h_j\text{ 取值只能为 0，1）}$$
$$=-P(h_j=1|v)$$

现在对 b 求导数：

$$\sum_h\left(P(h|v)\frac{\partial E(v,h)}{\partial b_i}\right)=\sum_h\left(P(h|v)\frac{\partial}{\partial b_i}\left(-\sum_{i=1}^{N_v}b_iv_i-\sum_{j=1}^{N_h}c_jh_j-\sum_{i=1}^{N_v}\sum_{j=1}^{N_h}h_jw_{ji}v_i\right)\right)$$
$$=-\sum_h\left(P(h|v)v_i\right)$$
$$=-v_i\sum_h P(h|v)$$
$$=-v_i\text{（因为}\sum_h P(h|v)=1\text{）}$$

因为 $\frac{\partial \ln L_\theta}{\partial \theta}=-\sum_h\left(P(h|v)\frac{\partial E(v,h)}{\partial \theta}\right)+\sum_v P(v)\sum_h\left(P(h|v)\frac{\partial E(v,h)}{\partial \theta}\right)$

有：

$$\frac{\partial \ln L_\theta}{\partial w_{ji}}=\sum_{h_j}\left(P(h_j|v)h_j\right)v_i-\sum_v P(v)\sum_{h_j}\left(P(h_j|v)h_j\right)v_i$$
$$\frac{\partial \ln L_\theta}{\partial b_i}=v_i-\sum_v P(v)v_i$$
$$\frac{\partial \ln L_\theta}{\partial c_j}=\sum_{h_j}\left(P(h_j|v)h_j\right)-\sum_v P(v)\sum_{h_j}\left(P(h_j|v)h_j\right)$$

如果 RBM 中每个单元都是二值的，有：

$$\frac{\partial \ln L_\theta}{\partial w_{ji}}=P(h_j=1|v)v_i-\sum_v P(v)P(h_j=1|v)v_i$$
$$\frac{\partial \ln L_\theta}{\partial b_i}=v_i-\sum_v P(v)v_i$$
$$\frac{\partial \ln L_\theta}{\partial c_j}=P(h_j=1|v)-\sum_v P(v)P(h_j=1|v)$$

4.5.5 深度置信网络训练

RBM 通过堆叠组成一个深度置信网络（DBN）。图 4.26 所示是一个将一定数目的 RBM 堆叠成一个 DBN，然后从底向上逐层预训练的 DBN 结构示意图。堆叠过程如下：训练一个高斯—伯努利 RBM（对于语音应用使用的连续特征）或伯努利—伯努利 RBM（对于正态分布或二项分布特征应用，如黑白图像或编码后的文本）后，将隐单元的激活概率（Activation Probabilities）作为下一层伯努利—伯努利 RBM 的输入数据。将第二层伯努利—伯努利 RBM 的激活概率作为第三层伯努利—伯努利 RBM 的可见层输入数据，以后各层以此类推。有文献表明，上述训练过程已达到了近似的最大似然学习。这个学习过程是无监督的，所以不需要标签信息。

使用逐层贪婪无监督训练 DBN 时，每层的模块是 RBM，流程如下。

（1）将 RBM 作为模型的第一层，原始输入 $x=h(0)$是可见层。

（2）第一层的隐含层将作为第二层的可见层。第二层的算法与第一层相同。

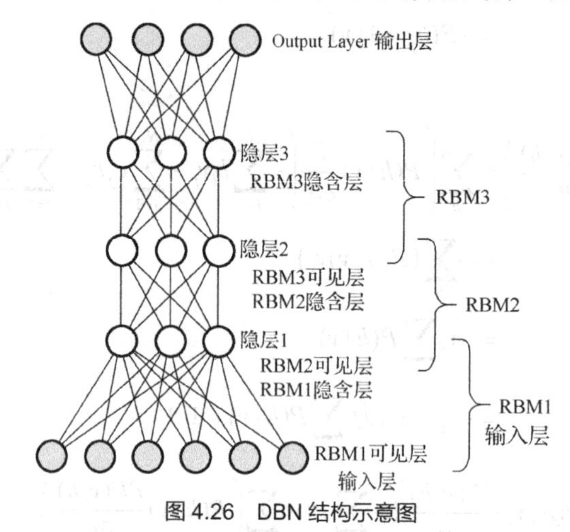

图 4.26　DBN 结构示意图

（3）将第二层作为 RBM 进行训练，将转换数据（样本或平均激活）作为训练集（用于 RBM 的可见层）。

（4）对于指定层（第 2 层、第 3 层），每次向上传播样本或平均值。

（5）微调深度网络的所有参数，损失函数为对数似然函数，或是有监督的训练（使用额外的训练方法将学习的数据转换为有监督预测，如线性分类）。

4.6　深度学习框架

随着深度学习研究的热潮持续高涨，各种开源深度学习框架也层出不穷。表 4.3 所示为目前比较重要的深度学习框架。

表 4.3　深度学习框架

框架	机构	支持语言	Stars	Forks	Contributors
TensorFlow	Google	Python/C++/Go/…	41628	19339	568
Caffe	BVLC	C++/Python	14956	9282	221
Keras	Fehollet	Python	10727	3575	322
CNTK	Microsoft	C++	9063	2144	100
MXNet	DMLC	Python/C++/R…	7393	2745	241
Torch7	Facebook	Lua	6111	1784	113
Theano	U. Montreal	Python	5352	1868	271
Deepleaming4J	DeepLeaming4J	Java/Scala	5053	1927	101
Leaf	AutumnAI	Rust	4562	216	14
Lasagne	Lasagne	Python	2749	761	55
Neon	NervanaSystems	Python	2633	573	52

从 GitHub 的 stars（收藏）和 Contributors（贡献率）来看，TensorFlow 高居榜首，第二名和第三名分别是 Caffe 和 Keras。下面逐一介绍利用 Python 语言的代表性框架。

4.6.1 TensorFlow

TensorFlow 是目前最流行的机器学习库，用户可以方便地用它设计神经网络结构，而不必为了追求高效率的实现亲自编写 C++或 CUDA 代码。TensorFlow 支持自动求导。TensorFlow 核心代码是用 C++编写的，使用 C++简化了线上部署的复杂度，并让手机这种内存和 CPU 资源都紧张的设备可以运行复杂模型（Python 则会比较消耗资源，并且执行效率不高）。除了核心代码的 C++接口，TensorFlow 还有官方的 Python、Go 和 Java 接口，是通过 SWIG（Simplified Wrapper and Interface Generator）实现的，这样用户就可以在一个硬件配置较好的机器中用 Python 进行实验，并在资源比较紧张的嵌入式环境或需要低延迟的环境中用 C++部署模型。SWIG 支持给 C/C++代码提供各种语言的接口，因此其他脚本语言的接口未来也可以通过 SWIG 方便地添加。不过使用 Python 时有一个影响效率的问题，即每一个 mini-batch 要从 Python 中 feed 到网络中，这个过程在 mini-batch 的数据量很小或者运算时间很短时，可能会带来影响比较大的开销。

TensorFlow 也有内置的 TF.Learn 和 TF.Slim 等上层组件，可以快速地设计新网络，并且兼容 scikit-learn Estimator 接口，可以方便地实现评估、交叉验证等功能。同时 TensorFlow 不仅局限于神经网络，其数据流图还支持非常自由的算法表达，当然也可以轻松实现深度学习以外的机器学习算法。事实上，只要可以将计算表示成计算图的形式，就可以使用 TensorFlow。用户可以编写内层循环代码控制计算图分支的计算，TensorFlow 会自动将相关的分支转为子图并执行迭代运算。TensorFlow 也可以将计算图中的各个节点分配到不同的设备上执行，可充分利用硬件资源。

在数据并行模式上，TensorFlow 有独立的变量节点，不像其他框架有全局统一的参数服务器，因此参数同步更自由。TensorFlow 和 Spark 的核心都是一个数据计算的流式图，Spark 面向的是大规模的数据，支持 SQL 等操作，而 TensorFlow 主要面向内存足以装载模型参数的环境，这样可以最大化计算效率。

TensorFlow 另外一个重要特点是它灵活的移植性，一份代码几乎不经过修改就可轻松地部署到有任意数量 CPU 或 GPU 的 PC、服务器或者移动设备上。相比于 Theano，TensorFlow 还有一个优势，就是它极快的编译速度，在定义新网络结构时，Theano 通常需要长时间的编译，因此尝试新模型需要比较大的代价，而 TensorFlow 完全没有这个问题。TensorFlow 还有功能强大的可视化组件 TensorBoard，能可视化网络结构和训练过程，对观察复杂的网络结构和监控长时间、大规模的训练有极大的帮助。TensorFlow 针对生产环境高度优化，可以达到产品级的质量，可以保证在生产环境中稳定运行。TensorFlow 具有成为深度学习领域的事实标准的趋势。

4.6.2 Caffe

Caffe 全称为 Convolutional Architecture for Fast Feature Embedding，是一个被广泛使用的开源深度学习框架，目前由伯克利视觉学中心（Berkeley Vision and Learning Center，BVLC）进行维护。Caffe 具有容易使用（网络结构都是以配置文件形式定义，不需要用代码设计网络）、训练速度快（能够训练最新的模型与大规模的数据）和组件模块化（可以方便地拓展到新的模型和学习任务上）的优点。

Caffe 的核心概念是层，每一个神经网络的模块都是一个层。层接收输入数据，同时经过内部计算产生输出数据。设计网络结构时，只需要把各个层拼接在一起构成完整的网络（通过写 Protobuf

配置文件定义）。例如卷积的层，它的输入就是图片的全部像素点，内部进行的操作是各种像素值与层参数的卷积操作，最后输出的是所有卷积核提取的结果。每一个层需要定义两种运算，一种是正向的运算，即从输入数据计算输出结果，也就是模型的预测过程；另一种是反向的运算，从输出端求解相对于输入的梯度，即 BP 算法，这部分也就是模型的训练过程。创建新层时，需要将正向和反向两种计算过程的函数都实现，这部分计算需要用户自己编写 C++或者 CUDA（当需要运行在 GPU 时）代码，对普通用户来说还是非常难的。正如它的名字所描述的，Caffe 最开始设计时的目标只针对于图像，没有考虑文本、语音或者时间序列的数据，因此 Caffe 对卷积神经网络的支持非常好，但对时间序列 RNN、LSTM 的支持不是特别充分，比如在定义 RNN 结构时比较麻烦。在模型结构非常复杂时，可能需要编写非常冗长的配置文件才能设计好网络。

Caffe 的一大优势是拥有大量的训练好的经典模型（AlexNet、VGG、Inception），甚至其他最新（ResNet 等）的模型也收藏在它的 Model Zoo 中。因为知名度较高，Caffe 被广泛地应用于前沿的工业界和学术界，许多提供源码的深度学习的论文都是使用 Caffe 来实现其模型的。在计算机视觉领域 Caffe 应用尤其多，可以用来做人脸识别、图片分类、位置检测、目标追踪等。虽然 Caffe 主要是面向学术圈和研究者的，但它的程序运行非常稳定，代码质量比较高，所以也很适合对稳定性要求严格的生产环境，可以算是第一个主流的工业级深度学习框架。因为 Caffe 的底层是基于 C++的，因此可以在各种硬件环境编译并具有良好的移植性，支持 Linux、Mac 和 Windows 系统，也可以编译部署到移动设备系统，如 Android 和 iOS 上。和其他主流深度学习库类似，Caffe 也提供了 Python 语言接口 pycaffe，在接触新任务或设计新网络时可以使用其 Python 接口简化操作。不过，通常用户还是先使用 Protobuf 配置文件定义神经网络结构，再使用命令行进行训练或者预测。Caffe 的配置文件是一个 JSON 类型的.prototxt 文件，其中使用许多顺序连接的层来描述神经网络结构。Caffe 的二进制可执行程序会提取这些.prototxt 文件并按其定义来训练神经网络。理论上，Caffe 的用户可以完全不用写代码，只是定义网络结构就可以完成模型训练。Caffe 完成训练之后，用户可以把模型文件打包制作成简单易用的接口，比如可以封装成 Python 或 MATLAB 的 API。不过在.prototxt 文件内部设计网络结构可能会比较受限，没有像 TensorFlow 或者 Keras 那样在 Python 中设计网络结构方便、自由。更重要的是，Caffe 的配置文件不能用编程的方式调整超参数，也没有提供像 scikit-learn 那样好用的 Estimator 可以方便地进行交叉验证超参数的网格节点搜索等操作。Caffe 在 GPU 上训练的性能很好（使用单块 GTX 1080 训练 AlexNet 时，一天可以训练上百万张图片），但是目前仅支持单机多 GPU 的训练，没有支持分布式的训练。

4.6.3 Theano

Theano 诞生于 2008 年，由蒙特利尔大学 Lisa Lab 团队开发并维护，是一个高性能的符号计算及深度学习库。因其出现时间早，曾一度被认为是深度学习研究和应用的重要标准之一。Theano 的核心是一个数学表达式的编译器，专门为处理大规模神经网络训练的计算而设计。它可以将用户定义的各种计算编译为高效的底层代码，并链接各种可以加速的库，比如 BLAS（Basic Linear Algebra Subprograms，基础线性代数子程序库）、CUDA 等。Theano 允许用户定义、优化和评估包含多维数组的数学表达式，它支持将计算装载到 GPU 上（Theano 在 GPU 上性能不错，但是在 CPU 上性能较差）。与 scikit-learn 一样，Theano 也很好地整合了 NumPy，对 GPU 是透明的，让 Theano 可以较为方便地进行神经网络设计，而不必编写 CUDA 代码。Theano 具有集成 NumPy（可以直接使用 NumPy

的 ndarray，API 接口学习成本低）、计算稳定性好（比如可以精准地计算输出值很小的函数）以及动态地生成 C 或者 CUDA 代码并编译成高效的机器代码的优点。

因为 Theano 非常流行，有许多人为它编写了高质量的文档和教程，用户可以方便地查找 Theano 的各种 FAQ，比如如何保存模型、如何运行模型等。不过 Theano 更多地是被当作一个研究工具，而不是当作产品来使用。虽然 Theano 支持 Linux、Mac 和 Windows，但是没有底层 C++的接口，模型的部署非常不方便，需依赖各种 Python 库，并且不支持各种移动设备，所以几乎没有在工业生产环境中的应用。Theano 在调试时输出的错误信息难以看懂，因此调试时非常困难。同时，Theano 在生产环境使用训练好的模型进行预测时性能比较差，因为预测通常使用服务器 CPU（生产环境服务器一般没有 GPU，而且 GPU 预测单条样本延迟高，性能反而不如 CPU），而 Theano 在 CPU 上的执行性能比较差。

Theano 在单 GPU 上执行效率不错，性能和其他框架类似。但是运算时需要将用户的 Python 代码转换成 CUDA 代码，再编译为二进制可执行文件，编译复杂模型时间长。此外，Theano 在导入时也比较慢，而且一旦设定了选择某块 GPU，就无法切换到其他设备上。目前，Theano 在 CUDA 和 cuDNN 上不支持多 GPU，只在 OpenCL 和 Theano 自己的 gpuarray 库上支持多 GPU 训练，速度暂时还比不上 CUDA 的版本，并且 Theano 目前还没有分布式的实现。

Theano 是一个完全基于 Python（C++/CUDA 代码也是打包为 Python 字符串）的符号计算库。对于用户定义的各种运算，Theano 可以自动求导，省去了完全手工编写神经网络 BP 算法的麻烦，也不需要像 Caffe 一样为层编写 C++或 CUDA 代码。Theano 对卷积神经网络的支持很好，同时它的符号计算 API 支持循环控制（内部名 Scan），让 RNN 的实现非常简单并且具有高性能，其全面的功能也让 Theano 可以支持大部分最新的网络。Theano 派生出了大量基于它的深度学习库，包括一系列上层封装，如 Keras。Keras 对神经网络抽象得非常合适，以至于可以随意切换执行计算的后端（目前同时支持 Theano 和 TensorFlow）。除 Keras 外，还有学术界非常喜爱的 Lasagne，也是 Theano 的上层封装，它对神经网络的每一层定义都非常严谨。Theano 的上层封装库还有 blocks、deepy、pylearn2 和 scikit-theano。

4.6.4 Keras

Keras 是一个崇尚极简、又高度模块化的神经网络库，使用 Python 实现，可以同时运行在 TensorFlow 和 Theano 上。它旨在让用户进行最快速的原型实验，缩短从想法变为结果的过程。Theano 和 TensorFlow 的计算图支持更通用的计算，而 Keras 则专精于深度学习。Theano 和 TensorFlow 更像是深度学习领域的 NumPy，而 Keras 则是这个领域的 scikit-learn。它提供了目前为止最方便的 API，用户只需要将高级的模块拼在一起，就可以设计神经网络，大大降低了编程开销（Code Overhead）和阅读别人编写的代码时的理解开销（Cognitive Overhead）。它同时支持卷积网络和循环网络，支持级联的模型或任意的图结构的模型（可以让某些数据跳过某些层和后面的层对接，使得创建 Inception 等复杂网络变得容易），从 CPU 上计算切换到 GPU 无须任何代码的改动。因为底层使用 Theano 或 TensorFlow，用 Keras 训练模型相比于前两者基本没有什么性能损耗（还可以享受前两者持续开发带来的性能提升），只是简化了编程的复杂度，节约了尝试新网络结构的时间。可以说模型越复杂，使用 Keras 的收益就越大，尤其是在高度依赖权值共享、多模型组合、多任务学习等模型上，Keras 表现得非常突出。Keras 所有的模块都是简洁、易懂、完全可配置、可随意插拔的，并且基本上没有任何使用限制。神经网络、损失函数、优化器、初始化方法、激活函数和正则化等模块都是可以自由组合的。Keras 也包括绝大部分的最新技术，如 Adam、RMSProp、Batch Normalization、PReLU、ELU、LeakyReLU 等。同时，新的模块也很容易添加，这让 Keras 非常适合最前沿的研究。不像 Caffe、CNTK 等需要额外的文件来定义模型，Keras 的模型是在 Python 中定义的，这样就可以通过编程的方式调试模型结构和各种超参数。在 Keras 中，只需要几行代码就能实现一个多层感知机，或者用十几行代码实现一个 AlexNet，这在其他深度学习框架中基本是不可能完成的任务。Keras 最大的问题可能是目前无法直接使用多 GPU，所以对大规模的数据处理速度没有其他支持多 GPU 和分布式的框架快。Keras 的编程模型设计和 Torch 很像，但是相比 Torch，Keras 构建在 Python 上，有一套完整的科学计算工具链，而 Torch 的编程语言 Lua 并没有这样一条科学计算工具链。无论从社区人数，还是活跃度来看，Keras 目前的增长速度都已经远远超过了 Torch。

习题

1. 详细说明 BP 算法的原理。
2. 为什么激励函数必须是分段可导的？
3. 损失函数有哪些？它们之间的区别是什么？
4. 什么是正则化？为什么需要正则化？
5. 通过学习权值参数，说明初始值的选择有何影响。哪个激励函数要求初始值不能为 0？
6. 什么是过拟合？
7. 什么是梯度消失？什么是梯度爆炸？
8. 为什么当神经元节点和层数增加时，全连接深度神经网络（DNN）训练权值很困难？
9. 卷积神经网络中的卷积核是什么？卷积神经网络中的卷积是如何计算的？
10. 卷积神经网络中池化的作用是什么？有哪些池化方式？
11. 什么是 RNN？什么是 LSTM？
12. 构建深度置信网络的单元是什么？深度置信网络在哪些领域有作用？

05

第5章　Python编程基础

本章介绍了 Python 安装、Jupyter Notebook 编程器安装使用、Python 编程基础、Python 标准库以及 Python 机器学习库。

5.1 Python 环境搭建

5.1.1 Python 安装

Python 是吉多·范罗苏姆（Guido van Rossum）发明的一种解释型、面向对象、动态数据类型的高级程序设计语言。Python 解释器和 Java 一样是跨平台的，可以运行在 Windows、Mac 和各种 Linux/UNIX 系统上。目前，Python 已经得到广泛的应用。

目前，Python 解释器有两个版本——2.x 版和 3.x 版，这两个版本是不兼容的。所以大量的针对 Python 2.x 版本的代码要修改后才能在 Python 3.x 版本上运行。

本章以 Python 2.7 版本为基础进行讲解。TensorFlow 要求 Python 3.x 版，但基本安装使用与 Python 2.7 版本相同。

Python 在 Mac、Linux 系统上安装很简单，下面主要讲解在 Windows 系统上的安装。

首先，从官方网站上下载最新的 Python 2.7 版本。然后，运行下载的 MSI 安装包，在选择安装组件步骤时，选择所有的组件。

特别注意要选择 pip 和 Add python.exe to Path，然后一直单击 Next 按钮即可完成安装。默认是安装到 C:\Python27 目录下（但可以修改目录如 E:\Python27）。

安装结束后，打开命令提示符窗口，输入 python 后，出现提示符“>>>”，表示已经进入 Python 交互式环境中。可以输入任何 Python 代码，按 Enter 键后会立刻得到执行结果。输入 exit()并按 Enter 键，就可以退出 Python 交互式环境。

5.1.2 Jupyter Notebook 编程器安装使用

安装 Python 以后（pip 也已安装），在命令行输入 pip install jupyter。

如果 pip 不是最新版，会有 pip 升级提醒。在这种情况下，在命令行输入 python -m pip install --upgrade pip 升级 pip 最新版。

在命令行输入 pip install jupyter，会有 successfully installed 的提示，图 5.1 所示的为 Jupter 安装界面。

```
命令提示符 (2)
oints, testpath, pandocfilters, MarkupSafe, jinja2, nbconvert, backports.shutil-
which, pywinpty, terminado, Send2Trash, notebook, widgetsnbextension, ipywidgets
, jupyter
  Running setup.py install for tornado ... done
  Running setup.py install for simplegeneric ... done
  Running setup.py install for win-unicode-console ... done
  Running setup.py install for functools32 ... done
  Running setup.py install for configparser ... done
  Running setup.py install for pandocfilters ... done
  Running setup.py install for MarkupSafe ... done
  Running setup.py install for Send2Trash ... done
Successfully installed MarkupSafe-1.0 Send2Trash-1.5.0 backports-abc-0.5 backpor
ts.shutil-get-terminal-size-1.0.0 backports.shutil-which-3.5.1 bleach-2.1.3 colo
rama-0.3.9 configparser-3.5.0 decorator-4.3.0 entrypoints-0.2.3 enum34-1.1.6 fun
ctools32-3.2.3.post2 futures-3.2.0 html5lib-1.0.1 ipykernel-4.8.2 ipython-5.7.0
ipython-genutils-0.2.0 ipywidgets-7.2.1 jinja2-2.10 jsonschema-2.6.0 jupyter-1.0
.0 jupyter-client-5.2.3 jupyter-console-5.2.0 jupyter-core-4.4.0 mistune-0.8.3 n
bconvert-5.3.1 nbformat-4.4.0 notebook-5.5.0 pandocfilters-1.4.2 pathlib2-2.3.2
pickleshare-0.7.4 prompt-toolkit-1.0.15 pygments-2.2.0 python-dateutil-2.7.3 pyw
inpty-0.5.4 pyzmq-17.0.0 qtconsole-4.3.1 scandir-1.7 simplegeneric-0.8.1 singled
ispatch-3.4.0.3 six-1.11.0 terminado-0.8.1 testpath-0.3.1 tornado-5.0.2 traitlet
s-4.3.2 wcwidth-0.1.7 webencodings-0.5.1 widgetsnbextension-3.2.1 win-unicode-co
nsole-0.5

E:\Python27\Scripts>
```

图 5.1 安装 Jupyter

安装完毕后，运行命令 jupyter notebook，将在本地浏览器上显示编程界面，如图 5.2 所示。Jupyter Notebook 是基于浏览器的，所以可以跨平台使用，非常方便。

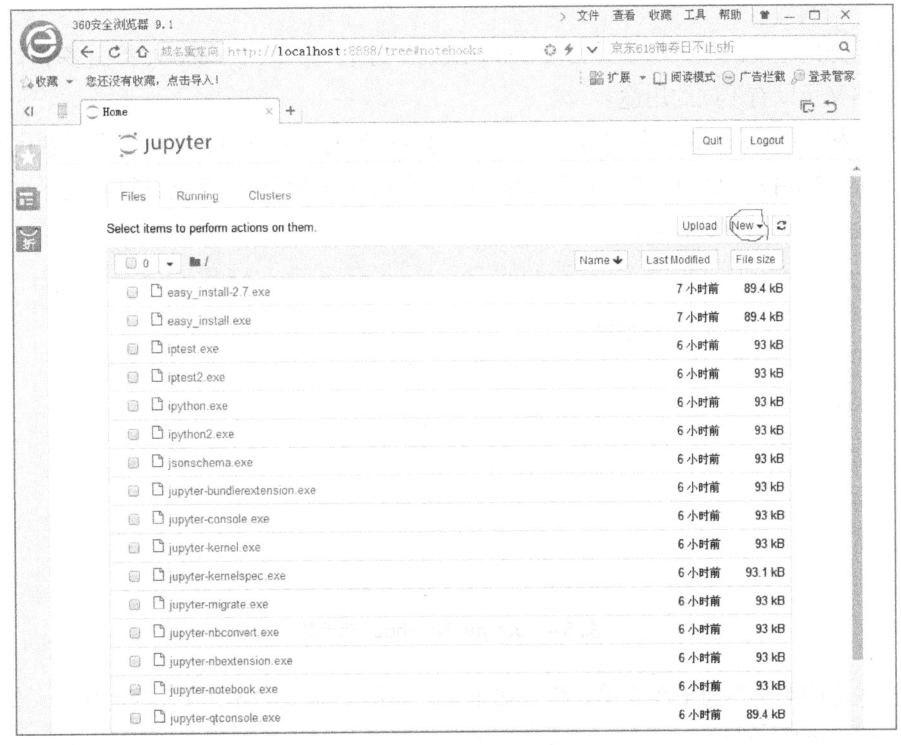

图 5.2　Jupyter 显示界面

如果想新建一个 Notebook，只需要单击 New 按钮，选择希望启动的 Notebook 类型即可。这里选择 Python 2，表示将运行 Python 2 版本的 Notebook。在新打开的标签页中，会看到 Jupyter Notebook 界面，如图 5.3 所示。

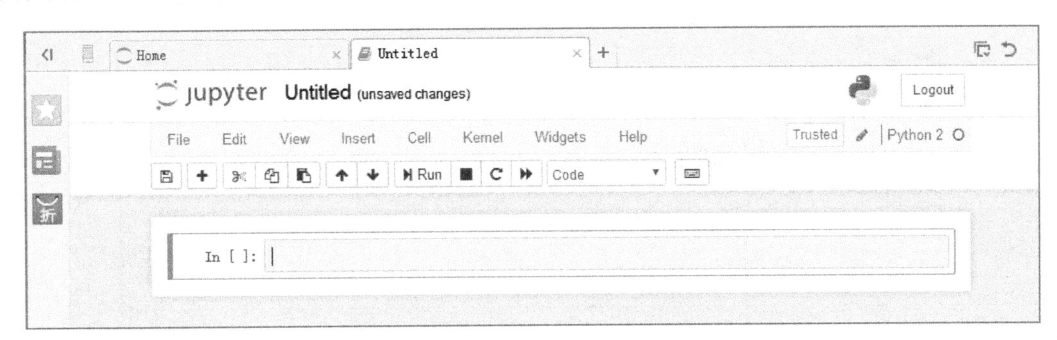

图 5.3　Jupyter Notebook 界面

Jupyter Notebook 界面由以下几个部分组成。

- Jupyter Notebook 的名称。
- 菜单栏：提供了保存、导出、重载 Jupyter Notebook，以及重启内核等选项。
- 工具栏：提供部分菜单栏功能的工具按钮使用方式。
- 快捷键：提供菜单栏功能的键盘键组合使用方式。

- Jupyter Notebook 主要区域，包含了 Jupyter Notebook 的内容编辑区。

在界面的任何地区单击鼠标右键都会弹出“帮助”窗口。详细使用方法可以阅读菜单栏右侧的帮助菜单。

在界面下方的主要区域，由单元格（Cell）组成。每个 Jupyter Notebook 都由多个单元格构成，而每个单元格又可以有不同的用途。

代码单元格（Code Cell）以“[ ]”开头。在这种类型的单元格中，可以输入任意代码并执行。例如，输入 1 + 2 并按下 Shift + Enter 组合键之后，单元格中的代码就会被计算，光标也会被移动到一个新的单元格中，如图 5.4 所示。

图 5.4　Jupyter Notebook 单元格

被边框线选中的是当前工作的单元格。接下来，在第 2 个单元格中输入其他代码，例如：

```
for i in range(10):
 print(i)
```

对上面的代码求值，结果如图 5.5 所示。

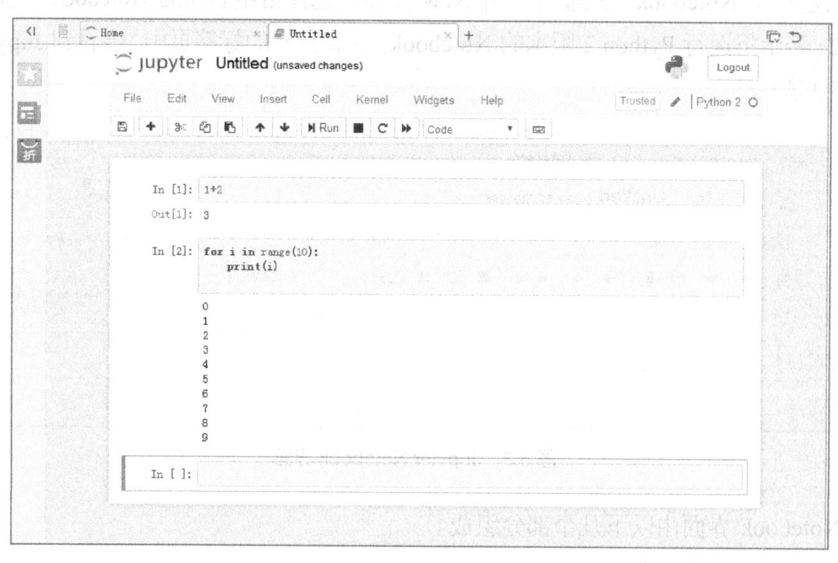

图 5.5　Jupyter Notebook 的 Python 代码计算

和前一个示例一样，代码被计算之后，马上就会显示结果。单元格可以修改，并重新计算。

新建的文档名默认为 Untitled。单击菜单 File→Rename，然后输入新的名称，可以命名新的文档名称。

Jupyter Notebook 还有一些高级单元格操作，使编写代码变得更加方便。

如果想删除某个单元格，可以选择该单元格，然后依次单击 Edit→Delete Cell。

如果想移动某个单元格，先选中该单元格再依次单击 Edit→Move cell [up | down]。

如果想剪贴某个单元测，可以先单击 Edit→Cut Cell，然后再单击 Edit→Paste Cell [Above | Below]。

如果 Jupyter Notebook 中有很多单元格只需要执行一次，或者想一次性执行大段代码，那么可以选择合并这些单元格，单击 Edit→Merge Cell [Above | below]。

接下来，列举 Jupyter Notebook 几点有用的操作。

1. 更改 Jupyter Notebook 的工作空间

在命令行中输入 jupyter notebook --generate-config，找到配置文件的位置。

```
C:\Documents and Settings\DELL-360>jupyter notebook --generate-config
Writing default config to: C:\Documents and Settings\DELL-360\.jupyter\jupyter_n
otebook_config.py
```

在其配置文件 jupyter_notebook_config.py 中，找到 c.NotebookApp.notebook_dir。

```
## The directory to use for notebooks and kernels.
#c.NotebookApp.notebook_dir = u''
```

改为如下形式。

```
c.NotebookApp.notebook_dir = 'e:\pythontest'
```

2. 保存单元格为.py 程序文件

单击菜单 File→Download as→Python(.py)，如图 5.6 所示。

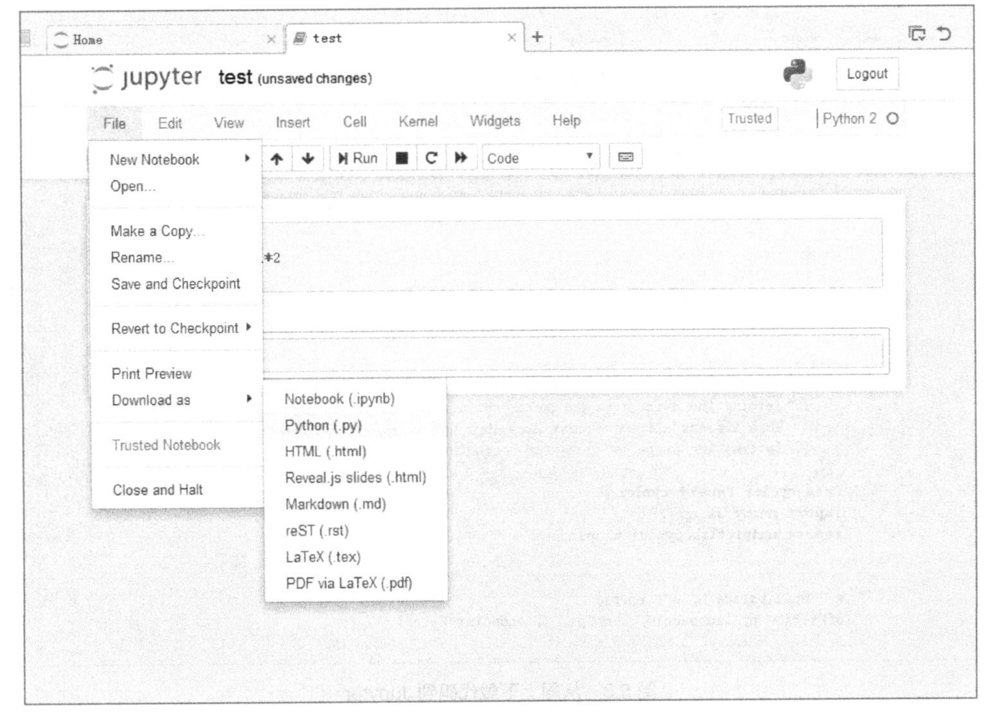

图 5.6　保存单元格为.py 程序文件

再打开时，会列出工作目录的 Python 程序，如图 5.7 所示。

图 5.7　工作目录列表

3. 将本地的.py 文件上传到 Jupyter Notebook 的一个单元格中

在单元格中输入%load test.py 即可。

```
In [3]:  %load test.py
```

4. 从网络上传代码到 Jupyter Notebook

例如，在单元格输入如下内容。

```
In [2]:  %load https://matplotlib.org/mpl_examples/color/color_cycle_demo.py
```

运行单元格，程序内容从网上下载到单元格，如图 5.8 所示。

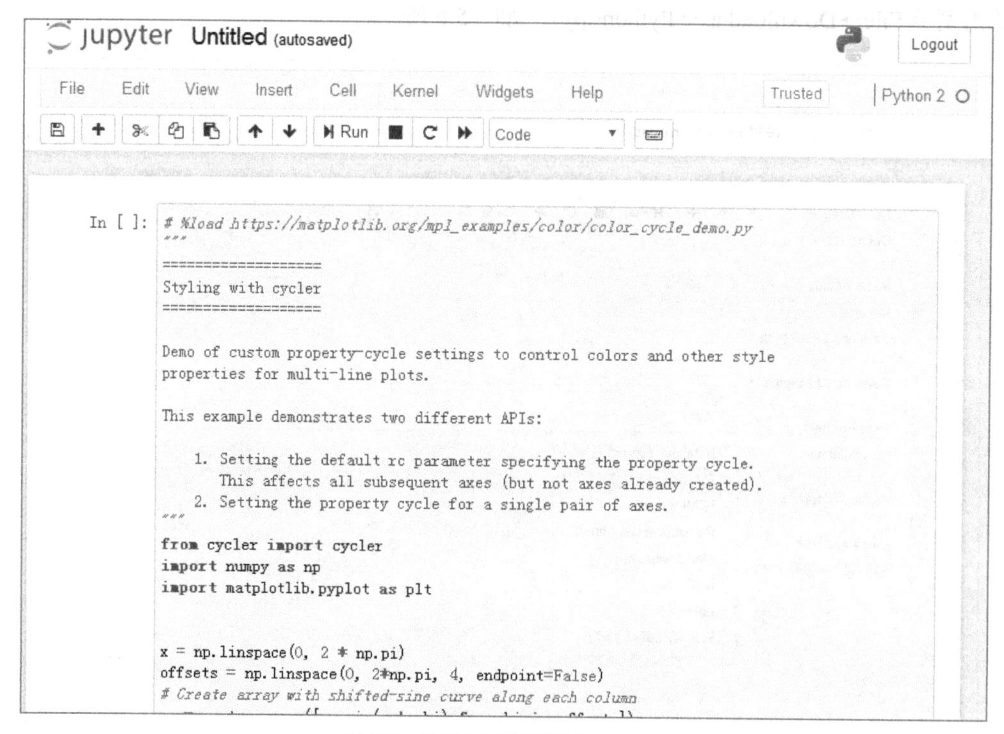

图 5.8　从网上下载代码到 Jupyter

在这个例子中，需要安装 Cycler 包、NumPy 包和 Matplotlib 包。直接在命令行分别运行 pip install cycler、pip install numpy 和 pip install matplotlib 即可。

然后，运行单元格将得到图 5.9 所示的结果。

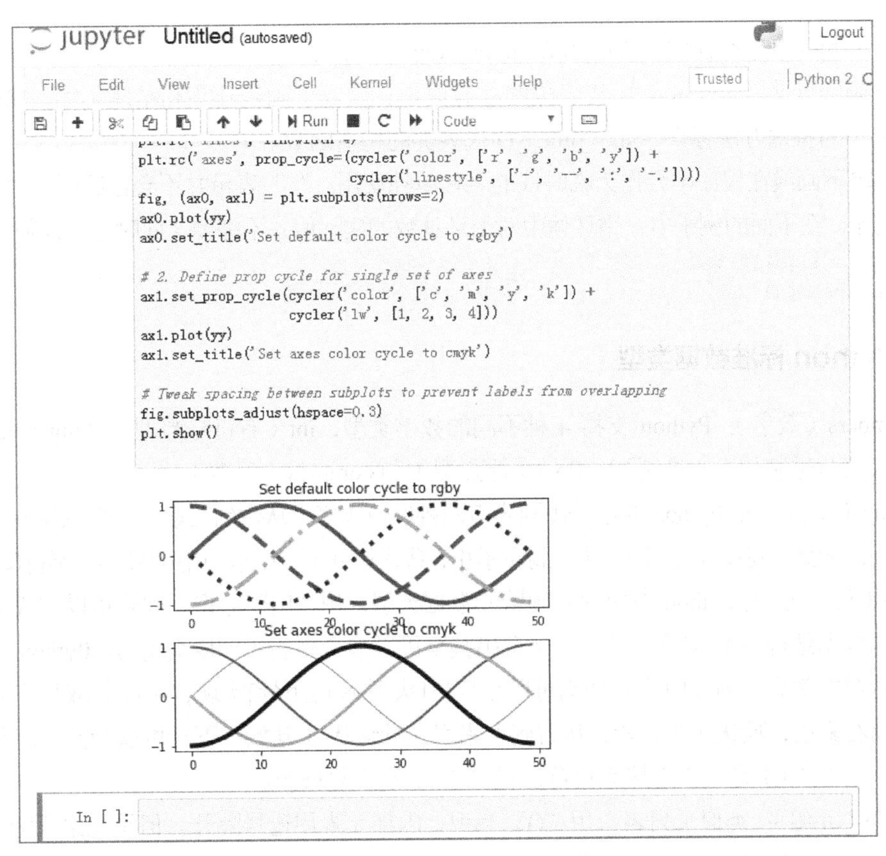

图 5.9　从网上下载代码的运行结果

5. 在 Jupyter Notebook 上运行 Python 文件

Jupyter Notebook 的单元格上是可以直接运行 Python 文件的，即在单元格中运行如下代码。

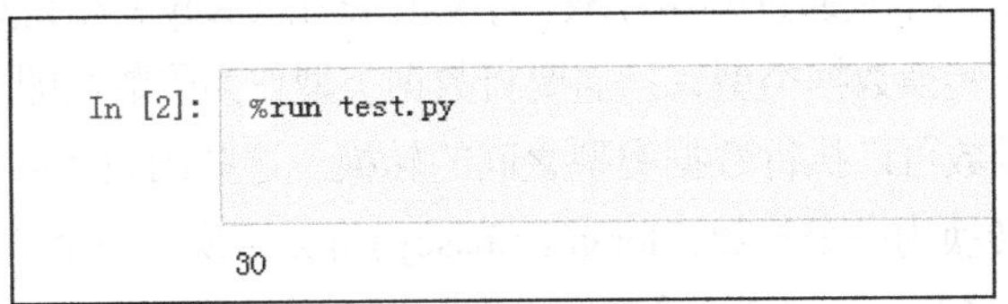

5.2　Python 编程基础知识

Python 是脚本式编程语言，即通过脚本参数调用解释器开始执行脚本，直到脚本执行完毕。Python 脚本程序以.py 为扩展名命名。将 print "Hello, We are Learning Python!"的源代码复制到 test.py 文件中，命令行运行$ python test.py，则输出结果如下。

```
Hello, We are Learning Python!
```

5.2.1　Python 标识符

Python 标识符由英文字母、数字、下画线组成，但不能以数字开头。Python 中的标识符是大小写敏感的。

以下画线开头的标识符是有特殊意义的。以单下画线开头（如_foo）表示不能直接访问的类属性，需通过类提供的接口进行访问，不能用 from xxx import *导入。

以双下画线开头（如__foo）代表类的私有成员；以双下画线开头和结尾（如 __foo__）代表 Python 里专用的特殊方法标识，如 __init__() 代表类的构造函数。

有时候单下画线在程序中会作为临时性的名称单独使用。“_”表示并不会在后面再次用到该名称及其值。例如，在下面的例子中，循环体中对循环计数的实际值并不需要，此时就可以使用“_”。

```
for _ in range(10):
    Train_step()
```

5.2.2 Python 标准数据类型

- Numbers（数字）：Python 支持 4 种不同的数字类型，int（有符号整型）、long（长整型[也可以代表八进制和十六进制]）、float（浮点型）和 complex（复数）。
- String（字符串）：Python 的字符串列表有两种取值顺序，从左到右索引，默认从 0 开始，取值范围最大到字符串长度减 1；从右到左索引，默认从–1 开始，取值范围最小到字符串长度乘–1。
- List（列表）：是 Python 中使用最频繁的数据类型，用“[ ]”标识。列表可以完成大多数集合类的数据结构,支持字符、数字、字符串甚至可以包含列表（即嵌套），是 Python 中最通用的复合数据类型。列表中值的切割可以用变量[头下标:尾下标]实现，可以截取相应的列表，从左到右索引，默认从 0 开始，从右到左索引，默认从–1 开始，下标可以为空，表示取到头或尾。加号（+）是列表连接运算符，星号（*）是重复操作。
- Tuple（元组）：类似于列表，用“()”标识，内部元素用逗号隔开。但是元组不能二次赋值，相当于只读列表。
- Dictionary（字典）：是除列表以外 Python 中最灵活的内置数据结构类型，用“{ }”标识。列表是有序的对象结合，字典是无序的对象集合。两者之间的区别在于，字典当中的元素是通过键来存取的，而不是通过偏移存取。字典由索引（Key）和它对应的值（Value）组成。

Python 可以方便地转换数据类型，只需要将数据类型作为函数名即可。

以下几个内置的函数可以执行数据类型之间的转换。这些函数返回一个新的对象，表示转换的值。int(x [,base])将 x 转换为一个整数；long(x [,base])将 x 转换为一个长整数；float(x)将 x 转换为一个浮点数；complex(real [,imag])创建一个复数；str(x)将对象 x 转换为字符串；repr(x)将对象 x 转换为表达式字符串；eval(str)用来计算在字符串中的有效 Python 表达式，并返回一个对象；tuple(s)将序列 s 转换为一个元组；list(s)将序列 s 转换为一个列表；set(s)将序列转换为可变集合；dict(d)创建一个字典，其中 d 必须是一个序列(key,value)元组；frozenset(s)将序列转换为不可变集合；chr(x)将一个整数转换为一个字符；unichr(x)将一个整数转换为 Unicode 字符；ord(x)将一个字符转换为它的整数值；hex(x)将一个整数转换为一个十六进制字符串；oct(x)将一个整数转换为一个八进制字符串。

5.2.3 Python 语句

Python 语句中一般以新行作为语句的结束符。但是可以使用斜杠“\”将一行的语句分为多行显示，如下所示。

```
total = item_one + \
        item_two + \
        item_three
```

然而，语句中包含“[]”“{}”“()”就不需要使用多行连接符，如以下实例。

```
days = ['Monday', 'Tuesday', 'Wednesday',
        'Thursday', 'Friday']
```

Python 可以在同一行中使用多条语句，语句之间使用分号“;”分割，如以下实例。

```
from cycler import cycler;import numpy as np;import matplotlib.pyplot as plt
```

Python 变量允许自动识别数据类型。例如，为变量赋值。

```
counter = 100 # 赋值整型变量
miles = 1000.0 # 浮点型
name = "John" # 字符串
```

Python 允许同时为多个变量赋值。例如，a = b = c = 1。

Python 可以使用引号（'）、双引号（"）、三引号（'''）或（"""）来表示字符串。但引号的开始与结束必须是相同类型的。其中三引号可以由多行组成，常用于文档字符串，在文件的特定地点，被当作注释。

函数之间或类的方法之间用空行分隔，表示一段新代码的开始。类和函数入口之间也用一行空行分隔，以突出函数入口的开始。

5.2.4　Python 运算符

1. Python 算术运算符

假设变量 a=10，b=20，Python 算术运算符以及示例结果如表 5.1 所示。

表 5.1　Python 算术运算符

运算符	描　述	示　例
+	加，两个对象相加	a + b，输出结果为 30
-	减，得到负数或是一个数减去另一个数	a - b，输出结果为-10
*	乘，两个数相乘或是返回一个被重复若干次的字符串	a * b，输出结果为 200
/	除，x 除以 y	b / a，输出结果为 2
%	取模，返回除法的余数	b % a，输出结果为 0
**	幂，返回 x 的 y 次幂	a**b，输出结果为 10 的 20 次方
//	取整除，返回商的整数部分	9//2，输出结果为 4；9.0//2.0，输出结果为 4.0

2. Python 比较运算符

假设变量 a=10，b=20，Python 比较运算符以及示例结果如表 5.2 所示。所有比较运算符返回 1 表示真，返回 0 表示假；这与特殊的变量 True 和 False 等价。

表 5.2　Python 比较运算符

运算符	描　述	示　例
==	等于，比较对象是否相等	(a == b)返回 False
!=	不等于，比较两个对象是否不相等	(a != b)返回 True
<>	不等于，比较两个对象是否不相等	(a <> b)返回 True，这个运算符类似!=
>	大于，返回 x 是否大于 y	(a > b)返回 False
<	小于，返回 x 是否小于 y	(a < b)返回 True
>=	大于等于，返回 x 是否大于等于 y	(a >= b)返回 False
<=	小于等于，返回 x 是否小于等于 y	(a <= b)返回 True

3. Python 赋值运算符

Python 赋值运算符以及示例结果如表 5.3 所示。

表 5.3 Python 赋值运算符

运算符	描　述	示　例
=	简单的赋值运算符	c = a + b 将 a + b 的运算结果赋值为 c
+=	加法赋值运算符	c += a 等效于 c = c + a
-=	减法赋值运算符	c -= a 等效于 c = c - a
*=	乘法赋值运算符	c *= a 等效于 c = c * a
/=	除法赋值运算符	c /= a 等效于 c = c / a
%=	取模赋值运算符	c %= a 等效于 c = c % a
**=	幂赋值运算符	c **= a 等效于 c = c ** a
//=	取整除赋值运算符	c //= a 等效于 c = c // a

4. Python 逻辑运算符

Python 逻辑运算符以及示例结果如表 5.4 所示。以下假设变量 a 为 True，b 为 False。

表 5.4 Python 逻辑运算符

运算符	逻辑表达式	描　述	示　例
and	x and y	布尔“与”，如果 x 为 False，x and y 返回 False，否则返回 y	(a and b)返回 False
or	x or y	布尔“或”，如果 x 是非 0，返回 x 的值，否则返回 y 的计算值	(a or b)返回 True
not	not x	布尔“非”，如果 x 为 True，返回 False；如果 x 为 False，返回 True	not(a and b)返回 True

5. Python 成员运算符

除了以上运算符，Python 还支持成员运算符，测试实例中包含了一系列的成员，包括字符串、列表或元组，如表 5.5 所示。

表 5.5 Python 成员运算符

运算符	描　述	示　例
in	如果在指定的序列中找到值返回 True，否则返回 False	x in y，如果 x 在 y 序列中返回 True
not in	如果在指定的序列中没有找到值返回 True，否则返回 False	x not in y，如果 x 不在 y 序列中返回 True

6. Python 身份运算符

身份运算符用于比较两个对象的存储单元，如表 5.6 所示。

表 5.6 Python 身份运算符

运算符	描　述	示　例
is	is 判断两个标识符是不是引用自一个对象	x is y，类似 id(x) == id(y)，如果引用的是同一个对象则返回 True，否则返回 False
is not	is not 判断两个标识符是不是引用自不同对象	x is not y，类似 id(a) != id(b)。如果引用的不是同一个对象则返回结果 True，否则返回 False

注：id()函数用于获取对象内存地址。

7. Python 运算符优先级

表 5.7 列出了从最高到最低优先级的所有运算符。

表 5.7　Python 运算符优先级

运 算 符	描　　述
**	指数（最高优先级）
~、+、-	按位翻转，一元加号和减号（最后两个的方法名为+@和-@）
*、/、%、//	乘，除，取模和取整除
+、-	加法减法
>>、<<	右移，左移运算符
&	位“AND”
^、|	位运算符
<=、<、>、>=	比较运算符
<>、==、!=	等于运算符
=、%=、/=、//=、-=、+=、*=、**=	赋值运算符
is、is not	身份运算符
in、not in	成员运算符
not、or、and	逻辑运算符

5.2.5　代码组

缩进相同的一组语句构成一个代码块，通常称之为代码组。例如 if、while、def 和 class 这样的复合语句，首行以关键字开始，以冒号“:”结束，该行之后的一行或多行代码构成代码组。一般将首行及后面的代码组称为子句（Clause），如以下实例。

```
if expression :
   suite
elif expression :
   suite
else :
   suite
```

Python 的代码块不使用大括号“{}”来控制类、函数以及其他逻辑判断。Python 最具特色的就是用缩进来写模块。

缩进的空白数量是可变的，但是所有代码块语句必须包含相同的缩进空白数量，这点必须严格执行，如下所示。

```
if True:
    print "True"
else:
    print "False"
```

以下代码将会遇到执行错误。

```
if True:
    print "Answer"
    print "True"
else:
    print "Answer"
  print "False"    #没有严格缩进，在执行时会报错
```

因此，在 Python 的代码块中必须使用相同数目的行首缩进空格数。建议在每个缩进层次使用单个制表符、两个空格或 4 个空格，切记不能混用。

5.2.6 Python 流程控制

1. Python 条件语句

Python 条件语句是通过一条或多条语句的执行结果（True 或者 False）来决定执行的代码块。可以通过图 5.10 来简单了解条件语句的执行过程。

Python 程序语言指定任何非 0 和非空（null）值为 True，0 或者 null 为 False。

Python 编程中 if 语句用于控制程序的执行，基本形式如下。

```
if 判断条件:
    执行语句
else:
    执行语句
```

其中“判断条件”成立时（非 0），则执行后面的语句，而执行内容可以多行，以缩进来区分范围。

else 为可选语句，为条件不成立时的执行内容。

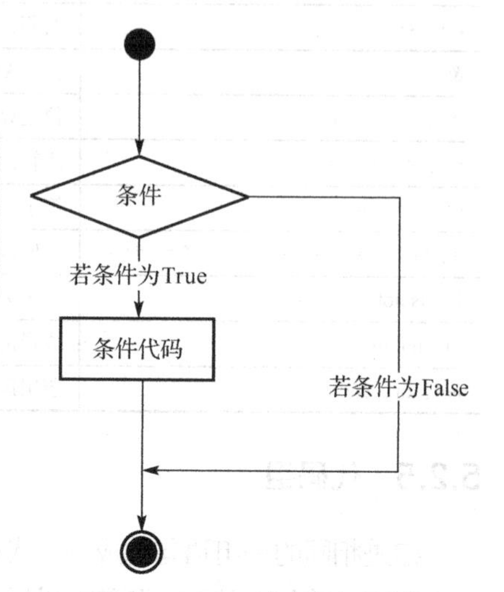

图 5.10　Python 条件语句控制块

2. Python 循环语句

循环语句允许执行一个语句或语句组多次，如图 5.11 所示，是在大多数编程语言中的循环语句的一般形式。

表 5.8 列出了 Python 的 for 循环和 while 循环（在 Python 中没有 do…while 循环）。

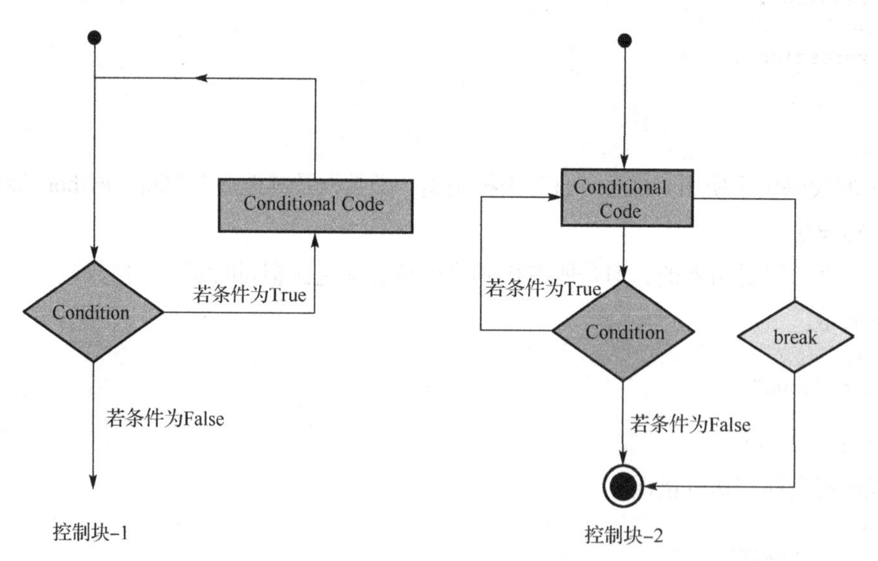

图 5.11　Python 循环语句控制块

表 5.8　Python 循环

循环类型	描　述
while 循环	在给定的判断条件为 true 时执行循环体，否则退出循环体
for 循环	重复执行语句
嵌套循环	可以在 while 循环体中嵌套 for 循环

3. 循环控制语句

循环控制语句可以更改语句执行的顺序。Python 支持表 5.9 中的循环控制语句。

表 5.9　Python 循环控制语句

控制语句	描　述
break 语句	在语句块执行过程中终止循环，并且跳出整个循环
continue 语句	在语句块执行过程中终止当前循环，跳出该次循环，执行下一次循环
pass 语句	pass 是空语句，是为了保持程序结构的完整性

而 range()函数可创建一个整数列表，一般用在 for 循环中，语法如下。

```
range(start, stop[, step])
```

参数说明如下。

- start：从 start 开始计数，默认从 0 开始。例如，range(5)等价于 range(0,5)。
- stop：计数到 stop 结束，但不包括 stop。例如，range(0,5)是[0, 1, 2, 3, 4]，没有 5。
- step：步长，默认为 1。例如，range(0,5)等价于 range(0, 5, 1)。

图 5.12 所示为一个使用 range 的例子。

```
x=83
for i in range(2,x):
    if x % i == 0 :
        break
else :
        print 'x is a prime'

x is a prime
```

图 5.12　Python range 函数实例

5.2.7　Python 函数

函数是组织好的、可重复使用的、用来实现单一或相关联功能的代码段。函数能提高应用的模块性和代码的重复利用率。Python 提供了许多内建函数，比如 print()，但也可以自己创建函数，也就是用户自定义函数。

1. 定义函数

定义函数的规则如下。

- 函数代码块以 def 关键词开头，后接函数标识符名称和圆括号“()”。
- 任何传入参数和自变量必须放在圆括号中。圆括号之间可以用于定义参数。
- 函数的第一行语句可以选择性地使用文档字符串——用于存放函数说明。
- 函数内容以冒号起始，并且缩进。
- return [表达式]是结束函数，选择性地返回一个值给调用方。不带表达式的 return 相当于返回 None。

定义函数语法如下：

```
def functionname( parameters ):
   "函数_文档字符串"
   function_suite
   return [expression]
```

默认情况下，参数值和参数名称是按函数声明中定义的顺序匹配起来的。

函数可以返回多个值，参数可以有默认值。如下所示，angle 默认值为 0，函数返回两个值。

```
import math
def move(x, y, distance, angle=0):
    newx = x + distance* math.cos(angle)
    newy = y - distance* math.sin(angle)
    return newx, newy
```

Python 中函数参数除了普通实参之外，还可以传递 list、dict、*args 和**kargs。

传递 list 代码如下。

```
def demoformal_ parameter(listp):
    for i in listp:
        print(i)
demoformal_ parameter(['huang','sid20180001','computer','80'])
```

*args：输入数据长度不确定，通过*args 将任意长度的参数传递给函数，系统自动将任意长度参数用元组表示。

```
def demoformal_ parameter(*args):
    for i in args:
        print(i)
demoformal_ parameter('huang','sid20180001','computer','80')
```

**kargs：输入数据长度不确定，系统自动将任意长度参数用 dict（字典）表示。

```
def demoformal_ parameter(**kargs):
    for i in kargs.items():
        print(i)
demoformal_ parameter(name='huang',sid='sid20180001',course='computer',score=80)
```

函数传递 dict 参数代码如下。

```
def demoformal_ parameter(**kargs):
    for i in kargs.items():
        print(i)
student={'name':'huang','sid':'sid20180001','course':'computer','score':80 }
demoformal_ parameter(**student)
```

2. 函数调用

定义一个函数时，只给函数一个名称，并指定函数里包含的参数和代码块结构。这个函数的基本结构完成以后，可以通过另一个函数调用执行，也可以直接从 Python 提示符执行。例如下面实例代码调用了 myMethod()以及 fib()函数。

```
#定义函数
def myMethod(x,y):
    return x**y
def fib(n):
    a , b = 0 , 1
    while a < n:
        print(a )
        a , b = b , a + b
#调用函数
a=myMethod(3,4)
fib(a)
```

结果如图 5.13 所示。

多返回值函数调用的返回值是一个元组。在语法上，返回一个元组可以省略括号，而多个变量可以同时接收一个元组，按位置赋给对应的值。如下代码中 r 是元组，包括返回的 newx 和 newy 的值。而 nx 和 ny 为对应的 newx 和 newy 的返回值。

```
import math
def move(x, y, distance, angle=0):
    newx = x + distance* math.cos(angle)
    newy = y - distance* math.sin(angle)
    return newx, newy
r = move(150, 100, 20, math.pi / 2)
```

```
nx, ny = move(0, 1, 10, 1)
(nx, ny) = move(0, 1, 10, 1)
```

```
In [76]: def myMethod(x,y):
             return x**y
         def fib(n):
             a , b = 0 , 1
             while a < n:
                 print(a )
                 a , b = b , a + b

         a=myMethod(3,4)
         print ("myMethos ", a)
         fib(a)

         ('myMethos', 81)
         0
         1
         1
         2
         3
         5
         8
         13
         21
         34
         55
```

图 5.13　Python 函数调用

3. Python 内置函数

表 5.10 列出了 Python 自带的内置函数。这些函数实现了数据类型的转换、数据的计算、序列的处理等功能。

表 5.10　Python 内置函数

Python 内置函数				
abs()	divmod()	input()	open()	staticmethod()
all()	enumerate()	int()	ord()	str()
any()	eval()	isinstance()	pow()	sum()
basestring()	execfile()	issubclass()	print()	super()
bin()	file()	iter()	property()	tuple()
bool()	filter()	len()	range()	type()
bytearray()	float()	list()	raw_input()	unichr()
callable()	format()	locals()	reduce()	unicode()
chr()	frozenset()	long()	reload()	vars()
classmethod()	getattr()	map()	repr()	xrange()
cmp()	globals()	max()	reverse()	zip()
compile()	hasattr()	memoryview()	round()	__import__()
complex()	hash()	min()	set()	
delattr()	help()	next()	setattr()	
dict()	hex()	object()	slice()	
dir()	id()	oct()	sorted()	exec 内置表达式

5.2.8 Python 模块

Python 模块（Module）是一个 Python 文件，以.py 为结尾，包含了 Python 对象定义和 Python 语句。模块可有逻辑地组织相关的 Python 代码段。模块能定义函数、类和变量，模块里也能包含可执行的代码。这些可执行语句通常用来进行模块的初始化工作，并且只在模块第一次被导入时执行。由于相同名字的函数和变量可以分别存在于不同的模块中，不同的开发者使用各自模块可以避免函数名和变量名冲突。

下例是个简单的模块 demomodule.py。

```
def show_pars( par ):
    print "Para = ", par
    return
```

1. 模块的引入

模块定义好后，可以使用 import 语句来引入模块，语法如下。

```
import module1[, module2[,... moduleN]
```

比如要引用模块 math，就可以在文件最开始的地方用 import math 来引入。在调用 math 模块中的函数时，必须如下所示。

```
模块名.函数名
```

当解释器遇到 import 语句时，模块在当前的搜索路径就会被导入。

搜索路径是设置的解释器进行搜索的所有目录的列表，如下所示。

```
# 导入模块
import demomodule
# 调用模块的函数
demomodule.show_pars("Python")
```

以上实例输出结果：Para =Python。

Python 的 from 语句可以从模块中导入一个指定的部分到当前命名空间中。语法如下。

```
from modname import name1[, name2[, ... nameN]]
```

把一个模块的所有内容全都导入到当前的命名空间也是可行的，只需使用如下声明。

```
from modname import *
```

这提供了一个简单的方法来导入模块中的所有项目。

2. 搜索路径

当导入一个模块，Python 解析器对模块位置的搜索顺序如下。

（1）当前目录。

（2）如果不在当前目录，Python 则搜索在 shell 变量 PYTHONPATH 下的每个目录。

（3）如果都找不到，Python 会查看默认路径。UNIX 下的默认路径一般为/usr/local/lib/python/。

模块搜索路径存储在 system 模块的 sys.path 变量中。变量里包含当前目录、PYTHONPATH 和由安装过程决定的默认目录。

环境变量 PYTHONPATH 的语法和 shell 变量 PATH 的语法一样。在 Windows 系统中，典型的 PYTHONPATH 语法格式如 set PYTHONPATH=c:\python27\lib；在 UNIX 系统中，典型的 PYTHONPATH 语法格式如 set PYTHONPATH=/usr/local/lib/python。

3. dir()函数

查看模块定义的名字可以使用 dir()函数。dir()函数返回的列表包含了一个模块中定义的所有模块、变量和函数，如以下的实例。

```
# 导入内置 math 模块
import math
content = dir(math)
print content;
```

以上实例输出结果如下。

['__doc__', '__file__', '__name__', 'acos', 'asin', 'atan', 'atan2', 'ceil', 'cos', 'cosh', 'degrees', 'e', 'exp', 'fabs', 'floor', 'fmod', 'frexp', 'hypot', 'ldexp', 'log','log10', 'modf', 'pi', 'pow', 'radians', 'sin', 'sinh', 'sqrt', 'tan', 'tanh']

在这里，特殊字符串变量__name__指向模块的名字，__file__指向该模块的导入文件名，__doc__为指向注释语句。

4. 重新执行模块 reload

当一个模块被导入到一个脚本，模块顶层部分的代码只会被执行一次。如果需要重新执行模块里顶层部分的代码，可以用 reload()函数。该函数会重新导入之前导入过的模块。

语法：reload(module_name)，例如：reload(demomodule)。

5. 包（Package）

当需要很多模块时，需要把这些功能依赖的模块组成包。包是分层次的文件目录结构，它定义了由模块、子包、子包下的子包等组成的 Python 的应用环境。采用包可以避免不同的人编写的相同的模块名。不同的包中可以具有相同的包名。

包就是包含__init__.py 文件的文件夹。__init__.py 文件的内容可以为空，用于标识当前文件夹是一个包。

```
Packagename_a
├── __init__.py
├── module_a1.py
└── module_a2.py
```

导入包中单独的模块或函数的方法如下。

（1）import PackageA.SubPackageA.ModuleA：导入包中模块，使用时必须用全路径名。

（2）from PackageA.SubPackageA import ModuleA：导入包中模块，可以直接使用模块名而不用加上包前缀。

（3）from PackageA.SubPackageA.ModuleA import functionA：直接导入模块中的函数或变量。

5.2.9 Python 类

类是面向对象编程引入的编程机制。类具有封装、继承的优点。类为编程语言中的类型，而类实例化后称为对象。类具有数据成员和方法。从父类继承的方法可以重写，这个过程叫方法的覆盖（Override）。

定义类：使用 class 语句来定义一个新类，class 之后为类的名称并以冒号结尾。

```
class ClassName:
   '类的帮助信息'     #类文档字符串
   class_suite       #类体
```

类的帮助信息可以通过 ClassName.__doc__查看。

class_suite 由类成员、方法、数据属性组成。

1. Python 类变量与实例变量

在 Python 的类中主要会使用两种变量：类变量（Class Variable）与实例变量（Instance Variable）。类变量是类的所有实例化对象共有的，而实例变量是每个实例化对象自身特有的。类变量可以用“类名.变量名”方式引用。Python 默认类变量为公有类型。用两个下画线开头，可以声明该变量为私有的类变量，如__private_attrs，不能在类外部使用或直接访问，在类内部通过 self.__private_attrs 调用。Python 不允许实例化的类访问私有变量，但可以使用 object._className__attrName 访问属性，如下面代码所示。

```
class Dog:
    kind = 'canine'                  # 类变量，所有实例共享
    def __init__(self, name):
        self.name = name             # 实例变量，每个实例特有
d = Dog('Fido')
e = Dog('Buddy')
d.kind                               # 所有dogs 实例共享，输出'canine'
e.kind                               # 所有dogs 实例共享，输出'canine'
d.name                               # d 实例特有，输出'Fido'
e.name                               # e 实例特有，输出'Buddy'
```

2. Python 类方法

类内部使用 def 关键字来定义一个方法。Python 中有 3 种方式定义类方法，包括常规方式、@classmethod 修饰方式和@staticmethod 修饰方式。

常规方式与一般函数定义不同，常规类方法必须包含参数 self，且为第一个参数，self 代表的是类的实例。类方法（Classmethod）将 self 换成任意标识。静态方法（Staticmethod）允许用“类名.静态方法名称”方式调用。

```
class A:
  __privatevar =0                # 私有类变量
  publicvar =0                   # 公有类变量

  def __init__(self,value=0): # 构造函数
    self.mvar = value            # mvar 实例变量

def  foo(self,x):                # 普通函数
    self.__privatevar +=x+self.mvar
    self.mvar +=1
    print('self:',self.__privatevar)
    print('mvar',self.mvar)

  @classmethod
  def class_foo(cls,x):          #classmethod 函数
    cls.__privatevar +=x
    print('cls:',cls.__privatevar)

  @staticmethod
  def static_foo(x):             #静态函数
    A.publicvar +=x
```

```
    print('static' , A.publicvar)

a=A(9)
b=A(8)
a.foo(10)
b.foo(10)
print(a._A__privatevar)
a.class_foo(11)
b.class_foo(11)
a.foo(11)
b.foo(11)
A.static_foo(12)
a.static_foo(13)
b.static_foo(13)
A.publicvar
```

"""输出结果（Python 3 环境）如下。

```
self: 19
mvar 10
self: 18
mvar 9
19
cls: 11
cls: 22
self: 40
mvar 11
self: 38
mvar 10
static 12
static 25
static 38
38 """
```

__init__为构造函数，在生成对象时调用，并赋予成员变量初值。

用两个下画线开头，声明的方法为私有方法（__private_method），不能在类外部调用。在类的内部通过 self.__private_methods 调用，示例代码如下。

```
class Privatemethoddemo:
    _name = 'protected类型的变量'
    __info = '私有类型的变量'
    def _func(self):
        print("正在调用一个protected类型的方法,")
    def __func2(self):
        print('正在调用一个私有类型的方法')
    def get(self):
        self.__func2(self)
        return(self.__info)
```

3. Python 类属性（property）

property 是一种特殊的属性，访问它时会执行一段@property 定义的代码（函数），然后返回值。

```
import math
class Circle:
    def __init__(self,radius):                    # 圆的半径radius
        self.radius=radius
    @property
```

```
    def area(self):
        return math.pi * self.radius**2        # 计算面积
c=Circle(10)
print(c.radius)
# 用访问成员变量一样的方式访问area，执行area函数，并返回值
print(c.area)
```

"""输出结果如下。

```
10
314.1592653589793  """
```

4. Python 类继承

类继承语法如下所示。

```
class DerivedClassName(BaseClassName):
    <statement-1>
    …
    …
    …
    <statement-N>
```

这里，BaseClassName 为基类或称父类，DerivedClassName 为继承类或称子类。子类定义的方法和父类相同，称为重载。在子类重载方法中，引用父类方法有两种方法（如__init__重载）。

（1）父类名称.__init__(self,参数 1,参数 2,...)

（2）super(子类，self).__init__(参数 1,参数 2,...)

示例代码如下：

```
class person:
   def __init__(self, name ,age,sex):
     self.name =name
     self.age =age
     self.sex =sex
   def showinfo(self):
     print('person:',self. name,self.age, self.sex)
class teacher(person):
   def __init__(self,name,age,sex,course,department):
     person.__init__(self,name,age,sex)
     self.course = course
     self.department = department
   def showinfo(self):
     print('techer:', self.name,self.age, self.sex, self.course, self.department)

class student(person):
   def __init__(self,name,age,sex,course,score):
     person.__init__(self,name,age,sex)
     self.course =course
     self.score = score
   def showinfo(self):
     print('student:', self.name,self.age,self.sex,self.course,self.score)
p=person('wang wu',23,'F')
t = teacher('zhang shan',30,'m','python','computer')
s= student('li si',20,'F','python',90)
p.showinfo()
t.showinfo()
s.showinfo()
```

```
"""输出结果如下。
person: wang wu 23 F
techer: zhang shan 30 m python computer
student: li si 20 F python 90 """
```

5. Python 类实例创建与调用

实例化类在其他编程语言中一般用关键字 new，但是在 Python 中并没有这个关键字，类的实例化类似函数调用方式：x = MyClass()。如果定义了__init__方法，采用 x = MyClass(a,b,c,..)并通过__init__方法接收参数，如上例中的 t = teacher('zhang shan',30,'m','python','computer')。

可以使用“对象.属性”方式访问对象的属性，如例子中的 print(c.radius)；使用“对象.方法”方式访问对象的方法，如例子中的 p.showinfo() 。方法对象可以保存到以后使用。

```
x=ClassA()
xf = x.f  #方法对象
while True:
   print(xf())
```

5.2.10 命名空间和作用域

一个 Python 表达式可以访问局部命名空间和全局命名空间里的变量。如果一个局部变量和一个全局变量重名，则局部变量会覆盖全局变量。

每个函数都有自己的命名空间。类方法的作用域规则和函数相同。Python 假设任何在函数内赋值的变量都是局部的。因此，如果要给函数内的全局变量赋值，必须使用 global 语句。

global VarName 表示 VarName 是全局变量，作用域为整个程序。Python 3 增加了 nonlocal ValuearName 表示 VarName 是作用域为嵌套的函数的最外层范围的一个变量；可以通过 nonlocal 从内层修改外层的变量值。代码如下所示。

```
def scope_test():
   def do_local():
      spam = "local spam"
   def do_nonlocal():
      nonlocal spam
      spam = "nonlocal spam"
   def do_global():
      global spam
      spam = "global spam"

   spam = "test spam"
   do_local()
   print("After local assignment:", spam)
   do_nonlocal()
   print("After nonlocal assignment:", spam)
   do_global()
   print("After global assignment:", spam)
scope_test()
print("In global scope:", spam)
"""输出结果:
After local assignment: test spam
After nonlocal assignment: nonlocal spam
After global assignment: nonlocal spam
In global scope: global spam """
```

Python 有两个内置的函数 locals()和 globals()，可以显示所有基于字典的局部变量和全局变量。

5.3 Python 标准库

Python 拥有一个强大的标准库。Python 语言的核心只包含数字、字符串、列表、字典、文件等常见类型和函数，而 Python 标准库则提供了系统管理、网络通信、文本处理、数据库接口、图形系统、XML 处理等额外的功能。标准库具体使用方法可参考 Python 官网。

Python 标准库的主要功能如下。

（1）文本处理：包含文本格式化、正则表达式匹配、文本差异计算与合并、Unicode 支持、二进制数据处理等功能。

（2）文件处理：包含文件操作、创建临时文件、文件压缩与归档、操作配置文件等功能。

（3）操作系统功能：包含线程与进程支持、IO 复用、日期与时间处理、调用系统函数、日志（Logging）等功能。

（4）网络通信：包含网络套接字、SSL 加密通信、异步网络通信等功能。

（5）网络协议：支持 HTTP、FTP、SMTP、POP、IMAP、NNTP、XMLRPC 等多种网络协议，并提供了编写网络服务器的框架。

（6）W3C 格式支持：包含 HTML、SGML、XML 的处理。

（7）其他功能：包括国际化支持、数学运算、HASH、Tkinter 等。

标准库中的 sys 模块能够访问与 Python 解释器紧密联系的变量和函数；os 模块提供了很多访问操作系统服务的功能；fileinput 模块可以轻松地遍历文本文件的所有行；math 模块提供了常用的数学公式计算。string 模块提供了字符串中字符大小写的变换，字符串在输出时的对齐方式，字符串中的搜索和替换，字符串的分割和组合，字符串的翻译，字符串的编码和解码等；time 模块提供了一般的日期时间操作；random 模块提供了随机数值的产生办法；xdrlib 模块提供了将数据打包为 XDR 格式和解析 XDR 数据的类的办法。

5.4 Python 机器学习库

5.4.1 NumPy

NumPy 是一个开源的 Python 科学计算库，许多其他著名的科学计算库如 pandas、scikit-learn 等都要用到 NumPy 库的一些功能。其主要功能如下。

（1）ndarray，一个具有矢量运算和复杂广播能力的快速且节省空间的多维数组。

（2）用于对数组数据进行快速运算的标准数学函数。

（3）线性代数、随机数生成以及傅里叶变换功能。

安装 NumPy 非常简单，只要在命令行输入 pip install numpy 即可。

1. NumPy ndarray 对象

NumPy ndarray 是 NumPy 重要的对象，具有以下属性。

- ndarray.ndim：数组的维数（即数组轴的个数），等于秩。最常见的为二维数组（矩阵）。
- ndarray.shape：数组的维度，是一个表示数组在每个维度上大小的整数元组，例如在二维数组中，表示数组的行数和列数。这个元组的长度就是维度的数目，即 ndim 属性。

- ndarray.size：数组元素的总个数，等于 shape 属性中元组元素的乘积。
- ndarray.dtype：表示数组中元素对象的类型，可使用标准的 Python 类型创建或指定 dtype。
- ndarray.itemsize：数组中每个元素的字节大小。例如，一个元素类型为 float64 的数组，itemsiz 属性值为 8（float64 占用 64 个字节，每个字节长度为 8，所以 64/8，占用 8 个字节），又如，一个元素类型为 complex32 的数组，item 属性为 4（32/8）。
- ndarray.data：包含实际数组元素的缓冲区，指向数组开始部分。由于一般通过数组的索引获取元素，所以通常不需要使用这个属性。

2. NumPy 基本数据类型

NumPy 基本数据类型如表 5.11 所示。

表 5.11 Numpy 基本数据类型

名 称	描 述
bool	用一个字节存储的布尔类型（Ture 或 False）
int	由所在的平台决定其大小的整数（一般为 int32 或 int64）
int8	一个字节大小，-128～127
int16	整数，-32768～32767
int32	整数，-2^{31}～$2^{31}-1$
int64	整数，-2^{63}～$2^{63}-1$
uint8	无符号整数，0～255
uint16	无符号整数，0～65535
uint32	无符号整数，0～$2^{32}-1$
uint64	无符号整数，0～$2^{64}-1$
float16	半精度浮点数：16 位，正负号 1 位，指数 5 位，精度 10 位
float32	单精度浮点数：32 位，正负号 1 位，指数 8 位，精度 23 位
float64 或 float	双精度浮点数：正负号 1 位，指数 11 位，精度 52 位
complex64	复数，分别用两个 32 位浮点数标识实部和虚部

3. ndarray 对象的方法

ndarray.ptp(axis=None, out=None)：返回数组的最大值减去最小值或者某轴的最大值减去最小值。

ndarray.clip(a_min, a_max, out=None)：小于最小值的元素赋值为最小值，大于最大值的元素赋值为最大值。

ndarray.all()：如果所有元素都为真，那么返回真；否则返回假。

ndarray.any()：只要有一个元素为真则返回真。

ndarray.swapaxes(axis1, axis2)：交换两个轴的元素。

ndarray.reshape(shape[, order])：返回改变数组形状后的数组，不改变元素个数。

ndarray.resize(new_shape[, refcheck])：改变数组的大小（可以改变数组中元素个数）。

ndarray.transpose(*axes)：返回矩阵的转置矩阵。

ndarray.flatten([order])：复制一个一维数组。

ndarray.ravel([order])：返回展平后的一维数组。

ndarray.squeeze([axis])：移除长度为 1 的轴。

ndarray.tolist()：将数组转化为列表。

ndarray.take(indices, axis=None, out=None, mode='raise')：获得数组的指定索引的数据。

ndarray.put(a, ind, v, mode='raise')：用 v 的值替换数组 a 中的 ind（索引）的值。mode 可以为 raise/wrap/clip。clip 的作用是，如果给定的 ind 超过了数组的大小，那么替换最后一个元素。

ndarray.repeat(a, repeats, axis=None)：重复数组的元素。

numpy.tile(A, reps)：根据给定的 reps 重复数组 A，和 repeat 重复元素不同。

ndarray.var(axis=None, dtype=None, out=None, ddof=0)：沿指定的轴返回数组的方差。

ndarray.std(axis=None, dtype=None, out=None, ddof=0)：沿指定的轴返回数组的标准差。

ndarray.prod(axis=None, dtype=None, out=None)：返回指定轴的所有元素的乘积。

ndarray.cumprod(axis=None, dtype=None, out=None)：返回指定轴的累积。

ndarray.mean(axis=None, dtype=None, out=None)：返回指定轴的数组元素的均值。

ndarray.cumsum(axis=None, dtype=None, out=None)：返回指定轴的元素的累计和。

ndarray.sum(axis=None, dtype=None, out=None)：返回指定轴所有元素的和。

ndarray.trace(offset=0, axis1=0, axis2=1, dtype=None, out=None)：返回沿对角线的数组元素之和。

ndarray.round(decimals=0, out=None)：将数组中的元素按指定的精度进行四舍五入。

ndarray.conj()：返回所有复数元素的共轭复数。

ndarray.argmin(axis=None, out=None)：返回指定轴最小元素的索引值。

ndarray.min(axis=None, out=None)：返回指定轴的最小值。

ndarray.argmax(axis=None, out=None)：返回指定轴的最大元素的索引值。

ndarray.diagonal(offset=0, axis1=0, axis2=1)：返回对角线的所有元素。

ndarray.compress(condition, axis=None, out=None)：返回指定轴上指定条件下的切片。

ndarray.nonzero()：返回非 0 元素的索引。

Numpy 数组示例代码如图 5.14 所示。

```
import numpy as np
z = np.array([[1, 2, 3, 4],[5, 6, 7, 8],[9, 10, 11, 12],[13, 14, 15, 16]])
print(z)
y=z.reshape(-1)
print(y)
a=y.reshape((4,4))
print(a)
print(a.transpose(1,0))
```

```
[[ 1  2  3  4]
 [ 5  6  7  8]
 [ 9 10 11 12]
 [13 14 15 16]]
[ 1  2  3  4  5  6  7  8  9 10 11 12 13 14 15 16]
[[ 1  2  3  4]
 [ 5  6  7  8]
 [ 9 10 11 12]
 [13 14 15 16]]
[[ 1  5  9 13]
 [ 2  6 10 14]
 [ 3  7 11 15]
 [ 4  8 12 16]]
```

图 5.14　NumPy 数组示例代码

4. 创建数组

创建数组的方法有很多。可以使用 array 函数在常规的 Python 列表和元组中创建数组，所创建的数组类型由原序列中的元素类型推导而来，如图 5.15 所示。

```
In [9]:  a=array([2,3,4,5])
         print(a)
         a.dtype

         [2 3 4 5]

Out[9]:  dtype('int32')

In [10]: b=array([1.1,0.2,3,6,82])
         print(b)
         b.dtype

         [ 1.1  0.2  3.   6.  82. ]

Out[10]: dtype('float64')

In [ ]:
```

图 5.15　创建 NumPy 数组

可使用双重序列来表示 2 维数组，用三重序列表示 3 维数组，以此类推，如图 5.16 所示。

```
In [8]: b = array ( [ (1.5, 2, 3), (4, 5, 6) ] )
        print(b)

        [[1.5 2.  3. ]
         [4.  5.  6. ]]

In [ ]:
```

图 5.16　创建 NumPy 2 维数组

可以在创建时显式指定数组中元素的类型，如图 5.17 所示。

```
In [12]: import numpy as np
         c = np.array([ [1,2],[3,4] ],dtype=complex)
         print(c)

         [[1.+0.j 2.+0.j]
          [3.+0.j 4.+0.j]]

In [ ]:
```

图 5.17　创建显式类型的 NumPy 2 维数组

（1）数组 0 和数组 1。

通常，刚开始时数组的元素未知，而数组的大小已知。因此，NumPy 提供了一些使用占位符创建数组的函数。这些函数除了满足数组扩展的需要，同时也降低了高昂的运算开销。

用函数 zeros 可创建一个全是 0 的数组，如图 5.18 所示。用函数 ones 可创建一个全为 1 的数组，函数 empty 创建一个依赖内存状态的随机数组。默认创建的数组类型（dtype）都是 float64。

```
In [14]: import numpy as np
         d = np.zeros((4,6))
         print(d)
         print(d.dtype)
         print(d.dtype.itemsize)

[[0. 0. 0. 0. 0. 0.]
 [0. 0. 0. 0. 0. 0.]
 [0. 0. 0. 0. 0. 0.]
 [0. 0. 0. 0. 0. 0.]]
float64
8

In [ ]:
```

图 5.18　创建 zeros 数组

也可以自己指定数组中元素的类型，如图 5.19 所示。

```
In [19]: import numpy as np
         a = np.ones( (3,4,5),dtype = int)
         print(a)

[[[1 1 1 1 1]
  [1 1 1 1 1]
  [1 1 1 1 1]
  [1 1 1 1 1]]

 [[1 1 1 1 1]
  [1 1 1 1 1]
  [1 1 1 1 1]
  [1 1 1 1 1]]

 [[1 1 1 1 1]
  [1 1 1 1 1]
  [1 1 1 1 1]
  [1 1 1 1 1]]]

In [20]: b = np.empty((2,3))
         print(b)

[[1.5 2.  3. ]
 [4.  5.  6. ]]
```

图 5.19　创建 ones 数组

（2）arange 函数和 linspace 函数。

NumPy 提供的 arange 函数和 linspace 函数返回一个数列形式的数组，示例代码如图 5.20 所示。

arange 函数：参数 1，起始值；参数 2，结束值；参数 3，步长（arange 可接收浮点数）。

linspace 函数：参数 1，起始值；参数 2，结束值；参数 3，结果个数。

5. 随机数据

随机数据对机器学习非常重要。NumPy 可以生成随机数据、对数组进行随机排列、生成随机概率分布数据，等等，详见表 5.12～表 5.15、图 5.21～图 5.24。

```
In [22]: import numpy as np
         c = np.arange(8,40,2)
         print(c)

         [ 8 10 12 14 16 18 20 22 24 26 28 30 32 34 36 38]

In [24]: d = np.arange(0,2,0.5)
         print(d)

         [0.  0.5 1.  1.5]

In [26]: a = np.linspace(0,10,5)
         print(a)

         [ 0.   2.5  5.   7.5 10. ]
```

图 5.20　创建 arange 数组和 linspace 数组

表 5.12　NumPy 随机数据

随 机 函 数	说　　明
rand(d0, d1, …, dn)	返回随机数组
randn(d0, d1, …, dn)	返回一个样本，具有标准正态分布
randint(low[, high, size])	返回随机的整数，在半开区间[low, high)
random_sample([size])	返回随机的浮点数，在半开区间[0.0, 1.0)
random([size])	返回随机的浮点数，在半开区间[0.0, 1.0)
ranf([size])	返回随机的浮点数，在半开区间[0.0, 1.0)
sample([size])	返回随机的浮点数，在半开区间[0.0, 1.0)
choice(a[, size, replace, p])	从一维数组 a 中以概率 p 抽取元素生成一个随机样本
bytes(length)	返回随机字节

```
In [27]: import numpy as np
         np.random.rand(3,2)

Out[27]: array([[0.1945308 , 0.20128512],
                [0.42891828, 0.97297466],
                [0.22803167, 0.05471696]])

In [32]: np.random.randn(3, 2)

Out[32]: array([[ 1.09173172,  1.06951658],
                [-2.29991057, -0.95030428],
                [ 2.47970039,  0.01631327]])

In [31]: np.random.randint(10, 30, 5);

Out[31]: array([11, 16, 29, 25, 16])
```

图 5.21　创建 random 数组

```
In [43]: a=np.random.random_sample(10);b=np.random.random(10)  ;c=np.random.ranf(10)
         print(a);print(b);print(c)

[0.7557287  0.38988157 0.47058728 0.85722105 0.53021696 0.25952141
 0.02051794 0.80877421 0.94578179 0.6307999 ]
[0.64589699 0.68184345 0.05425421 0.492458   0.68003237 0.15819183
 0.78219077 0.30626937 0.88010663 0.03827532]
[0.10789134 0.46087488 0.81259306 0.90142978 0.22128546 0.53352083
 0.23146792 0.77108059 0.63642485 0.3660282 ]

In [41]: np.random.sample(10)
         a=np.random.sample(10)
         print(a)
         np.random.choice(a,5)

[0.78535136 0.91481328 0.40422449 0.90140432 0.28192227 0.56125335
 0.05560723 0.03193501 0.33775131 0.2236166 ]

Out[41]: array([0.78535136, 0.03193501, 0.33775131, 0.90140432, 0.33775131])

In [38]: np.random.bytes(10)

Out[38]: 'c\x9d\x91$\xf7\x03\x9c-E\xfc'
```

图 5.22　random.sample 数组

表 5.13　NumPy 随机排列

随机排列函数	说　明
shuffle(x)	修改序列本身内容，打乱顺序，无返回值
permutation(x)	返回一个随机排列

```
In [52]: import numpy as np
         a=np.random.sample(10)
         print(a)
         np.random.shuffle(a)
         print(a)
         np.random.permutation(a)

[0.91708563 0.80904141 0.3783843  0.56056778 0.06054163 0.86625154
 0.13948239 0.6180951  0.75199879 0.03790712]
[0.06054163 0.3783843  0.80904141 0.56056778 0.03790712 0.13948239
 0.91708563 0.6180951  0.75199879 0.86625154]

Out[52]: array([0.6180951 , 0.75199879, 0.06054163, 0.3783843 , 0.91708563,
                0.13948239, 0.56056778, 0.03790712, 0.86625154, 0.80904141])
```

图 5.23　NumPy 随机排列

表 5.14　NumPy 概率分布随机取样

概率分布函数	说明
beta(a, b[, size])	贝塔分布样本，在[0, 1]内
binomial(n, p[, size])	二项分布样本
chisquare(df[, size])	卡方分布样本
dirichlet(alpha[, size])	狄利克雷分布样本
exponential([scale, size])	指数分布样本
f(dfnum, dfden[, size])	F 分布样本
gamma(shape[, scale, size])	伽马分布样本
geometric(p[, size])	几何分布样本
gumbel([loc, scale, size])	耿贝尔分布样本
hypergeometric(ngood, nbad, nsample[, size])	超几何分布样本
laplace([loc, scale, size])	拉普拉斯或双指数分布样本
logistic([loc, scale, size])	Logistic 分布样本
lognormal([mean, sigma, size])	对数正态分布样本

续表

概率分布函数	说明
logseries(p[, size])	对数级数分布样本
multinomial(n, pvals[, size])	多项分布样本
multivariate_normal(mean, cov[, size])	多元正态分布样本
negative_binomial(n, p[, size])	负二项分布样本
noncentral_chisquare(df, nonc[, size])	非中心卡方分布样本
noncentral_f(dfnum, dfden, nonc[, size])	非中心 F 分布样本
normal([loc, scale, size])	正态（高斯）分布
pareto(a[, size])	帕累托（Lomax）分布样本
poisson([lam, size])	泊松分布样本
power(a[, size])	幂律分布样本
rayleigh([scale, size])	Rayleigh 分布样本
standard_cauchy([size])	标准柯西分布样本
standard_exponential([size])	标准指数分布样本
standard_gamma(shape[, size])	标准伽马分布样本
standard_normal([size])	标准正态分布(mean=0, stdev=1)样本
standard_t(df[, size])	标准学生分布样本
triangular(left, mode, right[, size])	三角形分布样本
uniform([low, high, size])	均匀分布样本
vonmises(mu, kappa[, size])	von Mises 分布样本
wald(mean, scale[, size])	瓦尔德（逆高斯）分布样本
weibull(a[, size])	Weibull 分布样本
zipf(a[, size])	齐普夫分布样本

表 5.15　NumPy 随机数生成器

随机排列函数	说　明
RandomState([seed])	定义局部种子，用于概率分布随机数
seed([seed])	种子不同，产生的随机数序列也不同，随机数种子都是全局种子

```
In [98]:  # import numpy as np
          print(np.random.normal(2.0, 2.0, 2))
          print(np.random.multinomial(20, [1/6.]*6, size=1))

          [-0.3958521   1.46656087]
          [[2 4 5 3 3 3]]

In [100]: prng = np.random.RandomState(123456789) # 定义局部种子
          print(prng.rand(2, 4))
          print(prng.chisquare(1, size=(2, 2))) # 卡方分布
          print(prng.standard_t(1, size=(2, 3))) # t 分布
          print(prng.poisson(5, size=10)) # 泊松分布

          [[0.53283302 0.5341366  0.50955304 0.71356403]
           [0.25699895 0.75269361 0.88387918 0.15489908]]
          [[1.00418922e+00 1.26859720e+00]
           [2.02731988e+00 2.52605129e-05]]
          [[ 0.59734384 -1.27669959  0.09724793]
           [ 0.22451466  0.39697518 -0.19469463]]
          [7 6 6 5 3 9 1 3 4 6]
```

图 5.24　NumPy 随机数生成器

5.4.2 SciPy

SciPy 是一个高级的科学计算库，它和 NumPy 联系很密切，SciPy 一般都通过操控 NumPy 数组来进行科学计算，所以可以说 SciPy 是基于 NumPy 之上的库。SciPy 有很多子模块可以应对不同的应用，表 5.16 所示为 SciPy 的子模块列表。

表 5.16　SciPy 的子模块列表

模 块 名	功　能
scipy.cluster	向量聚类
scipy.constants	数学常量
scipy.fftpack	快速傅里叶变换
scipy.integrate	积分
scipy.interpolate	插值
scipy.io	文件输入输出
scipy.linalg	线性代数计算
scipy.ndimage	N 维图像
scipy.odr	正交距离回归
scipy.optimize	优化器
scipy.signal	信号处理
scipy.sparse	稀疏矩阵
scipy.spatial	空间数据结构和算法
scipy.special	特殊数学函数
scipy.stats	统计函数

SciPy 通过命令行 pip install scipy 进行安装，如图 5.25 所示。

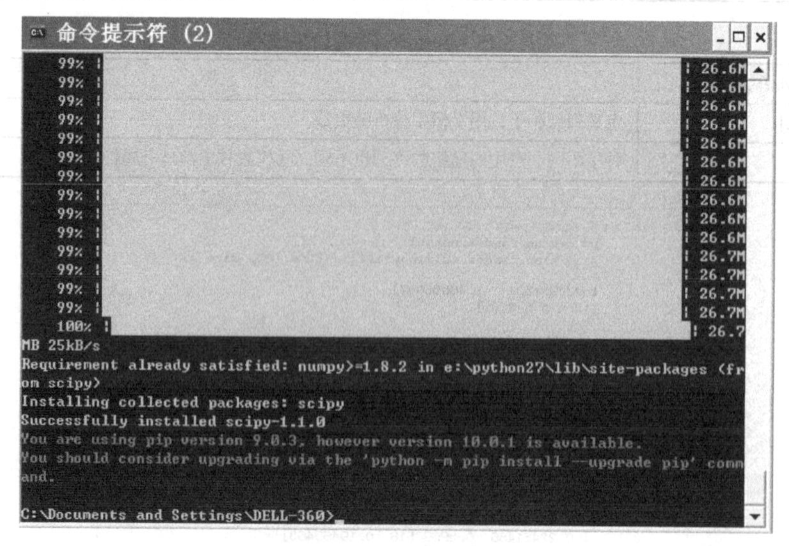

图 5.25　SciPy 安装

1. 文件输入和输出：scipy.io

这个模块可以加载和保存 Matlab 文件。使用 scipy.io 保存数据和加载数据的示例代码如图 5.26 所示。

```
In [3]: from scipy import io as spio
        import numpy as np
        a = np.ones((2, 3))
        spio.savemat('file.mat', {'a': a}) # 保存字典到file.mat
        data = spio.loadmat('file.mat', struct_as_record=True)
        data['a']

Out[3]: array([[1., 1., 1.],
               [1., 1., 1.]])
```

图 5.26　SciPy 加载和保存 Matlab 文件

2. 线性代数计算：scipy.linalg

假如要计算一个方阵的行列式，需要调用 det()函数，使用 SciPy 计算行列式的示例代码如图 5.27 所示。

```
In [6]: from scipy import io as spio
        import numpy as np
        from scipy import linalg
        arr = np.array([[1, 2],[3, 4]])
        print(arr)
        print(linalg.det(arr))

        arr = np.array([[3, 2],[6, 4]])
        print(arr)
        print(linalg.det(arr))

        [[1 2]
         [3 4]]
        -2.0
        [[3 2]
         [6 4]]
        0.0
```

图 5.27　使用 SciPy 计算行列式代码

比如用 SciPy 求一个矩阵的逆，如图 5.28 所示。

```
In [9]: import numpy as np
        from scipy import linalg

        arr = np.array([[1, 2], [3, 4]])
        print(arr)
        iarr = linalg.inv(arr)
        print(iarr)

        [[1 2]
         [3 4]]
        [[-2.   1. ]
         [ 1.5 -0.5]]
```

图 5.28　SciPy 求矩阵的逆

3. 快速傅里叶变换：scipy.fftpack

一般用 NumPy 初始化正弦信号，如果要计算信号的采样频率，可以用 scipy.fftpack.fftfreq()函数；计算它的快速傅里叶变换使用 scipy.fftpack.fft()函数，如图 5.29 所示。

NumPy 中也有用于计算快速傅里叶变换的模块 NumPy.fft，但是 scipy.fftpack 性能要高一些。

```
In [14]: import numpy as np
         time_step = 0.02
         period = 5.
         time_vec = np.arange(0, 20, time_step)
         sig = np.sin(2 * np.pi / period * time_vec) + \
               0.5 * np.random.randn(time_vec.size)
         from scipy import fftpack
         sample_freq = fftpack.fftfreq(sig.size, d=time_step)
         sig_fft = fftpack.fft(sig)
         print(sig_fft)
```

```
 -1.01471909e+01-1.33895422e+01j  1.81153007e+01-1.31074530e+01j
 -1.02946131e+01+5.66194223e+00j -6.82617843e+00-7.23442611e+00j
 -3.69908737e+00-6.51541562e+00j -9.68408176e+00-8.49656802e+00j
  4.13836616e+00+2.26366277e+01j -3.27977253e+00+1.10666000e+01j
 -3.90413972e+00-7.43704845e+00j  9.98062709e+00+2.58920012e+00j
  7.48766136e-01-2.03960211e+01j  1.56123192e+01+1.17294803e+01j
 -1.95936906e+01+8.61756654e+00j  4.65658793e+00-4.42998572e+00j
  1.37893549e+00+5.09365983e+00j  8.51222950e+00+3.60874012e-01j
  5.74154246e+00+4.00780329e+00j -1.42435476e+01-1.04407345e+01j
 -7.35073843e+00+5.56149856e+00j  1.44725207e+01+3.66731083e+00j
  3.93484087e+00+6.26530954e+00j  6.81102221e+00-1.84142781e+00j
  2.40872835e+00-1.61342267e+00j  1.39173102e+00-9.66437206e+00j
 -6.62087279e+00+1.00303660e+01j -7.90417622e+00+4.50950844e+00j
  1.23742756e+00-5.46649188e+00j  1.33452057e+01+1.00793777e+01j
  1.70736643e+01-5.09979510e+00j  1.02259386e+01+7.14121849e+00j
 -1.95021128e+00+2.17910598e+01j -6.52193203e-01-9.24122001e+00j
  3.00681306e+01+6.03218939e+00j -9.95449253e+00-6.41247566e+00j
 -7.56576996e+00+8.14238175e+00j  8.46550158e+00-2.13790813e+01j
  6.44412908e+00-1.25892514e+01j -1.97321305e+01+1.86637158e+01j
```

图 5.29　计算快速傅里叶变换

4. 优化器：scipy.optimize

scipy.optimize 通常用来最小化一个函数值。SciPy 优化器的示例如图 5.30 所示。这里绘制函数采用 Matplotlib。导入 Matplotlib 模块的方法为在命令行输入 import matplotlib as plt。

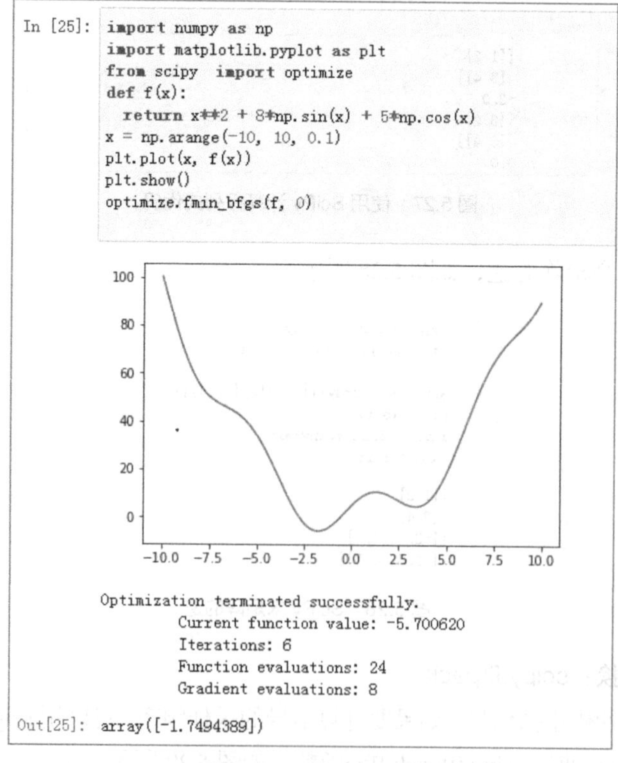

图 5.30　SciPy 优化器

采用 BFGS 优化算法（Broyden Fletcher Goldfarb Shanno Algorithm）找出这个函数的最小值，也就是曲线的最低点。

5. 统计函数：scipy.stats

随机生成 5000 个服从正态分布的数，如图 5.31 所示。

```
In [28]: import numpy as np
         import matplotlib.pyplot as plt
         from scipy  import stats
         a=np.random.normal(size=5000)
         loc, std = stats.norm.fit(a)
         loc,std

Out[28]: (-0.0010651805896565371, 1.011621541280146)
```

图 5.31　随机生成正态分布数

5.4.3 pandas

pandas 是一个提供快速处理、扩展和展现数据结构的 Python 库，是使用 Python 分析实际数据的模块。pandas 是强大的可扩展的数据操作与分析开源工具，主要的特性如下。

- 为浮点数和浮点数精度丢失提供了简易的处理方法。
- 方便大数据的处理。
- 自动而准确地处理数据队列。
- 能方便地转换不规则数据和差异数据。
- 智能地处理大数据集的切片、子集。
- 智能合并和连接数据集。
- 灵活地调整数据集。

pandas 安装：在命令行输入 pip install pandas。

在 Python 中导入 pandas 模块：在命令行输入 import pandas ad pd。

1. pandas 数据类型

（1）Series 可以看作是一个定长的有序字典。任意的一维基本类型数据都可以用来构造 Series 对象，就如同列表一样，一个系列数据，其中每个数据对应一个索引值。Series 就是“竖起来”的 list，如图 5.32 所示。

```
In [4]: import numpy as np
        import pandas as pd
        data = np.array(['a','b','c','d'])
        s = pd.Series(data)
        print s

        0    a
        1    b
        2    c
        3    d
        dtype: object
```

图 5.32　pandas Series

（2）DataFrame 是一种二维的数据结构，非常接近于电子表格或者类似 MySQL 数据库的形式。它的竖行称为 columns，横行跟前面的 Series 一样，称为 index，也就是说可以通过 columns 和 index 来确定一个单元数据的位置，如图 5.33 和图 5.34 所示。

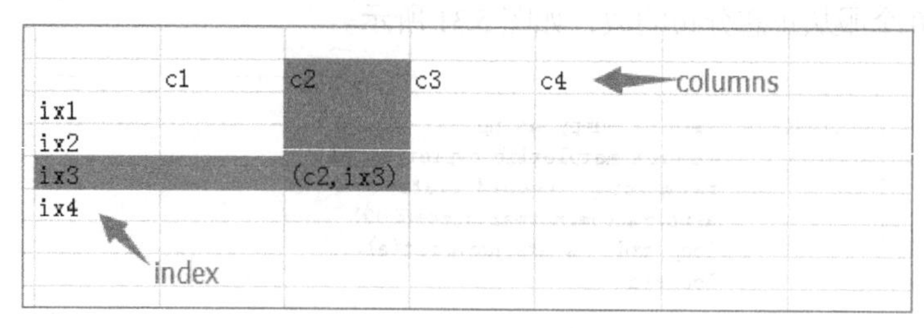

图 5.33　pandas DataFrame

```
In [10]: import numpy as np
         import pandas as pd
         from pandas import Series, DataFrame

         data = {"name":["yahoo","google","facebook","Baidu","Alibaba]"], \
                 "marks":[200,400,800,900,950], "price":[9, 3, 7,4,6]}
         f1 = DataFrame(data)
         f1
Out[10]:
```

	marks	name	price
0	200	yahoo	9
1	400	google	3
2	800	facebook	7
3	900	Baidu	4
4	950	Alibaba]	6

图 5.34　pandas DataFrame 代码

2. 文件操作

（1）存储数据集，把 pandas 数据保存为 csv 文件，示例代码如图 5.35 所示。

```
import numpy as np
import pandas as pd
from pandas import Series, DataFrame

data = {"name":["yahoo","google","facebook","Baidu","Alibaba]"], \
        "marks":[200,400,800,900,950], "price":[9, 3, 7,4,6]}
f1 = DataFrame(data)
f1.to_csv("test")
```

图 5.35　将 pandas 数据保存为 csv 文件

（2）读取 csv 文件为 pandas 数据，如图 5.36 所示。

3. 数据预处理

（1）数据清洗，对 NaN 数据的处理有用 dropna()放弃 NaN 以及用 fillna()填充为另一个值这两种方法，如图 5.37 所示。

```
In [15]: import pandas as pd
         marks = pd.read_csv("./test")
         marks

Out[15]:
```

	Unnamed: 0	marks	name	price
0	0	200	yahoo	9
1	1	400	google	3
2	2	800	facebook	7
3	3	900	Baidu	4
4	4	950	Alibaba]	6

图 5.36　读取 csv 文件

```
In [25]: from numpy import nan as NA
         import pandas as pd
         data = Series([1,NA,3,5,NA,7,NA,11])
         print(data)
         print(data.dropna())
         data.fillna(0)

         0     1.0
         1     NaN
         2     3.0
         3     5.0
         4     NaN
         5     7.0
         6     NaN
         7    11.0
         dtype: float64
         0     1.0
         2     3.0
         3     5.0
         5     7.0
         7    11.0
         dtype: float64

Out[25]: 0     1.0
         1     0.0
         2     3.0
         3     5.0
         4     0.0
         5     7.0
         6     0.0
         7    11.0
         dtype: float64
```

图 5.37　对含有 NaN 数据的处理

检测和过滤异常值，假设要找出某一列中绝对值大小超过 3.2 的所有项，其代码如图 5.38 所示。

```
In [38]: from numpy import nan as NA
         import pandas as pd
         data = DataFrame(np.random.randn(1000,4))
         data[(np.abs(data)>3.2).any(1)]

Out[38]:
```

	0	1	2	3
11	0.741397	0.811999	-3.363577	-0.279142
72	3.345568	-0.501472	0.183957	1.453955
98	-0.355769	-1.333918	0.678460	-3.458302
249	-3.986104	0.376284	1.695453	0.378573
303	3.385035	0.158392	-0.971900	0.416907
393	0.066438	-1.408356	-1.239957	-3.252185
430	0.526624	-0.740803	0.101938	-3.397339
500	0.384495	1.765883	-3.248321	1.887058
823	-2.544397	0.426090	-3.551351	0.937772
991	0.650833	-3.627828	1.116770	-0.420079

图 5.38　检测异常值代码

移除重复数据，其代码如图 5.39 所示。

```
In [49]: import pandas as pd
         data = pd.DataFrame({'k1':['one']*3 + ['two'] *2, 'k2':[1,1,2,5,5],\
                              'k3':[1.2,1.2,3.1,2,2]})
         print(data)
         print(data.duplicated())
         data.drop_duplicates()

    k1  k2   k3
0  one   1  1.2
1  one   1  1.2
2  one   2  3.1
3  two   5  2.0
4  two   5  2.0
0    False
1     True
2    False
3    False
4     True
dtype: bool

Out[49]:
```

	k1	k2	k3
0	one	1	1.2
2	one	2	3.1
3	two	5	2.0

图 5.39　移除重复数据

（2）数据合并，可使用键参数的 DataFrame()合并，如图 5.40 所示。

```
In [61]: import pandas as pd
         pd1=pd.DataFrame({"keyValue":['a','a','b','b','c'],"Value1":range(5)})
         pd2=pd.DataFrame({"keyValue":['b','b','c','a','d'],"Value2":range(5)})
         print(pd.merge(pd1,pd2))
         print(pd.merge(pd1,pd2,how="right"))
         print(pd.merge(pd1,pd2,left_index=True, right_index=True))

   Value1 keyValue  Value2
0       0        a       3
1       1        a       3
2       2        b       0
3       2        b       1
4       3        b       0
5       3        b       1
6       4        c       2
   Value1 keyValue  Value2
0     0.0        a       3
1     1.0        a       3
2     2.0        b       0
3     3.0        b       0
4     2.0        b       1
5     3.0        b       1
6     4.0        c       2
7     NaN        d       4
   Value1 keyValue_x  Value2 keyValue_y
0       0          a       0          b
1       1          a       1          b
2       2          b       2          c
3       3          b       3          a
4       4          c       4          d
```

图 5.40　使用键参数的 DataFrame 合并

使用键参数的 DataFrame 进行轴向连接合并，其代码如图 5.41 所示。

```
In [69]: import pandas as pd
         pd1=pd.DataFrame({"keyValue":['a','a','b','b','c'],"Value1":range(5)})
         pd2=pd.DataFrame({"keyValue":['b','b','c','a','d'],"Value2":range(5)})

         print(pd.concat([pd1,pd2],sort=True))
         print(pd.concat([pd1,pd2],sort=False))

   Value1  Value2 keyValue
0     0.0     NaN        a
1     1.0     NaN        a
2     2.0     NaN        b
3     3.0     NaN        b
4     4.0     NaN        c
0     NaN     0.0        b
1     NaN     1.0        b
2     NaN     2.0        c
3     NaN     3.0        a
4     NaN     4.0        d
   Value1 keyValue  Value2
0     0.0        a     NaN
1     1.0        a     NaN
2     2.0        b     NaN
3     3.0        b     NaN
4     4.0        c     NaN
0     NaN        b     0.0
1     NaN        b     1.0
2     NaN        c     2.0
3     NaN        a     3.0
4     NaN        d     4.0
```

图 5.41　使用 DataFrame 轴向连接合并

（3）数据变换，利用函数映射、替换值进行数据转换，如图 5.42 所示。

```
In [82]: import pandas as pd
         spd= pd.Series(range(6))
         print(spd)
         print(spd.map(lambda x:str(x)+'_'))
         print(spd.replace([1,2],'#'))

0    0
1    1
2    2
3    3
4    4
5    5
dtype: int64
0    0_
1    1_
2    2_
3    3_
4    4_
5    5_
dtype: object
0    0
1    #
2    #
3    3
4    4
5    5
dtype: object
```

图 5.42　利用函数映射、替换值进行数据转换

利用重命名轴索引进行数据转换，如图 5.43 所示。

```
In [92]: import numpy as np
         import pandas as pd
         data = pd.DataFrame(np.arange(12).reshape((3,4)),\
           index=['Handzhou','Shanghai','Beijing'], columns=['one','two','three','four'])
         print(data)
         data.index=data.index.map(str.upper)
         print(data)
         data.rename(index=str.title,columns=str.upper)

                   one  two  three  four
         Handzhou    0    1      2     3
         Shanghai    4    5      6     7
         Beijing     8    9     10    11
                   one  two  three  four
         HANDZHOU    0    1      2     3
         SHANGHAI    4    5      6     7
         BEIJING     8    9     10    11
Out[92]:
```

	ONE	TWO	THREE	FOUR
Handzhou	0	1	2	3
Shanghai	4	5	6	7
Beijing	8	9	10	11

图 5.43 用重命名轴索引进行数据转换

利用离散化和面元进行数据划分，为了实现分组，需要使用 pandas 的 cut 函数，如图 5.44 所示。

```
In [100]: import numpy as np
          import pandas as pd
          score=[55,60,75,87,88,23,50,80,85,89,91]
          level5=[0,60,70,80,90,100]
          scorecategory = pd.cut(score,level5,right=False)
          print(scorecategory)
          print(scorecategory.codes)
          print(scorecategory.categories)
          pd.value_counts(scorecategory)

          [[0, 60), [60, 70), [70, 80), [80, 90), [80, 90), ..., [0, 60), [80, 90), [80, 90), [8
          0, 90), [90, 100)]
          Length: 11
          Categories (5, interval[int64]): [[0, 60) < [60, 70) < [70, 80) < [80, 90) < [90, 10
          0)]
          [0 1 2 3 3 0 0 3 3 3 4]
          IntervalIndex([[0, 60), [60, 70), [70, 80), [80, 90), [90, 100)]
                        closed='left',
                        dtype='interval[int64]')

Out[100]: [80, 90)     5
          [0, 60)      3
          [90, 100)    1
          [70, 80)     1
          [60, 70)     1
          dtype: int64
```

图 5.44 用离散化和面元进行数据划分

5.4.4 scikit-learn

scikit-learn 的基本功能主要有：分类、回归、聚类、数据降维、模型选择和数据预处理。在命令行输入 pip install scikit-learn 即可安装 scikit-learn。

1. scikit-learn 分类

目前 scikit-learn 已经实现的分类算法包括：支持向量机（SVM）、最近邻（KNN）、逻辑回归、随机森林、决策树以及多层感知器（MLP）神经网络等。

决策树的一个示例如图 5.45 所示，可采用 DecisionTreeClassifier 函数优化决策树，从中可看到决策树准确度与决策树深度的关系。

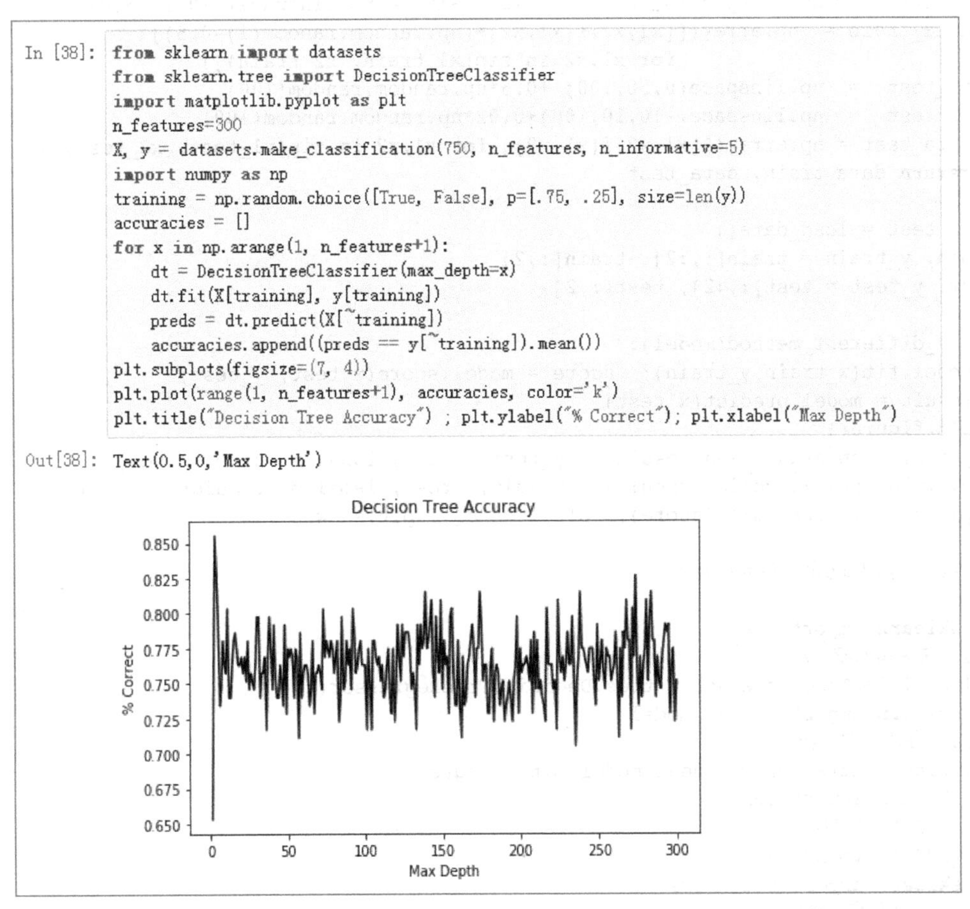

图 5.45 scikit-learn 决策树示例

2. scikit-learn 回归

回归又称回归分析（Regression Analysis），是指两种或两种以上连续的变量间的函数关系。通过回归，从给定的连续的特征数据可以推出相关联的连续的预测值。例如，通过股票的历史数据预测当前的股票价格等；通过房产位置、面积大小、学区等特征预测房产价格。scikit-learn 包含了几乎所有回归算法的库函数，几乎涵盖了所有开发者的回归需求范围，scikit-learn 示例代码如图 5.46 所示，scikit-learn 决策树回归如图 5.47 所示。目前 scikit-learn 已经实现的回归算法包括支持向量回归（Support Vector Regression，SVR）、脊回归或称岭回归（Ridge Regression）、Lasso 回归（Least Absolute Shrinkage and Selection Operator）、弹性网络回归（Elastic Net Regression）、最小角回归（Least Angle Regression，LARS）、贝叶斯回归（Bayesian Linear Regression）以及各种不同的健壮回归（Robust Regression）等。

```
import numpy as np;   import matplotlib.pyplot as plt

def f(x1, x2):
    y=0.5*np.sin(x1)-0.5*np.cos(x2)+3 +0.1*x1-0.2*x2
    return y

def load_data():
    x1_train  = np.linspace(0,50,500) ; x2_train  = np.linspace(-10,10,500)
    data_train =  np.array([[x1,x2,f(x1,x2)+(np.random.random(1)-0.5)]\
                            for x1,x2 in zip(x1_train, x2_train)])
    x1_test  =  np.linspace(0,50,100) +0.5*np.random.random(100)
    x2_test  =  np.linspace(-10,10,100)+0.02*np.random.random(100)
    data_test = np.array([[x1,x2,f(x1,x2)] for x1,x2 in zip(x1_test, x2_test)])
    return data_train, data_test

train, test = load_data()
x_train, y_train = train[:,:2], train[:,2]
x_test, y_test = test[:,:2], test[:,2]

def try_different_method(model):
    model.fit(x_train,y_train);  score = model.score(x_test, y_test)
    result = model.predict(x_test)
    plt.figure()
    plt.plot(np.arange(len(result)), y_test, 'go-', label = 'true value')
    plt.plot(np.arange(len(result)), result, 'ro-', label = 'predict value')
    plt.title('score:%f' %score);  plt.legend(); plt.show()

########具体回归方法选择#######

from sklearn import tree
### 1. 决策树回归 ###
model_DecisionTreeRegressor = tree.DecisionTreeRegressor()
from sklearn import linear_model
### 2.  线性回归  ###
model_LinearRegressor = linear_model.LinearRegression()
from sklearn import svm
### 3.  SVM 回归###
model_SVR = svm.SVR()
from sklearn import neighbors
### 4.  KNN回归 ###
model_KNeighborsRegressor = neighbors.KNeighborsRegressor()
from sklearn import ensemble
### 5. 随即森林回归,  这里使用20个决策树###
model_RandomForestRegressor = ensemble.RandomForestRegressor(n_estimators=20)
### 6.  Adaboost 回归, 这里使用50个决策树###
model_AdaBoostRegressor = ensemble.AdaBoostRegressor(n_estimators=50)
### 7.  GBRT 回归, 这里使用100个决策树###
model_GradientBoostingRegressor = ensemble.GradientBoostingRegressor(\
                                                          n_estimators=100)
### 8. Bagging 回归###
model_BaggingRegressor = ensemble.BaggingRegressor( )
### 9. ExtraTree 极端随机树回归###
model_ExtraTreeRegressor = tree.ExtraTreeRegressor()

######具体方法调用部分######
try_different_method(model_DecisionTreeRegressor)
```

图 5.46 scikit-learn 回归示例代码

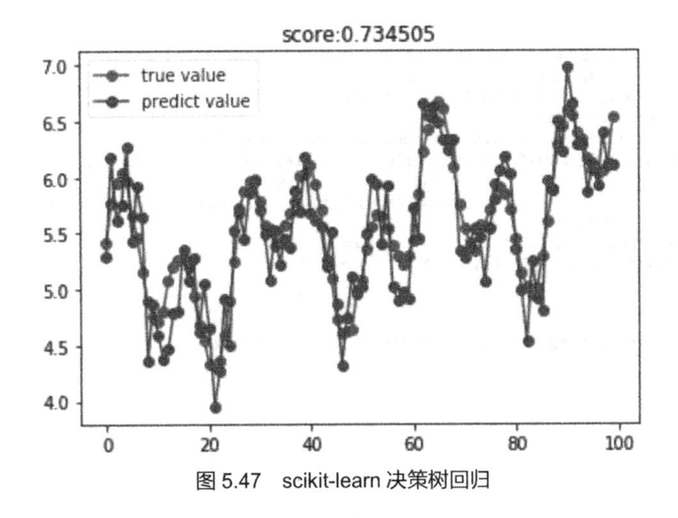

图 5.47　scikit-learn 决策树回归

3. scikit-learn 聚类

聚类是指自动识别具有相似属性的给定对象，并将其分组为集合，属于无监督学习的范畴。最常见的聚类应用场景包括顾客细分和试验结果分组。目前 scikit-learn 已经实现的聚类算法包括 K-均值聚类（见图 5.48）、谱聚类、均值偏移、分层聚类、DBSCAN 聚类等。

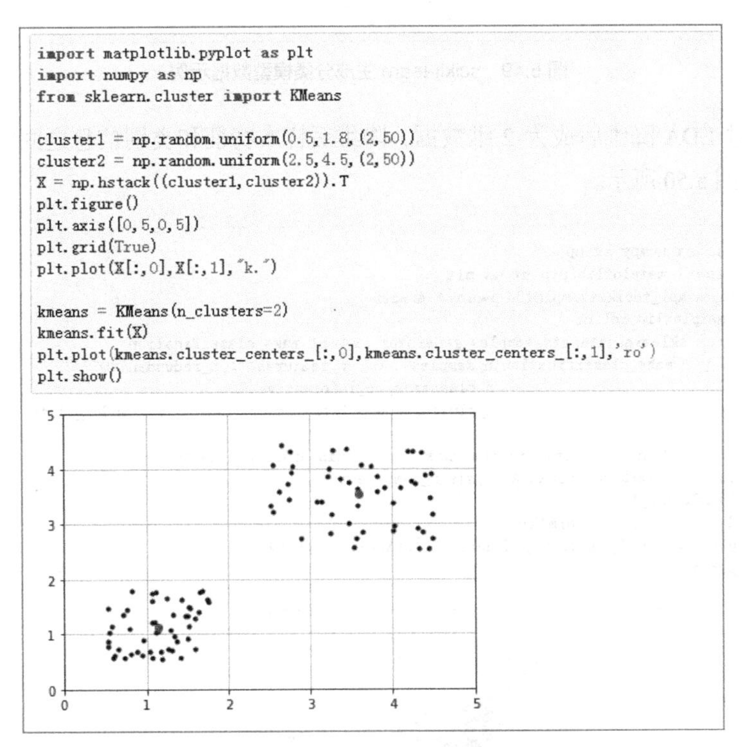

```
import matplotlib.pyplot as plt
import numpy as np
from sklearn.cluster import KMeans

cluster1 = np.random.uniform(0.5,1.8,(2,50))
cluster2 = np.random.uniform(2.5,4.5,(2,50))
X = np.hstack((cluster1,cluster2)).T
plt.figure()
plt.axis([0,5,0,5])
plt.grid(True)
plt.plot(X[:,0],X[:,1],"k.")

kmeans = KMeans(n_clusters=2)
kmeans.fit(X)
plt.plot(kmeans.cluster_centers_[:,0],kmeans.cluster_centers_[:,1],'ro')
plt.show()
```


图 5.48　scikit-learn K-均值聚类示例

4. scikit-learn 数据降维

数据降维是指使用 PCA、非负矩阵分解（NMF）或特征选择等降维技术来减少要考虑的随机变量的个数，其主要应用场景包括可视化处理和后续机器学习训练的效率提升。用 make_classification 生成三元分类模型数据的示例如图 5.49 所示。

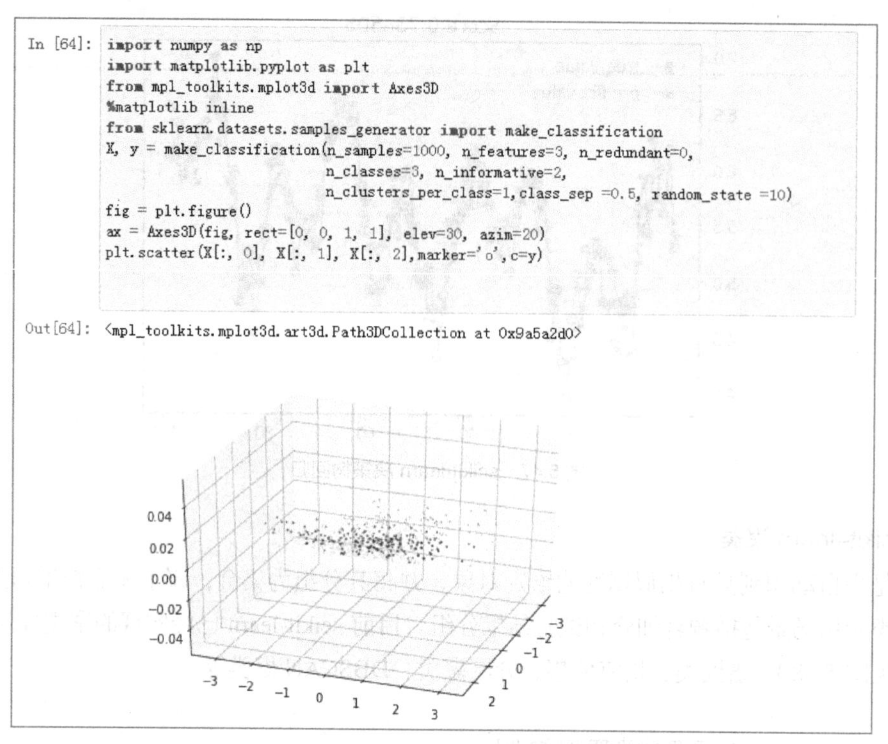

图 5.49　scikit-learn 生成分类模型数据示例

3 维数据经过 LDA 降维后成为 2 维数据，降维后样本特征和类别信息之间的关系得以保留，LDA 降维示例如图 5.50 所示。

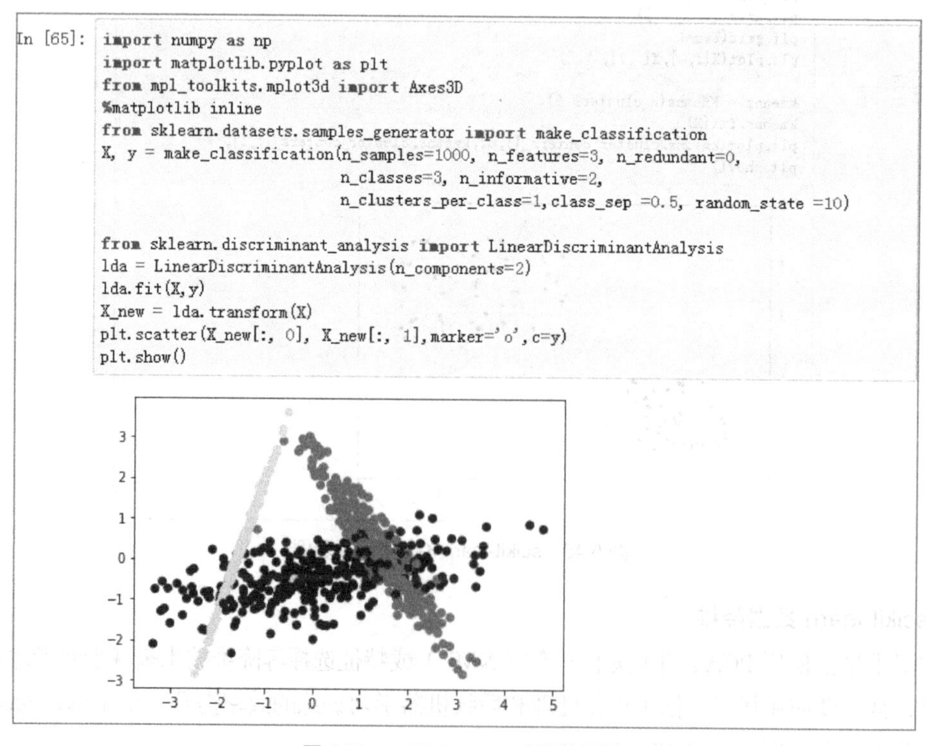

图 5.50　scikit-learn LDA 降维示例

5. scikit-learn 模型选择

模型选择是指对于给定参数和模型的比较、验证和选择，其主要目的是通过参数调整来提升精度。目前 scikit-learn 实现的模块包括格点搜索、交叉验证和各种针对预测误差评估的度量函数。scikit-learn 最近邻模型选择的示例如图 5.51 所示。不同的参数具有不同的准确度。

```
In [85]: from sklearn.datasets import load_iris
         from sklearn.cross_validation import train_test_split
         from sklearn.neighbors import KNeighborsClassifier
         from sklearn import metrics

         iris = load_iris()
         X = iris.data
         y = iris.target

         for i in xrange(1,5):
             for j in xrange(1,5):
                 X_train, X_test, y_train, y_test = train_test_split(X, y, random_state=i)
                 knn = KNeighborsClassifier(j)
                 knn.fit(X_train, y_train)
                 y_pred = knn.predict(X_test)
                 print metrics.accuracy_score(y_test, y_pred)

         1.0
         1.0
         1.0
         1.0
         1.0
         1.0
         1.0
         1.0
         0.9473684210526315
         0.9473684210526315
         0.9473684210526315
         0.9473684210526315
         0.9473684210526315
         0.9473684210526315
         0.9736842105263158
         0.9736842105263158
```

图 5.51　scikit-learn 最近邻模型选择示例

6. scikit-learn 数据预处理

数据的特征获取和归一化，是机器学习过程中一个重要的环节。这里的归一化是指将输入数据转换为具有零均值和单位权方差的新变量。而特征获取是指将文本或图像数据转换为可用于机器学习的数字变量。通过 preprocessing 函数对数据进行预处理的代码如图 5.52 所示。

```
In [91]: from sklearn import preprocessing
         import numpy as np
         X = np.array([[ 1., -1.,  2.], [ 2.,  0.,  0.], [ 0.,  1., -1.]])
         X_scaled = preprocessing.scale(X)
         print(X_scaled)

         [[ 0.         -1.22474487  1.33630621]
          [ 1.22474487  0.         -0.26726124]
          [-1.22474487  1.22474487 -1.06904497]]
```

图 5.52　scikit-learn 数据预处理示例

习题

1. 如何保存在 Jupyter Notebook 中的程序？

2. 比较一下 Python 与 Java、PHP、JS 的异同。
3. 编写 Python 包含控制块的代码。
4. Python 函数是如何定义的？
5. 用 Python 编写显示当前事件的程序。
6. 用 NumPy 生成二维正态分布的随机数据。
7. 如何将不同维数的数据进行变换？
8. 用 SciPy 编写一个求矩阵的特征向量程序。
9. 用 pandas 生成一个 DataFrame 数据，并找出大于某个值的数据的代码。
10. 编写一个用 Matplotlib 绘图的程序。
11. 用 scikit-learn 编写一个分类程序。
12. 用 scikit-learn 编写一个回归程序。

06 第6章　TensorFlow编程基础

本章介绍了 TensorFlow 的发展历程与演进、TensorFlow 的搭建配置、TensorFlow 的系统架构及源码结构以及 Eager Execution 等。

6.1 TensorFlow 的发展历程与演进

TensorFlow（简称 TF）是 Google 公司开发并开源的机器学习框架。2010 年，Google Brain 就开始建立 DistBelief 作为他们的第一代专有机器学习系统。在此基础上，Google 简化和重构了 DistBelief 代码库，并于 2015 年 11 月 9 日以 TensorFlow 名称在 Apache 2.0 开源许可证下发布。2016 年 4 月 14 日，Google 发布了重大的更新版本 TensorFlow 0.8——分布式 TensorFlow。同年 6 月，发布了 TensorFlow 0.9 版本，该版本增加了对 iOS 的支持。

2017 年 2 月 15 日，Google 正式发布了 TensorFlow 1.0 版本。该版本不仅为 TensorFlow 机器学习函数库带来多重升级，而且为 Python 和 Java 用户使用 TensorFlow 做开发降低了难度。另外，新版本的修补也得到了改善。由于推出对 TensorFlow 计算做过优化的新编译器，所以在智能手机上也可以运行基于 TensorFlow 的机器学习 App。

与已有版本相比，全新的 TensorFlow 1.0 主要有以下改进。

- 更快：TensorFlow 1.0 为未来更多的性能改进打下了基础，而 tensorflow.org 现在可提供模型优化的提示和技巧，以达到最高速度。
- 更灵活：TensorFlow 1.0 为 TensorFlow 引进了带有 tf.layers、tf.metrics 和 tf.losses 模块的高级别应用程序界面。TensorFlow 团队已宣布引进能够与 Keras 完全兼容的新 tf.keras 模块。
- 随时就绪：TensorFlow 1.0 可确保 Python 应用程序界面的稳定性。在不打破现有代码的情况下，更容易获取新功能。

除此之外，TensorFlow 1.0 的 Python 应用程序接口调整为与 NumPy 更相近。

自版本 TensorFlow 1.0 发布以后，TensorFlow 更新迅速。目前 TensorFlow 1.8 版正式发布。现在正在开发 TensorFlow 1.9 版本。以下介绍 TensorFlow 已经或很快将实现的新功能和新特征。

为了简化 TensorFlow 的使用方法，引入了 Eager Execution。对于使用 Python 的开发者来说，这是一种更直观的编程模型，它消除了构建和执行计算图之间的界限。用 Eager Execution 开发很容易用相同的代码生成等价的计算图和估算器（Estimator）的高级 API，可以生成动态图（这是早期版本众多开发者抱怨 TensorFlow 不足的地方），并能有效进行大规模训练。TensorFlow 还发布了一种新的用于在单台机器上的多个 GPU 上运行的估算器，只需少量代码的改动就能获得最大的性能提升。

目前还推出了 TensorFlow Hub，旨在促进模型的可重复使用部分的发布、发现和使用。这些模块是一块块独立的 TensorFlow 计算图，可以在不同的任务中重复使用。它们包含其他在大型数据集上预先训练好的变量，并且可以用一个较小的数据集进行再训练来提高泛化能力，或是加速训练。TensorFlow Hub 如图 6.1 所示。

另外，TensorFlow 还发布了一个很好地解决了交互式图形化调试的插件。作为 TensorBoard 可视化工具的一部分，它可以在交互式环境下实时检查并浏览计算图的内部节点。

模型训练只是机器学习过程的一部分，开发者需要一种端对端地构建真实世界机器学习系统的解决方案。为此，Google 团队推出了机器学习平台 TensorFlow Extended（TFX），如图 6.2 所示，可让开发者进行数据分析、训练和验证，并把训练好的模型快速部署在生产环境以提供可用的服务。

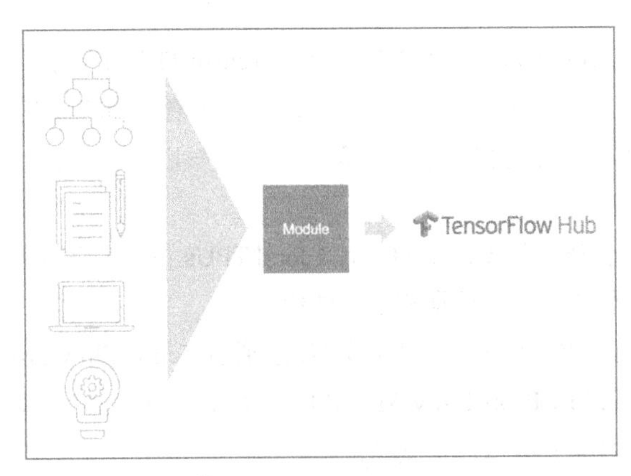

图 6.1　TensorFlow Hub

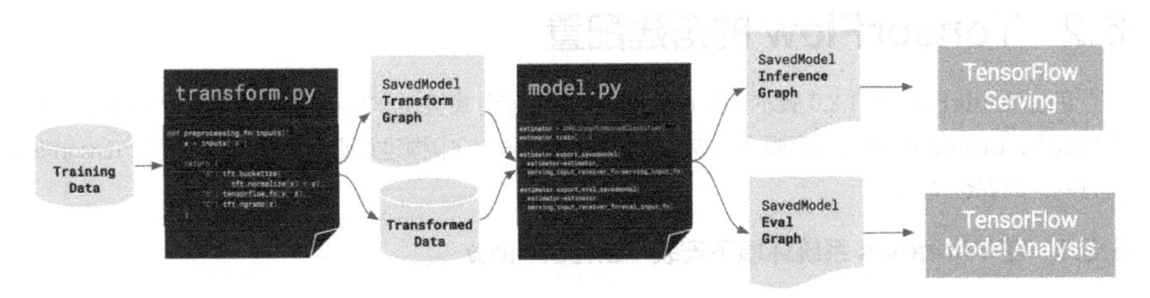

图 6.2　TensorFlow Extended

2017 年 5 月，Google 宣布从 Android Oreo 开始，提供一个专用于 Android 开发的软件 TensorFlow Lite。TensorFlow Lite 是 TensorFlow 跨平台、轻量级的解决方案，能够把训练好的机器学习模型部署到手机或其他终端。现在除了对 Android 和 iOS 的支持外，还增加了对 Raspberry Pi 系统的支持。开发者可以利用 TensorFlow Lite 中的“自定义操作”轻松连接进自己的操作。

除了让 TensorFlow 更易于使用之外，Google 团队还提供了在浏览器上运行的 TensorFlow.js，如图 6.3 所示。TensorFlow.js 是基于 JavaScript 的新的机器学习框架，它完全可以在浏览器里定义和训练模型，还可以导入离线训练的 TensorFlow 和 Keras 模型进行预测，并提供了对 WebGL 实现的无缝支持。在浏览器中使用 TensorFlow.js 进行机器学习为我们展示了交互式的机器学习，以及将数据保存在客户端的使用场景。

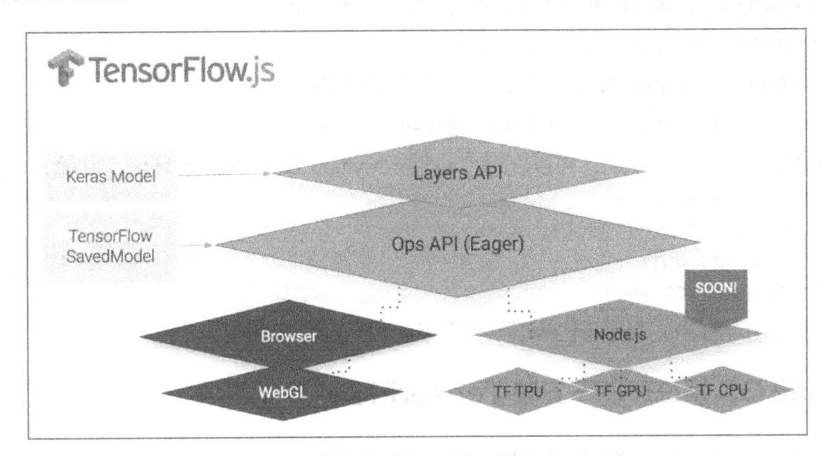

图 6.3　TensorFlow.js

对于硬件的支持，TensorFlow 现在已与 NVIDIA 的 TensorRT 集成，可以更好地支持硬件。TensorRT 是一个库，用于优化深度学习模型以进行预测，并为生产环境创建部署在 GPU 上的运行环境。它为 TensorFlow 带来了许多优化，并可自动选择特定平台的内核以最大化吞吐量，同时最大限度地减少 GPU 预测期间的延迟。

运行 TensorFlow 的平台还包括 Cloud TPUs。Cloud TPUs 可加速各种机器学习模型，比如进行图像分类、目标检测、机器翻译、语音识别和语言建模等。

TensorFlow 现在对统计和概率方法提供了支持，还通过 TensorFlow Probability API 提供了最先进的贝叶斯分析方法。TensorFlow Probability API 由概率分布、采样方法、新的指标和损失函数等模块构成，对许多经典机器学习方法也增加了支持。

6.2 TensorFlow 的搭建配置

目前 TensorFlow 为 1.8.0 版本，在 64 位笔记本电脑/台式机操作系统[Mac OS 10.12.6（Sierra）或更高版本，Ubuntu 16.04 或更高版本，Windows 7 或更高版本]中构建并测试过，详细情况见 TensorFlow 官方网站的安装文档。

6.2.1 在 Windows 系统环境下安装 TensorFlow

Windows 必须是 64 位的。TensorFlow 既可以支持 CPU，也可以支持 CPU+GPU。前者的环境需求简单，后者需要额外的支持。运行支持 GPU 的 TensorFlow，就必须在系统上安装以下 NVIDIA 软件。

- CUDA 工具包 9.0。请务必按照 NVIDIA 文档中的说明将相关的 CUDA 路径名添加到%PATH%环境变量上。
- 与 CUDA 工具包 9.0 相关联的 NVIDIA 驱动程序。
- cuDNN v7.0。cuDNN 安装位置通常与其他 CUDA DLL 不同。请务必将 cuDNN DLL 的安装目录添加到%PATH%环境变量上。
- CUDA 计算能力为 3.0 或更高的 GPU 卡（用于从源代码编译），以及 CUDA 计算能力为 3.5 或更高的 GPU 卡（用于安装二进制文件）。

安装 64 位 Python 3.5.x。安装后，Python 3.5.x 附带有 pip3 软件包管理器。

安装仅支持 CPU 的 TensorFlow 版本，在命令行输入以下命令。

```
C:\> pip3 install --upgrade tensorflow
```

要安装支持 GPU 的 TensorFlow 版本，在命令行输入以下命令。

```
C:\> pip3 install --upgrade tensorflow-gpu
```

验证 TensorFlow 是否安装成功，可以在命令行输入 python 进入 Python 环境，并输入以下代码。

```
>>>import tensorflow as tf
>>> hello = tf.constant('Hello, TensorFlow!')
>>> sess = tf.Session()
>>> print(sess.run(hello))
```

如果能正常输出“Hello, TensorFlow!”字符串，则说明安装成功。

6.2.2 在 Mac OS 系统环境下安装 TensorFlow

- 下载并安装 Python 3.6.x 64-bit for Mac。

- 在 Shell 环境下，输入以下命令。

```
$ pip3 install tensorflow
```

如果失败，按以下格式的命令安装。

```
$ sudo pip3 install -upgrade https://storage.googleapis.com/tensorflow/mac/
cpu/tensorflow-1.8.0-py3-none-any.whl
```

6.2.3　在 Linux 系统环境下安装 TensorFlow

- 下载并安装 Python 3.6.x 64-bit for Linux。
- 在 Shell 环境下，安装仅支持 CPU 的 TensorFlow 版本，按以下命令安装。

```
pip3  install  tensorflow
```

- 在 Shell 环境下，安装支持 GPU 的 TensorFlow 版本，按以下命令安装。

```
pip3 install tensorflow-gpu
```

如果失败，按以下格式的命令安装。

```
$pip3 install --upgrade  https://storage.googleapis.com/tensorflow/linux/cpu/
tensorflow-1.8.0-cp34-cp34m-linux_x86_64.whl
```

6.3　TensorFlow 编程基础知识

TensorFlow 的核心是围绕图（Graph）展开的，简而言之，就是数据张量（Tensor）沿着图的路线传递闭包完成流（Flow）的过程。

6.3.1　张量

张量是 TensorFlow 核心的基本数据单元。TensorFlow 用张量这种数据结构来表示所有的数据。张量在 Python 中可以表示为一个 n 维的数组或列表。一个张量有一个静态类型和动态类型的维数（rank，或称张量的秩、阶）。张量可以表示为图节点的输入或输出，即节点之间的流通数据为张量。张量的每个维度下面具体的元素个数称为形状（shape）。

在 TensorFlow 系统中，张量的维数被描述为阶（张量的阶和矩阵的阶并不是同一个概念）。例如下面是在 Python 中定义的 2 阶张量：$t = [[1, 2, 3], [4, 5, 6], [7, 8, 9]]$。

一个 2 阶张量就是矩阵，1 阶张量可以认为是一个向量。对于一个 2 阶张量可以用语句 $t[i, j]$来访问其中的任何元素，而对于一个 3 阶张量可以用 $t[i, j, k]$来访问其中的任何元素。

TensorFlow 文档中使用了 3 种记号来描述张量的维度：阶、形状以及维数。表 6.1 展示了它们之间的关系。

表 6.1　张量的维度：阶、形状以及维数

阶	形　状	维　数	实　例
0	[]	0D	一个 0 阶张量，一个纯量
1	[D0]	1D	一个 1 阶张量，形状为[5]
2	[D0, D1]	2D	一个 2 阶张量，形状为[3, 4]
3	[D0, D1, D2]	3D	一个 3 阶张量，形状为[1, 4, 3]
n	[D0, D1, ... Dn]	nD	一个 n 阶张量，形状为[2, 5, ... 8]

表 6.2 给出了一些张量的实例。

表 6.2　张量实例

阶	数学实例	Python 例子
0	纯量	s = 3.125，形状为[]
1	向量	v = [1.8, 2.1, 3.1，5.8]，形状为[4]
2	矩阵	m = [[1, 2, 3], [4, 5, 6], [7, 8, 9]，[-1,5,-8]]，形状为[4,3]
3	3 阶张量	t = [[[2,3], [4,1], [6,5]], [[8,9], [10,1], [12,3]], [[14,9], [16,6], [18,10]]]，形状为[3,3,2]
n	n 阶张量	t = [[[…[[[…　　……]]]…]]]，最左 n 个"["，最右 n 个"]"

此外，张量还有一个数据类型属性。张量可以具有如表 6.3 所示的数据类型中的任意一个类型。

表 6.3　张量数据类型

数据类型	Python 类型	描　述
DT_FLOAT	tf.float32	32 位浮点数
DT_DOUBLE	tf.float64	64 位浮点数
DT_INT64	tf.int64	64 位有符号整型
DT_INT32	tf.int32	32 位有符号整型
DT_INT16	tf.int16	16 位有符号整型
DT_INT8	tf.int8	8 位有符号整型
DT_UINT8	tf.uint8	8 位无符号整型
DT_STRING	tf.string	可变长度的字节数组，每一个张量元素都是一个字节数组
DT_BOOL	tf.bool	布尔型
DT_COMPLEX64	tf.complex64	由两个 32 位浮点数组成的复数：实数和虚数
DT_QINT32	tf.qint32	用于量化 Ops 的 32 位有符号整型
DT_QINT8	tf.qint8	用于量化 Ops 的 8 位有符号整型
DT_QUINT8	tf.quint8	用于量化 Ops 的 8 位无符号整型

6.3.2　符号式编程

编程模式通常分为命令式编程（imperative style programs）和符号式编程（symbolic style programs）。

命令式编程容易理解和调试，命令语句基本没有优化，并按原有逻辑执行。符号式编程涉及较多的嵌入和优化，不容易理解和调试，但运行速度有较大提升，特别是容易实现训练的分布式计算。

这两种编程模式在实际中都有应用，Torch 是典型的命令式风格，Caffe、Theano、MxNet 和 TensorFlow 都使用了符号式编程。

命令式编程是常见的编程模式，编程语言如 Python/C++都采用命令式编程。命令式编程明确输入变量，并根据程序逻辑逐步运算。这种模式非常适合在调试程序时进行单步跟踪和分析中间变量。举例来说，设 A=10，B=10，计算逻辑如下。

```
C=A*B
D=C+1
```

第一步计算得出 C=100，第二步计算得出 D=101，输出结果 D=101。

符号式编程将计算过程抽象为计算图。计算图可以方便地描述计算过程，因为其将所有输入节点、运算节点、输出节点均进行了符号化处理。计算图建立了从输入节点到输出节点的传递闭包，并从输入节点出发，通过传递闭包完成数值计算和数据流动，直到达到输出节点。对上面的例子，先根据计算逻辑编写符号式程序并生成计算图的代码如下。

```
A=Variable('A')
B=Variable('B')
C=B*A
D=C+Constant(1)
F=compile(D)
```

其中 A 和 B 是输入符号变量，C 和 D 是运算符号变量，compile()函数生成正向计算图 F，如图 6.4 所示。

最后得到 A=10，B=10 时变量 D 的值，这里 D 可以复用 C 的内存空间，省去了中间变量的存储空间，可以用 D=F(A=10, B=10)表示，其中 F 代表以上 compile()函数生成的计算图。

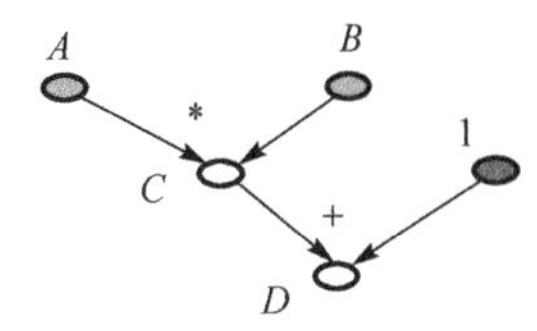

图 6.4 正向计算图 F

6.3.3 变量和常量

变量创建采用 tf.Variable 类：例如创建 w1、w2 变量，初始值分别为 3 和 1。

```
import tensorflow as tf
w1 = tf.Variable(3,name="w1")
w2 = tf.Variable(1,name="w2")
```

当创建一个变量时，可以将一个张量作为初始值传入构造函数 Variable()，如以下代码。

```
weights = tf.Variable(tf.random_normal([784, 200], stddev=0.35),name="weights")
biases = tf.Variable(tf.zeros([200]), name="biases")
```

必须在模型的其他操作运行之前先明确地完成变量初始化，最简单的方法就是添加一个给所有变量初始化的操作，并在使用模型之前首先运行该操作。

```
Int_ops = tf.global.variables.initializer()
```

常量是不能修改的张量，用 TensorFlow constant 类定义。

```
Const1 = tf.constant(100)
```

6.3.4 会话

在 TensorFlow 的 Python API 中，张量对象 a、b 及 c 是操作（operation）结果的字符别名，它实际上并不储存操作输出结果的值。TensorFlow 鼓励用户建立复杂的表达式（如整个神经网络及其梯度）来形成数据流图（data flow graph）。然后将整个数据流图的计算过程交给一个 TensorFlow 的会话（Session），此 Session 可以运行整个计算过程，比起一条一条的执行效率高的多。这个 Session 负责分配 GPU 或者 CPU 让图运算起来。对 CPU 设备而言，支持的设备名是"/device:CPU:0"（或"/cpu:0"），对第 i 个 GPU 设备支持的设备名是"/device:GPU:i"（或"/gpu:i"）。

如图 6.5 所示，定义两个矩阵，而 matprod 是这两个矩阵相乘的结果。但是，需要调用 Session.run()才能得到结果。调用 Session.run()有如下两种方法。

方法一：

```
sess = tf.Session()
result = sess.run(matprod)
print result
sess.close()
```

方法二：

```
with tf.Session() as sess: # 自动关闭 Session
    result2 = sess.run(matprod)
    print result2
```

```
In [31]: import tensorflow as tf

         matx1=tf.constant([[1,2],[2,3]])
         matx2=tf.constant([[3,4],[4,5]])
         matprod=tf.matmul(matx1,matx2)
         print (matprod)
         sess = tf.Session()
         result = sess.run(matprod)
         print(result)
         sess.close()
         with tf.Session() as sess:
             result2=sess.run(matprod)
             print(result2)

         Tensor("MatMul_9:0", shape=(2, 2), dtype=int32)
         [[11 14]
          [18 23]]
         [[11 14]
          [18 23]]
```

图 6.5　Session.run()

6.3.5　占位符、获取和馈送

当需要一个变量，但是又没有初值的时候，可以定义一个占位符（placeholder），占位符只在必要时分配内存。TensorFlow 使用 placeholder()来传递一个张量对象到 Session.run 中，并与 feed_dict{}结合使用。feed 表示馈送，feed_dict{}是一个字典，在字典中需要给每一个用到的占位符赋值。在训练神经网络时，需要大批量的训练样本，如果每一次迭代选取的数据都需要用常量表示，那么 TensorFlow 的计算图会非常大。因为每计算一个常量，TensorFlow 会增加一个节点，所以，拥有几百万次迭代的神经网络会拥有庞大的计算图，如果使用占位符，就可以很好地解决这个问题，因为它只需要占位符这一个节点。placeholder()的作用就是先给数据占个位置，在需要的时候再传入。下面是占位符和 feed_dict{}使用的示例代码。

```
import tensorflow as tf
import numpy as np
input1 = tf.placeholder(tf.float32)
input2 = tf.placeholder(tf.float32)
output = tf.add(input1,input2)
with tf.Session() as sess:
    print (sess.run(output,feed_dict={input1:[8.],input2:[2.]}))
```

显而易见，最后输出的值是 10。

占位符的语法格式为：tf.placeholder(dtype, shape=None, name=None)，其中 dtype 为数据类型；shape 为数据形状，默认是 None，shape 可以是一维值，也可以是多维值，比如[2,3]，如果是[None, 3]表示列是 3，行不定；name 为名称。

有时需要获取中间计算量，可以采用获取（fetch）方法。比如下面代码中的 mul 指定传入方法，intermed 为传回结果的张量。

```
input1 = tf.constant(3.0)
input2 = tf.constant(4.0)
input3 = tf.constant(5.0)
```

```
intermed = tf.add(input2, input3)
mul = tf.multiply(input1, intermed)
with tf.Session()as sess:
  result = sess.run([mul, intermed])
  print result
# 输出:[27.0,9.0]
```

TensorFlow 具有丰富的 API。详细的 TensorFlow API 说明可参考 TensorFlow API 相关文档。

6.3.6 Variable 类

变量是计算图中被会话运行（即 run）的部分。创建变量有以下几种方法。

```
import tensorflow as tf
# 创建变量
w = tf.Variable(<initial-value>, name=<optional-name>)
# 利用其他变量或张量
y = tf.matmul(w, ...其他变量或张量...)
# 其他重载的操作，如“+”
z = tf.sigmoid(w + y)
```

1. assign 赋值操作

改变变量的值需要使用 tf.assign()函数进行赋值操作。如下例所示。

```
import tensorflow as tf
#create a Variable
w=tf.Variable(initial_value=[[1,2],[3,4]],dtype=tf.float32)
x=tf.Variable(initial_value=[[1,1],[1,1]],dtype=tf.float32,validate_shape=False)
init_op=tf.global_variables_initializer()
update=tf.assign(x,[[1,2],[1,2]])
with tf.Session() as session:
    session.run(init_op)
    session.run(update)
    x=session.run(x)
    print(x)
#输出: [[1,2.],[1,2.]]
```

另一个例子如下所示。

```
sess = tf.InteractiveSession()
a = tf.Variable(0.0)
b = tf.placeholder(dtype=tf.float32,shape=[])
op = tf.assign(a,b)
sess.run(tf.initialize_all_variables())
print(sess.run(a))
# 0.0
sess.run(op,feed_dict={b:5.})
print(sess.run(a))
# 5.0
"""
  assign_add
  w.assign_add(1.0)与w.assign(w + 1.0)等价（相当于c语言中的w+=1）。
  assign_sub
  w.assign_sub(1.0)与w.assign(w - 1.0)等价（相当于c语言中的w-=1）。
"""
```

2. 变量初始化

变量的初始化，有以下几种方法。

- tf.global_variables_initializer()：将所有变量初始化，和使用 tf.initializers.global_variables 等价。

```
#创建两个变量
weights = tf.Variable(tf.random_normal([784, 200], stddev=0.35),name="weights")
biases = tf.Variable(tf.zeros([200]), name="biases")
...
#添加用于初始化变量的节点
init_op = tf.global_variables_initializer()
#然后，在加载模型的时候运行如下操作
with tf.Session() as sess:
  #运行初始化操作
  sess.run(init_op)
  ...
  #使用模型
  ...
```

- tf.variables_initializer()：选择性地初始化部分变量。比如初始化 v_6、v_7、v_8 等 3 个变量代码如下。

```
init_new_vars_op = tf.variables_initializer([v_6, v_7, v_8])
```

- tf.local_variables_initializer()：返回一个节点，用于初始化图中的所有局部变量。

6.3.7 常量、序列以及随机值

1. 常量（Constants）

创建常量有以下几种方法。

- tf.zeros (shape,dtype=tf.float32,name=None)：创建一个形状大小为 shape 的张量，值都为 0。

```
import tensorflow as tf
sess = tf.InteractiveSession()
x = tf.zeros([2, 3], int32)
print(sess.run(x))
"""
 打印结果
       [[0 0 0],
        [0 0 0]]
"""
```

- tf.zeros_like(tensor,dtype=None,name=None)：创建一个与给定的 tensor 形状大小一致的张量，值都为 0。
- tf.ones(shape,dtype=tf.float32,name=None)：创建一个形状大小为 shape 的张量，值都为 1。

```
x = tf.ones([2, 3], int32)
```

- tf.ones_like(tensor,dtype=None,name=None)：创建一个与给定的 tensor 形状大小一致的张量，值都为 1。

```
tensor=[[1, 2, 3], [4, 5, 6]]
x = tf.ones_like(tensor)
print(sess.run(x))
"""
```

```
    结果[[1 1 1],
        [1 1 1]]
"""
```

- tf.fill(shape,value,name=None)：创建一个形状大小为 shape 的张量，其初始值为 value。
- tf.constant(value,dtype=None,shape=None,name='Const')：创建一个常量张量，按照给定的 value 来赋值，可以用 shape 来指定其形状。value 可以是一个数，也可以是一个 list，如果是一个数，那么这个常量中所有值都按该数来赋值；如果是 list，那么 len(value)一定要小于等于 shape 展开后的长度。赋值时，先将 value 中的值逐个赋值给常量中的值，不够的部分，则全部赋值为 value 中的最后一个值。

```
a = tf.constant(2,shape=[2])
b = tf.constant(2,shape=[2,2])
c = tf.constant([1,2,3],shape=[6])
d = tf.constant([1,2,3],shape=[3,2])
sess = tf.InteractiveSession()
print(sess.run(a))
# [2 2]
print(sess.run(b))
"""
 [[2 2]
  [2 2]]
"""
print(sess.run(c))
#[1 2 3 3 3 3]
print(sess.run(d))
"""
 [[1 2]
  [3 3]
  [3 3]]
"""
```

2. 序列（Sequences）

生成序列有以下几种方法。

- tf.linspace(start, stop, num, name=None)：start 表示起始的值，stop 表示结束的值，num 表示在从 start 到 stop 区间里生成数值的个数，生成的序列中的数值是等差的。如果 num>1，则序列中的差值为(stop–start)/(num–1)。代码如下所示。

```
tf.linspace(10.0, 12.0, 3, name="linspace") => [ 10.0  11.0  12.0]
```

- tf.range(limit, delta=1, dtype=None, name='range')
- tf.range(start, limit, delta=1, dtype=None, name='range')

以上这两个函数都产生一个等差数列，函数的参数如下。

start：0 阶张量，序列第一个值。

limit：0 阶张量，序列上限，序列值只能小于 limit。

delta：0 阶张量，序列等差，默认为 1。

dtype：结果张量元素的类型。

name：操作的名称，默认为 range。

当 range 函数只有 1 个数值参数时，适合第 1 个函数，当 range 函数有 3 个数值参数时，适合第 2 个函数。当 range 函数只有 2 个数值参数时，如果指明了第 2 个参数为 delta，如 delta=2，适合第 1

个函数；否则，适合第 2 个函数。第 1 个函数中规定 star 为 0。

函数的返回值为 dtype 类型的 1 维张量。

```
start = 3
limit = 18
delta = 3
tf.range(start, limit, delta)  # [3, 6, 9, 12, 15]
```

3. 随机值（Random Values）

生成随机值有以下几种方法。

- tf.random_normal(shape,mean=0.0,stddev=1.0,dtype=tf.float32,seed=None,name=None)：产生 1 个服从正态分布的随机值。

```
#创建 2 维具有[2, 3]形状的张量，其平均值为-1，标准方差为 4
norm = tf.random_normal([2, 3], mean=-1, stddev=4)
```

在变量创建时的随机初值如下。

```
var = tf.Variable(tf.random_uniform([2, 3]), name="var")
```

- tf.truncated_normal(shape, mean=0.0, stddev=1.0, dtype=tf.float32, seed=None, name=None)：截断的产生服从正态分布随机值的函数，就是说产生的服从正态分布的值如果与均值的差值大于两倍的标准差，就重新生成。和一般的产生服从正态分布的随机值的函数比起来，这个函数产生的随机值与均值的差距不会超过两倍的标准差。
- tf.random_uniform()：从均值分布中产生随机值。
- tf.random_shuffle(value,seed=None,name=None)：随机地将张量沿其第一维度重新打乱，使得每个 value[j]被映射到唯一一个 output[i]。例如，一个 3×2 张量可能出现的映射如下所示。

```
[[1, 2],       [[5, 6],
 [3, 4],  ==>   [1, 2],
 [5, 6]]        [3, 4]]
```

- tf.random_crop(value, size, seed=None, name=None)：将张量 value 随机裁剪成具有形状（shape）等于 size 的张量，这里 value 张量的形状（shape）必须大于等于 size。
- tf.multinomial(logits, num_samples, seed=None, name=None)：从多项式分布中抽取样本。logits 为张量，num_samples 为采样输出，seed 为随机种子，name 为名称。

```
#样本具有形状[1,5]，其中每个值是 0 或 1，具有相等的概率
samples = tf.multinomial(tf.log([[10., 10.]]), 5)
```

- tf.random_gamma()：产生一个服从 Gamma 分布的随机值。
- tf.set_random_seed()：设置随机种子。

6.3.8 执行图

TensorFlow 是基于图计算的框架，包括定义计算图和执行计算图的过程。只有执行了计算图才能获得运算结果。TensorFlow 通过 Session 启动执行计算图。TensorFlow 定义了以下 3 种启动执行计算图的方式。

- tf.Session()：整个计算图构造阶段完成后，才能启动执行计算图。启动计算图的第一步是创建一个 Session 对象，然后执行计算图。

```
import tensorflow as tf
a = tf.constant([3., 5.])
b = tf.constant([2., 7.])
```

```
addresult = tf.add(a, b)
# 使用 "with" 代码块来自动完成关闭动作
with tf.Session() as sess:
    sess.run(tf.global_variables_initializer())
    print sess.run(addresult )
```

- tf.InteractiveSession()：在启动计算图之后，插入一些计算图。这对于工作在交互式环境中的用户来说非常便利。

```
import tensorflow as tf
sess= tf.InteractiveSession()
a = tf.constant([3., 5.])
b = tf.constant([2., 7.])
print(see.run( tf.add(a, b)))
Print(see.run(tf.subtract(a,b)))
sess.close()
```

- tf.get_default_session()：获得默认的计算图的启动方式。如有一个张量 t，在使用 t.eval()时，等价于 tf.get_default_session().run(t)。

```
sess = tf.InteractiveSession()
 a = tf.constant(5.0)
 b = tf.constant(6.0)
 c = a * b
 # 使用 'c.eval()'不需要 'sess'
 print(c.eval())
 sess.close()
```

6.3.9　操作运算

1. 算术操作

对张量中各个元素进行算术操作，有以下几个函数。

- tf.add(x,y,name=None)：张量中对应位置元素的加法运算。

```
## 输入：x 和 y，是具有相同尺寸的张量，可以为 half、float32、float64、uint8、int8、int16、int32、int64、complex64、complex128、string 类型
x=tf.constant(1.0)
y=tf.constant(2.0)
z=tf.add(x,y)
## z==>(3.0)
```

- tf.subtract(x,y,name=None)：张量中对应位置元素的减法运算。
- tf.multiply(x,y,name=None)：张量中对应位置元素的乘法运算。
- tf.scalar_mul(scalar,x)：对张量的固定倍率缩放。

```
## 输入：scalar，必须为 0 维元素；x，为张量
scalar=2.2
x=tf.constant([[1.2,-1.0]],tf.float64)
z=tf.scalar_mul(scalar,x)
## z==>[[2.64,-2.2]]
```

- tf.div(x,y,name=None)（推荐使用 tf.divide(x,y)）：张量中对应位置元素的除法运算。
- tf.truediv(x,y,name=None)：张量中对应位置元素的除法运算，结果为浮点数。
- tf.floordiv(x,y,name=None)：张量 x、y 对应位置元素进行向下取整除法运算，即返回对应位置为不大于除法结果的最大整数的张量。

- tf.realdiv(x,y,name=None)：张量中对应位置元素的实数除法运算。
- tf.truncatediv(x,y,name=None)：张量中对应位置元素的截断除法运算，获取整数部分。

```
## 输入：x 和 y，是具有相同尺寸的张量，可以为 uint8、int8、int16、int32、int64 类型
x=tf.constant([[2,4,-7]],tf.int64)
y=tf.constant([[3,3,3]],tf.int64)
z=tf.truncatediv(x,y)
#  z==>[[0 1 -2]]
```

- tf.floor_div(x,y,name=None)：张量中对应位置元素的向下取整除法运算。和 tf.floordiv()运行结果一致，只是内部实现方式不一样。
- tf.truncatemod(x,y,name=None)：张量中对应位置元素的截断除法取余运算。
- tf.floormod(x,y,name=None)：张量中对应位置元素的除法取余运算，和 of.mod()相同。满足 mod(x,y)=x-floor(x/y)*y，这里 floor()为向下取整除法运算。

```
## 输入：x 和 y，为具有相同尺寸的张量
x=tf.constant([1.2,4.31,9.6])
y=tf.constant([2.9,3.1,4.3])
z1=tf.floormod(x,y)
Z2=tf.mod(x,y)
   Z1==>[1.2 1.21 1.]
   Z2==>[1.2 1.21 1.]
```

- tf.mod(x,y,name=None)：张量中对应位置元素的除法取余运算。

```
## 输入：x 和 y，为具有相同尺寸的张量，可以为 float32、float64、int32、int64 类型
x=tf.constant([[2.1,4.1,-1.1]],tf.float64)
y=tf.constant([[3,3,3]],tf.float64)
z=tf.mod(x,y)
##  z==>[[2.1 1.1 1.9]]
```

- tf.cross(x,y,name=None)：计算叉乘。最大维度为 3。

```
## 输入：x 和 y，为具有相同尺寸的张量，包含 3 个元素的向量
x=tf.constant([[1,2,-3]],tf.float64)
y=tf.constant([[2,3,4]],tf.float64)
z=tf.cross(x,y)
## z==>[[17. -10. -1]]#2×4-(-3)×3=17, -(1 ×4-(-3)×2)=-10, 1×3-2×2=-1
```

部分 TensorFlow 算术操作运算的结果，如图 6.6 所示。

```
In [131]:  sess = tf.InteractiveSession()
           a = tf.constant([1.0, 4.0, 8.0])
           b =  tf.constant([2.9,3.0,3.0])
           print(sess.run(tf.add(a,b)))
           print(sess.run(tf.subtract(a,b)))
           print(sess.run(tf.multiply(a,b)))
           print(sess.run(tf.scalar_mul(2,a)))
           print(sess.run(tf.div(a,b)))
           print(sess.run(tf.divide(a,b)))
           print(sess.run(tf.truediv(a,b)))
           print(sess.run(tf.floordiv(a,b)))
           print(sess.run(tf.floor_div(a,b)))
           print(sess.run(tf.truncatemod(a,b)))
           print(sess.run(tf.floormod(a,b)))
           print(sess.run(tf.mod(a,b)))
           print(sess.run(tf.cross(a,b)))

           [3.9 7. 11.]
           [-1.9000001 1.      5.    ]
           [2.9 12. 24.]
           [2. 8. 16.]
           [0.34482756 1.3333334 2.6666667]
           [0.34482756 1.3333334 2.6666667]
           [0.34482756 1.3333334 2.6666667]
           [0. 1. 2.]
           [0. 1. 2.]
           [1. 1. 2.]
           [1. 1. 2.]
           [1. 1. 2.]
           [-12. 20.2 -8.6]
```

图 6.6 TensorFlow 算术操作结果

2. 按位操作计算（tf.bitwise）

TensorFlow bitwise 模块（tf.bitwise）提供了如下按位操作计算。

- bitwise_and(x,y,name=None)：计算 x 和 y 对应元素的按位与。
- bitwise_or(x,y,name=None)：计算 x 和 y 对应元素的按位或。
- bitwise_xor(x,y,name=None)：计算 x 和 y 对应元素的按位异或。
- invert(x,name=None)：x 的所有元素按位翻转。

- left_shift(x,y,name=None)：对 x 的所有元素按位左移，移动位数为对应 y 元素的值。
- right_shift(x,y,name=None)：对 x 的所有元素按位右移，移动位数为对应 y 元素的值。

```
import tensorflow as tf
x = tf.constant(12)
y = tf.constant(2)
r_s = tf.bitwise.right_shift(x,y,name="right_shift")
with tf.Session() as sess:
 result = sess.run(r_s)
 print(result)
# 3
```

3. 断言与检测（Asserts and boolean checks）

- tf.assert_negative(x,data=None,Summarize=None, message=None, name=None)：对于 x 的每个元素 x[i]，如果 x[i]<0，则为真。
- tf.assert_positive(x,data=None,Summarize=None, message=None, name=None)：对于 x 的每个元素 x[i]，如果 x[i]>=0，则为真。
- tf.assert_proper_iterable(values)：可迭代断言。如果对象 values 为可迭代，则为真。
- tf.assert_non_negative(x,data=None,summarize=None, message=None, name=None)：非负数断言。对于 x 的每个元素 x[i]，如果 x[i]>=0，则为真。
- tf.assert_non_positive(x,data=None,summarize=None,message=None,name=None)：非正数断言。对于 x 的每个元素 x[i]，如果 x[i]<=0，则为真。
- tf.assert_equal(x,y,data=None,summarize=None,message=None,name=None)：等于断言。对于 x 和 y 的每个元素 x[i]和 y[i]，如果 x[i]=y[i]则为真。

```
# 如果 x 等于 y，则 output 等于 x 的平均值
with tf.control_dependencies ([tf.assert_equal (x , y)] ):
 output = tf.reduce_sum (x)
```

- tf.assert_none_equal(x,y,data=None,summarize=None, message=None,name=None)：不等于断言。对于 x 和 y 的每个元素 x[i]和 y[i]，如果 x[i]!=y[i]，则为真。
- tf.assert_integer(x,message=None,name=None)：整数断言。如果张量 x 的基本类型为整数，则为真。
- tf.assert_less(x,y,data=None,summarize=None,message=None,name=None)：小于断言。对于 x 和 y 的每个元素 x[i]和 y[i]，如果 x[i]<y[i]，则为真。
- tf.assert_less_equal(x,y,data=None,summarize=None,message=None,name=None)：小于等于断言。对于 x 和 y 的每个元素 x[i]和 y[i]，如果 x[i]<=y[i]，则为真。
- tf.assert_greater(x,y,data=None,summarize=None,message=None,name=None)：大于断言。对于 x 和 y 的每个元素 x[i]和 y[i]，如果 x[i]>y[i]，则为真。

```
with tf.control_dependencies ([ tf.assert_greater(x,y)] ):
    output = tf.reduce_sum (x)
```

- tf.assert_greater_equal(x,y,data=None,summarize=None, message=None,name=None)：大于等于断言。对于 x 和 y 的每个元素 x[i]和 y[i]，如果 x[i]>=y[i]，则为真。
- tf.assert_rank(x,rank,data=None,summarize=None, message=None,name=None)：断言 x 的秩等于 rank。

```
with tf.control_dependencies ([ tf.assert_rank( X,2 )] ):
   output = tf.reduce_sum ( x )
```

- tf.assert_rank_at_least(x,rank,data=None,summarize=None, message=None,name=None)：断言 x 的秩大于或等于 rank。
- tf.assert_type(tensor,tf_type,message=None,name=None)：断言给定的张量的类型是 tf_type。

6.3.10 基本数学函数

数学函数对张量中的各个元素进行计算。

- tf.add_n(inputs,name=None)：将所有输入的张量进行对应位置的加法运算。

```
## 输入：一组张量，必须是相同类型和维度
x=tf.constant([[1,2,-3]],tf.float64)
y=tf.constant([[2,3,4]],tf.float64)
z=tf.constant([[1,4,3]],tf.float64)
xyz=[x,y,z]
z=tf.add_n(xyz)
## z==>[[4. 9. 4.]]
```

- tf.abs(x,name=None)：求 x 的绝对值。输入：x，为张量或稀疏张量。
- tf.negative(x,name=None)：求 x 的负数。输入：x，为张量或稀疏张量。
- tf.sign(x,name=None)：求 x 的符号。若 x>0，则结果为 1；若 x<0，则结果为–1；x=0，则结果为 0。输入：x，为张量。
- tf.reciprocal(x,name=None)：求 x 的倒数。输入：x，为张量。
- tf.square(x,name=None)：计算 x 各元素的平方。

```
## 输入：x，为张量或稀疏张量，可以为half、float32、float64、int32、int64、complex64、complex128 类型
x=tf.constant([[2,0,-3]],tf.float64)
z=tf.square(x)
###  z==>[[4. 0. 9.]]
```

- tf.round(x,name=None)：计算 x 各元素的距离其最近的整数，若为两个整数的中间值，则取偶数值。
- tf.sqrt(x,name=None)：计算 x 各元素的方根。
- tf.rsqrt(x,name=None)：计算 x 各元素的平方根的倒数。
- tf.pow(x,y,name=None)：计算 x 各元素的 y 次方。
- tf.exp(x,name=None)：计算 x 各元素的自然指数，即 e^x。
- tf.expm1(x,name=None)：计算 x 各元素的自然指数减 1，即 e^x-1。
- tf.log(x,name=None)：计算 x 各元素的自然对数。
- tf.log1p(x,name=None)：计算 x 各元素加 1 后的自然对数。

```
## 输入：x，为张量，可以为half、float32、float64、complex64、complex128 类型
x=tf.constant([[0,1.71828183,9]],tf.float64)
z=tf.log1p(x)
#  z==>[[0. 1. 2.30258509]]
```

- tf.ceil(x,name=None)：计算 x 各元素向上取整。如 2.7=>3.0。
- tf.floor(x,name=None)：计算 x 各元素向下取整。如 2.7=>2.0。
- tf.maximum(x,y,name=None)：计算 x 和 y 对应位置元素较大的值。

```
## 输入：x和y，为张量，可以为half、float32、float64、int32、int64 类型
x=tf.constant([[0.2,0.8,-0.7]],tf.float64)
y=tf.constant([[0.2,0.5,-0.3]],tf.float64)
z=tf.maximum(x,y)
```

```
## z==>[[0.2 0.8 -0.3]]
```

- tf.minimum(x,y,name=None)：计算 x 和 y 对应位置元素较小的值。
- tf.cos(x,name=None)：计算 x 的余弦值。输入：x，为张量。
- tf.sin(x,name=None)：计算 x 的正弦值。输入：x，为张量。
- tf.tan(x,name=None)：计算 x 的正切值。输入：x，为张量。
- tf.acos(x,name=None)：计算 x 的反余弦值。输入：x，为张量。
- tf.asin(x,name=None)：计算 x 的反正弦值。输入：x，为张量。
- tf.atan(x,name=None)：计算 x 的反正切值。输入：x，为张量。
- tf.cosh(x,name=None)：计算 x 的双曲余弦值。输入：x，为张量。
- tf.sinh(x,name=None)：计算 x 的双曲正弦值。输入：x，为张量。
- tf.asinh(x,name=None)：计算 x 的反双曲正弦值。输入：x，为张量。
- tf.acosh(x,name=None)：计算 x 的反双曲余弦值。输入：x，为张量。
- tf.atanh(x,name=None)：计算 x 的反双曲正切值。输入：x，为张量。
- tf.erf(x,name=None)：计算 x 的高斯误差。

```
## 输入：x，为张量或稀疏张量，可以为half、float32、float64类型
x=tf.constant([[-1,0,1,2,3]],tf.float64)
z=tf.erf(x)
## z==>[[-0.84270079 0. 0.84270079 0.99532227 0.99997791]]
```

- tf.erfc(x,name=None)：计算 x 的高斯互补误差。

```
## 输入：x，为张量，可以为half、float32、float64类型
x=tf.constant([[-1,0,1,2,3]],tf.float64)
z=tf.erfc(x)
## z==>[[1.84270079 1.00000000 0.15729920 4.67773498e-03 2.20904970e-05]]
```

- tf.squared_difference(x,y,name=None)：计算$(x-y)^2$。

```
## 输入：x和y，为张量，可以为half、float32、float64类型
x=tf.constant([[-1,0,2]],tf.float64)
y=tf.constant([[2,3,4,]],tf.float64)
z=tf.squared_difference(x,y)
## z==>[[9. 9. 4.]]
```

- tf.rint(x,name=None)：计算距离 x 最近的整数，若为两个整数的中间值，取偶数值。

```
## 输入：x，为张量，可以为half、float32、float64类型
x=tf.constant([[-1.7,-1.5,-1.1,0.1,0.5,0.4,1.5]],tf.float64)
z=tf.rint(x)
## z==>[[-2. -2. -1. 0. 0. 0. 2.]]
```

6.3.11 矩阵数学函数

- tf.diag(diagonal, name=None)：返回对角阵。输入：diagonal，为张量；秩为 k<=3。

```
a=tf.constant([1,2,3,4])
z=tf.diag(a)
"""
  z==>[[1 0 0 0
        0 2 0 0
        0 0 3 0
        0 0 0 4]]
"""
```

tf.diag_part(input,name=None)：返回张量的对角元素。输入：input，为张量，且维度必须一致。

```
a=tf.constant([[1,5,0,0],[0,2,0,0],[0,0,3,0],[0,0,0,4]])
z=tf.diag_part(a)
## z==>[1,2,3,4]
```

- tf.trace(x,name=None)：返回矩阵的迹。输入：x，为张量。

```
a=tf.constant([[[1,2,3],[4,5,6],[7,8,9]],[[10,11,12],[13,14,15],[16,17,18]]])
z=tf.trace(a)
## z==>[15 42]
```

- tf.transpose(a,perm=None,name='transpose')：矩阵转置。输入：a，为张量；perm 代表转置后的维度排列，决定了转置方法，默认为[n-1,⋯,0]，n 为 a 的维度。

```
a=tf.constant([[1,2,3],[4,5,6]])
z=tf.transpose(a)# perm 为[1,0]，即 0 维和 1 维互换。
"""
 z==>[[1 4]
      [2 5]
      [3 6]]
"""
```

- tf.eye(num_rows, num_columns=None, batch_shape=None, dtype=tf.float32, name=None)：返回单位阵。输入：num_rows，为矩阵的行数；num_columns，为矩阵的列数，默认与行数相等。batch_shape 若提供值，则返回 batch_shape 的单位阵。

```
z=tf.eye(2,batch_shape=[2])
"""
  z==>[[[1. 0.]
       [0. 1.]]
       [[1. 0.]
       [0. 1.]]]
"""
```

- tf.matrix_diag(diagonal,name=None)：根据张量返回一批对角阵。输入：diagonal，为对角值。

```
a=tf.constant([[1,2,3],[4,5,6]])
z=tf.matrix_diag(a)
"""
  z==>[[[1 0 0]
        [0 2 0]
        [0 0 3]]
       [[4 0 0]
        [0 5 0]
        [0 0 6]]]
"""
```

- tf.matrix_diag_part(input,name=None)：返回一批对角阵的对角元素。输入：input，为张量，是一批对角阵。

```
a=tf.constant([[[1,3,0],[0,2,0],[0,0,3]],[[4,0,0],[0,5,0],[0,0,6]]])
z=tf.matrix_diag_part(a)
"""
  z==>[[1 2 3]
       [4 5 6]]
"""
```

- tf.matrix_band_part(input,num_lower,num_upper,name=None)：复制一个矩阵，并将规定区域之外的元素置为 0。假设元素坐标为(m,n)，则 in_band(m,n)=(num_lower<0||(m-n)<=num_lower)) &&(num_upper < 0 ||(n-m)<= num_upper)。

band（m,n）=in_band(m,n)*input(m,n)。

特殊情况：

tf.matrix_band_part(input, 0, –1)：结果为上三角阵。

tf.matrix_band_part(input, –1, 0)：结果为下三角阵。

tf.matrix_band_part(input, 0, 0)：结果为对角阵。

输入：num_lower，如果为负，则结果为右上为空的三角阵；num_upper，如果为负，则结果为左下为空的三角阵。

```
a=tf.constant([[0,1,2,3],[-1,0,1,2],[-2,-1,0,1],[-3,-2,-1,0]])
z=tf.matrix_band_part(a,1,-1)
"""
  z==>[[0 1 2 3]
       [-1 0 1 2]
       [0 -1 0 1]
       [0 0 -1 0]]
"""
```

- tf.matrix_set_diag(input,diagonal,name=None)：将输入矩阵的对角元素置换为另外的对角元素。输入：input，为矩阵；diagonal，为对角元素。

```
a=tf.constant([[0,1,2,3],[-1,0,1,2],[-2,-1,0,1],[-3,-2,-1,0]])
z=tf.matrix_set_diag(a,[10,11,12,13])
"""
z==>[[10  1  2  3]
     [-1 11  1  2]
     [0  -1 12  1]
     [0   0 -1 13]]
"""
```

- tf.matrix_transpose(a,name='matrix_transpose')：进行矩阵转置。只能对 2 维矩阵运行转置。输入：矩阵。
- tf.matmul(a, b, transpose_a=False, transpose_b=False, adjoint_a=False, adjoint_b=False, a_is_ sparse=False, b_is_sparse=False, name=None)：矩阵乘法。配置后的矩阵 a，b 必须满足矩阵乘法对行列的要求。输入：transpose_a 和 transpose_b，判断运算前是否转置；adjoint_a 和 adjoint_b，判断运算前是否进行共轭；a_is_sparse 和 b_is_sparse，判断 a 和 b 是否当作稀疏矩阵进行运算。

```
a = tf.constant([1, 2, 3, 4, 5, 6], shape=[2, 3])
b = tf.constant([7, 8, 9, 10, 11, 12], shape=[3, 2])
z = tf.matmul(a, b)
"""
  z==>[[ 58  64]
       [139 154]]
"""
```

- tf.norm(tensor, ord='euclidean', axis=None, keep_dims=False, name=None)：求取范数。输入：ord，为范数类型，默认为 euclidean，支持的值是 fro、euclidean、0、1、2、np.inf；axis，默认为 None；tensor，为向量；keep_dims，默认为 None，结果为向量，若为 True，保持维度。

```
a = tf.constant([1, 2, 3, 4, 5, 6], shape=[2, 3],dtype=tf.float32)
z = tf.norm(a)
z2=tf.norm(a,ord=1)
z3=tf.norm(a,ord=2)
```

```
z4=tf.norm(a,ord=1,axis=0)
z5=tf.norm(a,ord=1,axis=1)
z6=tf.norm(a,ord=1,axis=1, keep_dims=True)
"""
  z==>9.53939
  z2==>21.0
  z3==>9.53939
  z4==>[5.  7.  9.]
  z5==>[6.  15.]
  z6==>[[6.]
       [15.]]
"""
```

- tf.matrix_determinant(input, name=None)：求行列式。输入：input，必须是 float32 或 float64 类型。

```
a = tf.constant([1, 2, 3, 4],shape=[2,2],dtype=tf.float32)
z = tf.matrix_determinant(a)
##  z==>-2.0
```

- tf.matrix_inverse(input, adjoint=None, name=None)：求矩阵的逆。输入：input，必须是 float32 或 float64 类型；adjoint 表示计算前是否先转置。

```
a = tf.constant([1, 2, 3, 4],shape=[2,2],dtype=tf.float64)
z = tf.matrix_inverse(a)
"""
 z==>[[-2.    1.]
     [1.5  -0.5]]
"""
```

- tf.cholesky(input, name=None)：进行 cholesky 分解。输入：input，必须是正定矩阵。

```
a = tf.constant([2, -2, -2, 5],shape=[2,2],dtype=tf.float64)
z = tf.cholesky(a)
"""
  z==>[[ 1.41421356  0.        ]
       [-1.41421356  1.73205081]]
"""
```

- tf.cholesky_solve(chol, rhs, name=None)：对方程'AX=RHS'进行 cholesky 求解。输入：chol，chol= tf.cholesky(A)。

```
a = tf.constant([2, -2, -2, 5],shape=[2,2],dtype=tf.float64)
chol = tf.cholesky(a)
RHS=tf.constant([3,10],shape=[2,1],dtype=tf.float64)
z=tf.cholesky_solve(chol,RHS)
"""
 z==>[[5.83333333]
      [4.33333333]] #A*X=RHS
"""
```

- tf.matrix_solve(matrix, rhs, adjoint=None, name=None)：求线性方程组，matrix · X=rhs。输入：adjoint，判断是否对 matrix 转置。

```
a = tf.constant([2, -2, -2, 5],shape=[2,2],dtype=tf.float64)
RHS=tf.constant([3,10],shape=[2,1],dtype=tf.float64)
z=tf.matrix_solve(a,RHS)
"""
  z==>[[5.83333333]
       [4.33333333]]
"""
```

- tf.matrix_triangular_solve(matrix, rhs, lower=None, adjoint=None, name=None)：求解 matrix・X=rhs，matrix 为上三角或下三角阵。输入：lower，默认为 None，表示 matrix 的上三角元素为 0，若为 True，表示 matrix 的下三角元素为 0；adjoint，判断是否为 matrix 转置。

```
a = tf.constant([2, 4, -2, 5],shape=[2,2],dtype=tf.float64)
RHS=tf.constant([3,10],shape=[2,1],dtype=tf.float64)
z=tf.matrix_triangular_solve(a,RHS)
"""
  z==>[[1.5]
       [2.6]]
"""
```

- tf.matrix_solve_ls(matrix, rhs, l2_regularizer=0.0, fast=True, name=None)：求解多个线性方程的最小二乘问题。

```
a = tf.constant([2, 4, -2, 5],shape=[2,2],dtype=tf.float64)
RHS=tf.constant([3,10],shape=[2,1],dtype=tf.float64)
z=tf.matrix_solve_ls(a,RHS)
"""
   z==>[[-1.38888889]
        [1.44444444]]
"""
```

- tf.qr(input, full_matrices=None, name=None)：对矩阵进行 QR 分解。

```
a = tf.constant([1,2,2,1,0,2,0,1,1],shape=[3,3],dtype=tf.float64)
q,r=tf.qr(a)
"""
   q==>[[-0.70710678   0.57735027   -0.40824829]
        [-0.70710678  -0.57735027    0.40824829]
        [0.          0.57735027   0.81649658 ]]
   r==>[[-1.41421356  -1.41421356   -2.82842712]
        [0.          1.73205081    0.57735027]
        [0.          0.          0.81649658]]
"""
```

- tf.self_adjoint_eig(tensor, name=None)：求取特征值和特征向量。

```
a = tf.constant([3,-1,-1,3],shape=[2,2],dtype=tf.float64)
e,v=tf.self_adjoint_eig(a)
"""
   e==>[2.  4.]
   v==>[[0.70710678 0.70710678]
        [0.70710678 -0.70710678]]
"""
```

- tf.self_adjoint_eigvals(tensor, name=None)：计算多个矩阵的特征值。输入：tensor，形状为=[....,N,N]的矩阵。
- tf.svd(tensor, full_matrices=False, compute_uv=True, name=None)：进行奇异值分解。输入：tensor，tensor=u・diag(s)・transpose(v)。

```
a = tf.constant([3,-1,-1,3],shape=[2,2],dtype=tf.float64)
s,u,v=tf.svd(a)
"""
s==>[4. 2.]
u==>[[0.70710678 0.70710678]
     [-0.70710678 0.70710678]]
v==>[[0.70710678 0.70710678]
     [-0.70710678 0.70710678]]
"""
```

6.3.12 张量数学函数

- tf.tensordot(a, b, axes, name=None)：同 numpy.tensordot，根据 axes 计算点乘。输入：axes，axes=1 或 axes=[[1],[0]]，即为矩阵乘。

```
a = tf.constant([1,2,3,4],shape=[2,2],dtype=tf.float64)
b = tf.constant([1,2,3,4],shape=[2,2],dtype=tf.float64)
z=tf.tensordot(a,b,axes=[[1],[1]])
"""
  z==>[[5.  11.]
       [11. 25.]]
"""
```

6.3.13 张量 Reduction 操作

- tf.reduce_sum(input_tensor, axis=None, keep_dims=False, name=None, reduction_indices=None)：沿着维度 axis 计算元素和，除非 keep_dims=True，否则输出张量，且张量保持维度为 1。输入：axis，默认为 None，即沿所有维度求和。

```
a = tf.constant([[1,2,3],[4,5,6]])
z=tf.reduce_sum(a)
z2=tf.reduce_sum(a,0)
z3=tf.reduce_sum(a,1)
"""
z==>21
z2==>[5 7 9]
z3==>[6 15]
"""
```

- tf.reduce_prod(input_tensor, axis=None, keep_dims=False, name=None, reduction_indices= None)：沿着维度 axis 计算元素积，除非 keep_dims=True，否则输出张量，且张量保持维度为 1。输入：axis，默认为 None，即沿所有维度求积。

```
a = tf.constant([[1,2,3],[4,5,6]])
z=tf.reduce_prod(a)
z2=tf.reduce_prod(a,0)
z3=tf.reduce_prod(a,1)
"""
z==>720
z2==>[4 10 18]
z3==>[6 120]
"""
```

- tf.reduce_min(input_tensor, axis=None, keep_dims=False, name=None, reduction_indices= None)：沿着维度 axis 计算最小值，除非 keep_dims=True，否则输出张量，且张量保持维度为 1。输入：axis，默认为 None，即沿所有维度求最小值。

```
a = tf.constant([[1,2,3],[4,5,6]])
z=tf.reduce_min(a)
z2=tf.reduce_min(a,0)
z3=tf.reduce_min(a,1)
"""
z==>1
z2==>[1 2 3]
z3==>[1 4]
"""
```

- tf.reduce_max(input_tensor, axis=None, keep_dims=False, name=None, reduction_indices= None)：沿着维度 axis 计算最大值，除非 keep_dims=True，否则输出张量，且张量保持维度为 1。输入：axis，默认为 None，即沿所有维度求最大值。

```
a = tf.constant([[1,2,3],[4,5,6]])
z=tf.reduce_max(a)
z2=tf.reduce_max(a,0)
z3=tf.reduce_max(a,1)
"""
z==>6
z2==>[4 5 6]
z3==>[3 6]
"""
```

- tf.reduce_mean(input_tensor, axis=None, keep_dims=False, name=None, reduction_indices= None)：沿着维度 axis 计算平均值，除非 keep_dims=True，否则输出张量，且张量保持维度为 1。输入：axis，默认为 None，即沿所有维度求平均值。

```
a = tf.constant([[1,2,3],[4,5,6]],dtype=tf.float64)
z=tf.reduce_mean(a)
z2=tf.reduce_mean(a,0)
z3=tf.reduce_mean(a,1)
"""
z==>3.5
z2==>[2.5 3.5 4.5]
z3==>[2. 5.]
"""
```

- tf.reduce_all(input_tensor, axis=None, keep_dims=False, name=None, reduction_indices= None)：沿着维度 axis 计算逻辑与，除非 keep_dims=True，否则输出张量，且张量保持维度为 1。输入：axis，默认为 None，即沿所有维度求逻辑与。

```
a = tf.constant([[True,True,False,False],[True,False,False,True]])
z=tf.reduce_all(a)
z2=tf.reduce_all(a,0)
z3=tf.reduce_all(a,1)
"""
z==>False
z2==>[True False False False]
z3==>[False False]
"""
```

- tf.reduce_any(input_tensor, axis=None, keep_dims=False, name=None, reduction_indices= None)：沿着维度 axis 计算逻辑或，除非 keep_dims=True，否则输出张量，且张量保持维度为 1。输入：axis，默认为 None，即沿所有维度求逻辑或。

```
a = tf.constant([[True,True,False,False],[True,False,False,True]])
z=tf.reduce_any(a)
z2=tf.reduce_any(a,0)
z3=tf.reduce_any(a,1)
"""
z==>True
z2==>[True True False True]
z3==>[True True]
"""
```

- tf.reduce_logsumexp(input_tensor, axis=None, keep_dims=False, name=None, reduction_indices= None)：

沿着维度 axis 计算 log(sum(exp()))，除非 keep_dims=True，否则输出张量，且张量保持维度为 1。输入：axis，默认为 None，即沿所有维度进行计算。

```
a = tf.constant([[0,0,0],[0,0,0]],dtype=tf.float64)
z=tf.reduce_logsumexp(a)
z2=tf.reduce_logsumexp(a,0)
z3=tf.reduce_logsumexp(a,1)
"""
z==>1.79175946923#log(6)
z2==>[0.69314718 0.69314718 0.69314718]#[log(2)log(2)log(2)]
z3==>[1.09861229 1.09861229]#[log(3)log(3)]
"""
```

- tf.count_nonzero(input_tensor, axis=None, keep_dims=False, dtype=tf.int64, 否则 name=None, reduction_indices=None)：沿着维度 axis 计算非 0 个数，除非 keep_dims=True，否则输出张量，且张量保持维度为 1。输入：axis，默认为 None，即沿所有维度进行计算。

```
a = tf.constant([[0,0,0],[0,1,2]],dtype=tf.float64)
z=tf.count_nonzero(a)
z2=tf.count_nonzero(a,0)
z3=tf.count_nonzero(a,1)
"""
z==>2
z2==>[0 1 1]
z3==>[0 2]
"""
```

- tf.accumulate_n(inputs, shape=None, tensor_dtype=None, name=None)：对应位置元素相加。如果输入是训练变量，不使用，而是使用 tf.add_n。输入：shape，为输出的张量的形状；tensor_dtype，为数据类型。

```
a = tf.constant([[1,2],[3,4]])
b = tf.constant([[5,6],[7,8]])
z=tf.accumulate_n([a,b])
"""
z==>[[6 8]
    [10 12]]
"""
```

- tf.einsum(equation, *inputs)：通过 equation 进行矩阵乘法。输入：equation，为乘法算法定义。

```
# 矩阵乘
>>> einsum('ij,jk->ik', m0, m1) # output[i,k] = sum_j m0[i,j] * m1[j, k]
# 点乘
>>> einsum('i,i->', u, v) # output = sum_i u[i]*v[i]
# 向量乘
>>> einsum('i,j->ij', u, v) # output[i,j] = u[i]*v[j]
# 转置
>>> einsum('ij->ji', m) # output[j,i] = m[i,j]
# 批量矩阵乘
>>> einsum('aij,ajk->aik', s, t) # out[a,i,k] = sum_j s[a,i,j] * t[a, j, k]
a = tf.constant([[1,2],[3,4]])
b = tf.constant([[5,6],[7,8]])
z=tf.einsum('ij,jk->ik',a,b)
"""
z==>[[19 22]
    [43 50]]
"""
```

6.3.14　累加和累积

- tf.cumsum(x, axis=0, exclusive=False, reverse=False, name=None)：沿着维度 axis 进行累加。输入：axis，默认为 0；reverse，默认为 False，若为 True，累加方向相反。

```
a = tf.constant([[1,2,3],[4,5,6],[7,8,9]])
z=tf.cumsum(a)
z2=tf.cumsum(a,axis=1)
z3=tf.cumsum(a,reverse=True)
"""
z==>[[1 2 3]
     [5 7 9]
     [12 15 18]]
z2==>[[1 3 6]
      [4 9 15]
      [7 15 24]]
z3==>[[12 15 18]
      [11 13 15]
      [7 8 9]]
"""
```

- tf.cumprod(x, axis=0, exclusive=False, reverse=False, name=None)：沿着维度 axis 进行累积。输入：axis，默认为 0；reverse，默认为 False，若为 True，累积方向相反。

```
a = tf.constant([[1,2,3],[4,5,6],[7,8,9]])
z=tf.cumprod(a)
z2=tf.cumprod(a,axis=1)
z3=tf.cumprod(a,reverse=True)
"""
z==>[[ 1  2   3]
     [ 5 10  18]
     [28 80 162]]
z2==>[[  1   2   6]
      [  4  20 120]
      [  7  56 504]]
z3==>[[ 28  80 162]
      [ 28  40  54]
      [  7   8   9]]
"""
```

6.3.15　张量拆分操作

- tf.segment_sum(data, segment_ids, name=None)：将张量拆分后求和。输入：segment_ids，必须是整型 1 维向量，且向量数目与 data 第 1 维的数量一致。向量元素必须从 0 开始，且以数量 1 递增。

```
a = tf.constant([[1,2,3],[4,5,6],[7,8,9]])
z=tf.segment_sum(a,[0,0,1])
"""
z==>[[5 7 9]
     [7 8 9]]
"""
```

- tf.segment_prod(data, segment_ids, name=None)：将张量拆分后求积。输入：segment_ids，必须是整型 1 维向量，且向量数目与 data 第 1 维的数量一致。向量元素必须从 0 开始，且以数量 1 递增。

```
a = tf.constant([[1,2,3],[4,5,6],[7,8,9]])
z=tf.segment_prod(a,[0,0,1])
"""
z==>[[4 10 18]
    [7  8  9]]
"""
```

- tf.segment_min(data, segment_ids, name=None)：将张量拆分后求最小值。输入：segment_ids，必须是整型 1 维向量，且向量数目与 data 第 1 维的数量一致。向量元素必须从 0 开始，且以数量 1 递增。

```
a = tf.constant([[1,2,3],[4,5,6],[7,8,9]])
z=tf.segment_min(a,[0,0,1])
"""
z==>[[1 2 3]
    [7 8 9]]
"""
```

- tf.segment_max(data, segment_ids, name=None)：将张量拆分后求最大值。输入：segment_ids，必须是整型 1 维向量，且向量数目与 data 第 1 维的数量一致。向量元素必须从 0 开始，且以数量 1 递增。

```
a = tf.constant([[1,2,3],[4,5,6],[7,8,9]])
z=tf.segment_max(a,[0,0,1])
"""
z==>[[4 5 6]
    [7 8 9]]
"""
```

- tf.segment_mean(data, segment_ids, name=None)：将张量拆分后求平均值。输入：segment_ids，必须是整型 1 维向量，且向量数目与 data 第 1 维的数量一致。向量元素必须从 0 开始，且以数量 1 递增。

```
a = tf.constant([[1,2,3],[4,5,6],[7,8,9]])
z=tf.segment_mean(a,[0,0,1])
"""
z==>[[2 3 4]
    [7 8 9]]
"""
```

- tf.unsorted_segment_sum(data, segment_ids, num_segments, name=None)：将张量拆分后求和。不同于 tf.segement_sum()，segment_ids 不用按照顺序排列。输入：segment_ids，必须是整型 1 维向量，且向量数目与 data 第 1 维的数量一致；num_segments，为分类总数，若多于 segment_ids 匹配的数目，则置为 0。

```
a = tf.constant([[1,2,3],[4,5,6],[7,8,9]])
z=tf.unsorted_segment_sum(a,[0,1,0],2)
z2=tf.unsorted_segment_sum(a,[0,0,0],2)
"""
 z==>[[8 10 12]
     [4  5  6]]
z2==>[[12 15 18]
      [0  0  0]]
"""
```

- tf.unsorted_segment_max(data, segment_ids, num_segments, name=None)：将张量拆分后求最大值。不同于 tf.segement_max()，这里的 segment_ids 不用按照顺序排列。输入：segment_ids，

必须是整型 1 维向量，且向量数目与 data 第 1 维的数量一致；num_segments，为分类总数，若多于 segment_ids 匹配的数目，则置 0。

```
a = tf.constant([[1,2,3],[4,5,6],[7,8,9]])
z=tf.unsorted_segment_max(a,[0,1,0],2)
z2=tf.unsorted_segment_max(a,[0,0,0],2)
"""
z==>[[7  8  9]
    [4  5  6]]
z2==>[[7  8  9]
     [0  0  0]]
"""
```

- tf.sparse_segment_sum(data, indices, segment_ids, name=None)：将张量拆分后求和。和 tf.segment_sum()类似，只是segment_ids的向量数目可以小于data的第0维度数。输入：indices，为第 0 维度参与运算的编号。

```
a = tf.constant([[1,2,3,4], [5,6,7,8], [9,10,11,12]])
z=tf.sparse_segment_sum(a, tf.constant([0, 1]), tf.constant([0, 0]))
z2=tf.sparse_segment_sum(a, tf.constant([0, 1]), tf.constant([0, 1]))
z3=tf.sparse_segment_sum(a, tf.constant([0, 2]), tf.constant([0, 1]))
z4=tf.sparse_segment_sum(a, tf.constant([0, 1,2]), tf.constant([0, 0,1]))
"""
z==>[[6 8 10 12]]
z2==>[[1 2 3 4]
     [5 6 7 8]]
z3==>[[1 2 3 4]
     [9 10 11 12]]
z4==>[[6 8 10 12]
     [9 10 11 12]]
"""
```

- tf.sparse_segment_mean(data, indices, segment_ids, name=None)：将张量拆分后求平均值。和 tf.segment_mean()类似，只是 segment_ids 的向量数目可以小于 data 的第 0 维度数。输入：indices，为第 0 维度参与运算的编号。

```
a = tf.constant([[1,2,3,4], [5,6,7,8], [9,10,11,12]])
z=tf.sparse_segment_mean(a, tf.constant([0, 1]), tf.constant([0, 0]))
z2=tf.sparse_segment_mean(a, tf.constant([0, 1]), tf.constant([0, 1]))
z3=tf.sparse_segment_mean(a, tf.constant([0, 2]), tf.constant([0, 1]))
z4=tf.sparse_segment_mean(a, tf.constant([0, 1,2]), tf.constant([0, 0,1]))
"""
z==>[[3. 4. 5. 6.]]
z2==>[[1. 2. 3. 4.]
     [5. 6. 7. 8.]]
z3==>[[1. 2. 3. 4.]
     [9. 10. 11. 12.]]
z4==>[[3. 4. 5. 6.]
     [9. 10. 11. 12.]]
"""
```

- tf.sparse_segment_sqrt_n(data, indices, segment_ids, name=None)：将张量拆分后求和再除以 n 的平方根。n 为 reduce segment 数量。和 tf.segment_mean()类似，只是 segment_ids 的向量数目可以小于 data 的第 0 维度数。输入：indices，为第 0 维度参与运算的编号。

```
a = tf.constant([[1,2,3,4], [5,6,7,8], [9,10,11,12]])
z=tf.sparse_segment_sqrt_n(a, tf.constant([0, 1]), tf.constant([0, 0]))
```

```
z2=tf.sparse_segment_sqrt_n(a, tf.constant([0, 1]), tf.constant([0, 1]))
z3=tf.sparse_segment_sqrt_n(a, tf.constant([0, 2]), tf.constant([0, 1]))
z4=tf.sparse_segment_sqrt_n(a, tf.constant([0, 1,2]), tf.constant([0, 0,1]))
"""
z==>[[4.24264069 5.65685424 7.07106781 8.48528137]]
z2==>[[1. 2. 3. 4.]
     [5. 6. 7. 8.]]
z3==>[[1. 2. 3. 4.]
     [9. 10. 11. 12.]]
z4==>[[4.24264069 5.65685424 7.07106781 8.48528137]
     [9. 10. 11. 12.]]
"""
```

6.3.16 序列比较与索引

- tf.argmin(input, axis=None, name=None, dimension=None)：返回沿 axis 维度最小值的下标。

```
a = tf.constant([[1,2,3,4], [5,6,7,8], [9,10,11,12]],tf.float64)
z1=tf.argmin(a,axis=0)
z2=tf.argmin(a,axis=1)
"""
z1==>[0 0 0 0]
z2==>[0 0 0]
"""
```

- tf.argmax(input, axis=None, name=None, dimension=None)：返回沿 axis 维度最大值的下标。

```
a = tf.constant([[1,2,3,4], [5,6,7,8], [9,10,11,12]],tf.float64)
z1=tf.argmin(a,axis=0)
z2=tf.argmax(a,axis=1)
"""
z1==>[2 2 2 2]
z2==>[3 3 3]
"""
```

- tf.setdiff1d(x, y, index_dtype=tf.int32, name=None)：返回在 x 里不在 y 里的元素的值和下标。

```
a = tf.constant([1,2,3,4])
b=tf.constant([1,4])
out,idx=tf.setdiff1d(a,b)
"""
out==>[2 3]
idx==>[1 2]
"""
```

- tf.where(condition, x=None, y=None, name=None)：若 x 和 y 都为 None，返回 condition 的值为 True 的坐标；若 x 和 y 都不为 None，返回 condition 的值为 True 的坐标在 x 内的值和 condition 的值为 False 的坐标在 y 内的值。输入：condition，为布尔类型的张量。

```
a=tf.constant([True,False,False,True])
x=tf.constant([1,2,3,4])
y=tf.constant([5,6,7,8])
z=tf.where(a)
z2=tf.where(a,x,y)
"""
z==>[[0]
    [3]]
z2==>[ 1 6 7 4]
"""
```

- tf.unique(x, out_idx=None, name=None)：罗列非重复元素及其编号。

```
a = tf.constant([1,1,2,4,4,4,7,8,9,1])
y,idx=tf.unique(a)
"""
y==>[1 2 4 7 8 9]
idx==>[0 0 1 2 2 2 3 4 5 0]
"""
```

- tf.edit_distance(hypothesis, truth, normalize=True, name='edit_distance')：计算 Levenshtein 距离。输入：hypothesis 和 truth，均为稀疏张量。

```
hypothesis = tf.SparseTensor(
    [[0, 0, 0],
     [1, 0, 0]],
    ["a", "b"],
   (2, 1, 1))
truth = tf.SparseTensor(
    [[0, 1, 0],
     [1, 0, 0],
     [1, 0, 1],
     [1, 1, 0]],
    ["a", "b", "c", "a"],
   (2, 2, 2))
z=tf.edit_distance(hypothesis,truth)
"""
z==>[[inf 1.]
     [0.5 1.]]
"""
```

- tf.invert_permutation(x, name=None)：张量的逆置换。对于输出张量 y 和输入张量 x，该函数计算以下值：y[x[i]]=i for i in[0,1,⋯,len(x)−1]。

```
a=tf.constant([3,4,0,2,1])
z=tf.invert_permutation(a)
"""
z==>[2 4 3 0 1]
例如，y[x[0]]=0，即 x[0]=3,y[3]=0
"""
```

6.3.17 张量数据类型转换

TensorFlow 提供了几种操作，可用于张量数据类型转换。

- tf.string_to_number(String_tensor, out_type=None, name=None)：将字符串类型转换为数字类型。
- tf.to_double(x, name='T Double')：转换为 64 位浮点类型，即 float64。
- tf.to_float(x, name='ToFloat')：转换为 32 位浮点类型，即 float32。
- tf.to_bfloat16(x, name='To BFloat 16')：转换为 bfloat16 类型。
- tf.to_int32(x, name='To Int32')：转换为 32 位整型，即 int32。
- tf.to_int64(x, name='To Int64')：转换为 64 位整型，即 int64。
- tf.cast(x, dtype, name=None)：将 x 或者 x.values 转换为 dtype 指定的类型。

```
# tensor a is [1.8, 2.2], dtype=tf.float
tf.cast(a, tf.int32)
"""
```

```
tf.cast(a, tf.int32)==> [1, 2]  dtype=tf.int32
"""
```

6.3.18 TensorFlow 张量形状的确定与改变

TensorFlow 提供了几种操作，可用于确定张量的形状和更改张量的形状。

- tf.shape（input,name=None,out_type=tf.int32）：返回张量 input 的形状。

```
# 't' is [[[1, 1, 1], [2, 2, 2]], [[3, 3, 3], [4, 4, 4]]]
shape(t)==> [2, 2, 3]
```

- tf.size（input,name=None,out_type=tf.int32）：返回张量 input 的大小。

```
# 't' is [[[1, 1, 1], [2, 2, 2]], [[3, 3, 3], [4, 4, 4]]]]
size(t)==> 12
```

- tf.rank（input,name=None）：返回张量 input 的秩。

```
# 't' is [[[1, 1, 1], [2, 2, 2]], [[3, 3, 3], [4, 4, 4]]]
# shape of tensor 't' is [2, 2, 3]
rank(t)==> 3
```

- tf.reshape（tensor, shape, name=None）：将 tensor 按照指定的 shape 重新排列。一般来说，shape 有以下 3 种用法。

如果 shape=[–1]，表示要将 tensor 展开成一个 list。

如果 shape=[a,b,c,……]，其中 a,b,c,···>0，那么就是常规用法。

如果 shape=[a,–1,c,……]，此时 b=–1，a,c,···>0，表示会根据 tensor 的原尺寸自动计算 b 的值。

```
# tensor 't' is [1, 2, 3, 4, 5, 6, 7, 8, 9]
# tensor 't' has shape [9]
reshape(t, [3, 3])==> [[1, 2, 3],
                       [4, 5, 6],
                       [7, 8, 9]]
#tensor 't' is [[[1, 1], [2, 2]],
                [[3, 3], [4, 4]]]
#tensor 't' has shape [2, 2, 2]
reshape(t, [2, 4])==> [[1, 1, 2, 2],
                       [3, 3, 4, 4]]
#tensor 't' is [[[1, 1, 1],
                [2, 2, 2]],
                [[3, 3, 3],
                [4, 4, 4]],
                [[5, 5, 5],
                [6, 6, 6]]]
# tensor 't' has shape [3, 2, 3]
# pass '[-1]' to flatten 't'
reshape(t, [-1]) ==> [1, 1, 1, 2, 2, 2, 3, 3, 3, 4, 4, 4, 5, 5, 5, 6, 6, 6]
#  -1 can also be used to infer the shape
#  -1 is inferred to be 9:
reshape(t, [2, -1])==> [[1, 1, 1, 2, 2, 2, 3, 3, 3],
                        [4, 4, 4, 5, 5, 5, 6, 6, 6]]
# -1 is inferred to be 2:
reshape(t, [-1, 9])==> [[1, 1, 1, 2, 2, 2, 3, 3, 3],
                        [4, 4, 4, 5, 5, 5, 6, 6, 6]]
# -1 is inferred to be 3:
reshape(t, [ 2, -1, 3])==> [[[1, 1, 1],
                             [2, 2, 2],
                             [3, 3, 3]],
```

```
                        [[4, 4, 4],
                        [5, 5, 5],
                        [6, 6, 6]]]
```

- tf.squeeze（input, axis=None, name=None, squeczedims=None）：从张量 input 中删除形状为 1 的维度。

```
# 't' is a tensor of shape [1, 2, 1, 3, 1, 1]
shape(squeeze(t))==> [2, 3]
Or, to remove specific size 1 dimensions:
# 't' is a tensor of shape [1, 2, 1, 3, 1, 1]
shape(squeeze(t, [2, 4]))==> [1, 2, 3, 1]
```

- tf.expand_dims（input, axis=None, name=None, dim=None）：在张量 input 的 axis 位置增加一个维度。

```
# 't' is a tensor of shape [2]
shape(expand_dims(t, 0))==> [1, 2]
shape(expand_dims(t, 1))==> [2, 1]
shape(expand_dims(t, -1))==> [2, 1]
# 't2' is a tensor of shape [2, 3, 5]
shape(expand_dims(t2, 0))==> [1, 2, 3, 5]
shape(expand_dims(t2, 2))==> [2, 3, 1, 5]
shape(expand_dims(t2, 3))==> [2, 3, 5, 1]
```

6.4　TensorFlow 系统架构及源码结构

TensorFlow 的依赖视图描述了 TensorFlow 的上下游关系链，如图 6.7 所示。

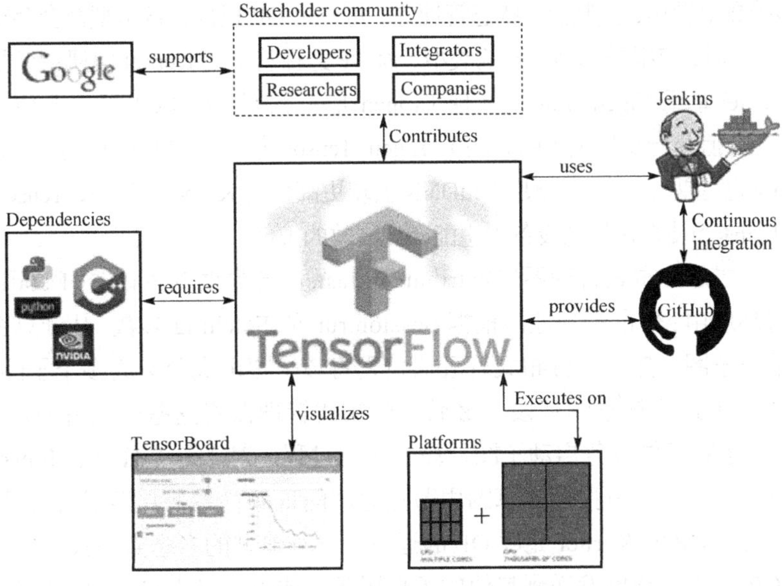

图 6.7　TensorFlow 的依赖视图

TensorFlow 托管在 GitHub 平台，由 Google groups 和 Contributors 共同维护。

TensorFlow 提供了丰富的深度学习相关的 API，支持 Python 和 C/C++等语言接口。

TensorFlow 提供了可视化分析工具 TensorBoard，方便分析和调整模型。

TensorFlow 支持 Linux、Windows、Mac 甚至手机移动设备等多种平台。

TensorFlow 基于图计算的平台，具有便于并行计算的优势。

TensorFlow 的系统结构如图 6.8 所示，以 C API 为界，将整个系统分为前端和后端两个子系统。前端系统提供编程模型，负责构造计算图；后端系统提供运行时环境，负责执行计算图。

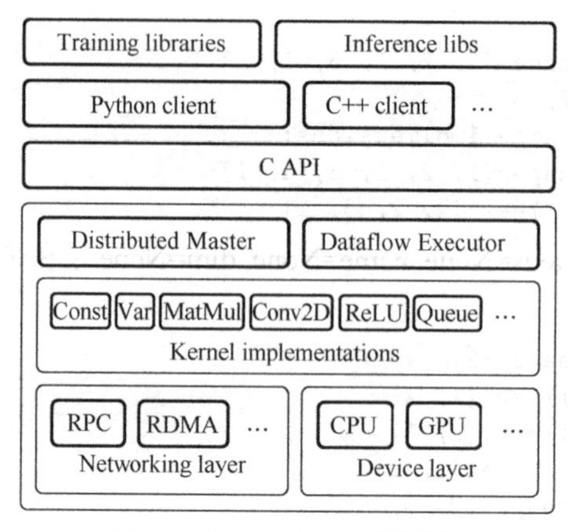

图 6.8　TensorFlow 的系统结构

后端系统底层负责网络通信和设备管理。设备管理可以实现 TensorFlow 设备异构的特性，支持 CPU、GPU、Mobile 等不同设备。网络通信依赖 RPC 通信协议或 RDMA（Remote Direct Memory Access，远程直接数据存取）等方法实现不同设备间的数据传输和更新。

后端系统第二层是张量的 Kernel 实现。TensorFlow 的运行时包含 200 多个标准的 OP（计算图中的节点被称之为 OP，一个 OP 可以获得 0 或者多个张量，执行计算，并产生 0 个或者多个张量），包括数值计算、多维数组操作、控制流、状态管理等。每一个 OP 根据设备类型都会存在一个已优化的 Kernel 实现。在运行时，应根据本地设备的类型，为 OP 选择特定的 Kernel 实现，完成该 OP 的计算。其中，大多数 Kernel 基于 Eigen::Tensor 实现（Eigen 是一个高层次的 C++库，有效支持线性代数、矩阵和矢量运算、数值分析及其相关的算法）。Eigen::Tensor 为多核 CPU/GPU 生成高效的并发代码。但是，TensorFlow 也可以直接灵活地使用 cuDNN 实现更高效的 Kernel。此外，TensorFlow 采用基于 OpenGL 的 GPU 加速，使得在移动设备中也能实现高效的推理。

后端系统第三层是分布式管理器（Distributed Master）与数据流执行器（Dataflow Executor）。在分布式的运行环境中，分布式管理器根据 Session.run 的 Fetching 参数，从计算图中反向遍历，找到所依赖的最小子图，然后，分布式管理器负责将该子图再次分裂为多个子图片段，以便在不同的进程和设备上运行该子图片段。最后，分布式管理器将这些子图片段派发给工作服务（Work Service）；随后工作服务启动子图片段的执行过程。对于每个任务，TensorFlow 都将启动一个工作服务。工作服务将按照计算图中节点之间的依赖关系，并根据当前可用的硬件环境（GPU 或 CPU）调用 OP 的 Kernel 完成 OP 的运算（一种典型的多态实现技术）。另外，工作服务还要负责将 OP 运算的结果发送到其他的工作服务，或者接受来自其他工作服务发送给它的 OP 运算的结果。

API 接口层是连接前端系统与后端系统的纽带。C API 是对 TensorFlow 功能模块的接口封装，便于其他语言平台调用。前端系统通过 C API 调用 Kernel 实现。

API 接口层以上是 Client。Client 基于 TensorFlow 的编程接口构造计算图。目前，TensorFlow 主要支持 Python 和 C++的编程接口，对其他编程语言接口的支持也在日益完善。

在建立 Session 前，TensorFlow 并未执行任何计算。建立 Session 之后，以 Session 为桥梁，建立 Client 与后端运行时的通道，将 Protobuf（Protobuf 是一种与平台无关、与语言无关、可扩展且轻便高效的序列化数据结构的协议）格式的计算图定义（GraphDef）发送至分布式管理器。也就是说，当 Client 对 OP 结果进行求值时，将触发分布式管理器的计算图的执行过程。

TensorFlow 的代码目录结构如图 6.9 所示。

图 6.9 TensorFlow 的代码目录结构

（1）TensorFlow/core 目录包含了 TensorFlow 的核心模块代码，该目录下的部分子目录的作用如下。

- public：API 的头文件目录，定义外部应用程序接口，主要包括 session.h、session_options.h 和 version.h。
- platform：包括与 OS 系统相关的接口文件。
- protobuf：均为.proto 文件，用于数据传输时的结构序列化。
- common_runtime：公共运行库。
- distributed_runtime：分布式执行模块。
- framework：包含基础功能模块，如日志（log）、内存管理（memory）和张量操作（tensor）、算图优化（optimize）、计算图执行（execute）等。
- graph：计算流图相关的操作，如 construct、partition、optimize 和 execute 等。
- kernels：包括各种核心操作（OP），如矩阵乘法（matmul）、2D 卷积（conv2d）、最大值的索引号（argmax）、批数据归一化（batch-norm）等。
- lib：公共基础库，如图形处理（gif）、gtl（google 模板库）、哈希（hash）和直方图（histogram）等。

- ops：包括各种基本操作运算，如 OPs 梯度运算、IO 相关的操作、控制流和数据流操作。

（2）TensorFlow/stream_executor 目录是 TensorFlow 并行计算框架的目录。

（3）TensorFlow/contrib 目录是 contributor 开发目录。

（4）Tensroflow/python 目录是 Python API 客户端脚本目录。

（5）third_party 目录是 TensorFlow 的第三方依赖库目录，该目录中包括的部分第三方依赖库如下。

- eigen3：eigen 矩阵运算库，为 TensorFlow 基础 OPs 调用。
- gpus：封装了 cuda/cudnn 编程库。

6.5 Eager Execution

TensorFlow 通过图将计算的定义与执行分开，提供了一种声明式的编程模式。图计算模式有非常多的优点，但也为调试和动态图的实现带来了很大的困难。TensorFlow 新版本引入了动态图执行模式（Eager Execution）。Eager Excution 是一种命令式编程环境，可立即评估操作，无须构建图。Eager Excution 可以用于研究和实验的快速开发和结果验证。Eager Excution 能够使用 Python 的 Debug 工具、数据结构与控制流，并且无须使用 Placeholder 和 Session，计算结果也能够立即得出。它将张量表现得像 NumPy array 一样容易，并且和 NumPy 的函数兼容。

Eager Execution 的优点如下。

- 训练过程即 Python 代码的执行过程，方便调试。
- 可以用类似 Python 程序的方法来实现很多操作，并可使代码量减少。
- 自定义 OP 和 Gradient 非常容易，而且可以在 GPU 上运行。
- 自然的流程控制——采用 Python 控制流程，而不是图计算控制流程，简化了动态模型的创建。

Eager Execution 可以立即得到操作的值，所以，可以很方便地利用 print()来检测操作结果。

```
from __future__ import absolute_import, division, print_function
import os
import matplotlib.pyplot as plt
import tensorflow as tf
import tensorflow.contrib.eager as tfe
tf.enable_eager_execution()
print("TensorFlow version: {}".format(tf.VERSION))
print("Eager execution: {}".format(tf.executing_eagerly()))
a = tf.constant([[1, 2], [3, 4]])
print(a)
"""
 => tf.Tensor([[1 2]
              [3 4]], shape=(2, 2), dtype=int32)
"""
# 对每个元素进行广播式操作（Broadcasting support）
b = tf.add(a, 1)
print(b)
"""
  => tf.Tensor([[2 3]
               [4 5]], shape=(2, 2), dtype=int32)
"""
# 操作重载（Operator overloading）
print(a * b)
```

```
"""
 => tf.Tensor([[ 2  6]
            [12 20]], shape=(2, 2), dtype=int32)
"""
# 利用NumPy值(Use NumPy values)
import numpy as np
c = np.multiply(a, b)
print(c)
"""
 => [[ 2  6]
    [12 20]]
"""
# 从张量得到NumPy值(Obtain numpy value from a tensor)
print(a.numpy())
"""
 => [[1 2]
     [3 4]]
"""
```

Eager Execution 最大的好处是动态流程控制，即可以在模型执行时进行修改。在下面的例子中，打印显示的值依赖于执行时刻的张量值。

```
def fizzbuzz(max_num):
  counter = tf.constant(0)
  for num in range(max_num):
    num = tf.constant(num)
    if int(num % 3)== 0 and int(num % 5)== 0:
      print('FizzBuzz')
    elif int(num % 3)== 0:
      print('Fizz')
    elif int(num % 5)== 0:
      print('Buzz')
    else:
      print(num)
    counter += 1
  return counter
```

一般地，Eager Execution 与图计算是不能混在一起使用的。然而，采用 tfe.py_func()可以在图计算中执行 Eager Execution。

```
def my_py_func(x):
  x = tf.matmul(x, x) # You can use tf ops
  print(x) # but it's eager!
  return x

with tf.Session()as sess:
  x = tf.placeholder(dtype=tf.float32)
  # Call eager function in graph!
  pf = tfe.py_func(my_py_func, [x], tf.float32)
  sess.run(pf, feed_dict={x: [[2.0]]}) # [[4.0]]
```

6.6 TensorFlow 示例代码

6.6.1 简单回归拟合

回归分析（Regression Analysis）是确定两种或两种以上变量间相互依赖的定量关系的一种统计分析方法。以下代码生成 500 个 2 维的随机数据 x，而对应的 y 值根据公式 y_data=0.200x_1+ 0.500x_2+

0.600 求得。然后，*y_data* 再加上范围在（–0.001,0.001）的随机数据。开始时，随机设置 w_1、w_2 以及 b 值，求出的 $y = w_1x_1 + w_2y_2 + b$ 与 *y_data* 值相差较大。设置损失 loss 为 y 与 *y_data* 的方差。损失 loss 的大小可以判断拟合的好坏。采用梯度下降法对损失 loss 进行最小化优化。随着训练优化，w_1 接近 0.200，w_2 接近 0.500，b 接近 0.600，训练结果如图 6.10 所示。

```
import tensorflow as tf
import numpy as np
# 使用 NumPy 生成随机数据，总共 500 个(x1,x2)点
x_data = np.float32(np.random.rand(2, 500))
# 根据公式计算出 y 值
y_data = np.dot([0.20, 0.50], x_data)+ 0.6
#  y 值加上随机值
y_data = y_data +tf.random_uniform([2, 500], -0.001, 0.001)
# 构造一个线性模型，设置 b 初值为 0
b = tf.Variable(tf.zeros([1]))
# 设置 W(w1,w2)为范围(-1.0,1.0)的随机值
W = tf.Variable(tf.random_uniform([1, 2], -1.0, 1.0))
y = tf.matmul(W, x_data)+ b
# 定义最优的拟合为 y 与 y_data 的方差最小
loss = tf.reduce_mean(tf.square(y - y_data))
optimizer = tf.train.GradientDescentOptimizer(0.6)
train = optimizer.minimize(loss)
# 初始化变量
init = tf.initialize_all_variables()
# 启动图
sess = tf.Session()
sess.run(init)
# 训练模型，训练 501 次
for step in range(0, 501):
sess.run(train)
# 如果步数为 50 整数倍时，打印 W 和 b 值
    if step % 50 == 0:
        print(step, sess.run(W), sess.run(b))

# 得到最佳拟合结果 W: [[0.200  0.500]], b: [0.600]
```

```
import tensorflow as tf
import numpy as np
x_data = np.float32(np.random.rand(2,500))
y_data = np.dot([0.20,0.50],x_data)+0.6
y_data = y_data + tf.random_uniform([2,500],-0.001,0.001)
b=tf.Variable(tf.zeros([1]))
W=tf.Variable(tf.random_uniform([1,2],-1.0,1.0))
y=tf.matmul(W,x_data)+b
loss=tf.reduce_mean(tf.square(y-y_data))
optimizer = tf.train.GradientDescentOptimizer(0.6)
train=optimizer.minimize(loss)
init=tf.initialize_all_variables()
sess=tf.Session()
sess.run(init)
for step in range(0,501):
  sess.run(train)
  if step%50 ==0:
    print(step,sess.run(W),sess.run(b))

0 [[0.37491238 0.46347922]] [1.747234]
50 [[0.19013867 0.4870502 ]] [0.61183244]
100 [[0.19965284 0.4995545 ]] [0.6003656]
150 [[0.200013   0.49999696]] [0.6000764]
200 [[0.19997251 0.499969  ]] [0.59995085]
250 [[0.1999815  0.49997148]] [0.599979]
300 [[0.19995742 0.49997252]] [0.59992963]
350 [[0.20004278 0.5000034 ]] [0.6000386]
400 [[0.20002264 0.50000954]] [0.6000301]
450 [[0.19998965 0.49999994]] [0.60000885]
500 [[0.19999936 0.5000162 ]] [0.60001254]
```

图 6.10　简单回归拟合训练结果

6.6.2 波士顿房价预测

波士顿房屋数据共 506 个数据点，这里选择了波士顿不同郊区房屋的 13 种特征信息，如表 6.4 所示。

表 6.4 波士顿房屋数据特征

房屋数据特征		含　义
1.CRIM	per capita crime rate by towm	1. 城镇人均犯罪率
2.ZN	proportion of residential land zoned for lots over 25,000 sq.ft.	2. 大于 25000 平方英尺的住宅用地所占比例
3.INDUS	proportion of non-retail business acres per town	3. 城镇中非商业用地的所占比例
4.HCAS	Charles River dummy variable(=1 if tract bounds river; 0 therwise)	4. CHAS 查尔斯河虚拟变量，用于回归分析
5.NOX	nitric oxides concentration(parts per 10 million)	5. 环保指标
6.RM	average number of rooms per dwelling	6. 每栋住宅的房间数
7.AGE	proportion of owner-occupied units built prior to 1940	7. 1940 年以前建成的自住单位的比例
8.DIS	weighted distances to five Boston employment centres	8. 距离 5 个波士顿就业中心的加权距离
9.RAD	index of accessibility to radial highways	9. 距离高速公路的便利指数
10.TAX	full-value property-tax rate per $10,000	10. 每 10000 美元的不动产税率
11.PTRATIO	pupil-teacher ratio by town	11. 城镇中教师学生比例
12.B	1000(Bk-0.63)^2 where Bk is the proportion of blackes by town	12. 城市中黑人比例
13.LSTAT	% lower status of the population	13. 地区有多少百分比的房东属于是低收入阶层

sklearn 自带数据集，可以使用 sklearn.datasets.load_<name>的形式导入数据集。例如以下数据集。

sklearn.datasets.load_iris()用来导入鸢尾花数据集。

sklearn.datasets.load_breast_cancer()用来导入乳腺癌数据集。

sklearn.datasets.load_digits()用来导入手写数字数据集。

sklearn.datasets.load_diabets()用来导入糖尿病数据集。

sklearn.datasets.load_boston()用来导入波士顿房价数据集。

sklearn.datasets.load_linnerud()用来导入体能训练数据集。

波士顿房价数据集通过 sklearn.datasets.load_boston()导入，并随机把这些数据划分为 404 个训练集和 102 个测试集，再将训练数据通过标准差映射到均值为 0 的空间内。模型采用两层全连接 DNN，每层 10 个神经元节点。训练模型采用 TensorFlow 的 tf.estimator 构建，并将深度神经网络回归器（DNNRegressor）当作模型优化器。TensorFlow 的 Estimator 能够在高级层面上进行操作，可以减少开发代码的工作量。预创建的 Estimator 会自动创建和管理计算图和 Session 对象，编写依赖于预创建的 Estimator 的 TensorFlow 程序通常包含下列 4 个步骤：编写 1 个或多个数据集导入函数，定义特征列，实例化相关的预创建的 Estimator，调用训练、评估或推理方法（第 7 章将详细介绍）。训练代码如下。其结果如图 6.11 所示。

```
# Copyright 2016 The TensorFlow Authors. All Rights Reserved.#
# Licensed under the Apache License, Version 2.0(the "License")
# Python 提供了__future__模块，把下一个新版本的特性导入到当前版本
from __future__ import absolute_import  # 引入包，使用绝对路径，是完全引入
from __future__ import division  # 新版本的 division（精确除法）
from __future__ import print_function  # 新版本的 print（输出函数）
```

```
import numpy as np  # 导入numpy包，np为包符号
from sklearn import datasets  # 从sklearn包导入datasets
from sklearn import metrics  # 从sklearn包导入metrics
from sklearn import model_selection  # 从sklearn包导入model_selection
from sklearn import preprocessing  # 从sklearn包导入preprocessing
import tensorflow as tf  # 导入tensorflow包，tf为包符号

# 定义main()函数
def main(unused_argv):
  # 装载波士顿房价数据集 (sklearn.datasets定义的函数)
  boston = datasets.load_boston()
# 多个变量赋值 x= boston.data为样本特征集，y = boston.target为样本标签
  x, y = boston.data, boston.target
  """
 model_selection.train_test_split()函数用于将矩阵随机划分为训练子集和测试子集,并返回划分好的训练集、测试集样本和训练集、测试集标签
"""
  x_train, x_test, y_train, y_test = model_selection.train_test_split(
      x, y, test_size=0.2, random_state=42)
  # 将训练数据通过标准差映射到均值为0的空间内
  scaler = preprocessing.StandardScaler()
  x_train = scaler.fit_transform(x_train)
 # 建立两层全连接DNN，每层10个神经元节点
# 建立特征列
feature_columns = [
    tf.feature_column.numeric_column('x', shape=np.array(x_train).shape[1:])]
# DNNRegressor TensorFlow (DNN模型的回归器)
 regressor = tf.estimator.DNNRegressor(
    feature_columns=feature_columns, hidden_units=[10, 10])
  # 训练
    train_input_fn = tf.estimator.inputs.numpy_input_fn(
      x={'x': x_train}, y=y_train, batch_size=1, num_epochs=None, shuffle=True)
  regressor.train(input_fn=train_input_fn, steps=2000)
  # 预测
  x_transformed = scaler.transform(x_test)
  test_input_fn = tf.estimator.inputs.numpy_input_fn(
      x={'x': x_transformed}, y=y_test, num_epochs=1, shuffle=False)
  predictions = regressor.predict(input_fn=test_input_fn)
  y_predicted = np.array(list(p['predictions'] for p in predictions))
  y_predicted = y_predicted.reshape(np.array(y_test).shape)
  # sklearn得分
  score_sklearn = metrics.mean_squared_error(y_predicted, y_test)
  print('MSE(sklearn): {0:f}'.format(score_sklearn))
  # tensorflow得分
  scores = regressor.evaluate(input_fn=test_input_fn)
  print('MSE(tensorflow): {0:f}'.format(scores['average_loss']))
if __name__ == '__main__':
tf.app.run()
```

```
INFO:tensorflow:global_step/sec: 770.713
INFO:tensorflow:loss = 8.227405, step = 1101 (0.128 sec)
INFO:tensorflow:global_step/sec: 784.614
INFO:tensorflow:loss = 14.600181, step = 1201 (0.128 sec)
INFO:tensorflow:global_step/sec: 755.853
INFO:tensorflow:loss = 0.63758105, step = 1301 (0.134 sec)
INFO:tensorflow:global_step/sec: 781.267
INFO:tensorflow:loss = 37.788345, step = 1401 (0.127 sec)
INFO:tensorflow:global_step/sec: 770.018
INFO:tensorflow:loss = 2.303049, step = 1501 (0.132 sec)
INFO:tensorflow:global_step/sec: 731.3
INFO:tensorflow:loss = 0.57105094, step = 1601 (0.135 sec)
INFO:tensorflow:global_step/sec: 724.339
INFO:tensorflow:loss = 14.66719, step = 1701 (0.139 sec)
INFO:tensorflow:global_step/sec: 724.81
INFO:tensorflow:loss = 4.269207, step = 1801 (0.138 sec)
INFO:tensorflow:global_step/sec: 714.684
INFO:tensorflow:loss = 6.291372, step = 1901 (0.139 sec)
INFO:tensorflow:Saving checkpoints for 2000 into /var/folders/3c/9kf_cjzj7glcnqkdlqntmvcm0000gn/T/tmpl0lpoa8i/model.ckpt.
INFO:tensorflow:Loss for final step: 24.2119.
INFO:tensorflow:Calling model_fn.
INFO:tensorflow:Done calling model_fn.
INFO:tensorflow:Graph was finalized.
INFO:tensorflow:Restoring parameters from /var/folders/3c/9kf_cjzj7glcnqkdlqntmvcm0000gn/T/tmpl0lpoa8i/model.ckpt-2000
INFO:tensorflow:Running local_init_op.
INFO:tensorflow:Done running local_init_op.
MSE (sklearn):15.535892
INFO:tensorflow:Calling model_fn.
INFO:tensorflow:Done calling model_fn.
INFO:tensorflow:Starting evaluation at 2018-10-01-01:12:47
INFO:tensorflow:Graph was finalized.
INFO:tensorflow:Restoring parameters from /var/folders/3c/9kf_cjzj7glcnqkdlqntmvcm0000gn/T/tmpl0lpoa8i/model.ckpt-2000
INFO:tensorflow:Running local_init_op.
INFO:tensorflow:Done running local_init_op.
INFO:tensorflow:Finished evaluation at 2018-10-01-01:12:47
INFO:tensorflow:Saving dict for global step 2000: average_loss = 15.5358925, global_step = 2000, loss = 1584.661
MSE (Tensorflow):15.535892
```

图 6.11　波士顿房价预测训练结果

习题

1. 详述 TensorFlow 的安装过程。
2. 什么是张量的 shape？
3. 什么是图计算执行方式？
4. 图计算执行方式中占位符的作用是什么？
5. 什么是广播式操作？
6. TensorFlow 的随机函数有哪些？
7. 在图计算执行方式中数据是如何动态输入的？
8. 在图计算执行方式中如何检测中间操作的结果？
9. Eager Execution 有哪些优点？
10. 为什么图计算执行方式很难动态控制流程？
11. 编写并执行一个数据回归问题实例。
12. 编写并执行一个数据分类问题实例。

07

第7章 TensorFlow模型

本章介绍了 TensorFlow 模型搭建，TensorFlow 模型训练，TensorFlow 评估，TensorFlow 模型载入、保存与调用，TensorBoard 可视化分析与评估，以及编程示例。

7.1 TensorFlow 模型编程模式

TensorFlow 模型编程含有丰富的 API，并有两种不同的编程模式：图模式与 Eager Execution 模式。图模式一般使用 tfdbg 进行调试。Eager Execution 模式由于可以打印中间变量，非常易于调试。一般来说，图模式的效率要高一些。

TensorFlow 既有底层的低级 API，也有高级 API。对于同一个项目，源码不同，效率也不同。高级 API 是封装好的功能块，能节省很多代码。对于初学者来说，应尽量使用高级 API 与 Eager Execution 模式，这样做会加快学习和完成项目的进程。

TensorFlow 模型一般可以通过 tf.nn、tf.layers、tf.estimator 及 tf.keras 等模块进行搭建。

7.1.1 tf.nn 模块

TensorFlow 的低级 API——tf.nn 模块，包括激活函数、卷积运算、池操作、形态过滤、规范化、损失操作、分类操作、查找嵌入的张量、构造 RNN、连接时间分类（CTC）、评估、候选抽样、抽样损失函数、候选取样器、杂项候选人抽样工具以及 TensorFlow 量化操作等函数。

1. 神经元输出值计算

- tf.nn.xw_plus_b((x, weights)+biases)：计算神经元输出值，相当于 matmul(x,weights)+ biases。

```
import tensorflow as tf
x=[[1, 2, 3],[4, 5, 6]]
w=[[ 7, 8],[ 9, 10],[11, 12]]
b=[[3,3],[3,3]]
result=tf.nn.xw_plus_b(x,w,[3,3])
"""
 result--> [[ 61  67]
            [142 157]]
"""
```

- tf.nn.bias_add(value,bias,name=one)：将偏置值加到 value 上。tf.nn.bias_add()是 tf.add()的一个特例，即 tf.add()支持的操作比 tf.nn.bias_add()更多。两者均支持广播机制，即两个操作数最后一个维度保持一致。但是 tf.nn.bias_add()中参数 bias 的维度需要与 value 相同。

```
import tensorflow as tf
a=tf.constant([[1,1],[2,2],[3,3]],dtype=tf.float32)
b=tf.constant([1,-1],dtype=tf.float32)
c=tf.constant([1],dtype=tf.float32)
with tf.Session()as sess:
    print('bias_add:')
    print(sess.run(tf.nn.bias_add(a, b)))
    # 执行下一条语句会出现错误
    # print(sess.run(tf.nn.bias_add(a, c)))
    print('add:')
    print(sess.run(tf.add(a, c)))
```

输出结果如下。

```
bias_add:
           [[ 2. 0.]
            [ 3. 1.]
            [ 4. 2.]]
add:
```

```
[[ 2. 2.]
 [ 3. 3.]
 [ 4. 4.]]
```

2. 激活函数

激活函数用来将不同类型的非线性特性引入到神经网络中。这些激活函数包括平滑的非线性激活函数（Sigmoid、tanh、elu、softplus 和 softsign）、连续的但不是到处可微的函数（ReLU、ReLU6、CReLU 和 ReLU_x）和随机正规化函数（Dropout）。所有激活操作应用于分量，并产生与输入张量形状相同的张量。tf.nn 模块包括以下激活函数。

- relu(features, name=None)：计算 ReLU，即计算 max(features, 0)。

```
import tensorflow as tf
a = tf.constant([-1.0, 2.0])
with tf.Session()as sess:
    b = tf.nn.relu(a)
    print sess.run(b)
## 程序输出的结果是：[0. 2.]
```

- relu6(features, name=None)：计算 ReLU。下阈值为 0，上阈值为 6，即计算 min(max(features, 0), 6)。
- relu_layer(x, weights, biases, name=None)：计算 ReLU，即计算 x × weight + biases。
- crelu(features, name=None)：计算 Concatenated ReLU，即计算 CReLU(x)=[ReLU(x),ReLU(−x)]。
- elu(features, name=None)：计算 elu，

$$f(x)=\begin{cases}x & \text{if } x>0\\ \alpha(\mathrm{e}^x-1) & \text{if } x\leqslant 0\end{cases}$$

- leaky_relu(features, alpha=0.2, name=None)：计算 Leaky ReLU，

即
$$f(x)=\begin{cases}x & \text{if } x>0\\ \alpha x & \text{if } x\leqslant 0\end{cases}$$

- selu(features, name=None)：计算 scaled exponential linear，

即
$$selu(x)=\begin{cases}x & \text{if } x>0\\ \alpha(\mathrm{e}^x-1) & \text{if } x\leqslant 0\end{cases}$$

经过该激活函数后，样本分布自归一化到 0 均值和单位方差（自归一化，保证训练过程中梯度不会爆炸或消失，效果比 Batch Normalization 要好）。

- quantized_relu_x(features, max_value, min_features, max_features, out_type=tf.quint8, name=None)：计算 Quantized Rectified Linear，即计算 min(max(features, 0), max_value)。
- sigmoid(x, name=None)：计算 Sigmoid，即计算 1/(1+exp(−x))。
- dropout(x, keep_prob, noise_shape=None, seed=None, name=None)：计算 Dropout。第 1 个参数 x 为输入，第 2 个参数 keep_prob 为设置神经元被选中的概率，在初始化时 keep_prob 是一个占位符，keep_prob=tf.placeholder(tf.float32)。TensorFlow 在运行（run）时设置 keep_prob 具体的值，例如 keep_prob=0.5。
- softplus(features, name=None)：计算 softplus，即计算 log(exp(features)+ 1)。
- softsign(features, name=None)：计算 softsign，即计算 features/(abs(features)+ 1)。
- tanh(x, name=None)：计算 tanh。

```
# All activation ops apply componentwise, and produce a tensor of the same shape as the input tensor
tf.sigmoid(x, name = None)== tf.nn.sigmoid(x, name = None)# y = 1 /(1 + exp(-x))
tf.tanh(x, name = None) == tf.nn.tanh(x, name = None)# y =(exp(x)- exp(-x))/(exp(x)+ exp(-x))
tf.nn.relu(features, name=None)# y = max(features, 0)
tf.nn.elu(features, name=None)# exp(features)- 1 if < 0, features otherwise
tf.nn.relu6(features, name=None)# y = min(max(features, 0), 6)
tf.nn.crelu(features, name=None)
# crelu()为两个 relu()的拼接，结果为：[relu(features), -relu(features)]，一个是 ReLU，一个是 ReLU 关于 y 轴对称的形状
tf.nn.softplus(features, name=None) # y = log(exp(features)+ 1)
tf.nn.softsign(features, name=None) # y = features /(abs(features)+ 1)
```

3. 卷积运算

卷积运算在一批图像上扫描 2 维滤镜，并将这些滤镜应用到适当大小的每个图像的每个窗口上。不同的操作会在通用和特定过滤器之间进行取舍。以下示例（不包括 quantized_conv2d）采用 Eager Execution 立即执行运行机制，变量使用 tf.contrib.eager.Variable()进行定义。

```
import tensorflow as tf
import numpy as np
tf.enable_eager_execution()
```

- atrous_conv2d(...)：计算带孔或膨胀（空洞）2D 卷积。

空洞卷积（Atrous Convolution）包括膨胀率（Rate）参数，可以不需要池化步骤就能扩大感受野。空洞卷积与普通卷积不同的是在空洞卷积操作过程中与卷积核对应的数据采样位置是不连续的，相邻位置具有的空洞数等于膨胀率减 1。函数使用形式为 tf.nn.atrous_conv2d(value, filters, rate, padding, name=None)，其中 value 为输入数据，具有[batch, in_height, in_width, in_channels]这样的张量形状，具体含义是[一批训练数据个数, 高度, 宽度, 通道数]；filters 为卷积核，具有[filter_height, filter_width, in_channels, out_channels]这样的张量形状，具体含义是[卷积核的高度，卷积核的宽度，通道数，输出通道数]；filters 的第 3 维 in_channels 等于 value 的第 4 维，输出通道数即卷积核个数；rate 为膨胀率，是 int 型的正整数；padding 为边缘填充方式，可选项为 SAME 或 VALID。该函数结果将返回 4 维张量，其形状的第 1 维为 batch，第 4 维为 out_channels。

```
input_data = tf.contrib.eager.Variable(np.random.rand(1, 5, 5, 1), dtype=np.float32)
filter_data = tf.contrib.eager.Variable(np.random.rand(3, 3, 1, 1), dtype=np.float32)
y = tf.nn.atrous_conv2d(input_data, filter_data, 2, padding='SAME')
print(input_data)
print(' tf.nn.atrous_conv2d : ', y)
```

- atrous_conv2d_transpose(...)：计算带孔或膨胀（空洞）2D 反卷积。

解卷积网络（deconvolutional network）中的 deconvolutional 有时被称为“反卷积”。函数使用形式为 tf.nn.atrous_conv2d_transpose(value, filters, output_shape, rate, padding, name=None)，其中 value 为输入数据，张量形状为[batch, in_height, in_width, in_channels]；filters 的张量形状为[filter_height, filter_width, out_channels, in_channels]；output_shape 为一维张量；rate 为膨胀率，是 int 型的正整数。

```
input_data = tf.contrib.eager.Variable(np.random.rand(1, 5, 5, 3), dtype=np.float32)
filter_data = tf.contrib.eager.Variable(np.random.rand(3, 3, 3, 2), dtype=np.float32)
yc= tf.nn.atrous_conv2d(input_data, filter_data, 2, padding='SAME')
print(input_data)
print(yc)
output_shape= [1,5,5,3]
kernal = tf.contrib.eager.Variable(np.random.rand(5, 5, 3, 2), dtype=np.float32)
```

```
y = tf.nn.atrous_conv2d_transpose(yc, kernal , output_shape, rate=2 , padding='SAME')
print('tf.nn.atrous_conv2d_transpose : ', y)
```

- conv1d(...)：计算 1D 卷积。

函数使用形式为 tf.nn.conv1d(value,filters,stride,padding,use_cudnn_on_gpu=None,data_format=None,name=None)，其中 value 为输入，其张量形状为[batch,in_width,in_channels]，卷积核张量形状为[filter_height, in_channel, out_channels]；stride 为每一步的步长。

```
input_data = tf.contrib.eager.Variable(np.random.rand(1, 5, 1), dtype=np.float32)
filter_data = tf.contrib.eager.Variable(np.random.rand(3, 1, 3), dtype=np.float32)
y = tf.nn.conv1d(input_data, filter_data, stride=2, padding='SAME')
print(input_data)
print('tf.nn.conv1d : ', y)
```

- conv2d(...)：计算 2D 卷积。

函数使用形式为 tf.nn.conv2d(input,filter,strides,padding,use_cudnn_on_gpu=True,data_format='NHWC',dilations=[1,1,1,1],name=None)。

函数功能：将 input（样本数据矩阵）和 filter（卷积核）做卷积运算，输出卷积后的矩阵。

input 的张量形状为[batch,in_height,in_width,in_channels]，其中，batch 为每批训练数据个数，例如 MNIST 中的输入图像为 28×28 的黑白图像，其张量形状即为[batch,28,28,1]，其中 1 代表黑白，如果是 RGB 彩色图像的通道，则此处的值为 3，而 batch 则为输入的图像数量，一次输入 10 张图片时，其值为 10，一次输入 20 张图片时则为 20。

filter 的张量形状为[filter_height,filter_width,in_channels,out_channels]，其中 filter_height 为卷积核的高，filter_width 为卷积核的宽，in_channels 为输入的通道数，out_channels 为输出的通道数即卷积核个数。

strides 为卷积时图像每维的步长，是一维的向量，长度为 4。大多数情况下水平滑动与垂直滑动的步长相同，即 strides = [1,stride,stride,1]。

padding 为 string 类型，只能是 SAME 和 VALID 其中之一。

use_cudnn_on_gpu 为布尔类型，用来指定是否使用 cudnn 加速，默认为 True。

该函数将返回一个张量，形状与 input 的形状类似。

```
input_data = tf.contrib.eager.Variable(np.random.rand(1,7, 7, 3), dtype=np.float32)
filter_data = tf.contrib.eager.Variable(np.random.rand(2, 2, 3, 2), dtype=np.float32)
y = tf.nn.conv2d(input_data, filter_data, strides=[1, 1, 1, 1], padding='SAME')
print(input_data)
print('tf.nn.conv2d : ', y)
```

- conv2d_transpose(...)：计算 2D 反卷积。

函数使用形式为 tf.nn.conv2d_transpose(value,filter,output_shape,strides,padding="SAME",data_format="NHWC",name=None)，其中 value 为输入，其张量形状在 NHWC 数据格式下为[batch,height,width,in_channels]，在 NCHW 数据格式下为 [batch,in_channels,height,width]；filter 的形状为[height,width,output_channels,in_channels]；value 与 filter 的 in_channels 的维数需相同。

```
x = tf.random_normal(shape=[1, 3, 3, 1])
kernal = tf.random_normal(shape=[2, 2, 3, 1])
y = tf.nn.conv2d_transpose(x, kernal, output_shape=[1, 5, 5, 3], strides=[1, 2, 2, 1],
        padding='SAME')
print(input_data)
print('tf.nn.conv2d_transpose : ', y)
```

- conv2d_backprop_filter(...)：计算 2D 卷积相对于 filter 的反向梯度。
- conv2d_backprop_input(...)：计算 2D 卷积相对于输入的反向梯度。
- conv3d(...)：计算 3D 卷积。

3D 卷积与 2D 卷积类似，但它的输入维度和卷积核的维度均为 5。通常用于视频数据，即 2 维图像加 1 维时间。函数使用形式为 tf.nn.conv3d(input,filter,strides,padding,data_format='NDHWC', dilations=[1,1,1,1,1],name=None)，其中 input 的张量形状为[batch,in_depth,in_height,in_width,in_channels]；filter 的张量形状为[filter_depth,filter_height,filter_width,in_channels,out_channels]；strides 为 1 维张量，包括 5 个元素，必须保证 strides[0] = strides[4] =1。

```
input_data = tf.contrib.eager.Variable(np.random.rand(1, 2, 5, 5, 1), dtype=np.float32)
filter_data = tf.contrib.eager.Variable(np.random.rand(2, 3, 3, 1, 3), dtype=np.float32)
y = tf.nn.conv3d(input_data, filter_data, strides=[1, 2, 2, 1, 1], padding='SAME')
print(input_data)
print('tf.nn.conv3d : ', y)
```

- conv3d_transpose(...)：计算 3D 反卷积。

3D 反卷积与 2D 反卷积类似。函数使用形式为 tf.nn.conv3d_transpose(value, filter, output_shape, strides,padding='SAME',data_format='NDHWC',name=None)，其中 value 的张量形状为[batch,depth, height,width,in_channels]；filter 的张量形状为[depth,height,width,output_channels,in_channels]；filter 与 value 的 in_channels 的维度必须相同；data_format 为参数格式，可选择 NDHWC 或 NCDHW，默认为 NDHWC。

```
x = tf.random_normal(shape=[2, 1, 3, 3, 1])
kernal = tf.random_normal(shape=[2, 2, 2, 3, 1])
y = tf.nn.conv3d_transpose(x, kernal, output_shape=[2, 1, 5, 5, 3], strides=[1, 2, 2, 2,
    1], padding='SAME')
print(input_data)
print('tf.nn.conv3d_transpose : ', y)
```

- conv3d_backprop_filter_v2(...)：计算 3D 卷积相对于 filter 的反向梯度。
- convolution(...)：计算 ND 卷积。

函数使用形式为 tf.nn.convolution(input,filter,padding, strides=None, dilation_rate=None,name=None, data_format=None)，其中 data_format 的默认数据为 None，其输入 input 具有[batch_size, input_spatial_shape, in_channels]的张量形状，当数据格式为 NC 时，其张量形状为[batch_size, in_channels, input_spatial_shape]，（filter 具有[spatial_filter_shape,in_channels,out_channels]的张量形状；）其中 input_spatial_ shape 以及 spatial_filter_shape 是多维参数，以下例子中它们的维数是 2。

```
input_data = tf.contrib.eager.Variable(np.random.rand(1,7, 7, 3), dtype=np.float32)
filter_data = tf.contrib.eager.Variable(np.random.rand(2, 2, 3, 2), dtype=np.float32)
y = tf.nn.convolution(input_data, filter_data, strides=[1, 1], padding='SAME')
print(input_data)
print('tf.nn.convolution : ', y)
```

- separable_conv2d(...)：计算 2D 可分卷积。

函数使用形式为 tf.nn.separable_conv2d(input,depthwise_filter,pointwise_filter,strides,padding,rate= None,name=None,data_format=None)，其中 input 为输入，是 4 维张量。depthwise_filter 是 4 维张量，形状为 [filter_height,filter_width,in_channels,channel_multiplier]；pointwise_filter 为 4 维张量，形状为 [1,1, channel_multiplier × in_channels,out_channels]；strides 为 input 的每维步长；rate 为空洞卷积膨胀率，如果大于 1，strides 的元素值都必须等于 1。

2D 可分卷积就是先将输入用深度卷积方法计算出 channel_multiplier × in_channels 个特征图，然后用 pointwise_filter 中的每个核对其进行普通卷积，输出 out_channels 个特征图。

```
input_data = tf.contrib.eager.Variable(np.random.rand(1,7, 7, 3), dtype=np.float32)
depthwise_filter = tf.contrib.eager.Variable(np.random.rand(2, 2, 3, 5), dtype=np.float32)
poinwise_filter = tf.contrib.eager.Variable(np.random.rand(1, 1, 15, 20), dtype=np.float32)
# out_channels >= channel_multiplier * in_channels
y = tf.nn.separable_conv2d(input_data, depthwise_filter=depthwise_filter, pointwise_filter=
poinwise_filter,
strides=[1, 1, 1, 1], padding='SAME')
print(input_data)
print(' tf.nn.separable_conv2d : ', y)
```

- depthwise_conv2d(...)：计算 2D 深度卷积。

函数使用形式为 tf.nn.depthwise_conv2d(input,filter,strides,padding,rate=None,name=None,data_format=None)，其中 input 为输入，是 4 维张量，默认形状为[batch,in_height,in_width,in_channels]。filter 为 4 维张量，其形状为[filter_height, filter_width, in_channels, channel_multiplier]，具体含义是[卷积核的高度，卷积核的宽度，输入通道数，输出卷积乘子]；input 与 filter 的 in_channels 必须相同；rate 为空洞卷积膨胀率；如果 rate 大于 1，strides 的元素值都必须等于 1。

2D 深度卷积中的每个卷积核（channel_multiplier）独立地应用在 in_channels 的每一个通道上不求和，所以每个卷积核有 in_channels 个输出，结果总共输出 in_channel × channel_multiplier 个特征图。

```
input_data = tf.contrib.eager.Variable(np.random.rand(1,7, 7, 3), dtype=np.float32)
filter_data = tf.contrib.eager.Variable(np.random.rand(2, 2, 3, 2), dtype=np.float32)
y = tf.nn.depthwise_conv2d(input_data, filter_data, strides=[1, 1, 1, 1], padding='SAME')
print(input_data)
print('tf.nn.depthwise_conv2d : ', y)
```

- depthwise_conv2d_native(...)：计算 2D 深度卷积。
- depthwise_conv2d_native_backprop_filter(...)：计算 2D 深度卷积相对于卷积核的反向梯度。
- depthwise_conv2d_native_backprop_input(...)：计算 2D 深度卷积相对于输入的反向梯度。
- quantized_conv2d(...)：计算 2D 量化卷积。

量化卷积是为了减少计算工作量的一种卷积网络，采用整数计算代替浮点计算。特别适用于计算能力弱、内存少的设备（量化卷积）的推理。实际应用中的神经网络涉及百万以上的变量。训练阶段可以用具有 GPU、TPU 的计算机，但对于移动设备仍需减少推理阶段的计算量。量化卷积可以在牺牲少量精度的情况下提供很高的性能。函数使用形式为 tf.nn.quantized_conv2d(input,filter,min_input,max_input,min_filter,max_filter,strides,padding,out_type=tf.qint32,dilations=[1,1,1,1],name=None)，其中 input 为输入张量，必须是 qint8、quint8、qint32、qint16 或 quint16 的整数类型之一；filter（卷积核）同样必须是 qint8、quint8、qint32、qint16 或 quint16 的整数类型之一；min_input 为 float32 类型，表示限定最低输入值；max_input 为 float32 类型，表示限定最高输入值；min_filter 为 float32 类型，表示限定最低卷积核中的值；max_filter 为 float32 类型，表示限定最高卷积核中的值；out_type 表示输出数据值的类型，可选择 tf.qint8、tf.quint8、tf.qint32、tf.qint16 或 tf.quint16 数据类型，默认为 tf.qint32 类型。

```
import tensorflow as tf
import numpy as np
```

```
tensor_in_sizes = [1, 28, 28, 3]
filter_in_sizes = [4,4,3,2]
total_size_1 = 1
total_size_2 = 1
for s in tensor_in_sizes:
total_size_1 *= s
for s in filter_in_sizes:
total_size_2 *= s
x1 = np.array([f for f in range(1, total_size_1 + 1)])
x1 = x1.astype(np.uint8).reshape(tensor_in_sizes)
x1_min = 0.0
x1_max = 255.0
x2 = np.array([f for f in range(1, total_size_2 + 1)]).astype(np.uint8)
x2 = x2.astype(np.uint8).reshape(filter_in_sizes)
x2_min = 0.0
x2_max = 255.0
t1 = tf.constant(x1, shape=tensor_in_sizes, dtype=tf.quint8)
t2 = tf.constant(x2, shape=filter_in_sizes, dtype=tf.quint8)
y = tf.nn.quantized_conv2d(t1, t2, out_type=tf.qint32, strides=[1, 1, 1, 1], padding=
'VALID', min_input=x1_min, max_input=x1_max, min_filter=x2_min, max_filter=x2_max)
with tf.Session()as sess:
    print('tf.nn.quantized_conv2d : ', sess.run([t1,t2,y]))
```

4. 池操作

池操作通过扫描输入张量矩形窗口，计算每个窗口的缩减操作（平均值、最大值或最大值与 argmax）。

- avg_pool(...)：计算均值池化。
- avg_pool3d(...)：计算 3D 均值池化。
- max_pool(...)：计算最大值池化。

函数使用形式为 tf.nn.max_pool(value, ksize, strides, padding, name=None)，其中 value 为需要池化的输入，一般池化层接在卷积层后面，所以输入通常是特征图，其张量形状为[batch,height, width,channels]；ksize 为池化窗口的大小，是一个 4 维向量，一般是[1, height, width, 1]，因为这里不在 batch 和 channels 上做池化，所以这两个维度设为 1；strides 和卷积类似，是窗口在每一个维度上滑动的步长，一般也是[1,stride,stride,1]；padding 用法和在卷积中的用法类似，可以取 VALID 或者 SAME。

该函数结果将返回一个张量，类型不变，形状仍然是[batch, height, width, channels]。

```
import tensorflow as tf
a=tf.constant([
        [[1.0,2.0,3.0,4.0],
        [5.0,6.0,7.0,8.0],
        [8.0,7.0,6.0,5.0],
        [4.0,3.0,2.0,1.0]],
        [[4.0,3.0,2.0,1.0],
         [8.0,7.0,6.0,5.0],
         [1.0,2.0,3.0,4.0],
         [5.0,6.0,7.0,8.0]]
    ])
a=tf.reshape(a,[1,4,4,2])
pooling=tf.nn.max_pool(a,[1,2,2,1],[1,1,1,1],padding='VALID')
with tf.Session()as sess:
    result=sess.run(pooling)
    print(result)
```

- max_pool3d(...)：计算 3D 最大值池化。

```
a=tf.reshape(a,[1,3,4,6,2])
pooling_3d=tf.nn.max_pool3d(a,[1,2,2,1,1],[1,1,2,2,1],padding='VALID')
```

- max_pool_with_argmax(...)：计算池化区域中元素的最大值和该最大值所在的位置。

```
import tensorflow as tf
import numpy as np
input_data = tf.Variable(np.random.rand(10, 6, 6 ,3), dtype = np.float32)
filter_data = tf.Variable(np.random.rand(2, 2, 3, 10), dtype = np.float32)
y = tf.nn.conv2d(input_data, filter_data, strides = [1, 1, 1, 1], padding = 'SAME')
output,argmax = tf.nn.max_pool_with_argmax(input = y, ksize = [1, 2, 2, 1], strides =
                [1, 1, 1, 1], padding = 'SAME')
with tf.Session()as sess:
    sess.run(tf.global_variables_initializer())
    print sess.run(argmax)
    print sess.run(tf.shape(argmax))
```

- fractional_avg_pool(...)：计算分级均值池化。
- fractional_max_pool(...)：计算分级最大值池化。
- quantized_avg_pool(...)：计算量化张量均值池化。
- quantized_max_pool(...)：计算量化张量最大值池化。
- pool(...)：计算 N-D 池化。

5. 形态运算

形态运算符是图像处理中使用的非线性滤波器。膨胀（Dilation）与腐蚀（Erosion）是相互的，而膨胀和腐蚀结合又形成了开运算和闭运算。开运算就是先腐蚀再膨胀，而闭运算就是先膨胀再腐蚀。

- dilation2d(...)：计算灰度膨胀。
- erosion2d(...)：计算灰度腐蚀。

6. 归一化

输入值可能大小相差很大，归一化可以防止神经元饱和，并帮助泛化。

- moments(...)：计算平均值和方差。

函数使用形式为 tf.nn.moments(x,axes,name=None,keep_dims=False)，其中 x 为输入数据，其张量形状为[batchsize,height,width,kernels]；axes 表示在哪个维度上求解，是个数列，例如[0,1,2]。返回值是两个张量 mean 和 variance。

```
# 计算 Wx_plus_b 的均值与方差，其中 axis = [0] 表示要标准化的维度
img_shape= [128, 32, 32, 64]
Wx_plus_b = tf.Variable(tf.random_normal(img_shape))
axis = list(range(len(img_shape)-1))# [0,1,2]
wb_mean, wb_var = tf.nn.moments(Wx_plus_b, axis)
```

- batch_norm_with_global_normalization(...)：批处理归一化（弃用）。

这是一个弃用的操作，不建议使用。目前这个函数会委托给 tf.nn.batch_normalization()执行。

- batch_normalization(...)：批处理归一化。

```
batch_normalization(
    x,
    mean,
    variance,
    offset,
```

```
    scale,
    variance_epsilon,
    name=None
)
```

其中 x 为输入张量，mean 和 variance 由 moments()求得，而 offset 和 scale 一般分别初始化为 0 和 1，variance_epsilon 一般设为比较小的数字即可。

```
scale = tf.Variable(tf.ones([64]))
offset = tf.Variable(tf.zeros([64]))
variance_epsilon = 0.001
Wx_plus_b = tf.nn.batch_normalization(Wx_plus_b, wb_mean, wb_var, offset, scale, variance_
epsilon)
```

- fused_batch_norm(...)：批处理归一化。

fused_batch_norm()和 batch_normalization()的区别是，fused_batch_norm()只接受 4D 的张量，并对归一化进行了性能优化。fused_batch_norm()通常用于卷积神经网络。

- l2_normalize(...)：L2 归一化（弃用）。
- local_response_normalization(...)（即 lrn）：局部响应归一化。
- normalize_moments(...)：计算充分统计量的平均值和方差。
- weighted_moments(...)：计算频率加权平均值和方差。

7. 损失函数

损失函数用来测量两个张量之间或张量和零之间的误差。这些函数可以用于测量网络在回归任务中的准确度，或用于正则化的目的（权重衰减）。

- l2_loss(...)：计算 L2 损失。

函数使用形式为 tf.nn.l2_loss(t,name=None)。这个函数的作用是利用 L2 范数来计算张量的误差值，但是没有开方并且只取 L2 范数值的一半，具体计算为：output = sum(t ** 2)/ 2。

```
import tensorflow as tf
a=tf.constant([1,2,3],dtype=tf.float32)
b=tf.constant([[1,1],[2,2],[3,3]],dtype=tf.float32)
with tf.Session()as sess:
    print('a:')
    print(sess.run(tf.nn.l2_loss(a)))
    print('b:')
    print(sess.run(tf.nn.l2_loss(b)))
```

输出如下。

```
a:
7.0
b:
14.0
```

- log_poisson_loss(...)：计算对数泊松损失。
- nce_loss(...)：计算噪音对比估计（Noise Contrastive Estimation）损失。
- sampled_softmax_loss(...)：计算采样的 Softmax 损失。

8. 神经网络输出层操作

神经网络的最终输出，往往要执行分类操作。

- sparse_softmax_cross_entropy_with_logits(_sentinel=None,labels=None,logits=None,name=None)：计算 logits 和 labels 之间的稀疏 Softmax 交叉熵。

- softmax(logits,axis=None,name=None,dim=None)：计算 Softmax 激活函数（弃用）。
- log_softmax(logits,axis=None,name=None,dim=None)：计算对数 Softmax 激活函数（弃用）。
- sigmoid_cross_entropy_with_logits(_sentinel=None,labels=None,logits=None,name=None)：计算 logits 的 Sigmoid 交叉熵。
- softmax_cross_entropy_with_logits(_sentinel=None,labels=None,logits=None,dim=-1,name=None)：计算 logits 和 labels 的 Softmax 交叉熵（弃用）。
- softmax_cross_entropy_with_logits_v2(_sentinel=None,labels=None,logits=None,dim=-1,name=None)：计算 logits 和 labels 的 Softmax 交叉熵。
- weighted_cross_entropy_with_logits(targets,logits,pos_weight,name=None)：计算权重交叉熵。

tf.nn.softmax_cross_entropy_with_logits（记为 fs）、tf.nn.sparse_softmax_cross_entropy_with_logits（记为 fSs）和 tf.nn.softmax_cross_entropy_with_logits_v2（记为 fsv2）之间有比较小的区别。fs 和 fSs 对于参数 logits 的要求都是一样的，即要求其是未经处理的、直接由神经网络输出的数值，比如[3.5,2.1,7.89,4.4]。两个函数不一样的地方在于对 labels 格式的要求，fs 的要求是 labels 的格式和 logits 类似，比如[0,0,1,0]。而 fss 要求 labels 是数值，这个数值记录着真值的索引，以[0,0,1,0]为例，这里真值 1 的索引为 2，所以 fss 要求 labels 的输入为数字 2（张量）。一般可以用 tf.argmax()来从[0,0,1,0]中取得真值的索引。fs 和 fsv2 之间很像，实际上官方文档已经标记出 fs 是 deprecated 状态，推荐使用 fsv2。两者唯一的区别在于 fs 在进行反向传播的时候，只对 logits 进行反向传播，labels 保持不变。而 fsv2 在进行反向传播的时候，同时对 logits 和 labels 都进行反向传播，如果将 labels 传入的张量设置为 stop_gradients，就和 fs 一样了。fsv2 的 labels 反向传播在对抗生成网络（GAN）有应用，因为 labels 是由神经网络生成的。

```
import tensorflow as tfimport numpy as np
Truth = np.array([0,0,1,0])
Pred_logits = np.array([3.5,2.1,7.89,4.4])
loss = tf.nn.softmax_cross_entropy_with_logits(labels=Truth,logits=Pred_logits)
loss2 = tf.nn.softmax_cross_entropy_with_logits_v2(labels=Truth,logits=Pred_logits)
loss3 = tf.nn.sparse_softmax_cross_entropy_with_logits(labels=tf.argmax(Truth),logits=
Pred_logits)
with tf.Session()as sess:
    print(sess.run(loss))
    print(sess.run(loss2))
```

9. 连接时序分类（Connectionist Temporal Classification，CTC）

- ctc_beam_search_decoder(inputs,sequence_length,beam_width=100,top_paths=1,merge_repeated=True)：计算前 beam_width 个最大的概率分布。
- ctc_greedy_decoder(inputs,sequence_length,merge_repeated=True)：使用贪婪策略计算最大的概率分布。
- ctc_loss(labels,inputs,sequence_length,preprocess_collapse_repeated=False,ctc_merge_repeated=True,ignore_longer_outputs_than_inputs=False,time_major=True)：计算 CTC 损失。

10. 预测评估操作

- in_top_k(predictions,targets,k,name=None)：返回一个布尔向量，判断实际结果是否存在于前 k 个最大预测值之中。

其中 predictions 为预测的结果，用于预测矩阵；targets 为实际的标签，大小为样本数；k 表示每个样本的预测结果的前 k 个最大的数里面是否包含对应 targets 中的值，一般都取 1，即取预测最大概率的索引与标签对比。

```
import tensorflow as tf
logits = tf.Variable(tf.random_normal([10,5],mean=0.0,stddev=1.0,dtype=tf.float32))
labels = tf.constant([0,2,0,1,0,0,4,0,3,0])
top_1_op = tf.nn.in_top_k(logits,labels,1)
top_2_op = tf.nn.in_top_k(logits,labels,2)
with tf.Session()as sess:
    sess.run(tf.global_variables_initializer())
    print(logits.eval())
    print(labels.eval())
    print(top_1_op.eval())
    print(top_2_op.eval())
```

- top_k(...)：返回 input 中每行最大的 k 个数，并且返回它们所在位置的索引。

```
import tensorflow as tf
import numpy as np
input = tf.constant(np.random.rand(3,4))
k = 2
output = tf.nn.top_k(input, k)
with tf.Session()as sess:
    print(sess.run(input))
    print(sess.run(output))
```

11. 采样

当训练具有数千或数百万个输出类的多类或多标签模型时，使用完整的样本对其进行训练是非常缓慢的。候选抽样训练算法可以通过将每批示例随机选择的小子集来缩短训练时间。

- all_candidate_sampler(...)：产生所有采用类的集合。
- fixed_unigram_candidate_sampler(...)：根据其他渠道掌握的类别满足某些分布的采样。
- learned_unigram_candidate_sampler(...)：根据学习得出分布的采样。
- log_uniform_candidate_sampler(...)：根据 log-uniform（Zipfian）分布的采样。
- uniform_candidate_sampler(...)：均匀分布的采样。
- compute_accidental_hits(...)：计算在采样中符合真类别的 ID 位置。
- sufficient_statistics(...)：最小充分统计量包括平均值和方差。

12. RNN 神经元模块

- bidirectional_dynamic_rnn(...)：建立动态的双向 RNN。

```
bidirectional_dynamic_rnn(
cell_fw, # 前向RNN
cell_bw, # 后向RNN
inputs, # 输入
sequence_length=None, # 输入序列的实际长度（可选，默认为输入序列的最大长度）
initial_state_fw=None, # 前向的初始化状态（可选）
initial_state_bw=None, # 后向的初始化状态（可选）
dtype=None, # 初始化和输出的数据类型（可选）
parallel_iterations=None,
swap_memory=False,
time_major=False,
# 决定了输入输出张量的格式：如果为True，其张量形状必须为[max_time, batch_size, depth]
# 如果为False，其张量形状必须为[batch_size,max_time, depth]
```

```
    scope=None
    )
```

返回值为元组(outputs, output_states)，其中，outputs，是包含前向 cell 输出张量和后向 cell 输出张量组成的元组(output_fw, output_bw)，假设 time_major=False，张量形状为[batch_size, max_time, depth]；output_states 是包含了前向和后向最后的隐藏状态组成的元组(output_state_fw, output_state_bw)；output_state_fw 和 output_state_bw 的类型为 LSTMStateTuple，LSTMStateTuple 由(c,h)组成，分别代表 memory cell 和 hidden state。

fw_cell 和 bw_cell 的定义是完全一样的，如果这两项为 LSTM cell，那么就是双向 LSTM。

```
    # LSTM 模型，正方向传播的 RNN
    lstm_fw_cell = tf.nn.rnn_cell.BasicLSTMCell(embedding_size, forget_bias=1.0)
    # 反方向传播的 RNN
    lstm_bw_cell = tf.nn.rnn_cell.BasicLSTMCell(embedding_size, forget_bias=1.0)
```

下面为一个示例。

```
    (outputs, output_states)= tf.nn.bidirectional_dynamic_rnn(lstm_fw_cell, lstm_bw_cell,
embedded_chars,  dtype=tf.float32)
```

- dynamic_rnn(...)：通过 RNNCell 神经元建立动态的 RNN。
- raw_rnn(...)：通过 RNNCell 神经元建立 RNN 和循环函数 loop_fn()。
- static_bidirectional_rnn(...)：建立静态的双向 RNN。
- static_rnn(...)：通过 RNNCell 神经元建立静态的 RNN。
- static_state_saving_rnn(...)：建立接受时间删减计算（time-truncated RNN calculation）的状态保存器（state saver）的 RNN。

TensorFlow 还提供了 RNN 神经元模块 tf.nn.rnn_cell，下面介绍该模块提供的类和函数。

- class BasicLSTMCell：基本 LSTM 的 RNN 神经元类。

函数使用形式为 tf.nn.rnn_cell.BasicLSTMCell(n_hidden, forget_bias=1.0, state_is_tuple=True)，其中，n_hidden 表示神经元的个数；forget_bias 就是 LSTM 门的忘记系数，如果等于 1，就不会忘记任何信息，如果等于 0，就都忘记；state_is_tuple 默认是 True，官方建议用 True，表示返回的状态用一个元组表示。可以使用 zero_state(batch_size,dtype)函数进行初始化，batch_size 是输入样本批次的数目，dtype 是数据类型。

```
    import tensorflow as tf
    batch_size = 4
    input = tf.random_normal(shape=[3, batch_size, 6], dtype=tf.float32)
    cell = tf.nn.rnn_cell.BasicLSTMCell(10, forget_bias=1.0, state_is_tuple=True)
    init_state = cell.zero_state(batch_size, dtype=tf.float32)
    output, final_state = tf.nn.dynamic_rnn(cell, input, initial_state=init_state, time_major=
True)
    #time_major 如果是 True，就表示 RNN 的 steps 用第 1 个维度表示，建议用这个，运行速度快一点
```

- class BasicRNNCell：RNN 神经元基本类。
- class DeviceWrapper：设定 RNNCell 在特定的设备上运行。
- class DropoutWrapper：设定在给定神经元的输入输出之间加上 Dropout。
- class GRUCell：门循环神经网络神经元（Gated Recurrent Unit cell）。

函数使用形式为 tf.nn.rnn_cell.GRUCell(num_units, input_size=None, activation=<function tanh>)，其中，num_units 就是隐含层神经元的个数，默认的 activation 就是 tanh，也可以自己定义，但是一般都不会修

改。

```
import tensorflow as tf;
import numpy as np;
X = tf.random_normal(shape=[3,5,6], dtype=tf.float32)
X = tf.reshape(X, [-1, 5, 6])
cell = tf.nn.rnn_cell.GRUCell(10)
init_state = cell.zero_state(3, dtype=tf.float32)
output, state = tf.nn.dynamic_rnn(cell, X, initial_state=init_state, time_major=False)
```

- class LSTMCell：LSTM 长短时循环神经网络神经元（Long short-term memory unit(LSTM) recurrent network cell）。
- class LSTMStateTuple：LSTM 神经元的多元体，包括状态大小、零状态以及输出状态。
- class MultiRNNCell：多个 RNN 神经元复合神经元。

函数使用形式为 tf.nn.rnn_cell.MultiRNNCell([list RNNcell], state_is_tuple=True)，第 1 个参数是输入的 RNN 实例形成的列表，第 2 个参数是指定状态是否为一个元组，默认为 True。

```
import tensorflow as tf;
import numpy as np;
X = tf.random_normal(shape=[3,5,6], dtype=tf.float32)
X = tf.reshape(X, [-1, 5, 6])
cell = tf.nn.rnn_cell.BasicLSTMCell(10)#也可以换成别的，比如 GRUCell、BasicRNNCell 等
lstm_multi = tf.nn.rnn_cell.MultiRNNCell([cell]*2,  state_is_tuple=True)
state = lstm_multi.zero_state(3, tf.float32)
output, state = tf.nn.dynamic_rnn(lstm_multi, X, initial_state=state, time_major=False)
```

- class RNNCell：创建 RNN 神经元抽象对象。
- class ResidualWrapper：设定给定 RNN 神经元的输入会加入到输出中。

7.1.2 tf.layers 模块

tf.layers 模块提供用于深度学习的更高层次封装的 API，利用它可以轻松地构建模型。相应地，基于 tf.layers 模块提供的方法，可以方便地定制特定的应用。

1. 卷积层函数及类

- conv1d(···)：1 维卷积层（对应类 class Conv1D）。
- conv2d(···)：2 维卷积层（对应类 class Conv2D）。
- conv2d_transpose(···)：2 维反卷积层（对应类 class Conv2DTranspose）。
- conv3d(···)：3 维卷积层（对应类 class Conv3D）。
- conv3d_transpose(···)：4 维反卷积层（对应类 class Conv3DTranspose）。
- separable_conv1d(···)：1 维深度可分离卷积层（对应类 class SeparableConv1D）。
- separable_conv2d(...)：2 维深度可分离卷积层（对应类 class SeparableConv2D）。

2. 池化层函数及类

- average_pooling1d(···)：1 维平均池化层（对应类 class AveragePooling1D）。
- average_pooling2d(···)：2 维平均池化层（对应类 class AveragePooling2D）。
- average_pooling3d(···)：3 维平均池化层（对应类 class AveragePooling3D）。
- max_pooling1d(···)：1 维最大池化层（对应类 class MaxPooling1D）。
- max_pooling2d(···)：2 维最大池化层（对应类 class MaxPooling2D）。

- max_pooling3d(…)：3 维最大池化层（对应类 class MaxPooling3D）。

3. **标准化层函数及类**

- batch_normalization(…)：批量标准化层（对应类 class BatchNormalization）。tf.layers.batch_normalization()集成了 tf.nn 模块中的 moments 和 batch_normalization()两个方法。

```
import tensorflow as tf
a=tf.constant([1.,2.,3.,4.,7.,5.,8.,4.,6.],shape=(1,3,3,3))
a_mean, a_var = tf.nn.moments(a, axes=[1,2],keep_dims=True)
b=tf.rsqrt(a_var)
c=(a-a_mean)*b
# c 和 d 计算的结果相同，是对整个 batch 中的图片归一化
# 只有当 batch_size 为 1 时，结果才与 e 和 f 值相同
d=tf.nn.batch_normalization(a,a_mean,a_var,offset=None,scale=1,variance_epsilon=0)
# e 和 f 计算的结果相同，是对 batch 中的每张图片归一化
e=tf.layers.batch_normalization(a,training=True)
f=tf.contrib.layers.batch_norm(a,is_training=True)
```

4. **全连接层函数及类**

- dense(…)：全连接层（对应类 class Dense）。

tf.layers.dense 函数定义如下。

```
dense(
    inputs,
    units,
    activation=None,
    use_bias=True,
    kernel_initializer=None,
    bias_initializer=tf.zeros_initializer(),
    kernel_regularizer=None,
    bias_regularizer=None,
    activity_regularizer=None,
    trainable=True,
    name=None,
    reuse=None
)
```

inputs：输入数据，是 2 维张量。

units：该层的神经单元节点数。

activation：激活函数。

use_bias：布尔类型，用来指定是否使用偏置项。

kernel_initializer：权重矩阵的初始化器。

bias_initializer：偏置项的初始化器，默认初始化为 0。

kernel_regularizer：权重矩阵的正则化，可选。

bias_regularizer：偏置项的正则化，可选。

activity_regularizer：输出的正则化函数。

trainable：布尔型，表明该层的参数是否参与训练。如果为真，则将变量加入到图集合 GraphKeys.TRAINABLE_VARIABLES（参考 tf.Variable）中。

name：层的名字。

reuse：布尔类型，用来指定是否重复使用参数。

全连接层执行操作的使用形式为 outputs = activation(inputs.kernel + bias)。如果不想对执行结果进行激活操作，则设置 activation=None。

下面为全连接层操作示例。

```
# 全连接层
dense1 = tf.layers.dense(inputs=pool3, units=1024, activation=tf.nn.relu)
dense2= tf.layers.dense(inputs=dense1, units=512, activation=tf.nn.relu)
logits= tf.layers.dense(inputs=dense2, units=10, activation=None)
# 也可以对全连接层的参数进行正则化约束
dense1 = tf.layers.dense(inputs=pool3, units=1024, activation=tf.nn.relu, kernel_regularizer=
tf.contrib.layers.l2_regularizer(0.003))
```

5. Dropout 层函数及类

- dropout(…)：Dropout 层（对应类 class Dropout）。

随机地去掉网络中的部分神经元，从而减小对 W 权值的依赖，以达到减小过拟合的效果。tf.layers.dropout()函数定义如下。

```
tf.layers.dropout(
    inputs,
    rate=0.5,
    noise_shape=None,
    seed=None,
    training=False,
    name=None
)
```

inputs：必选，为输入数据。

rate：可选，默认为 0.5，即为 Dropout rate，如设置为 0.1，则意味着会丢弃 10% 的神经元。

noise_shape：可选，默认为 None。

seed：可选，默认为 None，为产生随机数的种子值。

training：可选，默认为 False，布尔类型，用来表示是否标志为 training 模式。

name：可选，默认为 None，是 Dropout 层的名称。

最后该函数将返回经过 Dropout 层之后的张量。

6. Flatten 函数及类

- flatten(…)：Flatten 层，作用是把一个张量展平（对应类 class Flatten）。

函数使用形式为 tf.layers.flatten(inputs, name=None)，其中 inputs 为必选项，为输入数据；name 为可选项，默认为 None，即该层的名称。该函数返回结果为展平后的张量。

```
x = tf.layers.Input(shape=[5, 6])
print(x)
y = tf.layers.flatten(x)
print(y)
```

运行结果如下。

```
Tensor("input_layer_1:0", shape=(?, 5, 6), dtype=float32)
Tensor("flatten/Reshape:0", shape=(?, 30), dtype=float32)
```

假如第 1 维是一个已知的数的话，依然还进行同样的处理，示例如下。

```
x = tf.placeholder(shape=[5, 6, 2], dtype=tf.float32)
print(x)
y = tf.layers.flatten(x)
print(y)
```

运行结果如下。

```
Tensor("Placeholder:0", shape=(5, 6, 2), dtype=float32)
Tensor("flatten_2/Reshape:0", shape=(5, 12), dtype=float32)
```

7.1.3 tf.estimator 模块

Estimator 是用来处理模型的高级工具。Estimator 具有下列优势：可以在本地主机上或分布式多服务器环境中运行基于 Estimator 的模型，而无须更改模型；可以在 CPU、GPU 或 TPU 上运行基于 Estimator 的模型，而无须重新编码；Estimator 简化了在模型开发者之间共享实现的过程；可以使用高级直观的代码开发先进的模型；采用 Estimator 创建模型通常比采用低阶 TensorFlow API 更简单。

Estimator 本身是在 tf.layers 模块上构建而成的，可以简化自定义的过程，还可以自动构建图。Estimator 提供安全的分布式训练循环，可以控制如何以及何时构建图、初始化变量、开始排队、处理异常、创建检查点文件并从故障中恢复，还可以保存 TensorBoard 的摘要等。

借助预创建的 Estimator，开发者能够在高级层面上进行操作。预创建的 Estimator 会自动创建和管理计算图和 Session 对象。此外，借助预创建的 Estimator 只需稍微更改一点代码，就可以尝试不同的模型架构。

依赖预创建的 Estimator 的 TensorFlow 程序通常包含下列 4 个步骤。

（1）编写一个或多个数据集导入函数。

（2）定义特征列。

（3）实例化相关预创建的 Estimator。

（4）调用训练、评估或推理方法。

1. Estimator 模块包含类

- class BaselineClassifier：简单基准分类器。
- class BaselineRegressor：简单基准回归器
- class BestExporter：导出最好模型的图与检查点。
- class BoostedTreesClassifier：TensorFlow 提升树模型分类器。
- class BoostedTreesRegressor：TensorFlow 提升树模型回归器。
- class DNNClassifier：DNN 分类器。
- class DNNLinearCombinedClassifier：线性与 DNN 混合分类器。
- class DNNLinearCombinedRegressor：线性与 DNN 混合回归器。
- class DNNRegressor：DNN 回归器。
- class Estimator：训练与评估。
- class EstimatorSpec：Estimator 返回的操作与对象。
- class EvalSpec：训练与评估调用时 eval 部分的设置。
- class Exporter：模型导出类型。
- class FinalExporter：导出最终的图与检查点。
- class LatestExporter：最新的导出图和检查点。
- class LinearClassifier：线性分类器。

- class LinearRegressor：线性回归器。
- class ModeKeys：模型模式的标注名称。
- class RunConfig：Estimator 运行配置设定。
- class TrainSpec：训练与评估调用时 train 部分的配置。
- class VocabInfo：热启动词典信息。
- class WarmStartSettings：热启动设置。

2. Estimator 模块包含函数

- classifier_parse_example_spec(...)：生成传给 tf.parse_example 的分类器解析文档。
- regressor_parse_example_spec(...)：生成传给 tf.parse_example 的回归器解析文档。
- train_and_evaluate(...)：训练与评估 Estimator。

7.1.4　tf.keras 模块

TensorFlow 提供了 Keras 的实现 tf.keras。Keras 是一个用 Python 编写的高级神经网络 API。Keras 具有以下特点。

- **用户友好。**Keras 把用户体验放在首要和中心位置。Keras 提供了一致且简单的 API，将常见用例所需的用户操作数量降至最低，并且在用户出现错误时提供清晰和可操作的反馈。
- **模块化。**模型被理解为由独立的、完全可配置的模块构成的序列或图。这些模块可以凭借尽可能少的限制组装在一起。神经网络层、损失函数、优化器、初始化方法、激活函数、正则化方法，都是可以结合起来构建新模型的模块。
- **易扩展性。**新的模块是很容易添加的（作为新的类和函数），现有的模块已经提供了充足的示例。由于能够轻松地创建可以提高表现力的新模块，Keras 更加适合高级研究。
- **基于 Python 实现。**Keras 没有特定格式的单独配置文件，而是将模型定义在 Python 代码中，这些代码紧凑，易于调试，并且易于扩展。

Keras 具有以下优点。

- 可以简单而快速地设计原型（由于用户友好，高度模块化和可扩展性）。
- 同时支持卷积神经网络和 RNN，以及两者的组合。
- 可以在 CPU 和 GPU 上无缝运行。

1. tf.Keras 模块包含模块

- activations module：激励函数模块。
- applications module：封装的预训练好权值的 Keras 应用模块。
- backend module：Keras 后端 API。
- callbacks module：训练过程中回调实用函数模块。
- constraints module：权值限制函数模块。
- datasets module：Keras 数据集模块。
- estimator module：Estimator 模块。
- initializers module：Keras 初始化模块（将被 TensorFlow initializers 代替）。
- layers module：Keras 层 API。
- losses module：损失函数模块。

- metrics module：度量函数模块。
- models module：模型复制以及模型相关的 API。
- optimizers module：优化器类模块。
- preprocessing module：Keras 数据处理实用程序模块。
- regularizers module：归一化模块。
- utils module：Keras 实用程序模块。
- wrappers module：Keras 模型封装模块，便于与其他平台的兼容。

2. tf.keras 模块包含类

- class Model：将多个层组合为一个对象。
- class Sequential：层的线性堆叠。

3. tf.keras 模块包含函数

- input(...)：实例化 Keras 张量。

7.2 读取数据

TensorFlow 程序读取数据有以下两种方法。

- 供给数据（Feeding）：在 TensorFlow 程序运行的每一步让 Python 代码来供给数据。这种方法速度慢，正在被淘汰。
- 采用 tf.data 模块读取数据：在 TensorFlow 程序开始，让 tf.data 管理一个输入数据管线来读取数据。

接下来，我们详细介绍 tf.data 模块，该模块包含以下类。

- class Dataset：数据集合。
- class FixedLengthRecordDataset：从一个或多个二进制文件读取固定长度的记录。
- class Iterator：Dataset 的遍历指针。
- class TFRecordDataset：从一个或多个 TFRecord 文件读取相容的记录。
- class TextLineDataset：从一个或多个文本文件读取相容的行。

使用 Dataset 类，需要遵循 3 个步骤。

- 载入数据：为数据创建一个 Dataset 实例。
- 创建迭代器：通过对创建的 Dataset 构建一个迭代器来对数据集进行迭代。
- 使用数据：通过使用创建的迭代器，可以找到可传输给模型的数据集元素。

7.2.1 载入数据

以下为几个 TensorFlow 程序载入数据示例。

```
import tensorflow as tf
import numpy as np
dataset1=tf.data.Dataset.from_tensors(np.zeros(shape=(10,5,2),dtype=np.float32))
dataset2=tf.data.Dataset.from_tensor_slices(tensors=np.zeros(shape=(10,5,2),dtype=np.float32))
print(dataset1)
print(dataset2)
```

结果如下。

```
<TensorDataset shapes:(10, 5, 2),types:float32>
<TensorSliceDataset shapes:(5, 2),types:float32>
```

其中，from_tensors()这个函数会把传入的张量当作一个元素，但是 from_tensor_slices()会将传入的张量第 1 维之后的张量数量当作元素个数。

TersorFlow 程序从 NumPy 载入数据，是最常见的情况。假设有一个 NumPy 数组，我们想将它传递给 TensorFlow，如下例所示。

```
# create a random vector of shape(100,2)
x= np.random.sample((100,2))
# make a dataset from a numpy array
dataset= tf.data.Dataset.from_tensor_slices(x)
```

还可以传递多个 NumPy 数组，最典型的例子是当数据被划分为特征和标签的时候。

```
features, labels =(np.random.sample((100,2)), np.random.sample((100,1)))
dataset = tf.data.Dataset.from_tensor_slices((features,labels))
```

当然也可以用一些张量来初始化数据集。

```
# using a tensor
dataset= tf.data.Dataset.from_tensor_slices(tf.random_uniform([100, 2]))
```

如果想动态地改变 Dataset 中的数据，可以从 placeholder 中载入。

```
x= tf.placeholder(tf.float32, shape=[None,2])
dataset= tf.data.Dataset.from_tensor_slices(x)
```

也可以从 dataset.generator 中初始化一个 Dataset，如图 7.1 所示。当一个数组中的元素长度不相同时，使用这种方式处理是很有效的。在这种情况下，需要指定数据的类型和大小以创建正确的张量。

```
sequence = np.array([[1],[2,3],[3,4]])
def generator():
    for i in sequence:
        yield i
dataset = tf.data.Dataset().from_generator(generator, output_types= tf.float32,output_ shapes=[1,2,2])
```

```
In [18]: import tensorflow as tf
         import numpy as np
         dataset1 =tf.data.Dataset.from_tensors(np.zeros(shape=(10,5,2),dtype=np.float32))
         dataset2 =tf.data.Dataset.from_tensor_slices(np.zeros(shape=(10,5,2),dtype=np.float32))
         print (dataset1)
         print (dataset2)
         x=np.random.sample((100,2))
         dataset3 =tf.data.Dataset.from_tensor_slices(x)
         print (dataset3)
         features,labels=(np.random.sample((100,2)),np.random.sample((100,1)))

         dataset4 =tf.data.Dataset.from_tensor_slices((features,labels))
         print (dataset4)

         x=tf.placeholder(tf.float32,shape=[None,2])
         dataset5 =tf.data.Dataset.from_tensor_slices(x)
         print (dataset5)

         sequence =np.array([[1],[2,3],[3,4]])
         def generator():
           for i in sequence:
             yield i

         dataset6 =tf.data.Dataset().from_generator(generator, output_types=tf.float32, output_shapes=[1,2,2])
         print (dataset6)

<TensorDataset shapes: (10, 5, 2), types: tf.float32>
<TensorSliceDataset shapes: (5, 2), types: tf.float32>
<TensorSliceDataset shapes: (2,), types: tf.float64>
<TensorSliceDataset shapes: ((2,), (1,)), types: (tf.float64, tf.float64)>
<TensorSliceDataset shapes: (2,), types: tf.float32>
<FlatMapDataset shapes: (1, 2, 2), types: tf.float32>
```

图 7.1　初始化 Dataset

读取文本文件里面的数据，代码如下。

```
with open('./test_file_1.txt','w')as file:
    file.write('test_file_1: This is the first line.\n')
    file.write('test_file_1: This is the second line.\n')
with open('./test_file_2.txt','w')as file:
    file.write('test_file_2: This is the third line.\n')
    file.write('test_file_2: This is the fourth line.\n')
# Step-2: 实例化创建文本数据集 Dataset
files = ['test_file_1.txt','test_file_2.txt']
dataset = tf.data.TextLineDataset(files)
```

从 TFRecord 文件导入，代码如下。

```
filenames = ["test.tfrecord", "test.tfrecord"]
dataset = tf.data.TFRecordDataset(filenames)
```

通过 Transformation 完成数据变换、打乱、组成 batch 和生成 epoch 等一系列操作后，一个 Dataset 可以变成一个新的 Dataset。

Dataset 的 map()可以接收一个函数，使 Dataset 中的每个元素都会被当作这个函数的输入，并将函数返回值作为新的 Dataset，例如，可以对 dataset 中每个元素的值加 1（这里 lambda 函数定义了返回 x+1 的函数）。

```
dataset= tf.data.Dataset.from_tensor_slices(np.array([1.0,2.0,3.0,4.0,5.0,6.0,7.0,8.0]))
dataset.dataset.map(lambda x:x+1)
#2.0,3.0,4.0,5.0,6.0,7.0,8.0,9.0
```

batch()的功能是将多个元素组合成 batch，如下面的程序将 dataset 中的每 32 个元素组合为一个 batch。

```
dataset = dataset.batch(32)
```

shuffle()的功能是打乱 dataset 中的元素，它有一个参数 buffer_size，表示打乱时使用的 buffer 的大小。

```
dataset=dataset. Shuffle(buffer_size=10000)
```

repeat()的功能就是将整个序列重复多次，主要用来处理机器学习中的 epoch，假设原先的数据是一个 epoch，使用 repeat(5)就可以将之变成 5 个 epoch。

```
dataset = dataset.repeat(5)
```

如果直接调用 repeat()的话，生成的序列就会无限重复下去，没有结束，因此也不会抛出 tf.errors.OutOfRangeError 异常。

```
dataset = dataset.repeat()
```

7.2.2 创建迭代器

遍历读取 Dataset 中值的最常见方法是构建迭代器对象。通过此对象，可以一次访问数据集中的所有元素（例如 Dataset.make_one_shot_iterator()）。tf.data.Iterator 提供了以下两个指令。

Iterator.initializer()：可以通过此指令（重新）初始化迭代器的状态。

Iterator.get_next()：此指令返回对应于指向下一个元素的 tf.Tensor 对象。

1. 创建“单次迭代器”

“单次迭代器”是最简单的迭代器形式，仅支持对数据集进行**一次迭代**，不需要显式初始化。“单次迭代器”可以处理基于队列的现有输入管道能支持的几乎所有情况，但它们**不支持参数化**。创建“单次迭代器”的函数为 dataset.make_one_shot_iterator()。以 Dataset.range()为例（注意：这里，tf 是通过 import tensorflow as tf 定义的，sess 是通过 with tf.Session()as sess 定义的，后续的例子与此相同）说明。

```
# tf.data.Dataset.range(n)，生成 dataset，元素值从 0 到 n-1，此处 n 为 100。
dataset = tf.data.Dataset.range(100)
iterator = dataset.make_one_shot_iterator()
next_element = iterator.get_next()
for i in range(100):
  value = sess.run(next_element)
  assert i == value
```

2. 创建“可初始化迭代器”

需要先运行显式 iterator.initializer()指令，才能使用可初始化迭代器。虽然有些不便，但它允许使用一个或多个 tf.placeholder()张量（可在初始化迭代器时馈送）参数化数据集的定义。使用 dataset.make_initializable_iterator()创建“可初始化迭代器”。

```
max_value = tf.placeholder(tf.int64, shape=[])
dataset = tf.data.Dataset.range(max_value)
iterator = dataset.make_initializable_iterator()
next_element = iterator.get_next()
# 初始化 10 个元素的 dataset 的迭代器
sess.run(iterator.initializer, feed_dict={max_value: 10})
for i in range(10):
  value = sess.run(next_element)
  assert i == value
# 初始化与上面相同的 dataset 迭代器，但具有 100 个元素
sess.run(iterator.initializer, feed_dict={max_value: 100})
for i in range(100):
  value = sess.run(next_element)
  assert i == value
```

3. 构建“可重新初始化迭代器”

“可重新初始化迭代器”可以用来对多个不同的 Dataset 对象进行初始化。例如，一个训练输入管道，会对输入图片进行随机打乱来改善泛化；一个验证输入管道，会评估对未修改数据的预测。这些管道通常会使用不同的 Dataset 对象，但这些对象具有相同的结构（即每个组件具有相同类型和兼容形状）。利用 tf.data.Iterator.from_structure()创建“可重新初始化迭代器”，并使用 iterator.make_initializer (dataset)初始化“可重新初始化迭代器”。在以下的代码中，先定义两个具有相同结构的 dataset：training_dataset 和 validation_dataset。training_dataset 的值为 0～99 相应元素再加上(−10,10)之间的随机数。validation_dataset 的值为 0～49。再利用 tf.data.Iterator.from_structure()创建一个迭代器，通过 iterator.make_initializer()得到两个“可重新初始化迭代器”training_init_op 和 validation_init_op。然后训练 20 遍。每一遍先遍历训练数据集 training_dataset，然后遍历测试数据集 validation_dataset。

```
# 定义两个具有相同结构的 dataset：training_dataset 和 validation_dataset。
training_dataset = tf.data.Dataset.range(100).map(
    lambda x: x + tf.random_uniform([], -10, 10, tf.int64))
validation_dataset = tf.data.Dataset.range(50)
# “可重新初始化迭代器”由 dataset 结构定义。可以利用 dataset 的 output_types 和
# output_shapes 属性来创建“可重新初始化迭代器”。因为 training_dataset 和
# validation_dataset 结构相容，这里使用 training_dataset
iterator = tf.data.Iterator.from_structure(training_dataset.output_types,
  training_dataset.output_shapes)
next_element = iterator.get_next()
# 初始化“可重新初始化迭代器”training_init_op 和 validation_init_op
training_init_op = iterator.make_initializer(training_dataset)
```

```
validation_init_op = iterator.make_initializer(validation_dataset)
# 训练 20 遍。每一次先遍历训练数据集，然后遍历测试数据集
for _ in range(20):
  # 初始化训练集迭代器
  sess.run(training_init_op)
  for _ in range(100):
    sess.run(next_element)
  # 初始化测试集迭代器
  sess.run(validation_init_op)
  for _ in range(50):
    sess.run(next_element)
```

4. 构建“可馈送迭代器”

“可馈送迭代器”可以与 tf.placeholder()一起使用，通过熟悉的 feed_dict 机制来选择每次调用 tf.Session.run()时所使用的 Iterator。它提供的功能与“可重新初始化迭代器”相同，但在迭代器之间切换时不需要从数据集的开头初始化迭代器。例如，以上面的训练和验证数据集为例，可以使用 tf.data.Iterator.from_string_handle()定义一个可在两个数据集之间切换的“可馈送迭代器”。

```
# 定义两个具有相同结构的 dataset：training_dataset 和 validation_dataset。
training_dataset = tf.data.Dataset.range(100).map(
    lambda x: x + tf.random_uniform([], -10, 10, tf.int64)).repeat()
validation_dataset = tf.data.Dataset.range(50)
# “可馈送迭代器”由 placeholder handle 和 dataset 结构定义。可以利用 dataset 的 output_types 和
# output_shapes 属性来创建“可重新初始化迭代器”。因为 training_dataset 和
# validation_dataset 结构相容，这里使用 training_dataset
handle = tf.placeholder(tf.string, shape=[])
iterator = tf.data.Iterator.from_string_handle(
    handle, training_dataset.output_types, training_dataset.output_shapes)
next_element = iterator.get_next()
# “可馈送迭代器”可用于各种迭代器，例如单次迭代器或可初始化迭代器
training_iterator = training_dataset.make_one_shot_iterator()
validation_iterator = validation_dataset.make_initializable_iterator()
# 利用 Iterator.string_handle()方法产生馈送占位符的 handle
training_handle = sess.run(training_iterator.string_handle())
validation_handle = sess.run(validation_iterator.string_handle())
# 在训练与测试之间交替，形成永久循环
while True:
# 训练 200 次，训练数据因为使用了 repeat()而有无限个
# 训练数据不从头开始，接着上次结束点开始读入数据
  for _ in range(200):
    print(sess.run(next_element, feed_dict={handle: training_handle}))
  # 切换到测试，因为每次都初始化，所以测试每次从头开始
  sess.run(validation_iterator.initializer)
  for _ in range(50):
    print(sess.run(next_element, feed_dict={handle: validation_handle}))
```

7.2.3 使用 dataset 数据

iterator.get_next()方法返回一个或多个 tf.Tensor 对象，这些对象对应于迭代器指定的下一个元素。每次评估这些张量时，它们都会获取底层数据集中下一个元素的值。请注意，在图模式运行情况下，与 TensorFlow 中的其他有状态的对象一样，调用 Iterator.get_next()并不会立即使迭代器进入下个状态。

相反，必须使用 TensorFlow 表达式中返回的 tf.Tensor 对象，并将该表达式的结果传递到 tf.Session.run()，以获取下一个元素才能使迭代器进入下个状态。但在 eager 执行的情况下，则立即执行。

如果迭代器到达数据集的末尾，则执行 Iterator.get_next()指令会产生 tf.errors.OutOfRangeError 错误。在此之后，迭代器将处于不可用状态，如果需要继续使用，则必须对其重新初始化。

```
dataset = tf.data.Dataset.range(5)
iterator = dataset.make_initializable_iterator()
next_element = iterator.get_next()
# 一般情况下，result 为模型的输出或优化器的训练操作结果，这里仅作为示例
result = tf.add(next_element, next_element)
sess.run(iterator.initializer)
print(sess.run(result)) # ==> "0"
print(sess.run(result)) # ==> "2"
print(sess.run(result)) # ==> "4"
print(sess.run(result)) # ==> "6"
print(sess.run(result)) # ==> "8"
try:
  sess.run(result)
except tf.errors.OutOfRangeError:
  print("End of dataset") # ==> "End of dataset"
```

TFRecord 文件格式是一种面向记录的简单二进制格式，很多 TensorFlow 应用都采用此格式来训练数据。通过 tf.data.TFRecordDataset 类，可以把一个或多个 TFRecord 文件的内容当作输入管道的一部分进行流式传输。TFRecordDataset 初始化程序的 filenames 参数可以是字符串、字符串列表，也可以是字符串 tf.Tensor。因此，如果有两组分别用于训练和验证的文件，则可以使用 tf.placeholder(tf.string)来表示文件名，并使用适当的文件名初始化迭代器。

```
filenames = tf.placeholder(tf.string, shape=[None])
dataset = tf.data.TFRecordDataset(filenames)
dataset = dataset.map(...) # Parse the record into tensors.
dataset = dataset.repeat()# Repeat the input indefinitely.
dataset = dataset.batch(32)
iterator = dataset.make_initializable_iterator()
# 通过馈送合适的文件名来执行不同的操作，如训练或测试
# 用训练数据初始化迭代器
training_filenames = ["/var/data/file1.tfrecord", "/var/data/file2.tfrecord"]
sess.run(iterator.initializer, feed_dict={filenames: training_filenames})
# 用测试数据初始化迭代器
validation_filenames = ["/var/data/validation1.tfrecord", ...]
sess.run(iterator.initializer, feed_dict={filenames: validation_filenames})
```

很多数据集都是作为一个或多个文本文件保存的。tf.data.TextLineDataset()提供了一种从一个或多个文本文件中提取行的简单方法。给定一个或多个文件名，TextLineDataset()会为这些文件的每行生成一个字符串值元素。像 TFRecordDataset 一样，TextLineDataset()将 filenames 视为 tf.Tensor，因此可以通过传递 tf.placeholder(tf.string)来进行参数化。利用 Dataset.flat_map()将文件的每一行生成为数据集中的一个字符串值元素。

```
filenames = ["/var/data/file1.txt", "/var/data/file2.txt"]
dataset = tf.data.Dataset.from_tensor_slices(filenames)
# 利用 Dataset.flat_map()将文件每一行生成为一个字符串值元素
# 如果文件以标题行开头或包含评论，即行以#开始，可以使用 Dataset.flat_map()中的 skip()和 Dataset.filter()
# 转换来移除这些行
dataset = dataset.flat_map(
```

```
    lambda filename:(
        tf.data.TextLineDataset(filename)
        .skip(1)
        .filter(lambda line: tf.not_equal(tf.substr(line, 0, 1), "#"))))
```

7.3 TensorFlow 模型搭建

以下是利用 tf.layers 模块以及 tf.estimator 模块搭建卷积神经网络模型的 MNIST 示例。示例开始从文件中导入数据，并设置一些参数；然后定义创建卷积神经网络模型函数 conv_net(x_dict,n_classes, dropout,reuse,is_training)。

```
from __future__ import division, print_function, absolute_import
# 导入 MNIST 数据
from tensorflow.examples.tutorials.mnist import input_data
mnist = input_data.read_data_sets("/tmp/data/", one_hot=False)
import tensorflow as tf
import matplotlib.pyplot as plt
import numpy as np
# 训练参数：步长、训练次数、批数据大小
learning_rate = 0.001
num_steps = 2000
batch_size = 128
# 网络参数：输入大小、输出大小、dropout 比例
num_input = 784  # MNIST data input(img shape: 28*28)
num_classes = 10  # MNIST total classes(0-9 digits)
dropout = 0.75  # Dropout, probability to keep units
# 创建神经网络
def conv_net(x_dict, n_classes, dropout, reuse, is_training):
    # 定义变量作用域
    with tf.variable_scope('ConvNet', reuse=reuse):
        # TensorFlow Estimator 输入为一个字典，可以输入多个
        x = x_dict['images']
        # MNIST 数据输入为 1D 向量，具有 784 特征（28×28px）
        # 转换为图形格式[Height×Width×Channel]
        # 输入张量转换为 4D: [Batch Size, Height, Width, Channel]
        x = tf.reshape(x, shape=[-1, 28, 28, 1])
        # 卷积层，32 个卷积核，核大小为 5
        conv1 = tf.layers.conv2d(x, 32, 5, activation=tf.nn.relu)
        # 最大池化，核大小为 2，步长为 2
        conv1 = tf.layers.max_pooling2d(conv1, 2, 2)
        # 卷积层，64 个卷积核，核大小为 3
        conv2 = tf.layers.conv2d(conv1, 64, 3, activation=tf.nn.relu)
        # 最大池化，核大小为 2，步长为 2
        conv2 = tf.layers.max_pooling2d(conv2, 2, 2)
        # 扁平化数据到 1D 向量
        fc1 = tf.contrib.layers.flatten(conv2)
        # 全连接层
        fc1 = tf.layers.dense(fc1, 1024)
        # 对全连接层进行 dropout（如果 is_training 为假，则不使用 dropout）
        fc1 = tf.layers.dropout(fc1, rate=dropout, training=is_training)
```

```
        # 输出层，分类预测
        out = tf.layers.dense(fc1, n_classes)
    return out
```

如上述代码，第 1 个卷积层有 32 个 5×5 的卷积核、池化，第 2 个卷积层有 64 个 3×3 的卷积核、池化，flatten 层转换为 1 维向量，然后经过全连接层，最后输出。接下来，建立 Estimator。

```
def model_fn(features, labels, mode):
    # 根据以上定义的函数 conv_net()建立神经网络
    # 由于是否使用 Dropout 取决于训练或预测，分别建立两个共享权值的神经网络
    logits_train = conv_net(features, num_classes, dropout, reuse=False, is_training= True)
    logits_test = conv_net(features, num_classes, dropout, reuse=True, is_training=False)
    # 预测、pred_classes 分类、pred_probas 分类概率
    pred_classes = tf.argmax(logits_test, axis=1)
    pred_probas = tf.nn.softmax(logits_test)
    # 如果为预测模式，现在返回
    if mode == tf.estimator.ModeKeys.PREDICT:
       return tf.estimator.EstimatorSpec(mode, predictions=pred_classes)
    # 定义损失函数和优化器
    loss_op = tf.reduce_mean(tf.nn.sparse_softmax_cross_entropy_with_logits(
       logits=logits_train, labels=tf.cast(labels, dtype=tf.int32)))
    optimizer = tf.train.AdamOptimizer(learning_rate=learning_rate)
    train_op = optimizer.minimize(loss_op, global_step=tf.train.get_global_step())
    # 评估模型精度
    acc_op = tf.metrics.accuracy(labels=labels, predictions=pred_classes)
    # TensorFlow Estimators 需要返回 EstimatorSpec()，EstimatorSpec()定义了训练和评估等操作
    estim_specs = tf.estimator.EstimatorSpec(
      mode=mode,
      predictions=pred_classes,
      loss=loss_op,
      train_op=train_op,
      eval_metric_ops={'accuracy': acc_op})
    return estim_specs
# 创建 Estimator
model = tf.estimator.Estimator(model_fn)
```

另外一种方法是利用 tf. keras（后面将详细介绍）搭建模型框架并转换成 Estimator 模型。比如利用 Keras 的 ResNet50 预训练权值构建二分类神经网络模型。

```
import tensorflow as tf
import os
resnet = tf.keras.applications.resnet50
def my_model_fn():
    base_model = resnet.ResNet50(include_top=True,                # 是否含全连接层，True 为是
                                 weights='imagenet',              # 预训练权值
                                 input_shape=(224, 224, 3),       # 默认输入形状
                                 classes=2)                       # 二分类
    base_model.summary()
    optimizer = tf.keras.optimizers.RMSprop(lr=2e-3, decay=0.9)
    base_model.compile(optimizer=optimizer,
                       loss='categorical_crossentropy',
                       metrics=["accurary"])
    # 将 Keras 模型转化为 Estimator 模型
    # 模型保存目录路径为 train
    model_dir = os.path.join(os.path.dirname(os.path.abspath(__file__)), "train")
```

```
    est_model = tf.keras.estimator.model_to_estimator(base_model, model_dir=model_dir)
    return est_model
```

注意：model_dir 必须为全路径，使用相对路径的 Estimator 在检索模型输入输出的时候可能会报错。

7.4 TensorFlow 模型训练

所有的损失函数都使用预测和真实标签这两个张量计算损失。假设这两个张量的形状是[batch_size，d1，...，dN]，其中 batch_size 是批次中的样品数量，而 d1，...，dN 是其尺寸。

7.4.1 损失函数——tf.losses 模块

tf.losses 模块下主要有如下函数。

- absolute_difference()：为训练过程添加一个“绝对差异”loss，其实就是做差后取绝对值并将结果当作 loss。
- add_loss()：为 loss 集合添加额外定义的 loss。
- compute_weighted_loss()：计算加权 loss。
- cosine_distance()：为训练过程添加一个余弦距离 loss（弃用）。
- get_losses()：从 loss 集合中获取 loss 列表。
- get_regularization_loss()：获取总的正则化 loss。
- get_regularization_losses()：获得正则化 loss 列表。
- get_total_loss()：返回其值表示总损失的张量。
- hinge_loss()：为训练过程添加一个 Hinge Loss。
- huber_loss()：为训练过程添加一个 Huber Loss。
- log_loss()：为训练过程添加一个 Log Loss。
- mean_pairwise_squared_error()：为训练过程添加一个 Pairwise-errors-squared loss。
- mean_squared_error()：为训练过程添加一个 Sum-of-Squares loss，就是常说的均方误差 loss。
- sigmoid_cross_entropy()：Sigmoid 交叉熵 loss（用 tf.nn.sigmoid_cross_entropy_with_logits()实现）。
- softmax_cross_entropy()：Softmax 交叉熵 loss（用 tf.nn.softmax_cross_entropy_with_logits()实现）。
- sparse_softmax_cross_entropy()：稀疏 Softmax 交叉熵 loss（用 tf.nn.sparse_softmax_cross_entropy_with_logits()实现）。

可参考以下示例。

```
def myloss(logits, labels):
    soft_loss = tf.loses.softmax_cross_entropy(
        onehot_labels=output, logits=logits, reduction=Reduction.MEAN
    )
    regular_loss = tf.losses.get_regularization_loss()
    return soft_loss + regular_loss
```

7.4.2 优化器——tf.train 模块

7.4.1 小节定义了损失函数，我们的目标是通过优化器训练学习使损失最小。优化器有许多算法，最基本的算法是梯度下降算法。

tf.train 包含许多优化器。优化器的基类（Optimizer base class）主要实现了两个接口，一是计算损失函数的梯度，二是将梯度作用于变量。tf.train 模块主要提供了如下的优化函数。

- tf.train.Optimizer：优化器的基类。
- tf.train.GradientDescentOptimizer()：梯度下降算法优化器。
- tf.train.AdagradDAOptimizer()：Adagrad Dual Averaging 算法优化器。
- tf.train.AdagradOptimizer()：Adagrad 算法优化器。

Adagrad 算法优化器与梯度下降不同的是，在更新规则中，学习率不是固定的值，在每次迭代过程中，每个参数优化都使用不同的学习率。

假设某次迭代时刻 $g_{t,i}=\nabla_{\theta}L(\theta_i)$ 是损失函数对参数的梯度，普通的随机梯度下降算法对于所有的 θ_i 都使用相同的学习率，因此迭代到第 $t>t+1$ 次时，某一个参数向量 θ_i 的变化过程为 $\theta_{t+1,i}=\theta_{t,i}-\eta g_{t,i}$。而在 Adagrad 的更新规则中，学习率$\eta$会随着每次迭代而根据历史梯度的变化而变化。

$$\theta_{t+1,i}=\theta_{t,i}-\frac{\eta g_{t,i}}{\sqrt{G_t+\varepsilon}}$$

式中 $\boldsymbol{G}_t\in\boldsymbol{R}_{d\times d}$ 是一个对角矩阵，表示将每个对角线位置（i,i）的值累加到 t 次迭代的对应参数 θ_i 梯度的平方和；ε 是平滑项，防止除零操作。

特点：前期 G_t 较小的时候，能够放大梯度；后期 G_t 较大的时候，能够约束梯度；适合处理稀疏梯度。

缺点：由公式可以看出，仍需依赖于人工设置一个全局学习率；η 设置过大的话，会使调整过于敏感，对梯度的调节太大；到中后期，会导致分母上梯度平方的累加越来越大，梯度将趋近于 0，会使训练提前结束。

- tf.train.AdadeltaOpzimizer()：Adadelta 算法优化器。

Adadelta 算法优化器是对 Adagrad 算法优化器的扩展，最初方案的目的依然是对学习率进行自适应约束，但是进行了计算上的简化。Adagrad 算法优化器会累加之前所有的梯度平方，而 Adadelta 算法优化器只累加固定大小的项，不直接存储这些项。Adadelta 算法优化器已经不用依赖于全局学习率了。

特点：训练初中期，加速效果很好，训练速度很快；训练后期，会反复在局部最小值附近抖动。

- tf.train.MomentumOptimizer()：Momentum 算法优化器。

Momentum 是模拟物理中动量的概念，积累之前的动量将替代真正的梯度，公式如下：

$$m_{t,i}=\mu m_{t-1,i}+g_{t,i}$$
$$\theta_{t+1,i}=\theta_{t,i}-\mu m_{t,i}$$

式中，μ 是动量因子。

特点：下降初期时，使用上一次的参数更新，下降方向一致，乘以较大的μ能够进行很好的加速；下降中后期时，在局部最小值来回震荡的时候，梯度趋近于 0，μ 使得更新幅度增大，将跳出陷阱；在梯度改变方向的时候，μ 能够减少更新。

总而言之，Momentum 项能够在相关方向加速梯度下降，抑制振荡，从而加快收敛。

- tf.train.AdamOptimizer()：Adam 算法优化器。

Adam 算法优化器本质上是带有动量项的 RMSprop，它利用梯度的一阶矩估计和二阶矩估计动态调整每个参数的学习率。Adam 的优点在于经过偏置校正后，每一次迭代学习率都有确定范围，能使得参数比较平稳。

特点：结合了 Adagrad 算法优化器善于处理稀疏梯度和 RMSprop 算法优化器善于处理非平稳目标的优点，对内存需求较小，能为不同的参数计算不同的自适应学习率，适用于大多非凸优化，适用于大数据集和高维空间。

- tf.train.ProximalGradientDescentOptimizer()：Proximal 梯度下降算法优化器。
- tf.train.ProximalAdagradOptimizer()：Proximal Adagrad 算法优化器。
- tf.train.RMSPropOptimizer()：RMSProp 算法优化器。

RMSprop 算法优化器可以算作 Adadelta 算法优化器的一个特例。

特点：RMSprop 算法优化器依然依赖于全局学习率；RMSprop 算法优化器是 Adagrad 算法优化器的一种发展和 Adadelta 算法优化器的变体，效果趋于两者之间；适合处理非平稳目标；对于 RNN 效果很好。

- class FtrlOptimizer()：FTRL 算法优化器。

7.4.3 训练示例

以下给出一个示例说明如何进行训练。

```
# 定义损失函数和训练方法
cross_entropy = tf.reduce_mean(-tf.reduce_sum(y * tf.log(a), reduction_indices=[1]))
                                                             # 损失函数为交叉熵
optimizer = tf.train.GradientDescentOptimizer(0.5)  # 梯度下降法，学习速率为 0.5
train = optimizer.minimize(cross_entropy)           # 训练目标：最小化损失函数
# 测试训练模型
correct_prediction = tf.equal(tf.argmax(a, 1), tf.argmax(y, 1))
accuracy = tf.reduce_mean(tf.cast(correct_prediction, tf.float32))
```

有了训练模型和测试模型以后，就可以进行实际的训练了。

```
sess = tf.InteractiveSession()                          # 建立交互式 Session
tf.initialize_all_variables().run()                     # 所有变量初始化
for i in range(1000):
    batch_xs, batch_ys = mnist.train.next_batch(100)    # 获得 100 个数据
    train.run({x: batch_xs, y: batch_ys})               # 给训练模型提供输入和输出
print(sess.run(accuracy,feed_dict={x:mnist.test.images,y:mnist.test.labels}))
```

可以看到，在模型搭建完以后，只要为模型提供输入和输出，模型就能够自己进行训练和测试。中间的求导、求梯度、反向传播等繁杂的事情，TensorFlow 都会自动完成。

7.5 TensorFlow 评估

7.5.1 评价指标

混淆矩阵（Confusion Matrix）是理解大多数评价指标的基础。混淆矩阵包含以下 4 部分信息。

- TN（True Negative）：称为真阴率，表明实际是负样本预测成负样本的样本数。

- FP（False Positive）：称为假阳率，表明实际是负样本预测成正样本的样本数。
- FN（False Negative）：称为假阴率，表明实际是正样本预测成负样本的样本数。
- TP（True Positive）：称为真阳率，表明实际是正样本预测成正样本的样本数。

表 7.1 更清楚地表明了混淆矩阵中各部分之间的相互关系。

表 7.1　混淆矩阵各部分关系

		标准（标准集）		
预测算法（预测集）		验证存在（T）	验证不存在（F）	合　计
	预测存在（P）	预测为正，真实为正（TP）	预测为正，真实为负（FP）	P（预测为正样本）
	预测不存在（N）	预测为负，真实为正（FN）	预测为负，真实为负（TN）	N（预测为负样本）
	合计	T（验证为正样本）	F（验证为负样本）	所有样本数（P+N 或者 T+F）

简化后：

		标　准　集		
测试集		正样本	负样本	合计
	正样本	TP	FP	P
	负样本	FN	TN	N
	合计	T	F	P+N 或者 T+F

精确度（Precision）：TP/(TP+FP)= TP/P。

召回率（Recall）：TP/(TP + FN)= TP/T。

真阳率（True Positive Rate）：TPR = TP/(TP+FN)= TP/T（敏感性：sensitivity）。

假阳率（False Positive Rate）：FPR = FP/(FP + TN)= FP/F（特异性：specificity）。

准确率（Accuracy）：Acc =(TP + TN)/(P +N)。

F-measure：2 × recall × precision/(recall + precision)。

ROC 曲线：FPR 为横轴，TPR 为纵轴。

PR 曲线：recall 为横轴，precision 为纵轴。

假阳率，简单通俗来理解就是预测为正样本但是预测错误的可能性，显然，我们不希望该指标太高；真阳率（和召回率是一样的），则是预测为正样本而且预测正确的可能性，当然，我们希望真阳率越高越好。

对于某个二分类分类器来说，输出结果标签（0 还是 1）往往取决于输出的概率以及预定的概率阈值，比如常见的阈值就是 0.5，大于 0.5 的认为是正样本，小于 0.5 的认为是负样本。如果增大这个阈值，预测错误（针对正样本而言，即指预测是正样本但是预测错误，下同）的概率就会降低但是随之而来的就是预测正确的概率也降低；如果减小这个阈值，那么预测正确的概率会升高但是同时预测错误的概率也会升高。实际上，这种阈值的选取也一定程度上反映了分类器的分类能力。我们当然希望无论选取多大的阈值，分类都能尽可能地正确，也就是希望该分类器的分类能力越强越好。

为了形象地衡量这种分类能力，以 FPR 为横轴，TPR 为纵轴画 ROC 曲线，如图 7.2 所示。显然，ROC 曲线的横纵坐标都在[0,1]之间，自然 ROC 曲线的面积不大于 1。现在来分析几个假阳率和真阳率取值特殊的情况，从而可更好地掌握 ROC 曲线的性质。

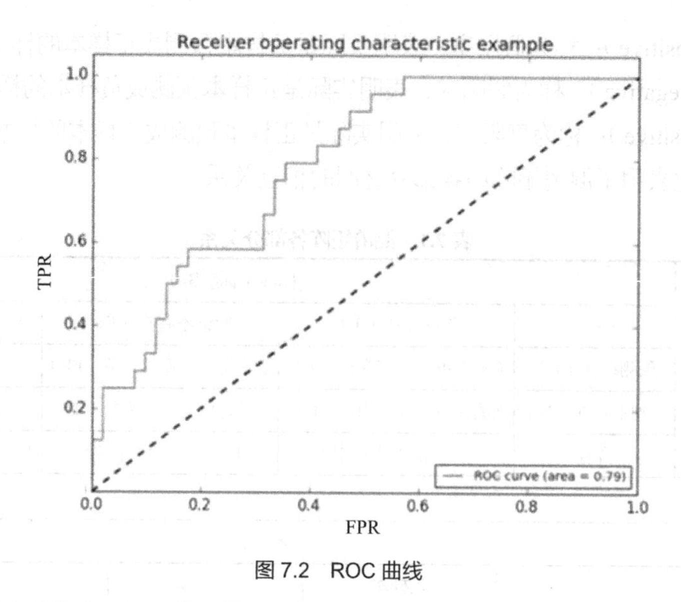

图 7.2　ROC 曲线

- (0,0)：假阳率和真阳率都为 0，即分类器全部预测成负样本。
- (0,1)：假阳率为 0，真阳率为 1，全部预测正确。
- (1,0)：假阳率为 1，真阳率为 0，全部预测错误。
- (1,1)：假阳率和真阳率都为 1，即分类器全部预测成正样本。

当 TPR＝FPR 时，ROC 的曲线为斜对角线，预测为正样本的结果一半是对的，一半是错的，代表随机分类器的预测效果。于是，可以得到基本的结论：ROC 曲线在斜对角线以下，则表示该分类器效果差于随机分类器，反之，效果好于随机分类器，当然，我们希望 ROC 曲线尽量处于斜对角线以上，也就是向左上角（0,1）凸起。

ROC 曲线一定程度上可以反映分类器的分类效果，但是不够直观，我们希望有这么一个指标，指标越大越好，越小越差。于是就有了 AUC（Area Under the ROC Curve）。AUC 实际上就是 ROC 曲线下的面积。AUC 直观地反映了 ROC 曲线表达的分类能力。

AUC = 1，代表完美分类器。

0.5 < AUC < 1，优于随机分类器。

0 < AUC < 0.5，差于随机分类器。

标签与预测值的误差也是衡量回归器好坏的指标。

在图像识别中，也经常用到 IOU（Intersection-Over-Union）。图 7.3 所示的人工图形标与机器预测误差及图 7.4 所示的 IOU，是一种测量在特定数据集中检测相应物体准确度的一个标准。IOU 是一个简单的测量标准，只要是在输出中得出一个预测范围（Bounding Boxes）的任务都可以用 IOU 来进行测量。为了使 IOU 用于测量任意大小形状的物体检测，需要以下两个范围。

（1）人为的在训练集图像中标出要检测物体的大概范围，如图 7.3 所示。

（2）通过算法得出的预测结果范围。

也就是说，这个标准用于测量真实和预测之间的相关度，相关度越高，该值越高。

图 7.3 中上面的标线框（恰好包含 STOP 牌）是人为标记的正确结果，下面标线框（未全部包含 STOP 牌）是算法预测出来的结果，IOU 要做的就是在这两个结果中测量算法的准确度。

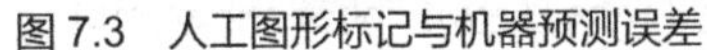
图 7.3　人工图形标记与机器预测误差

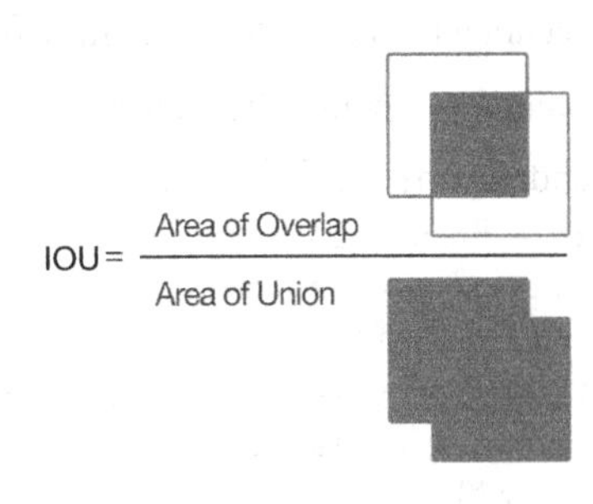

图 7.4　IOU

下面给出一个计算准确度的示例代码。

```
# 评估预测
# 用 squeeze()函数封装预测操作，使得预测值和目标值具有相同的维度
y_prediction = tf.squeeze(tf.round(tf.nn.sigmoid(tf.add(x_data, A))))
"""
  用 equal()函数检测是否相等，
  把得到的 True 或 False 的布尔类型张量转化成 float32 型，
  再对其取平均值，得到一个准确度值
"""
correct_prediction = tf.equal(y_prediction, y_target)
accuracy = tf.reduce_mean(tf.cast(correct_prediction, tf.float32))
acc_value_test = sess.run(accuracy, feed_dict={x_data: [x_vals_test], y_target: [y_vals_test]})
acc_value_train = sess.run(accuracy, feed_dict={x_data: [x_vals_train], y_target: [y_vals_train]})
print('Accuracy on train set: ' + str(acc_value_train))
print('Accuracy on test set: ' + str(acc_value_test))
```

7.5.2　评估函数——tf.metrics 模块

tf.metrics 模块提供了很多评估的函数。

- accuracy(...)：计算总的预测值与标签一致的准确率。

```
tf.metrics.accuracy(
    labels,
    predictions,
    weights=None,
    metrics_collections=None,
    updates_collections=None,
    name=None
)
```

labels：ground truth 值，为张量，其形状与 predictions 匹配。

predictions：预测值，为任何形状的张量。

weights：可选，为张量，其秩为 0 或与 labels 的秩相同，并且必须可广播到 labels（即所有维度必须为 1 或者与相应的 labels 维度相同）。

metrics_collections：accuracy 应添加到的可选集合列表。

updates_collections：update_op 应添加到的可选集合列表。

name：可选，variable_scope 的名称。

accuracy(…)返回值为 accuracy 和 update_op。

accuracy：张量，表示准确性，值为 total 除以 count。

update_op：可适当增加 total 和 count 变量并且使其值匹配 accuracy 的操作。

```
xs = tf.placeholder(tf.float32,x.shape)
ys = tf.placeholder(tf.int32,y.shape)
# 构建神经网络
l1 = tf.layers.dense(xs,50,tf.nn.relu)
output = tf.layers.dense(l1,2)
# 定义损失函数
Loss= = tf.losses.sparse_softmax_cross_entropy(labels=ys,logits=output)
# 定义计算准确度函数
Accuracy= tf.metrics.accuracy(labels=ys,predictions=tf.argmax(output,axis=1))[1]
```

- auc(...)：计算黎曼和的近似 AUC 值。
- average_precision_at_k(...)：计算平均精确度。
- false_negatives(...)：计算假阴率加权总数。
- false_negatives_at_thresholds(...)：计算给定阈值的假阴率总数。
- false_positives(...)：计算假阳率加权总数。
- false_positives_at_thresholds(...)：计算给定阈值的假阳率总数。
- true_negatives(...)：计算真阴率加权总数。
- true_negatives_at_thresholds(...)：计算给定阈值的真阴率总数。
- true_positives(...)：计算真阳率加权总数。
- true_positives_at_thresholds(...)：计算给定阈值的真阳率总数。
- mean(...)：计算加权平均值。
- mean_absolute_error(...)：计算平均绝对误差。
- mean_cosine_distance(...)：计算余弦距离。
- mean_iou(...)：计算每步的 mIOU(mean Intersection-Over-Union)。
- mean_per_class_accuracy(...)：计算每个类别准确率的平均值。
- mean_relative_error(...)：计算平均相对误差。
- mean_squared_error(...)：计算标签和预测值的方差。
- mean_tensor(...)：计算给定张量的平均值。
- percentage_below(...)：计算小于特定阈值的百分比。
- precision(...)：计算精确度。
- precision_at_k(...)：计算 k 的精确度。
- precision_at_thresholds(...)：计算特定阈值下的精确度。
- precision_at_top_k(...)：计算 top-k 的精确度。
- recall(...)：计算召回率。
- recall_at_k(...)：计算 k 的召回率。
- recall_at_thresholds(...)：计算特定阈值下的召回率。

- recall_at_top_k(...)：计算 top-k 的召回率。
- root_mean_squared_error(...)：计算标准误差。
- sensitivity_at_specificity(...)：计算给定假阳性率情况下的真阳性率。
- specificity_at_sensitivity(...)：计算给定真阳性率情况下的假阳性率。

7.6 TensorFlow 模型载入、保存及调用

我们使用一个算法模型进行预测的时候，首先必须将已经训练好的模型保存下来。模型保存方法有两种，基本方法和不需重新定义网络结构的方法。

1. 基本方法

保存：需定义变量，使用 saver.save()方法保存。

载入：需定义变量，使用 saver.restore()方法载入。

保存示例代码如下。

```
import tensorflow as tf
import numpy as np
W = tf.Variable([[1,1,1],[2,2,2]],dtype = tf.float32,name='w')
b = tf.Variable([[0,1,2]],dtype = tf.float32,name='b')
init = tf.initialize_all_variables()
saver = tf.train.Saver(max_to_keep=3)
with tf.Session()as sess:
      sess.run(init)
      save_path = saver.save(sess,"save/model.ckpt")
```

载入示例代码如下。

```
import tensorflow as tf
import numpy as np
W = tf.Variable(tf.truncated_normal(shape=(2,3)),dtype = tf.float32,name='w')
b = tf.Variable(tf.truncated_normal(shape=(1,3)),dtype = tf.float32,name='b')
saver = tf.train.Saver()
with tf.Session()as sess:
      saver.restore(sess,"save/model.ckpt")
```

这种方法的不便之处在于，在使用模型的时候，必须把模型的结构重新定义一遍，然后再载入对应名字的变量的值。如果读取一个文件时，就能直接使用模型是最好的，而不是使用时还要把模型重新定义一遍，所以需要使用另一种方法。

2. 不需重新定义网络结构的方法

不需重新定义网络结构的方法使用 tf.train.import_meta_graph()函数来实现，其函数定义如下。

```
import_meta_graph(
   meta_graph_or_file,
   clear_devices=False,
   import_scope=None,
   **kwargs
)
```

这个方法可以从文件中将保存的计算图的所有节点加载到当前的默认计算图中，并返回一个 Saver。也就是说，在保存的时候，除了将变量的值保存下来，其实还要将对应计算图中的各种节点保存下来，所以模型的结构也同样被保存下来了。

比如想要保存最后预测结果的 y，则应该在训练阶段将它添加到 collection 中。

保存示例代码如下。

```
### 定义模型
input_x = tf.placeholder(tf.float32, shape=(None, in_dim), name='input_x')
input_y = tf.placeholder(tf.float32, shape=(None, out_dim), name='input_y')
w1 = tf.Variable(tf.truncated_normal([in_dim, h1_dim], stddev=0.1), name='w1')
b1 = tf.Variable(tf.zeros([h1_dim]), name='b1')
w2 = tf.Variable(tf.zeros([h1_dim, out_dim]), name='w2')
b2 = tf.Variable(tf.zeros([out_dim]), name='b2')
keep_prob = tf.placeholder(tf.float32, name='keep_prob')
hidden1 = tf.nn.relu(tf.matmul(self.input_x, w1)+ b1)
hidden1_drop = tf.nn.dropout(hidden1, self.keep_prob)
### 定义预测目标
y = tf.nn.softmax(tf.matmul(hidden1_drop, w2)+ b2)
# 创建 Saver
saver = tf.train.Saver(...variables...)
# 假如需要，应先保存 y，以便在预测时使用
tf.add_to_collection('pred_network', y)
sess = tf.Session()
for step in xrange(1000000):
    sess.run(train_op)
    if step % 1000 == 0:
        # 保存 checkpoint，同时也默认导出一个 meta_graph
        # 计算图名为 my-model-{global_step}.meta
        saver.save(sess, 'my-model', global_step=step)
```

载入示例代码如下。

```
with tf.Session()as sess:
  new_saver = tf.train.import_meta_graph('my-save-dir/my-model-10000.meta')
  new_saver.restore(sess, 'my-save-dir/my-model-10000')
  # tf.get_collection()返回一个 list，但是这里只要第 1 个参数即可
  y = tf.get_collection('pred_network')[0]
  graph = tf.get_default_graph()
"""
因为 y 中有 placeholder，所以执行 sess.run(y)的时候还需要用实际待预测的样本以及相应的参数来填充
这些 placeholder，而这些需要通过计算图的 get_operation_by_name()方法来获取
"""
input_x = graph.get_operation_by_name('input_x').outputs[0]
  keep_prob = graph.get_operation_by_name('keep_prob').outputs[0]
  # 使用 y 进行预测
  sess.run(y, feed_dict={input_x:...., keep_prob:1.0})
```

这里有以下两点需要注意。

（1）在调用 saver.save()的时候，每个 CheckPoint 会保存 3 个文件，如 my-model-10000.meta、my-model-10000.index 和 my-model-10000.data-00000-of-00001。在调用 import_meta_graph()时填的就是 meta 文件名，我们知道权值都保存在 my-model-10000.data-00000-of-00001 这个文件中，但是如果在 restore()方法中填写这个文件名，就会报错，应该填写前缀，该前缀可以使用 tf.train.latest_checkpoint (checkpoint_dir)方法获取。

（2）模型的 y 中将用到 placeholder，在调用 sess.run()的时候肯定要 feed()对应的数据，因此还要根据具体 placeholder 的名字，从计算图中使用 get_operation_by_name()方法获取。

7.7 可视化分析和评估模型

在评估整个模型的过程中，可视化为我们提供了方便。在训练过程中可以使用 tf.summary 模块收集评估模型需要的一些评价数据，利用 TensorBoard 可视化分析和评估模型。

7.7.1 tf.summary 模块

tf.summary 模块包含以下类。

- class Event：事件。
- class FileWriter：将训练摘要写入文件。
- class FileWriterCache：训练摘要 Cache。
- class SessionLog：Session 日志。
- class Summary：训练摘要。
- class SummaryDescription：训练摘要描述。
- class TaggedRunMetadata：标注的运行元数据。

tf.summary 模块包含以下函数。

- audio(...)：音频输出。
- get_summary_description(...)：获取训练摘要描述。
- histogram(...)：直方图输出。
- image(...)：图片输出。
- merge(...)：摘要合并。
- merge_all(...)：合并默认图的所有摘要。
- scalar(...)：标量数据输出。
- tensor_summary(...)：张量数据摘要输出。
- text(...)：文本数据摘要输出。

7.7.2 TensorBoard 可视化评估工具

TensorBoard 可以记录与展示以下数据形式。

（1）标量（Scalars）。

（2）图片（Images）。

（3）音频（Audio）。

（4）计算图（Graph）。

（5）数据分布（Distribution）。

（6）直方图（Histograms）。

（7）嵌入向量（Embeddings）。

TensorBoard 的可视化过程如下。

（1）首先建立一个计算图，从这个计算图中能获取某些所需数据的信息。

（2）确定要在计算图中的哪些节点放置 summary 相关操作以记录信息。

可使用 tf.summary.scalar()记录标量，使用 tf.summary.histogram()记录数据的直方图，使用 tf.summary.distribution()记录数据的分布图，使用 tf.summary.image()记录图像数据，等等。

（3）这些操作不会真的执行计算，除非发送通知命令其执行，或者被其他的需要执行的 operation 所依赖。而在步骤，创建的 summary 操作其实并不被其他节点所依赖，因此，需要特意地去运行所有的 summary 节点。但是，一份程序可能有很多这样的 summary 节点，要手动逐个启动，非常烦琐的，因此可以使用 tf.summary.merge_all()将所有 summary 节点合并成一个节点，只要运行这个节点，就能产生所有之前设置的 summary 数据。

（4）使用 tf.summary.FileWriter()将运行后输出的数据都保存到本地磁盘中。

（5）运行整个程序，并在命令行输入运行 TensorBoard 的指令，再打开 Web 端可查看可视化的结果。

7.7.3 TensorBoard 使用案例

手写数字识别 MNIST 是深度学习入门的项目。在这里将展现如何建立简单的神经网络、获取分析评估数据的过程以及描述如何使用 TensorBoard 来可视化分析评估。（注意，因为有写文件操作，所以需要用 root 用户打开 Jupyter Notebook，不然，会有 permission denied 错误；在 Mac 和 Linux 中应使用 sudo./jupyter notebook-allow-root。）

1. MNIST 程序解析与获取分析评估数据

下面详细介绍 MNIST 程序解析与获取分析评估数据的步骤。

（1）导入包、定义参数以及载入数据

首先导入需要的包模块，包含手写数字识别项目的输入数据。

```
from __future__ import absolute_import
from __future__ import division
from __future__ import print_function
import argparse
import sys
import tensorflow as tf
from tensorflow.examples.tutorials.mnist import input_data
```

然后定义一些固定的参数。假设我们已经获得了最优的超参数，设置学习率为 0.001，Dropout 的保留节点比例为 0.9，最大循环次数为 1000。另外，还要设置存放下载数据目录路径和 summary 输出文件路径。

```
max_steps = 1000  # 最大迭代次数
learning_rate = 0.001   # 学习率
dropout = 0.9  # 执行 Dropout 时随机保留神经元的比例
data_dir = 'mnist'   # 样本数据存储的路径
log_dir = 'mnist'    # 输出日志保存的路径
```

接下来加载数据。加载数据直接调用了 MNIST 项目程序模块 input_data 的函数 read_data_sets()。该函数的输入参数为下载数据存储的路径和是否“one_hot”。one_hot 表示是否要将类别标签进行独热编码。独热编码是一个向量，只有一个元素为 1，其他都为 0。

```
mnist = input_data.read_data_sets(data_dir, one_hot=True)
```

运行它的时候首先找设定的目录下有没有这些数据文件，如果有就直接读取，没有再去下载。所以第一次执行这个命令，速度会比较慢。当执行完第一次命令后，文件将被保存在本地，运行就快了。但有时由于网络问题，会导致下载失败。可以选择先手动从 MNIST 数据集网站下载 4 个数据集，并和Jupyter放在同一文件夹里。

（2）创建特征与标签的占位符以及保存输入的图片数据到summary

先创建TensorFlow的默认Session。

```
sess = tf.InteractiveSession()
```

创建输入数据的占位符，分别创建特征数据x，标签数据y_。在tf.placeholder()函数中有3个参数，第1个定义数据类型为float32；第2个是数据的形状大小（Shape）（特征数据是大小为784的向量，标签数据是大小为10的向量），None表示不定大小，可以传入任何数量的样本；第3个参数是这个占位符的名称。

```
with tf.name_scope('input'):
    x = tf.placeholder(tf.float32, [None, 784], name='x-input')
    y_ = tf.placeholder(tf.float32, [None, 10], name='y-input')
```

使用tf.summary.image()保存图像信息。

特征数据其实就是将图像的像素数据展开成一个1×784的向量，现在如果想在TensorBoard上还原出输入的特征数据对应的图片，就需要将展开的向量转变成28×28×1的原始像素。可以用tf.reshape()重新调整特征数据的维度。将输入的数据转换成形状为[28×28×1]，名为image_shaped_input的张量。

为了能使图片在TensorBoard上展示出来，需要使用tf.summary.image()将图片数据汇总给TensorBord。tf.summary.image()中传入的第1个参数的作用是命名，第2个是图片数据，第3个是最多可展示的张数，此处为10张图片。

```
with tf.name_scope('input_reshape'):
    image_shaped_input = tf.reshape(x, [-1, 28, 28, 1])
    tf.summary.image('input', image_shaped_input, 10)
```

（3）创建初始化参数以及将参数信息汇总到summary

神经网络模型中每一层参数w和b都需要初始化。为了重用代码，可将初始化参数的过程封装成函数。这里，定义初始化权值w的函数的生成形状为传入的shape参数，数值为标准差是0.1的服从正态分布的随机数，最后将结果转换成TensorFlow变量返回。

```
def  weight_variable(shape):
    """Create a weight variable with appropriate initialization."""
    initial = tf.truncated_normal(shape, stddev=0.1)
    return tf.Variable(initial)
```

同样，定义创建初始偏置项b的函数的生成形状为传入的shape参数，数值为常数0.1的张量，最后将结果转换成TensorFlow变量并返回。

```
def bias_variable(shape):
    """Create a bias variable with appropriate initialization."""
    initial = tf.constant(0.1, shape=shape)
    return tf.Variable(initial)
```

在模型训练的过程中参数是不断地改变和优化的，因此需要知道每次迭代后参数都做了哪些变化，这样就可以将参数的信息展现在TensorBoard上。下面就是收录每次的参数信息的函数定义。

```
def variable_summaries(var):
    """Attach a lot of summaries to a Tensor(for TensorBoard visualization)."""
    with tf.name_scope('summaries'):
      # 计算参数的均值，并使用tf.summary.scaler()记录
      mean = tf.reduce_mean(var)
      tf.summary.scalar('mean', mean)
      # 计算参数的标准差
```

```
        with tf.name_scope('stddev'):
          stddev = tf.sqrt(tf.reduce_mean(tf.square(var - mean)))
        # 使用tf.summary.scaler()记录标准差、最大值、最小值
        tf.summary.scalar('stddev', stddev)
        tf.summary.scalar('max', tf.reduce_max(var))
        tf.summary.scalar('min', tf.reduce_min(var))
        # 用直方图记录参数的分布
        tf.summary.histogram('histogram', var)
```

（4）构建神经网络层

创建第一层隐含层。创建一个构建隐含层的函数，其输入的参数：input_tensor，为输入张量，即特征数据；input_dim，为输入数据的维度大小；output_dim，为输出数据的维度大小，即等于隐含层神经元个数；layer_name，为层的名字；act=tf.nn.relu，为激活函数，默认是 relu。

```
def nn_layer(input_tensor, input_dim, output_dim, layer_name, act=tf.nn.relu):
    """Reusable code for making a simple neural net layer.
    It does a matrix multiply, bias add, and then uses relu to nonlinearize.
    It also sets up name scoping so that the resultant graph is easy to read,
    and adds a number of summary ops.
    """
    # 设置命名空间
    with tf.name_scope(layer_name):
      # 调用之前的方法初始化权值 w，并且调用参数信息的记录方法，记录 w 的信息
      with tf.name_scope('weights'):
        weights = weight_variable([input_dim, output_dim])
        variable_summaries(weights)
      # 调用之前的方法初始化权值 b，并且调用参数信息的记录方法，记录 b 的信息
      with tf.name_scope('biases'):
        biases = bias_variable([output_dim])
        variable_summaries(biases)
      # 执行 wx+b 的线性计算，并且用直方图记录下来
      with tf.name_scope('linear_compute'):
        preactivate = tf.matmul(input_tensor, weights)+ biases
        tf.summary.histogram('linear', preactivate)
      # 使线性输出经过激励函数，并将输出也用直方图记录下来
      activations = act(preactivate, name='activation')
      tf.summary.histogram('activations', activations)

      # 返回激励层的最终输出
      return activations
```

调用隐含层创建函数创建一个隐含层，其输入的维度是特征的维度 784，神经元个数是 500，也就是输出的维度。

```
hidden1 = nn_layer(x, 784, 500, 'layer1')
```

创建一个 Dropout 层，随机关掉 hidden1 的一些神经元，并记录保留比例 keep_prob 的数值。

```
with tf.name_scope('dropout'):
    keep_prob = tf.placeholder(tf.float32)
    tf.summary.scalar('dropout_keep_probability', keep_prob)
    dropped = tf.nn.dropout(hidden1, keep_prob)
```

创建一个输出层，其输入的维度是上一层的输出，即 500，输出的维度是分类的类别种类，即 10，激活函数设置为全等映射 Identity（这里先不使用 Softmax，会将其放在损失函数中一起计算）。

```
y = nn_layer(dropped, 500, 10, 'layer2', act=tf.identity)
```

（5）创建损失函数

使用 tf.nn.softmax_cross_entropy_with_logits()来计算 Softmax 和计算交叉熵损失，并且求均值，并把所求均值作为最终的损失值。

```
with tf.name_scope('loss'):
    # 计算交叉熵损失（每个样本都会有一个损失）
    diff = tf.nn.softmax_cross_entropy_with_logits(labels=y_, logits=y)
    with tf.name_scope('total'):
      # 计算所有样本交叉熵损失的均值
      cross_entropy = tf.reduce_mean(diff)

tf.summary.scalar('loss', cross_entropy)
```

（6）使用优化器训练模型和计算准确率

使用 AdamOptimizer()优化器训练模型，最小化交叉熵损失。

```
with tf.name_scope('train'):
    train_step = tf.train.AdamOptimizer(learning_rate).minimize(
        cross_entropy)
```

计算准确率，并使用 tf.summary.scalar()记录准确率。

```
with tf.name_scope('accuracy'):
    with tf.name_scope('correct_prediction'):
      # 分别在预测和真实的标签中取出最大值的索引，若相同则返回 1（True），若不同则返回 0（False）
      correct_prediction = tf.equal(tf.argmax(y, 1), tf.argmax(y_, 1))
    with tf.name_scope('accuracy'):
      # 求均值即为准确率
      accuracy = tf.reduce_mean(tf.cast(correct_prediction, tf.float32))
tf.summary.scalar('accuracy', accuracy)
```

（7）合并 summary 操作，运行初始化变量

将所有的 summary 操作合并，并且将它们编写到之前定义的 log_dir 路径中。

```
# summary 操作合并
merged = tf.summary.merge_all() # 写到指定的磁盘路径中
train_writer = tf.summary.FileWriter(log_dir + '/train', sess.graph)
test_writer = tf.summary.FileWriter(log_dir + '/test')
# 运行初始化所有变量
tf.global_variables_initializer().run()
```

（8）循环执行整个计算图进行训练与评估

获取之后要的数据，如果 train==true，就从 mnist.train 中获取一个 batch 样本，并且设置 Dropout 值；如果 train==false，则获取 minist.test 的测试数据，并且设置 keep_prob 为 1，即保留所有神经元开启。

```
def feed_dict(train):
    """Make a TensorFlow feed_dict: maps data onto Tensor placeholders."""
    if train:
      xs, ys = mnist.train.next_batch(100)
      k = dropout
    else:
      xs, ys = mnist.test.images, mnist.test.labels
      k = 1.0
    return {x: xs, y_: ys, keep_prob: k}
```

开始训练模型。每隔 10 步，就进行一次 summary 合并，并打印一次测试数据集的准确率，然

后将测试数据集的各种 summary 信息写进日志中。每隔 100 步，记录执行状态相关信息。其他情况下每一步都记录下训练集的 summary 信息并写到日志中。

```
for i in range(max_steps):
    if i % 10 == 0:           # 记录测试集的 summary 与 accuracy
        summary, acc = sess.run([merged, accuracy], feed_dict=feed_dict(False))
        test_writer.add_summary(summary, i)
        print('Accuracy at step %s: %s' %(i, acc))
    else:  # 记录训练集的 summary
        if i % 100 == 99:     # 记录执行状态
            run_options = tf.RunOptions(trace_level=tf.RunOptions.FULL_TRACE)
            run_metadata = tf.RunMetadata()
            summary, _ = sess.run([merged, train_step],
                                  feed_dict=feed_dict(True),
                                  options=run_options,
                                  run_metadata=run_metadata)
            train_writer.add_run_metadata(run_metadata, 'step%03d' % i)
            train_writer.add_summary(summary, i)
            print('Adding run metadata for', i)
        else:                 # 记录 summary
            summary, _ = sess.run([merged, train_step], feed_dict=feed_dict(True))
            train_writer.add_summary(summary, i)
train_writer.close()
test_writer.close()
```

（9）执行程序

运行整个程序，在程序中定义的 summary 节点就会将需要记录的信息全部保存在指定的 log_dir 路径中；训练的记录会保存一份文件；测试的记录会保存一份文件。运行结果如图 7.5 所示。

```
train_write.close()
test_write.close()

Accuracy at step 830:0.9652
Accuracy at step 840:0.9628
Accuracy at step 850:0.9632
Accuracy at step 860:0.9627
Accuracy at step 870:0.9638
Accuracy at step 880:0.9636
Accuracy at step 890:0.9633
Adding run metadata for 899
Accuracy at step 900:0.9631
Accuracy at step 910:0.9639
Accuracy at step 920:0.9619
Accuracy at step 930:0.965
Accuracy at step 940:0.9657
Accuracy at step 950:0.9669
Accuracy at step 960:0.9649
Accuracy at step 970:0.9671
Accuracy at step 980:0.9669
Accuracy at step 990:0.9663
Adding run metadata for 999
```

图 7.5 运行结果

2. 使用 TensorBoard 进行评估分析

进入命令行，运行以下代码，等号后面加上 summary 日志保存的路径（即程序中定义的路径）。

```
tensorboard --logdir=mnist    # 这里填您的日志路径
```

执行命令之后会出现一条信息，里面有网址，将网址在浏览器中打开就可以看到程序中定义的可视化信息，如图 7.6 所示（注意：在浏览器 Safari 中不能使用，在新版 Chrome 中可以使用）。

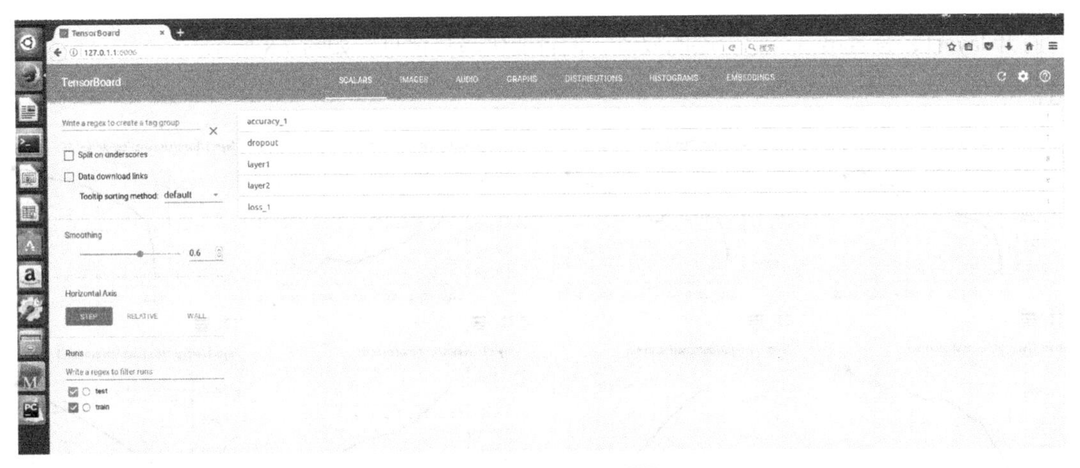

图 7.6　TensorBoard 界面

TensorBoard 界面中最上面一栏的菜单，分别有几个栏目，对应着程序中定义信息的类型。

（1）SCALARS：展示的是标量的信息，程序中 tf.summary.scalars()定义的信息都会在这个窗口展示。

回顾程序中定义的标量：准确率 accuracy、Dropout 的保留率、隐含层中的参数信息及交叉熵损失。这些都会在 SCALARS 窗口下显示，如图 7.7 所示。打开 accuracy，锯齿状曲线表示测试集的结果，平滑曲线表示训练集的结果，可以看到随着循环次数的增加，两者的准确度也在增加。值得注意的是，在 0～100 次的循环中准确率快速激增，100 次之后保持微弱地上升趋势，1000 次时会到达 0.967 左右。

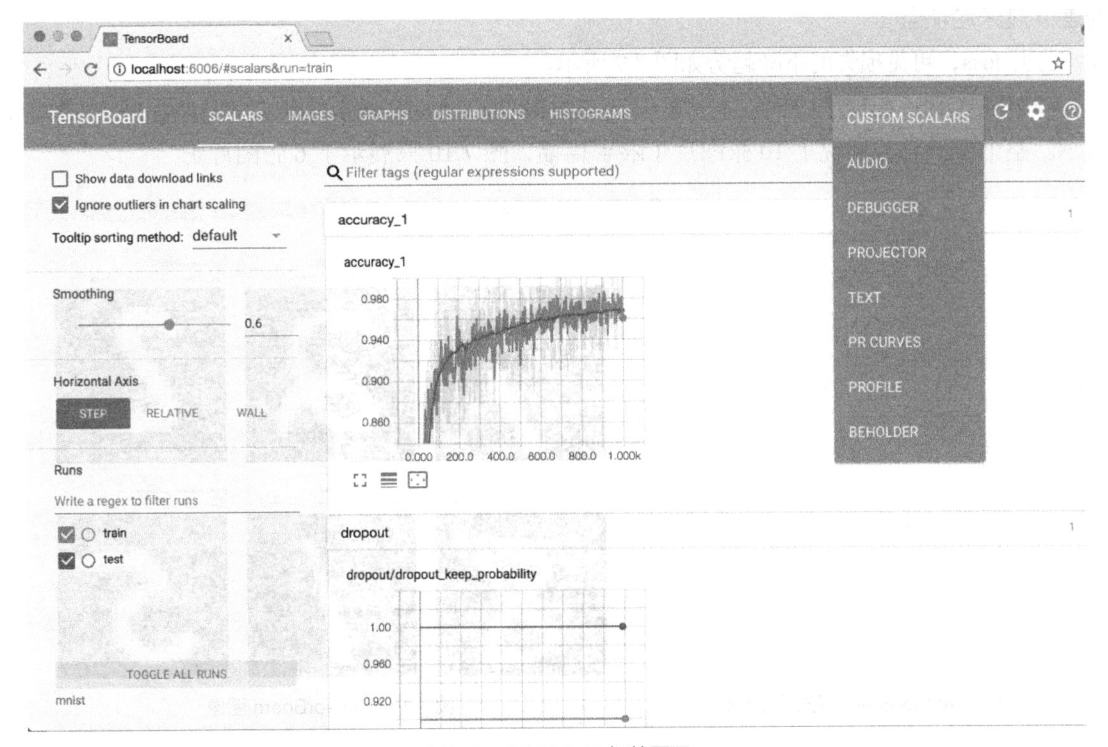

图 7.7　SCALARS 标签页面

Dropout，顶部直线表示的测试集上的保留率始终是 1，底部直线始终是 0.9。

打开 layer1，查看第一个隐含层的权值、偏置变化趋势信息，如图 7.8 所示。

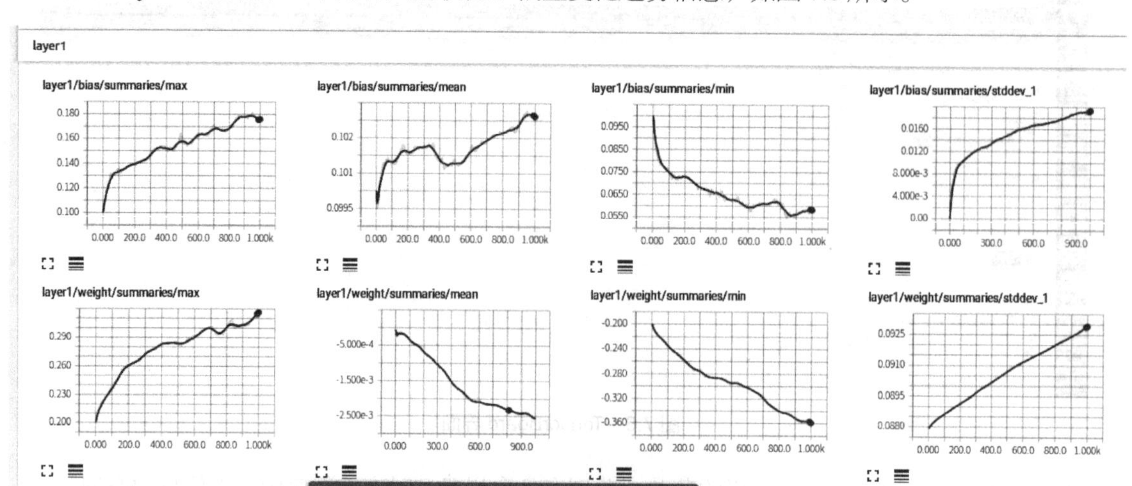

图 7.8　TensorBoard layer1 权值、偏置变化趋势信息

第 1 排是偏置项 b 的信息，随着迭代的加深，最大值越来越大，最小值越来越小，同时，也伴随着方差越来越大，这是预期要达到的情况，也就是神经元之间的参数差异越来越大。因为理想的情况下每个神经元都应该去关注不同的特征，所以它们的参数也应有所不同。第 2 排是权值 w 的信息，同理，最大值、最小值、标准差也都有与偏置项 b 相同的趋势，神经元之间的差异越来越明显。

打开 loss，可见损失的下降趋势如图 7.9 所示。

（2）IMAGES：在程序中设置了一处保存图像信息，TensorBoard 可以显示原始图像，如图 7.10 所示。整个窗口总共展现了 10 张图片（限于篇幅，图 7.10 只展示了 6 张图片）。

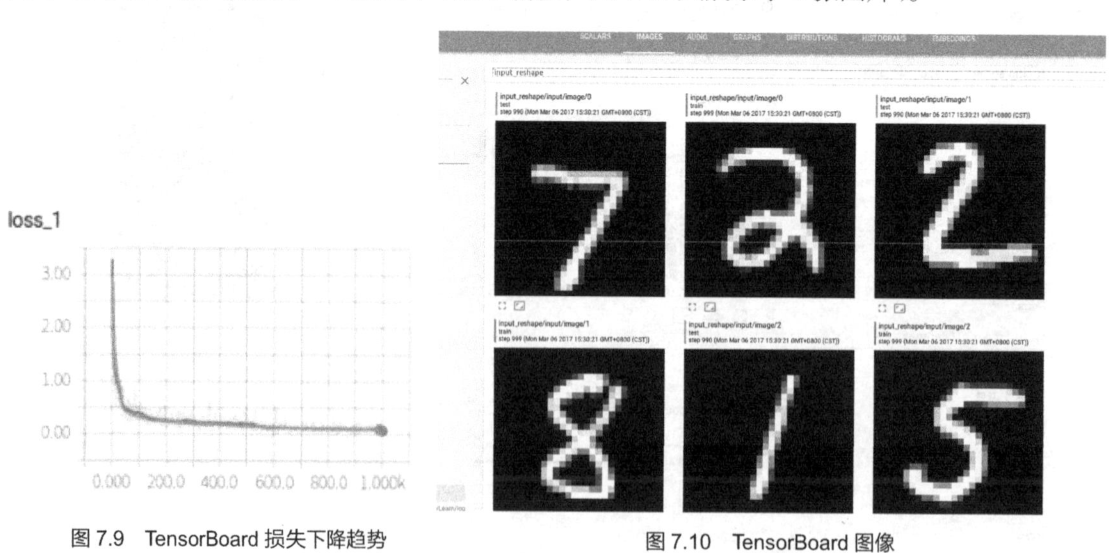

图 7.9　TensorBoard 损失下降趋势

图 7.10　TensorBoard 图像

（3）GRAPHS：展示整个训练过程的计算图。图 7.11 所示为 TensorBoard 节点图，可以清晰地看到整个程序的逻辑与过程。

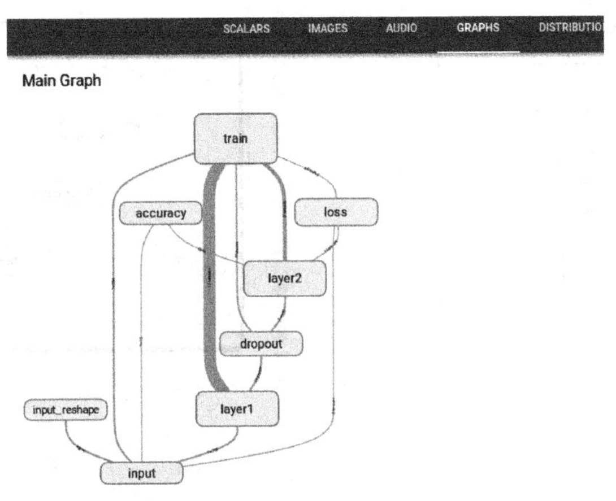

图 7.11　TensorBoard 节点图

单击某个节点，可以查看属性、输入、输出等信息，如图 7.12 所示。

图 7.12　TensorBoard 节点展开的详细信息

单击节点上的“+”字样，可以看到该节点的内部信息，如图 7.13 所示。

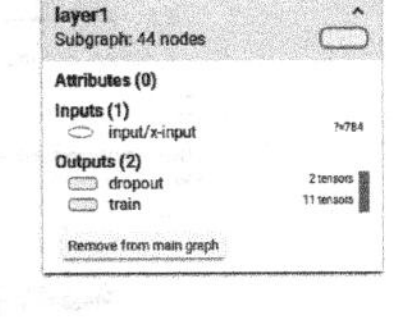

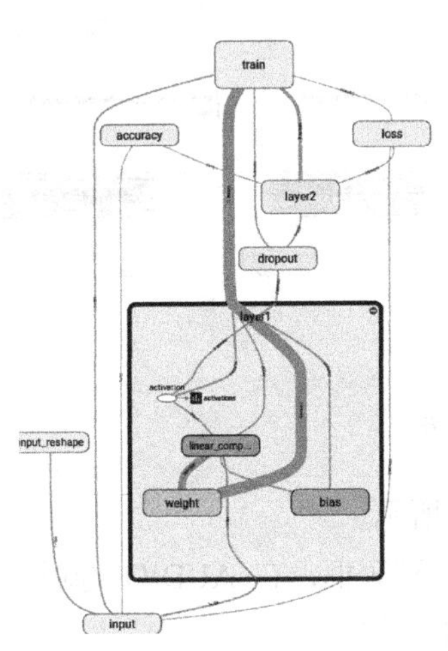

图 7.13　TensorBoard 节点内部信息

另外还可以选择用颜色区分节点，相同的节点会有同样的颜色，如图 7.14 所示。

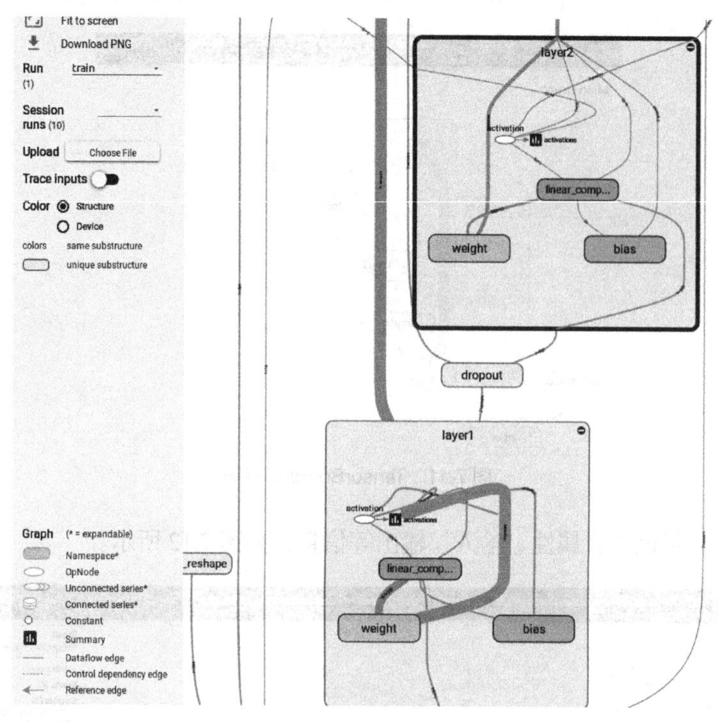

图 7.14　TensorBoard 模型颜色区分

（4）DISTRIBUTIONS：这里查看的是神经元输出的分布、有激活函数之前的分布、激活函数之后的分布等，如图 7.15 所示。

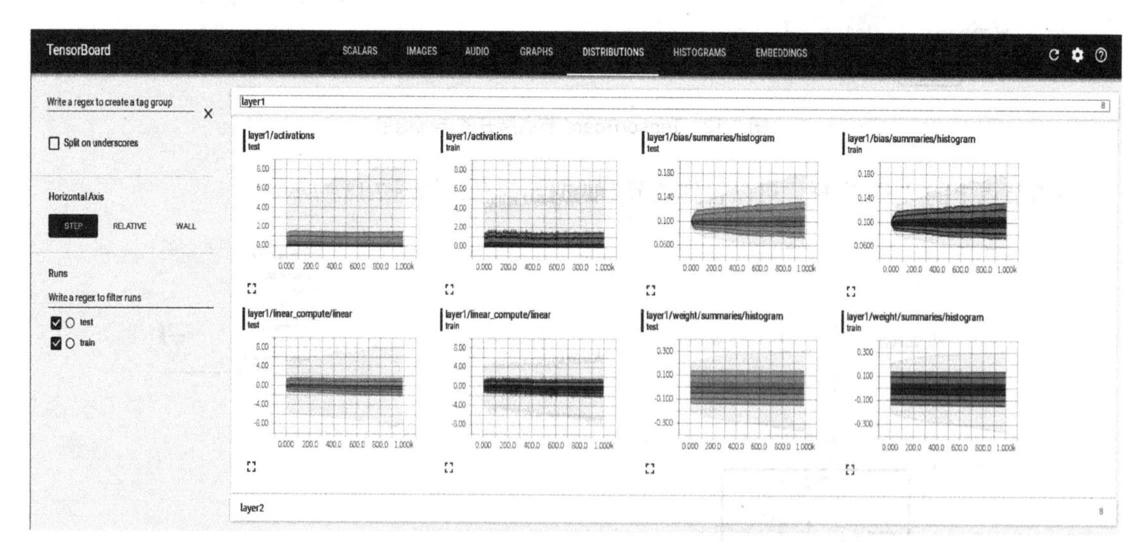

图 7.15　TensorBoard 分布

（5）HISTOGRAMS：可以看数据的直方图，如图 7.16 所示。

（6）INACTIVE（本案例中没有使用的功能）：打开下拉列表框，有 AUDIO 选项，展示的是声音的信息；有 DEBUGGER 选项，展示的是调试信息；等等。

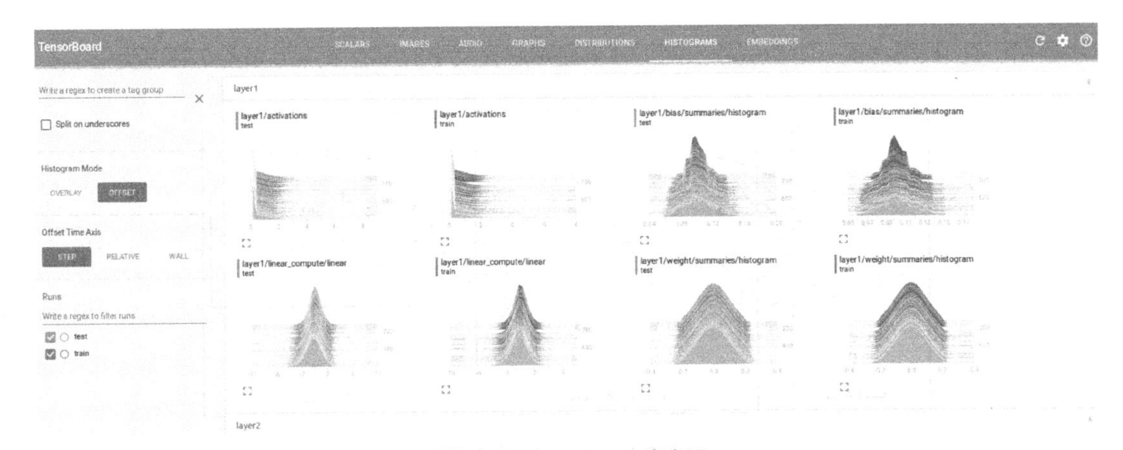

图 7.16　TensorBoard 直方图

7.8　示例——鸢尾花分类

根据花萼和花瓣大小，将鸢尾花分为 3 种不同的品种。

如图 7.17 所示，从左到右分别为山鸢尾（提供者：拉多米尔（Radomil））、变色鸢尾（提供者：德朗古瓦（Dlanglois））和维吉尼亚鸢尾（提供者：弗兰克 · 梅菲尔德（Frank Mayfield））。

图 7.17　鸢尾花

数据集：鸢尾花数据集包含 4 个特征和 1 个标签。这 4 个特征确定了单株鸢尾花的下列植物学特征：花萼长度、花萼宽度、花瓣长度和花瓣宽度。将这些特征表示为类型为 float32 的数值数据。标签确定了鸢尾花品种，品种必须是下列任意一种：山鸢尾——0，变色鸢尾——1，维吉尼亚鸢尾——2。标签表示类型为 int32 的分类数据。

表 7.2 显示了数据集中的 3 个样本。

表 7.2　鸢尾花特征

花萼长度	花萼宽度	花瓣长度	花瓣宽度	品种（标签）
5.1	3.3	1.7	0.5	0（山鸢尾）
5.0	2.3	3.3	1.0	1（变色鸢尾）
6.4	2.8	5.6	2.2	2（维吉尼亚鸢尾）

建立神经网络模型：采用深度多层感知机神经网络分类器模型，包含两个隐含层，每个隐含层包含 10 个节点。

鸢尾花分类模型特征、隐含层和预测（并未显示隐含层中的所有节点）如图 7.18 所示。

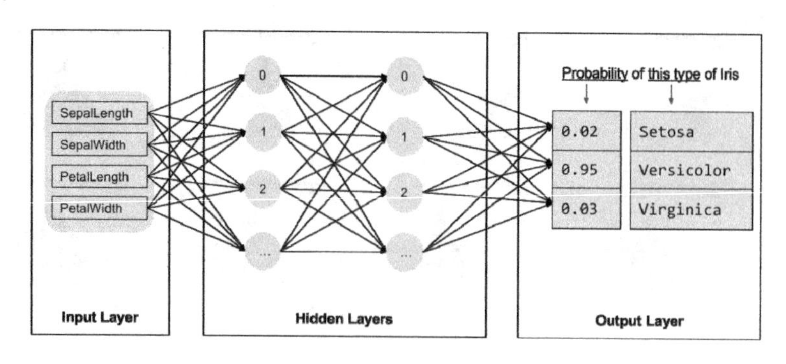

图 7.18　鸢尾花分类模型

推理：在无标签样本上运行经过训练的模型会产生 3 个预测，即相应鸢尾花属于指定品种的概率值。这些输出预测的概率总和是 1.0。例如，对无标签样本的预测可能如下所示。

- 0.03（山鸢尾）。
- 0.95（变色鸢尾）。
- 0.02（维吉尼亚鸢尾）。

上面的预测表示指定无标签样本是变色鸢尾的概率为 95%。

下面使用 Estimator 对鸢尾花进行分类。

根据预创建的 Estimator 编写 TensorFlow 程序，必须执行下列任务。

- 创建一个或多个输入函数。
- 定义模型的特征列。
- 实例化 Estimator，指定特征列和各种超参数。
- 在 Estimator 对象上调用一个或多个方法，传递适当的输入函数作为数据的来源。

1. 获取数据以及定义特征列

特征列是一个对象，用于说明模型应该如何使用特征字典中的原始输入数据。在构建 Estimator 模型时，会向其传递一个特征列的列表，其中包含希望模型使用的每个特征。tf.feature_column 模块提供很多用于向模型表示数据的选项。

对于鸢尾花问题，4 个原始特征是数值，因此可以构建一个特征列的列表，以告知 Estimator 模型将这 4 个特征都表示为 32 位浮点值。创建特征列的代码如下所示。

```
from __future__ import absolute_import, division,print_function
import tensorflow as tf
import numpy as np
import pandas as pd
from sklearn.datasets import load_iris
from sklearn.model_selection import train_test_split
data = load_iris()
FUTURES =[ 'SepalLength','SepalWidth','PetalLength','PetalWidth']
SPECIES = data.target_names

x_train, x_test, y_train, y_test = train_test_split(data.data, data.target, test_size=0.3, random_state=0)
x_train = pd.Dataframe(x_train, columns=FUTURES)
y_train = pd.Dataframe(y_train)
x_test = pd.Dataframe(x_test, columns=FUTURES)
```

```
y_test = pd.Dataframe(y_test)
my_feature_columns =[]
for key in x_train.keys():
  my_feature_columns.append(tf.feature_column.numeric_column(key=key))
```

2. 创建输入函数

示例代码如下所示。

```
def train_input_fn(features,labels,batch_size):
    dataset = tf.data.Dataset.from_tensor_slices((dict(features),labels))
    dataset = dataset.shuffle(1000).repeat().batch(batch_size)
    return dataset.make_one_shot_iterator().get_next()
```

3. 实例化 Estimator

TensorFlow 提供了几个预创建的分类器 Estimator，下面选择 tf.estimator.DNNClassifier()实例化此 Estimator。

```
# Build a DNN with 2 hidden layers and 10 nodes in each hidden layer.
classifier = tf.estimator.DNNClassifier(
     feature_columns=my_feature_columns,
     hidden_units=[10,10],
     n_classes =3)
```

因为已经有一个 Estimator 对象，现在可以调用方法来执行下列操作。

- 训练模型。
- 评估经过训练的模型。
- 使用经过训练的模型进行预测。

4. 训练模型

通过调用 Estimator 的 train()方法训练模型，代码如下所示。

```
# 训练模型
tf.logging.set_verbosity(tf.logging.INFO)
batch_size =100
classifier.train(input_fn=lambda:train_input_fn(x_train,y_train,batch_size),steps=1000)
```

其中，将 input_fn()调用封装在 lambda 中以获取参数，同时提供一个不采用任何参数的输入函数，正如 Estimator 预计的那样。steps 参数告知方法在训练多少步后停止训练。

5. 评估经过训练的模型

因为模型已经经过训练，现在可以获取一些关于其效果的统计信息。以下代码块会评估经过训练的模型对测试数据进行预测的准确率。

```
# 评估模型
def eval_input_fn(features, labels, batch_size):
    features=dict(features)
    inputs =(features,labels)
    dataset = tf.data.Dataset.from_tensor_slices(inputs)
    dataset = dataset.batch(batch_size)
    return dataset.make_one_shot_iterator().get_next()

eval_result = classifier.evaluate(input_fn=lambda:eval_input_fn(x_test,y_test,batch_ size))
print(eval_result)
```

与对 train()方法的调用不同，这里没有传递 steps 参数来进行评估；eval_input_fn()只生成一个周期的数据。

运行此代码会生成以下输出（或类似输出）。

```
{'accuracy':0.9777778, 'average_loss':0.13265954, 'loss':5.978679.'global_step':1000}
```

6. 利用经过训练的模型进行预测（推理）

因为已经有一个经过训练的模型，可以生成准确的评估结果。现在可以使用经过训练的模型，并根据一些无标签测量结果预测鸢尾花的品种。与训练和评估一样，可以使用单个函数调用进行预测。

```
# 根据模型产生预测
for i in range(0,3):
    #  5.1,3.3,1.7, 0.5
    print('\n Please enter features: SepalLentgh, SepalWidth,PetalLength, PetalWidth')
    a,b,c,d = map(float,input().split(','))
    predict_x={'SepalLength':[a],'SepalWidth':[b],'PetalLength':[c],'PetalWidth':[d],}
    labels=[0]
    predictions=classifier.predict(input_fn=lambda:eval_input_fn(predict_x, labels, batch_size))
    for pred_dict in predictions:
        class_id = pred_dict['class_ids'][0]
        probability = pred_dict['probabilities'][class_id]
        print(SPECIES[class_id],100*probability)
```

运行上面的代码会生成以下输出。

```
5.1,3.0,5.4,0.5
….
…
virginica 94.23754811266926
```

习题

1. tf.nn 模块的函数有哪些？
2. tf.layers 模块的函数有哪些？
3. 采用 tf.estimator 模型有何优点？
4. 为什么研究人员喜欢用 tf.keras？
5. 详述 TensorFlow 模型搭建。
6. 详述 TensorFlow 模型训练。
7. 详述 TensorBorad 调试与评估。
8. 详述 TensorFlow 模型载入、保存以及调用。
9. 详述 tf.data 模块。
10. 有哪些优化器？
11. 评估函数有哪些？
12. 有哪些损失函数？

08

第8章　TensorFlow编程实践

本章介绍了 MNIST 手写数字识别、Fashion MNIST 和 RNN 简笔画识别。

8.1 MNIST 手写数字识别

MNIST 是一个入门级的计算机视觉识别数据集，它包含各种手写数字图片以及对应的标签。比如，图 8.1 所示的小图片的标签分别是 0、1、2、3、4、5、6、7、8、9。

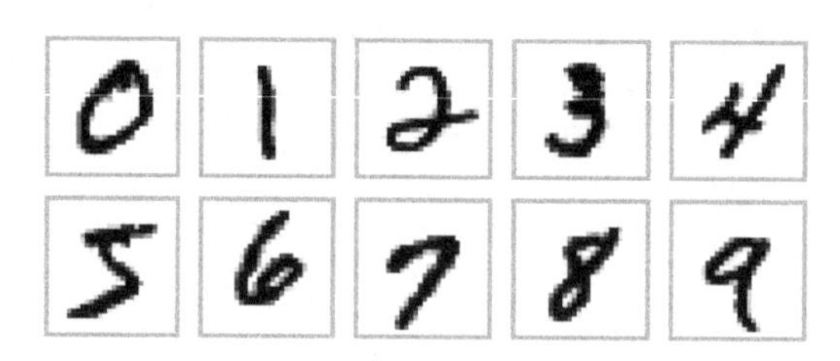

图 8.1 手写数字图片

先在 MNIST 数据集的官网下载 4 个压缩文件，放到项目目录里面。

下载下来的数据集被分成两部分：60000 行的训练数据集（mnist.train）和 10000 行的测试数据集（mnist.test）。这样的切分很重要，因为需要预测不在训练集中的数据，在机器学习模型设计时必须有一个单独的测试数据集不用于训练而用来评估这个模型的性能，从而更加容易把设计的模型推广到其他数据集上（泛化）。

每一个 MNIST 数据单元由两部分组成：一张包含手写数字的图片和一个对应的标签。把图片设为 xs，把标签设为 ys。训练数据集和测试数据集都包含 xs 和 ys，比如训练数据集的图片是 mnist.train.images，训练数据集的标签是 mnist.train.labels。

每一张图片包含 28×28 个像素点。我们可以用一个数字数组来表示这张图片，如图 8.2 所示。

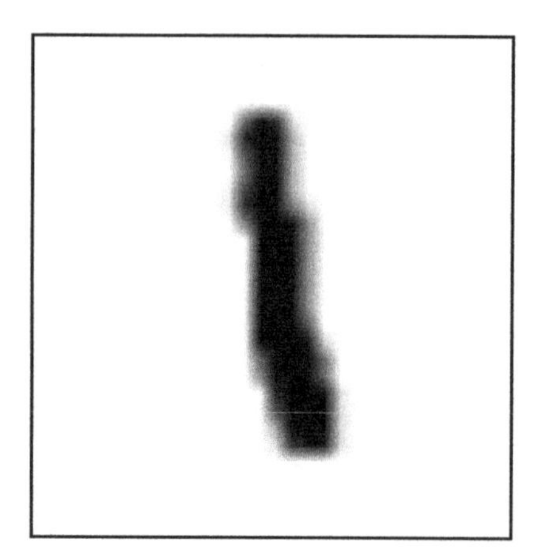

≈

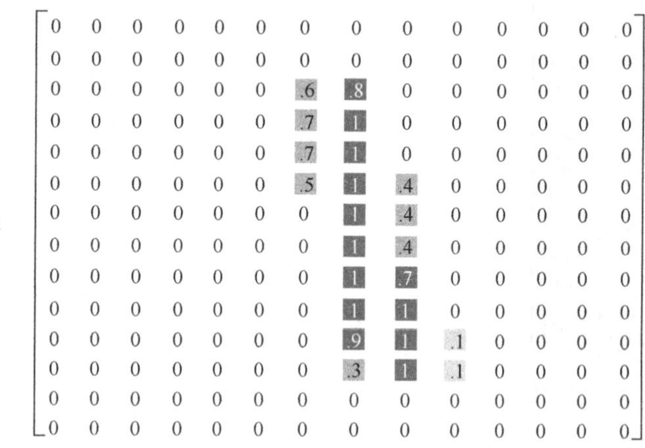

图 8.2 手写数字数组表示

表示每张图片的数组可以展开成一个向量，其长度是 28×28=784。从这个角度来看，MNIST 数据集的图片就是 784 维向量空间的向量。因此 MNIST 训练数据集（mnist.train.images）就转换成了一个形状为[60000, 784]的张量（mnist. train.xs），其第 1 个维度数字（大小为 60000）用来索引具体是哪张图片，第 2 个维度数字（大小为 784）用来索引第 1 维数字指定的图片中的像素点，如图 8.3 所示。而此张量元素的值在[0,1]区间，表示某张图片中某个像素的强度值。

与 MNIST 训练数据集相对应的是 MNIST 数据集的标签集（mnist.train.labels）。标签是从 0~9

的数字，用来表示对应训练数据集给定图片代表的数字。我们将标签转换为 10 维的独热向量(One-Hot Vectors)，一个独热向量的元素值除了某一个为 1 以外其余都为 0。在独热向量中，数字 n 表示一个只有在第 n 维度（从 0 开始）的数字为 1 其余为 0 的 10 维向量。例如，标签 2 表示为（[0,0,1,0,0,0,0,0,0,0]）。因此，MINIST 数据集的标签集被转换为一个形状为[60000, 10] 的张量（mnist.train.ys)，其第 1 维数字（大小为 60000）对应 MNIST 训练数据集张量 mnist.train.xs，第 2 维为独热向量，如图 8.4 所示。

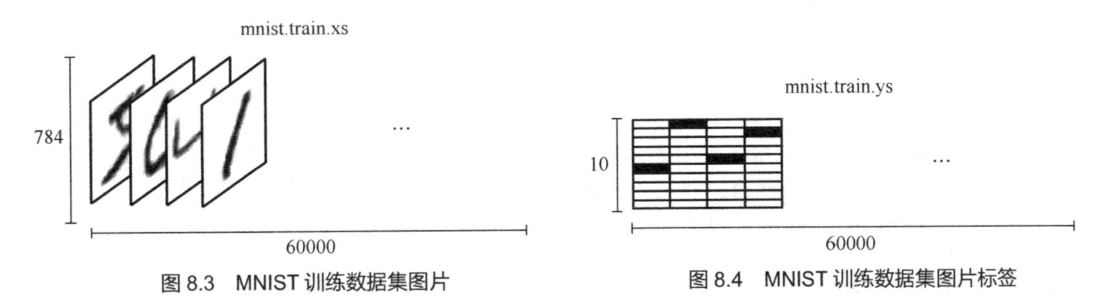

图 8.3　MNIST 训练数据集图片　　图 8.4　MNIST 训练数据集图片标签

8.1.1　使用 tf.nn 模块实现 MNIST 手写数字识别

1. 导入数据

在开源项目 GitHub 中下载 MNIST 项目，此项目包含数据导入模块，即可使用 from tensorflow.examples.tutorials.mnist import input_data 导入 input_data 模块。input_data.read_data_sets() 函数可以从文件中导入数据，函数参数 one_hot=True 表示数据的标签为独热向量。通常，可以直接从网上导入数据，但如果网络不稳定，可以先下载 4 个压缩文件，放到 data_dir 目录中。导入的数据有 55000 个训练数据、5000 个验证数据和 10000 个测试数据，以及每个训练数据、验证数据和测试数据都有一个对应的独热向量标签。验证数据不参与模型训练，但可以反复使用以达到调整模型的超参数的作用。

```
from __future__ import absolute_import, division,print_function
import tensorflow as tf
# 设置按需使用 GPU
config = tf.ConfigProto()
config.gpu_options.allow_growth = True
sess = tf.InteractiveSession(config=config)
import sys
import argparse
from tensorflow.examples.tutorials.mnist import input_data
data_dir= 'mnist'
log_dir= 'mnist'
# 导入数据（先下载 4 个压缩文件，放到 data_dir 目录中（这里是 mnist 目录））
mnist = input_data.read_data_sets(data_dir, one_hot=True)
print(mnist.test.labels.shape)
print(mnist.train.labels.shape)
"""
测试集 10000 个
训练集 55000 个
(10000, 10)
(55000, 10)
"""
```

2. 构建网络

构建卷积神经网络，包含卷积层+ReLU 激励函数、池化层、卷积层+ReLU 激励函数、池化层、全连接层+ReLU 激励函数、Dropout 层、全连接层+Softmax 输出函数的结构。权值初始化函数采用服从正态分布的随机值、偏置初始化函数设置为很小的正偏置 0.1。

```
# 权值初始化
def weight_variable(shape):
  # 用正态分布来初始化权值
  initial = tf.truncated_normal(shape, stddev=0.1)
  return tf.Variable(initial)
# 设定偏置
def bias_variable(shape):
  # 本例中用 ReLU 激活函数，所以用一个很小的正偏置较好
  initial = tf.constant(0.1, shape=shape)
  return tf.Variable(initial)
  # 定义卷积层
def conv2d(x, W):
  # 默认 strides[0]=strides[3]=1, strides[1]为 x 方向步长，strides[2]为 y 方向步长
  return tf.nn.conv2d(x, W, strides=[1,1,1,1], padding='SAME')
  # 定义池化层
def max_pool_2×2(x):
  return tf.nn.max_pool(x, ksize=[1,2,2,1], strides=[1,2,2,1], padding='SAME')

X_ = tf.placeholder(tf.float32, [None, 784])
# 每张图的元素个数为 784
y_ = tf.placeholder(tf.float32, [None, 10])
# 每张图的标签个数为 10（即 0～9）
# 把 X 转为卷积所需要的形式
X = tf.reshape(X_, [-1, 28, 28, 1])
# 第 1 层卷积：5×5×1 卷积核为 32 个 [5, 5, 1, 32]
W_conv1 = weight_variable([5,5,1,32])
b_conv1 = bias_variable([32])
h_conv1 = tf.nn.relu(conv2d(X, W_conv1)+ b_conv1)
# 第 1 个池化层
h_pool1 = max_pool_2×2(h_conv1)
# 第 2 层卷积：5×5×32 卷积核为 64 个 [5, 5, 32, 64]
W_conv2 = weight_variable([5,5,32,64])
b_conv2 = bias_variable([64])
h_conv2 = tf.nn.relu(conv2d(h_pool1, W_conv2)+ b_conv2)
# 第 2 个池化层，输出[None, 7, 7, 64]
h_pool2 = max_pool_2×2(h_conv2)
# 将数据展开
h_pool2_flat = tf.reshape(h_pool2, [-1, 7*7*64])
# 第 1 个全连接层
W_fc1 = weight_variable([7*7*64, 1024])
b_fc1 = bias_variable([1024])
h_fc1 = tf.nn.relu(tf.matmul(h_pool2_flat, W_fc1)+ b_fc1)
# Dropout：输出的维度和 h_fc1 一样，只是随机部分值被赋值为 0
keep_prob = tf.placeholder(tf.float32)
h_fc1_drop = tf.nn.dropout(h_fc1, keep_prob)
```

```
# 输出层
W_fc2 = weight_variable([1024, 10])
b_fc2 = bias_variable([10])
y_conv = tf.nn.softmax(tf.matmul(h_fc1_drop, W_fc2)+ b_fc2)
```

3. 训练和评估

损失函数采用交叉熵，优化函数采用 AdamOptimizer()优化器最小优化训练。训练次数共 500 次。批数据大小为 50 个数据。Dropout 比率为 0.5（一半节点）。全部训练完了再做 100 批测试，每批测试 100 个测试数据。

```
# 1.损失函数：cross_entropy
cross_entropy = -tf.reduce_sum(y_ * tf.log(y_conv))
# 2.优化函数：AdamOptimizer
train_step = tf.train.AdamOptimizer(1e-4).minimize(cross_entropy)
# 3.预测准确结果统计
#  预测值中最大值“1”即分类结果是否等于原始标签中的“1”的位置。argmax()取最大值所在的下标
correct_prediction = tf.equal(tf.argmax(y_conv, 1), tf.argmax(y_, 1))
accuracy = tf.reduce_mean(tf.cast(correct_prediction, tf.float32))
# 如果做一次性测试的话，可能占用的显存会比较多，
# 所以测试的时候也可以设置较小的 batch 来看准确率
test_acc_sum = tf.Variable(0.0)
batch_acc = tf.placeholder(tf.float32)
new_test_acc_sum = tf.add(test_acc_sum, batch_acc)
update = tf.assign(test_acc_sum, new_test_acc_sum)
# 定义了变量必须要初始化，或者使用下面的形式
sess.run(tf.global_variables_initializer())
# 训练
for i in range(500):
  X_batch, y_batch = mnist.train.next_batch(batch_size=50)
  if i % 500 == 0:
    train_accuracy = accuracy.eval(feed_dict={X_: X_batch, y_: y_batch, keep_prob: 1.0})
    print("step %d, training acc %g" %(i, train_accuracy))
  train_step.run(feed_dict={X_: X_batch, y_: y_batch, keep_prob: 0.5})
# 全部训练完了再做测试，这里设定 batch_size=100
for i in range(100):
  X_batch, y_batch = mnist.test.next_batch(batch_size=100)
  test_acc = accuracy.eval(feed_dict={X_: X_batch, y_: y_batch, keep_prob: 1.0})
  update.eval(feed_dict={batch_acc: test_acc})
  if(i+1)% 20 == 0:
    print("testing step %d, test_acc_sum %g" %(i+1, test_acc_sum.eval()))
print(" test_accuracy %g" %(test_acc_sum.eval()/ 100.0))
```

运行结果如图 8.5 所示。

```
Extracting mnist/train-images-idx3-ubyte.gz
Extracting mnist/train-labels-idx1-ubyte.gz
Extracting mnist/t10k-images-idx3-ubyte.gz
Extracting mnist/t10k-labels-idx1-ubyte.gz
(10000, 10)
(55000, 10)
step 0, training acc 0.12
testing step 20, test_acc_sum 18.9
testing step 40, test_acc_sum 37.99
testing step 60, test_acc_sum 56.92
testing step 80, test_acc_sum 75.9
testing step 100, test_acc_sum 95.03
 test_accuracy 0.9503
```

图 8.5　MNIST tf.nn 实现运行结果

8.1.2 使用 tf.estimator 模块实现 MNIST 手写数字识别

利用 Estimator 创建卷积神经网络 MNIST 分类器，在函数 cnn_model_fn()中实现。该卷积神经网络包括输入层（输入数据为向量数据转换成的一个通道的 28×28 数据）、卷积层 1（16 个 3×3 卷积核，激活函数采用 ReLU）、池化层 1（最大值池化，有一个 2×2 池化核、池化步长为 2）、卷积层 2（32 个 3×3 卷积核，激活函数采用 ReLU）、池化层 2（最大值池化，有一个 2×2 池化核、池化步长为 2）、卷积层 3（64 个 5×5 卷积核，激活函数采用 ReLU）、池化层 3（最大值池化，有一个 2×2 池化核、池化步长为 1）、全连接层（有 1024 个神经元；Dropout 调节率为 0.4，即任何节点都有 40% 概率不使用，需注意的是 tf.nn.dropout()的参数是节点保留概率 keep_prob，而 tf.layers.dropout()的参数是节点删除概率 rate；keep_prob = 1–rate）、输出层（全连接层，输出节点有 10 个）。

如果为预测模式，对输出层的输出使用 tf.nn.softmax()得到预测值，需要设置 tf.estimator.EstimatorSpec()中的参数 predictions 并返回。

使用 tf.losses.sparse_softmax_cross_entropy()计算损失值 loss（作用范围包括 TRAIN 和 EVAL 模式）。tf.losses.sparse_softmax_cross_entropy()底层使用 tf.nn.sparse_softmax_cross_entropy_with_logits()计算交叉熵损失，其中参数 weights 为损失的系数，如果提供了标量，那么 loss 只是按给定值缩放；如果 weights 是形状为[batch_size]的张量，则 loss 权值适用于每个相应的样本；weights 默认为 1。

如果为训练模式，采用梯度下降优化器（GradientDescentOptimizer()）最小化损失函数操作 train_op。设置 tf.estimator.EstimatorSpec()中参数 loss 和 train_op 并返回。

如果为评价模式，评价函数 eval_metric_ops()将采用 tf.metrics.accuracy()设置 tf.estimator.EstimatorSpec()中的参数 loss 和 eval_metric_ops 并返回。

主函数 main()为程序的入口，其定义了导入数据，将数据分割为训练集与评估集。main()采用 tf.estimator.Estimator()创建 Estimator 实例 mnist_classifier；Estimator 参数就是上面定义的 Estimator 模型函数 cnn_model_fn()；model_dir= data_dir + "/mnist_convnet_model"用来保存模型参数和图等的目录地址；用钩子函数 tf.train.LoggingTensorHook()设置预测日志 logging-hook，网络训练需要花费较长的时间，日志可以帮助跟踪程序运行，其参数 every_n_iter=5000，表示每训练 5000 步记录一项概率值；用 Estimator 的 train()函数训练模型，train()函数参数输入数据来源于 tf.estimator.inputs.numpy_input_fn()函数，训练次数为 20000 次；钩子函数为上面定义的 logging_book，其中，将 tf.estimator.inputs.numpy_input_fn()的参数设置为训练数据集和对应标签集，将批处理大小设置为 100，并打乱次序；用 Estimator 的 evaluate()函数评估模型，evaluate()函数参数输入数据来源于 tf.estimator. inputs.numpy_input_fn()函数，其参数设置为评估数据集和对应标签集，运行次数为 1，不打乱次序；最后为打印评估结果步骤。

tf.app.run()用来启动 main()函数。

```
from __future__ import absolute_import
from __future__ import division
from __future__ import print_function
import numpy as np
import tensorflow as tf
tf.logging.set_verbosity(tf.logging.INFO)
from tensorflow.examples.tutorials.mnist import input_data
data_dir= 'mnist'
log_dir= 'mnist'
```

```
# 创建卷积神经网络MNIST分类器
def cnn_model_fn(features, labels, mode):
    # 输入层
    input_layer = tf.reshape(features["x"], [-1, 28, 28, 1])
    # 卷积层1，有16个3×3池化核，激活函数采用ReLU
    conv1 = tf.layers.conv2d(inputs=input_layer,
                             filters=16,
                             kernel_size=[3, 3],
                             padding="same",
                             activation=tf.nn.relu)
    # 池化层1：最大值池化，有一个2×2池化核、步长为2
    pool1 = tf.layers.max_pooling2d(inputs=conv1, pool_size=[2, 2], strides=2)
    # 卷积层2：有32个3×3池化核，激活函数采用ReLU
    conv2 = tf.layers.conv2d(inputs=pool1,
                             filters=32,
                             kernel_size=[3, 3],
                             padding="same",
                             activation=tf.nn.relu)
    # 池化层2：最大值池化，有一个2×2池化核、步长为2
    pool2 = tf.layers.max_pooling2d(inputs=conv2, pool_size=[2, 2], strides=2)
    # 卷积层3：有64个5×5卷积核，激活函数采用ReLU
    conv3 = tf.layers.conv2d(inputs=pool2, filters=64,kernel_size=[5, 5],padding="same",
            activation=tf.nn.relu)
    # 池化层3：最大值池化，有一个2×2池化核、步长为1
    pool3 = tf.layers.max_pooling2d(inputs=conv3, pool_size=[2, 2], strides=1)
    # 全连接层，有1024个神经元，dropout调节率为0.4（任何节点都有40%概率不使用）
    pool3_flat = tf.reshape(pool3, [-1, 6 * 6 * 64])
    dense = tf.layers.dense(inputs=pool3_flat, units=1024, activation=tf.nn.relu)
    dropout = tf.layers.dropout(inputs=dense, rate=0.4, training=mode == tf.estimator.
              ModeKeys.TRAIN)
    # Logits Layer（输出层）
    logits = tf.layers.dense(inputs=dropout, units=10)
    # 将tf.nn.softmax()应用到logits得到预测值
    predictions = { "classes": tf.argmax(input=logits, axis=1),
                 "probabilities": tf.nn.softmax(logits, name="softmax_tensor")}
    if mode == tf.estimator.ModeKeys.PREDICT:
         return tf.estimator.EstimatorSpec(mode=mode, predictions=predictions)
    # 计算损失值（包括TRAIN和EVAL模式）
    loss = tf.losses.sparse_softmax_cross_entropy(labels=labels, logits=logits)
    # 设置训练模式的参数配置
    if mode == tf.estimator.ModeKeys.TRAIN:
         optimizer = tf.train.GradientDescentOptimizer(learning_rate=0.001)
         train_op = optimizer.minimize(loss=loss,global_step=tf.train.get_global_step())
         return tf.estimator.EstimatorSpec(mode=mode, loss=loss, train_op=train_op)
    # 加入对EVAL模式评价函数
    eval_metric_ops = {
        "accuracy": tf.metrics.accuracy(
        labels=labels, predictions=predictions["classes"])}
    return tf.estimator.EstimatorSpec(mode=mode, loss=loss, eval_metric_ops=eval_metric_ops)

# 定义主函数
def main(unused_argv):
    # 装载训练与评价数据
```

```
    mnist = input_data.read_data_sets(data_dir)
    train_data = mnist.train.images # Returns np.array
    train_labels = np.asarray(mnist.train.labels, dtype=np.int32)
    eval_data = mnist.test.images # Returns np.array
    eval_labels = np.asarray(mnist.test.labels, dtype=np.int32)
    # 创建Estimator
    mnist_classifier = tf.estimator.Estimator(model_fn=cnn_model_fn,
        model_dir= data_dir + "/mnist_convnet_model")
    # 设置预测日志
    tensors_to_log = {"probabilities": "softmax_tensor"}
    logging_hook = tf.train.LoggingTensorHook(tensors=tensors_to_log, every_n_iter=5000)
    # 训练模型
    train_input_fn = tf.estimator.inputs.numpy_input_fn( x={"x": train_data},
        y=train_labels, batch_size=100,
        num_epochs=None,  shuffle=True)
    mnist_classifier.train(input_fn=train_input_fn,  steps=20000, hooks=[logging_hook])
    # 评估模型、打印结果
    eval_input_fn = tf.estimator.inputs.numpy_input_fn(x={"x": eval_data},
        y=eval_labels, num_epochs=1, shuffle=False)
    eval_results = mnist_classifier.evaluate(input_fn=eval_input_fn)
    print(eval_results)
    eval_results

if __name__ == "__main__":
    tf.app.run()
```

运行程序后，在命令行输入 tensorboard –logdir=mnist，可以用 TensorBoard 分析评估模型。

（1）SCALARS：从图 8.6 所示的页面可以看出随着训练次数的增加，准确率也在一直增加。

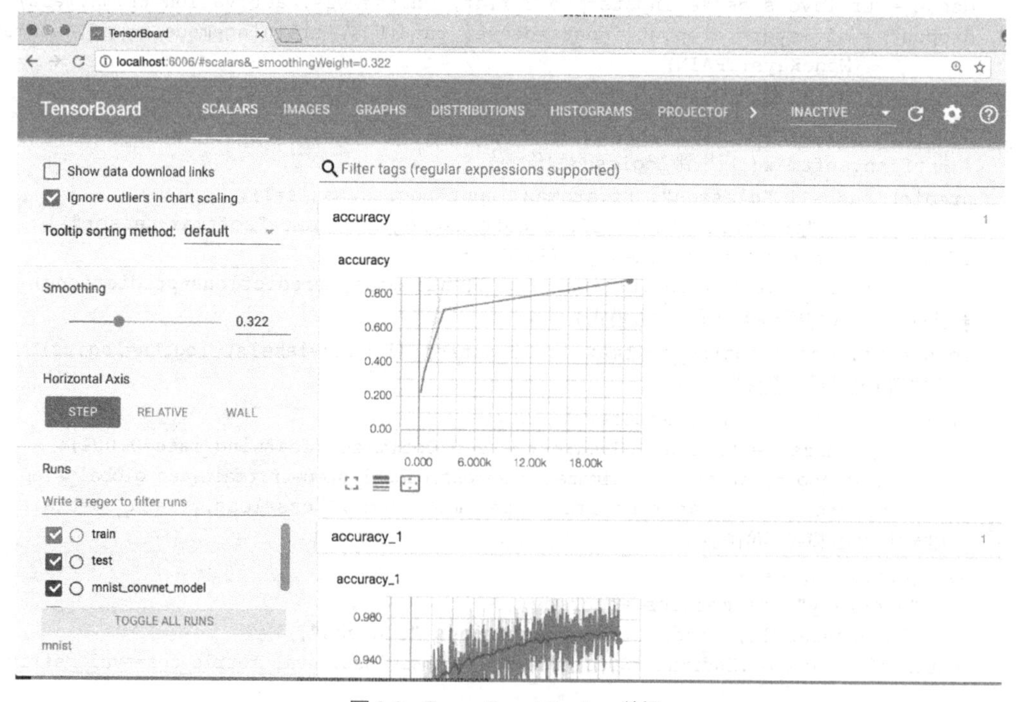

图 8.6　TensorBoard Scalars 数据

（2）IMAGES：TensorBoard 原始手写数字位图如图 8.7 所示。

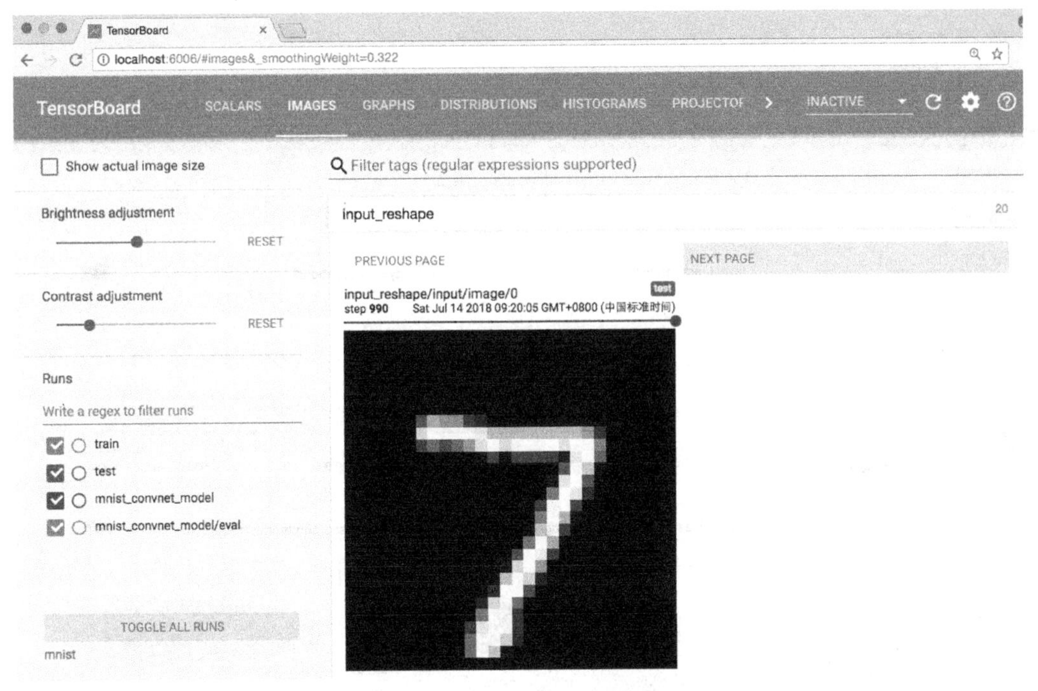

图 8.7　TensorBoard 原始手写数字位图

（3）GRAPHS：模型的计算图如图 8.8 所示。可以打开查看详细的节点计算图。

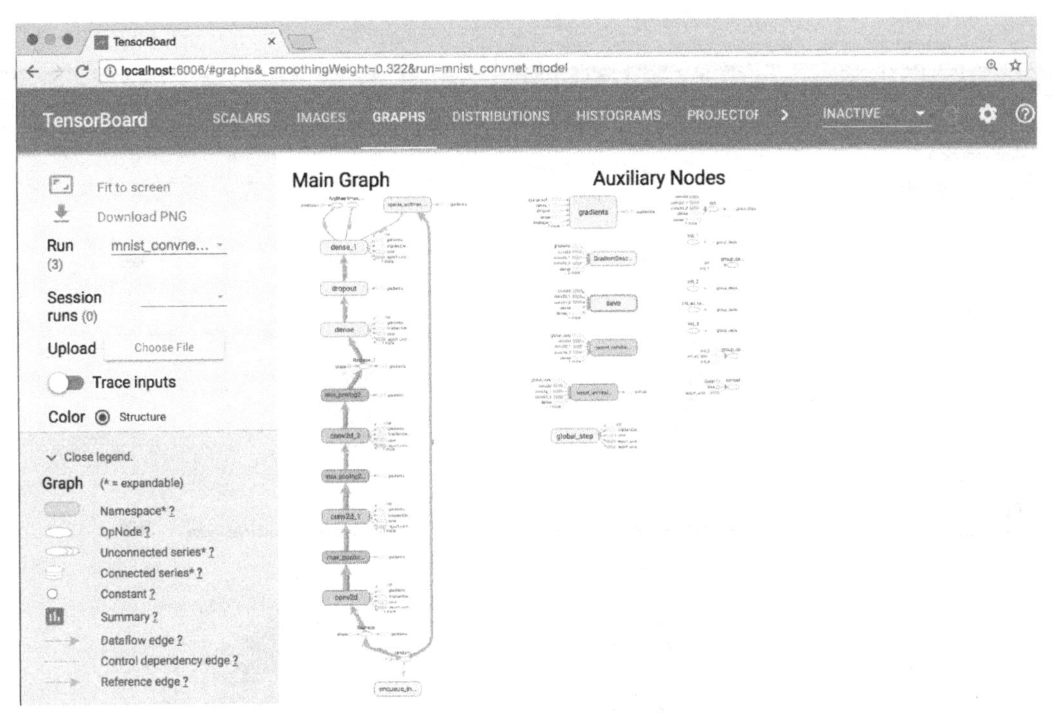

图 8.8　TensorBoard 模型计算图

（4）DISTRIBUTIONS：TensorBoard 分布图如图 8.9 所示。

（5）HISTOGRAMS：TensorBoard 直方图如图 8.10 所示。

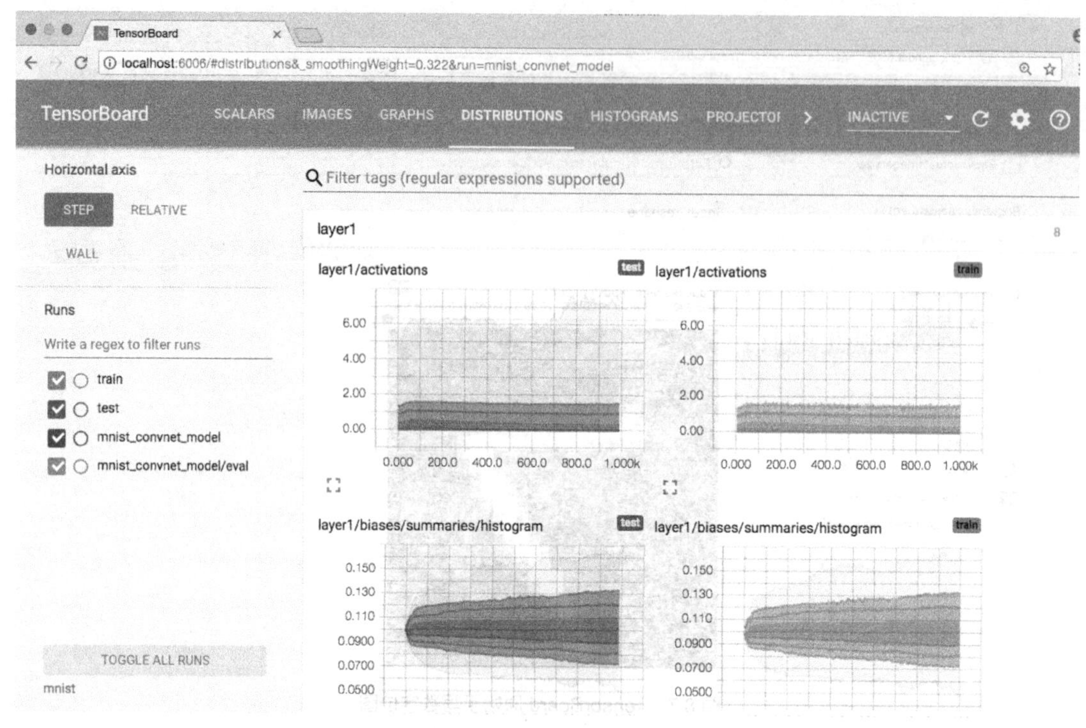

图 8.9　TensorBoard 分布图

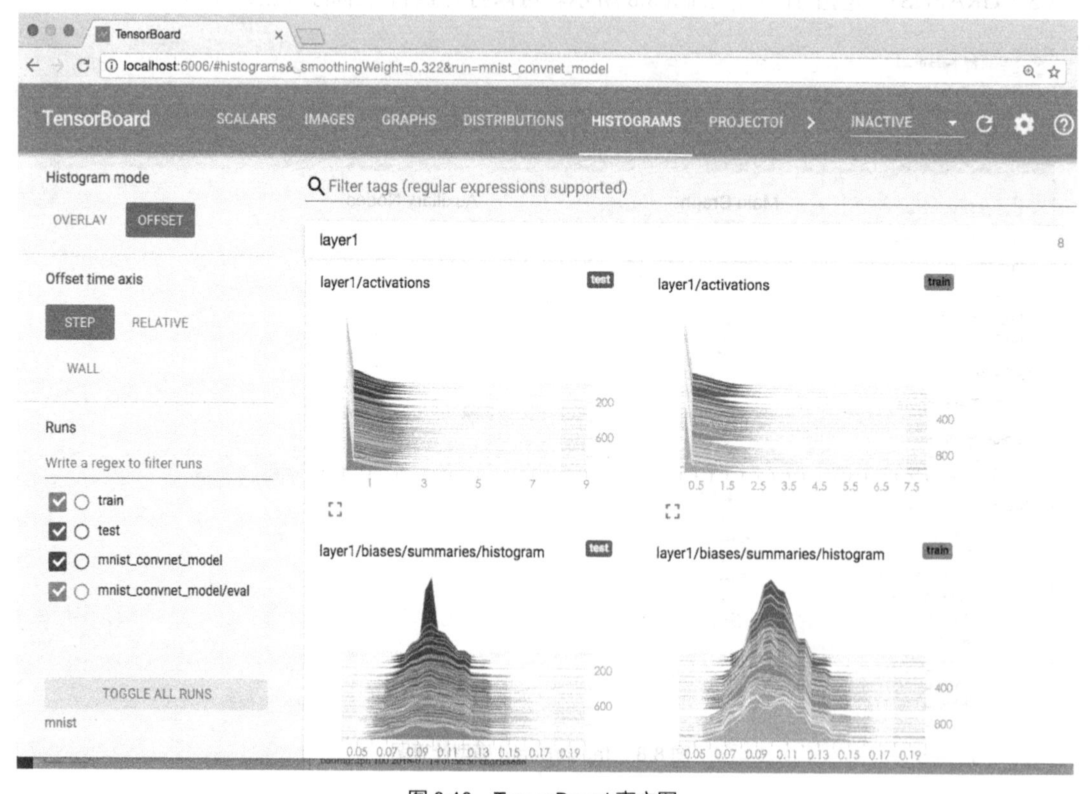

图 8.10　TensorBoard 直方图

（6）PROJECTOR：TensorBoard 投影图如图 8.11 所示。

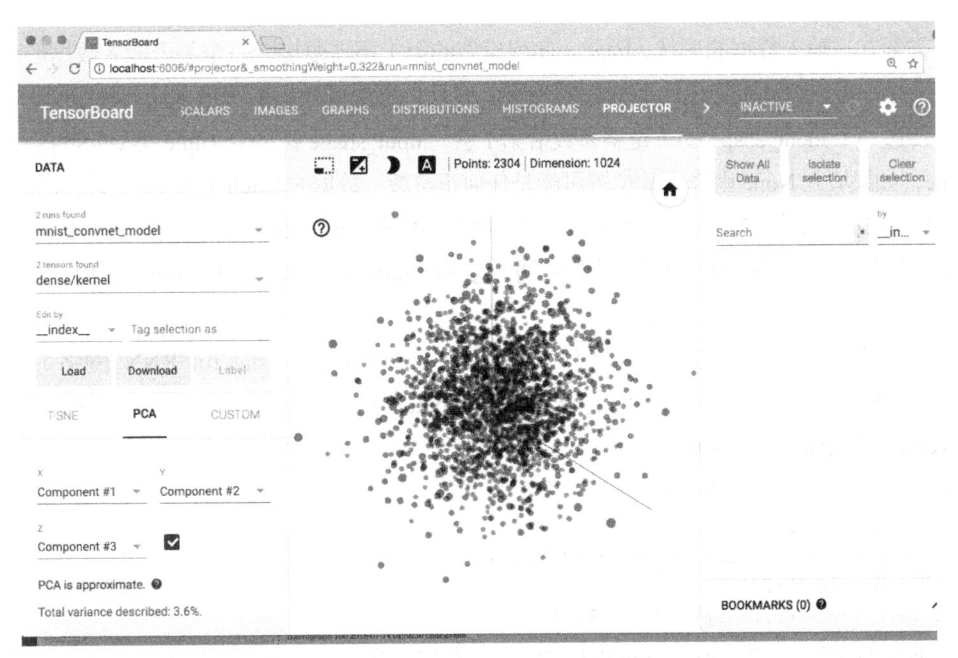

图 8.11　TensorBoard 投影图

8.2　Fashion MNIST

Fashion MNIST 是一个替代 MNIST 手写数字集的图像数据集，由 Zalando 公司（德国）旗下的研究部门提供。该数据集涵盖了来自 10 种类别的共 70000 个不同商品的正面图片。Fashion MNIST 的大小、格式和训练集/测试集划分与原始的 MNIST 完全一致，60000/10000 的训练测试数据划分，28×28 的灰度图片。Fashion MNIST 的目的是可以直接用它来测试计算机学习和深度学习的算法性能，且不需要改动任何的代码。以下对 Fashion MNIST 识别是基于 Keras 的（TensorFlow 具有 Keras 高级接口）。下面先介绍 Keras 序列模型。

Keras 的安装很简单，在命令行执行 pip3 install keras 命令即可。

8.2.1　Keras 序列模型

Keras 序列模型（Sequential Model）是线性的层次堆栈，可以通过传递一系列层实例给构造器创建一个序列模型。

```
from keras.models import Sequential
from keras.layers import Dense, Activation
model = Sequential([
   Dense(32, input_shape=(784,)),
   Activation('relu'),
   Dense(10),
   Activation('softmax'),
])
```

Keras 也可以通过.add()函数添加层。

```
model = Sequential()
model.add(Dense(32, input_dim=784))
model.add(Activation('relu'))
```

模型需要知道输入数据的形状，因此，序列模型的第 1 层需要接受一个关于输入数据形状的参数，后面的各个层则可以自动推导出中间数据的形状。有几种方法可为第 1 层指定输入数据的形状。

（1）传递一个 input_shape 的关键字参数给第 1 层，input_shape 是一个 Tuple 类型的数据，其中可以填入 None，如果填入 None 则表示此位置可能是任何正整数。数据的 batch 大小不应包含在其中。

（2）有些 2D 层，如 Dense，支持通过指定其输入维度 input_dim 来隐含指定输入数据的形状，是 Int 类型的数据。一些 3D 的时域层支持通过参数 input_dim 和 input_length 来指定输入数据的形状。

（3）如果需要为输入指定一个固定大小的 batch_size（常用于 stateful RNN 网络），可以传递 batch_size 参数到一个层中，例如想指定输入张量的 batch 大小是 32，数据形状是(6,8)，则需要传递 batch_size=32 和 input_shape=(6,8)。

以下两个方法具有相同的功能。

```
model = Sequential()
model.add(Dense(32, input_shape=(784,)))
model = Sequential()
model.add(Dense(32, input_dim=784))
```

在训练模型之前，需要通过 compile()对学习过程进行配置。compile()接收如下 3 个参数。

（1）优化器 optimizer：该参数可指定为已预定义的优化器名，如 rmsprop、adagrad，或一个 Optimizer 类的对象。

（2）损失函数 loss：该参数为模型试图最小化的目标函数，它可为预定义的损失函数名，如 categorical_crossentropy、mse，也可以为一个损失函数。

（3）指标列表 metrics：对于分类问题，一般将该列表设置为 metrics=['accuracy']。指标可以是一个预定义指标的名字，也可以是一个用户定制的函数。指标函数应该返回单个张量，或一个完成 metric_name→metric_value 映射的字典。

```
# 多分类问题
model.compile(optimizer='rmsprop',
              loss='categorical_crossentropy',
              metrics=['accuracy'])
# 二分类问题
model.compile(optimizer='rmsprop',
              loss='binary_crossentropy',
              metrics=['accuracy'])
# 均方差回归问题
model.compile(optimizer='rmsprop',
              loss='mse')
# 定制评估函数
import keras.backend as K
def mean_pred(y_true, y_pred):
    return K.mean(y_pred)
model.compile(optimizer='rmsprop',
              loss='binary_crossentropy',
              metrics=['accuracy', mean_pred])
```

Keras 以 NumPy 数组为输入数据和标签的数据类型。训练模型一般使用 fit()函数，该函数的详情见下面的例子。

```
# 一个输入的二分类问题
model = Sequential()
```

```
# 加全连接层，32 个神经元，激活函数为 ReLU
model.add(Dense(32, activation='relu', input_dim=100))
# 加全连接层，1 个神经元，激活函数为 Sigmoid
model.add(Dense(1, activation='sigmoid'))
# 编译，采用 rmsprop 优化器、binary_crossentropy 损失函数、accuracy 评价函数
model.compile(optimizer='rmsprop',
              loss='binary_crossentropy',
              metrics=['accuracy'])
# 产生一些随机值
import numpy as np
data = np.random.random((1000, 100))
labels = np.random.randint(2, size=(1000, 1))
# 训练模型，32 个样本为一批，训练 10epochs
model.fit(data, labels, epochs=10, batch_size=32)

# 一个输入的 10 分类问题
model = Sequential()
# 加全连接层，有 32 个神经元，激活函数为 ReLU
model.add(Dense(32, activation='relu', input_dim=100))
# 加全连接层，有 10 个神经元，激活函数为 Softmax
model.add(Dense(10, activation='softmax'))
# 编译，采用 rmsprop 优化器、binary_crossentropy 损失函数、accuracy 评价函数
model.compile(optimizer='rmsprop',
              loss='categorical_crossentropy',
              metrics=['accuracy'])
# 产生一些随机值
import numpy as np
data = np.random.random((1000, 100))
labels = np.random.randint(10, size=(1000, 1))
# 将标签转换为独热编码
one_hot_labels = keras.utils.to_categorical(labels, num_classes=10)
# 训练模型，32 个样本为一批，训练 10epochs
model.fit(data, one_hot_labels, epochs=10, batch_size=32)
```

下面给出一些其他示例。

（1）多层感知机 Softmax 分类

keras.utils.to_categorical(np.random.randint(10, size=(1000, 1)), num_classes=10)先通过 np 生成一个 1000×1 维其元素值为 0～9 之间的一个数值的矩阵，然后再通过 keras.utils.to_categorical()方法获取一个 1000×10 维的二元矩阵，结果是某 1000 个特征对应 10 个类别中的一个。采用 tf.Keras 的 evaluate 函数进行模型评估，优化函数采用 SGD 函数，loss 为 categorical_crossentropy。

```
from keras.models import Sequential
from keras.layers import Dense, Dropout, Activation
from keras.optimizers import SGD

# 生成示例数据
import numpy as np
x_train = np.random.random((1000, 20))
y_train = keras.utils.to_categorical(np.random.randint(10, size=(1000, 1)), num_classes=10)
x_test = np.random.random((100, 20))
y_test = keras.utils.to_categorical(np.random.randint(10, size=(100, 1)), num_classes=10)
```

```
model = Sequential()
# 全连接，64 个隐藏单元
# 在输入层（第 1 层）需要指明输入数据的形状，这里是 input_dim=20
model.add(Dense(64, activation='relu', input_dim=20))
model.add(Dropout(0.5))
model.add(Dense(64, activation='relu'))
model.add(Dropout(0.5))
model.add(Dense(10, activation='softmax'))
sgd = SGD(lr=0.01, decay=1e-6, momentum=0.9, nesterov=True)
model.compile(loss='categorical_crossentropy',
          optimizer=sgd,
          metrics=['accuracy'])
model.fit(x_train, y_train,
        epochs=20,
        batch_size=128)
score = model.evaluate(x_test, y_test, batch_size=128)
```

（2）多层感知机二值分类

和多层感知机 Softmax 分类类似，本示例是一个二分类问题。优化函数采用 rmsprop()函数，loss 为 binary_crossentropy。

```
import numpy as np
from keras.models import Sequential
from keras.layers import Dense, Dropout

# 生成示例数据
x_train = np.random.random((1000, 20))
y_train = np.random.randint(2, size=(1000, 1))
x_test = np.random.random((100, 20))
y_test = np.random.randint(2, size=(100, 1))

model = Sequential()
model.add(Dense(64, input_dim=20, activation='relu'))
model.add(Dropout(0.5))
model.add(Dense(64, activation='relu'))
model.add(Dropout(0.5))
model.add(Dense(1, activation='sigmoid'))

model.compile(loss='binary_crossentropy',
          optimizer='rmsprop',
          metrics=['accuracy'])

model.fit(x_train, y_train,
        epochs=20,
        batch_size=128)
score = model.evaluate(x_test, y_test, batch_size=128)
```

（3）类 VGG 卷积网络

VGGNet 是牛津大学计算机视觉组（VisualGeometry Group）和 Google 的 DeepMind 公司的研究员一起研发的深度卷积神经网络。VGGNet 探索了卷积神经网络的深度与其性能之间的关系，通过反复堆叠 3×3 的小型卷积核和 2×2 的最大池化层，VGGNet 成功地构建了 16～19 层深的卷积神经网络。VGGNet 相比之前出现的网络结构，错误率大幅下降，并取得了 ILSVRC 2014 比赛分类项目的第 2 名和定位项目的第 1 名。以下示例代码类似 VGGNet，但和 VGGNet 并不完全相同。

```
import numpy as np
import keras
```

```
from keras.models import Sequential
from keras.layers import Dense, Dropout, Flatten
from keras.layers import Conv2D, MaxPooling2D
from keras.optimizers import SGD

# 生成示例数据
x_train = np.random.random((100, 100, 100, 3))
y_train = keras.utils.to_categorical(np.random.randint(10, size=(100, 1)), num_classes=10)
x_test = np.random.random((20, 100, 100, 3))
y_test = keras.utils.to_categorical(np.random.randint(10, size=(20, 1)), num_classes=10)

model = Sequential()
# 输入：100×100 图像，3 通道，张量为(100, 100, 3)
# 32 个 3×3 卷积核
model.add(Conv2D(32, (3, 3), activation='relu', input_shape=(100, 100, 3)))
model.add(Conv2D(32, (3, 3), activation='relu'))
model.add(MaxPooling2D(pool_size=(2, 2)))
model.add(Dropout(0.25))

model.add(Conv2D(64, (3, 3), activation='relu'))
model.add(Conv2D(64, (3, 3), activation='relu'))
model.add(MaxPooling2D(pool_size=(2, 2)))
model.add(Dropout(0.25))

model.add(Flatten())
model.add(Dense(256, activation='relu'))
model.add(Dropout(0.5))
model.add(Dense(10, activation='softmax'))

sgd = SGD(lr=0.01, decay=1e-6, momentum=0.9, nesterov=True)
model.compile(loss='categorical_crossentropy', optimizer=sgd)

model.fit(x_train, y_train, batch_size=32, epochs=10)
score = model.evaluate(x_test, y_test, batch_size=32)
```

（4）LSTM 序列分类

在下面代码中，嵌入层（Embedding）将正整数（下标）转换为具有固定大小的向量，如[[4],[20]]->[[0.25,0.1],[0.6,-0.2]]。嵌入层只能作为模型的第 1 层。嵌入层本质上是一个特殊的全连接层，其输入都是 0 和 1。使用嵌入层主要有以下两大原因。首先，使用 One-Hot 方法编码的向量的维度高也很稀疏。假设在做自然语言处理（NLP）中遇到了一个包含 2000 个词的字典，用 One-Hot 编码时，每一个词都会被一个包含 2000 个整数的向量来表示，其中 1999 个数字是 0，如果字典很大，计算效率会很低。嵌入层可以将 One-Hot 编码转换为固定大小的向量，可以解决计算效率的问题。其次，嵌入层是一个可学习层（特殊的全连接层，有权值），可以通过训练学习出两个词变量的编码，如果是相关的词，词向量之间具有更大的相关性，而普通的 One-Hot 编码很难表示两个词之间的相关度。

```
from keras.models import Sequential
from keras.layers import Dense, Dropout
from keras.layers import Embedding
from keras.layers import LSTM

model = Sequential()
model.add(Embedding(max_features, output_dim=256))
model.add(LSTM(128))
```

```
model.add(Dropout(0.5))
model.add(Dense(1, activation='sigmoid'))

model.compile(loss='binary_crossentropy',
              optimizer='rmsprop',
              metrics=['accuracy'])
model.fit(x_train, y_train, batch_size=16, epochs=10)
score = model.evaluate(x_test, y_test, batch_size=16)
```

（5）1D 卷积序列分类

下面代码使用了 1D 卷积和 1D 池化。1D 卷积和 1D 池化的核不是 2 维矩阵，而是 1 维向量。

```
from keras.models import Sequential
from keras.layers import Dense, Dropout
from keras.layers import Embedding
from keras.layers import Conv1D, GlobalAveragePooling1D, MaxPooling1D

model = Sequential()
model.add(Conv1D(64, 3, activation='relu', input_shape=(seq_length, 100)))
model.add(Conv1D(64, 3, activation='relu'))
model.add(MaxPooling1D(3))
model.add(Conv1D(128, 3, activation='relu'))
model.add(Conv1D(128, 3, activation='relu'))
model.add(GlobalAveragePooling1D())
model.add(Dropout(0.5))
model.add(Dense(1, activation='sigmoid'))

model.compile(loss='binary_crossentropy',
              optimizer='rmsprop',
              metrics=['accuracy'])

model.fit(x_train, y_train, batch_size=16, epochs=10)
score = model.evaluate(x_test, y_test, batch_size=16)
```

（6）堆叠 LSTM 序列分类

下面代码将 3 个 LSTM 堆叠在一起。

```
from keras.models import Sequential
from keras.layers import LSTM, Dense
import numpy as np

data_dim = 16
timesteps = 8
num_classes = 10

# 输入数据张量形状为(batch_size, timesteps, data_dim)
model = Sequential()
model.add(LSTM(32, return_sequences=True,
               input_shape=(timesteps, data_dim))) # 返回 32 维序列向量
model.add(LSTM(32, return_sequences=True)) # 返回 32 维序列向量
model.add(LSTM(32)) # 返回 32 维序列向量
model.add(Dense(10, activation='softmax'))

model.compile(loss='categorical_crossentropy',
              optimizer='rmsprop',
              metrics=['accuracy'])
```

```
# 产生示例训练数据
x_train = np.random.random((1000, timesteps, data_dim))
y_train = np.random.random((1000, num_classes))

# 产生示例测试数据
x_val = np.random.random((100, timesteps, data_dim))
y_val = np.random.random((100, num_classes))

model.fit(x_train, y_train,
        batch_size=64, epochs=5,
        validation_data=(x_val, y_val))
```

（7）堆叠有状态的 LSTM 序列分类

下面代码将 3 个有状态的 LSTM 堆叠在一起。有状态的 LSTM 通常应用于样本数据之间具有上下文相关的情况。

```
from keras.models import Sequential
from keras.layers import LSTM, Dense
import numpy as np
data_dim = 16
timesteps = 8
num_classes = 10
batch_size = 32

# 输入数据张量形状为(batch_size, timesteps, data_dim)
# Note that we have to provide the full batch_input_shape since the network is stateful.
# the sample of index i in batch k is the follow-up for the sample i in batch k-1.
model = Sequential()
model.add(LSTM(32, return_sequences=True, stateful=True,
            batch_input_shape=(batch_size, timesteps, data_dim)))
model.add(LSTM(32, return_sequences=True, stateful=True))
model.add(LSTM(32, stateful=True))
model.add(Dense(10, activation='softmax'))

model.compile(loss='categorical_crossentropy',
            optimizer='rmsprop',
            metrics=['accuracy'])

# 产生示例训练数据
x_train = np.random.random((batch_size * 10, timesteps, data_dim))
y_train = np.random.random((batch_size * 10, num_classes))

# 产生示例测试数据
x_val = np.random.random((batch_size * 3, timesteps, data_dim))
y_val = np.random.random((batch_size * 3, num_classes))

model.fit(x_train, y_train,
        batch_size=batch_size, epochs=5, shuffle=False,
        validation_data=(x_val, y_val))
```

8.2.2 Fashion MNIST 代码

代码采用 keras.Sequential()方法建立模型。网络包括 32 核 3×3 的卷积层、最大池化层、64 核 3×3 的卷积层、最大池化层、数据展开层、全连接层、Dropout 层、输出层。卷积层激活函数使用 ReLU，而输出层激活函数使用 tf.nn.softmax()：model.summary()可以显示模型摘要，包括层类型、输出 shape 及参数个数。

```
import tensorflow as tf
import numpy as np
import matplotlib.pyplot as plt
from tensorflow import keras

# 导入 Fashion MNIST 数据

fashion_mnist = tf.keras.datasets.fashion_mnist
(train_images,train_labels),(test_images,test_labels)=fashion_mnist.load_data()

# 会出现以下下载数据进程提示
"""
Downloading data from http://fashion-mnist.s3-website.eu-central-1.amazonaws.com/ train-labels-idx1-ubyte.gz
32768/29515 [==================================] - 0s 5us/step
Downloading data from http://fashion-mnist.s3-website.eu-central-1.amazonaws.com/ train-images-idx3-ubyte.gz
26427392/26421880 [================================] - 8s 0us/step
Downloading data from http://fashion-mnist.s3-website.eu-central-1.amazonaws.com/ t10k-labels-idx1-ubyte.gz
8192/5148 [================================================] - 0s 0us/step
Downloading data from http://fashion-mnist.s3-website.eu-central-1.amazonaws.com/ t10k-images-idx3-ubyte.gz
4423680/4422102 [================================] - 5s 1us/step
"""
# 训练集有 60000 个特征数据以及对应的标签。每个图像特征为 28×28 个点，值为 0～255 灰度值。标签为 10 个类别
class_names = ['T-shirt/top', 'Trouser', 'Pullover', 'Dress', 'Coat',
      'Sandal', 'Shirt', 'Sneaker', 'Bag', 'Ankle boot']
"""
 按表 8.1 所示定义标签类别

"""
train_images.shape
# 训练集特征数据
#(60000, 28, 28)
len(train_labels)
# 训练集标签个数
# 60000
train_labels
# 训练集标签
# array([9, 0, 0, ..., 3, 0, 5], dtype=uint8)
test_images.shape
# 测试集特征数据
#(10000, 28, 28)
len(test_labels)
# 测试集标签个数
# 10000
plt.figure()
plt.imshow(train_images[0])
plt.colorbar()
```

```
plt.gca().grid(False)
# 单个图像，其颜色值如图 8.12 所示
"""
"""
train_images = train_images / 255.0
test_images = test_images / 255.0
# 将灰度值转变为 0~1 的值

import matplotlib.pyplot as plt
%matplotlib inline
plt.figure(figsize=(10,10))
for i in range(25):
    plt.subplot(5,5,i+1)
    plt.xticks([])
    plt.yticks([])
    plt.grid('off')
    plt.imshow(train_images[i], cmap=plt.cm.binary)
    plt.xlabel(class_names[train_labels[i]])

  """
  显示前 25 个图像，如图 8.13 所示
  """

# 建立序列模型，有多种方法
"""
一种方法，构造时定义
model = keras.Sequential([
        keras.layers.Flatten(input_shape=(28, 28)),
        keras.layers.Dense(128, activation=tf.nn.relu),
        keras.layers.Dense(10, activation=tf.nn.softmax)
另一种方法，用 model.add()一层一层加
model=keras.Sequential()
model.add(keras.layers.Conv2D(filters=64,kernel_size=2,padding='same', activation= 'relu',
input_shape=(28,28,1)))
model.add(keras.layers.MaxPooling2D(pool_size=2))
model.add(keras.layers.Dropout(0.3))
model.add(keras.layers.Conv2D(filters=32,kernel_size=2,padding='same', activation='relu'))
model.add(keras.layers.MaxPooling2D(pool_size=2))
model.add(keras.layers.Dropout(0.3))
model.add(keras.layers.Flatten())
model.add(keras.layers.Dense(256, activation=tf.nn.relu))
model.add(keras.layers.Dropout(0.5))
model.add(keras.layers.Dense(10, activation=tf.nn.softmax))
"""
# 这里采用以下方法建立序列模型
model=keras.Sequential()
model.add(keras.layers.Conv2D(32,(3,3),  activation='relu', input_shape=(28,28,1)))
model.add(keras.layers.MaxPooling2D(pool_size=(2,2)))
model.add(keras.layers.Conv2D(64,(3,3), activation='relu'))
model.add(keras.layers.MaxPooling2D(pool_size=(2,2)))
model.add(keras.layers.Flatten())
model.add(keras.layers.Dense(1024, activation=tf.nn.relu))
```

```
model.add(keras.layers.Dropout(0.4))
model.add(keras.layers.Dense(10, activation=tf.nn.softmax))

# 显示模型摘要
model.summary()

"""
_________________________________________________________________
layer(type)Output Shape Param #
=================================================================
conv2d_1(Conv2D)(None, 26, 26, 32)320
_________________________________________________________________
max_pooling2d_1(MaxPooling2(None, 13, 13, 32)0
_________________________________________________________________
conv2d_2(Conv2D)(None, 11, 11, 64)18496
_________________________________________________________________
max_pooling2d_2(MaxPooling2(None, 5, 5, 64)0
_________________________________________________________________
flatten_1(Flatten)(None, 1600)0
_________________________________________________________________
dense_1(Dense)(None, 1024)1639424
_________________________________________________________________
dropout_1(Dropout)(None, 1024)0
_________________________________________________________________
dense_2(Dense)(None, 10)10250
=================================================================
Total params: 1,668,490
Trainable params: 1,668,490
Non-trainable params: 0
_________________________________________________________________
"""
model.compile(optimizer=tf.train.AdamOptimizer(),
     loss='sparse_categorical_crossentropy',
     metrics=['accuracy'])

# 编译模型
from keras.callbacks import ModelCheckpoint
checkpointer = ModelCheckpoint(filepath='model.weights.best.hdf5',verbose=1,save_best_
only=True)
# 定义监测点
w,h =28,28
train_x =train_images.reshape(train_images.shape[0],w,h,1)
test_x =test_images.reshape(test_images.shape[0],w,h,1)
# 数据类型转换（使用Conv2D，要求（28,28,1））

model.fit(train_x, train_labels, batch_size=64,  epochs=10,
        validation_data=(test_x,test_labels),callbacks=[checkpointer])
# 训练模型
"""
Train on 60000 samples, validate on 10000 samples
Epoch 1/10
60000/60000 [==============================] - 75s 1ms/step - loss: 0.4623 - acc: 0.8321
- val_loss: 0.3383 - val_acc: 0.8801

Epoch 00001: val_loss improved from inf to 0.33834, saving model to model.weights.best.hdf5
WARNING:tensorflow:TensorFlow optimizers do not make it possible to access optimizer
```

```
attributes or optimizer state after instantiation. As a result, we cannot save the optimizer
as part of the model save file.You will have to compile your model again after loading
it. Prefer using a Keras optimizer instead(see keras.io/optimizers)
"""
test_loss, test_acc = model.evaluate(test_x, test_labels)
print('Test accuracy:', test_acc)
# 评估精度
predictions = model.predict(test_x)
predictions[0]

# 预测，显然 9 类最大概率如下所示
"""
[[1.14340988e-10 1.02255204e-10 1.87845225e-10 3.47266882e-10
9.55725950e-12 6.39556035e-08 2.16226568e-11 1.68565577e-06
2.35162389e-12 9.99998212e-01]]
"""
np.argmax(predictions[0])
test_labels[0]
# 绘制前 25 个图、预测标签和真实标签
# 对的预测为绿色、错的预测为红色
plt.figure(figsize=(10,10))
for i in range(25):
    plt.subplot(5,5,i+1)
    plt.xticks([])
    plt.yticks([])
    plt.grid('off')
    plt.imshow(test_images[i], cmap=plt.cm.binary)
    predicted_label = np.argmax(predictions[i])
    true_label = test_labels[i]
    if predicted_label == true_label:
        color = 'green'
    else:
        color = 'red'
    plt.xlabel("{}({})".format(class_names[predicted_label], class_names[true_label]),
          color=color)

img=test_x[0]
print(img.shape)
img=(np.expand_dims(img,0))
print(img)
predictions = model.predict(img)
print(predictions)
prediction = predictions[0]
np.argmax(prediction)

# 预测结果如图 8.14 所示。这里，只有一个 coat 被错误地预测为 pullover(coat)
"""
```

表 8.1 标签类别

标签编号	描述
0	T-shirt/top（T 恤）
1	Trouser（裤子）
2	Pullover（套衫）

续表

标签编号	描　述
3	Dress（裙子）
4	Coat（外套）
5	Sandal（凉鞋）
6	Shirt（汗衫）
7	Sneaker（运动鞋）
8	Bag（包）
9	Ankle boot（踝靴）

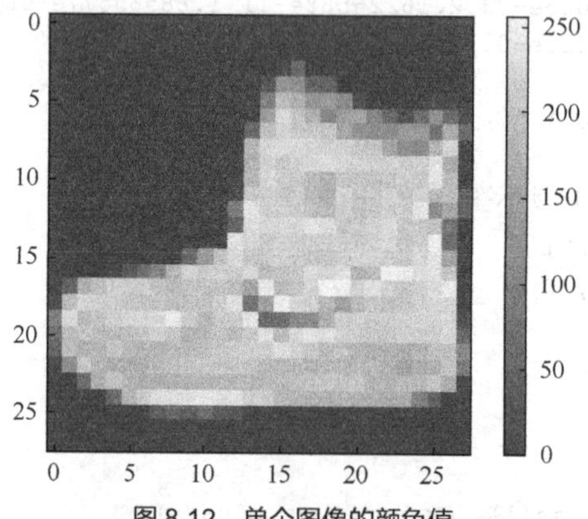

图 8.12　单个图像的颜色值

Ankle boot　T-shirt/top　T-shirt/top　Dress　T-shirt/top
Pullover　Sneaker　Pullover　Sandal　Sandal
T-shirt/top　Ankle boot　Sandal　Sandal　Sneaker
Ankle boot　Trouser　T-shirt/top　Shirt　Coat
Dress　Trouser　Coat　Bag　Coat

图 8.13　数据集前 25 个图像

图 8.14　预测结果

8.3　RNN 简笔画识别

“Quick, Draw!（快速涂鸦）”是 Google 在 2016 年 11 月推出的一款绘画小程序。它会随机显示一个名词，要求玩家在 20s 内把它画出来。玩家需要用鼠标简单地把这个物体勾勒出轮廓，然后“Quick, Draw!”会判断画的到底像不像。它是 Google 发布的一系列 AI 试验工具中的一个。Google 试图用它来研究怎么让 AI 自学图像识别和光学字符辨识。“Quick, Draw!”用用户输入点的位置和笔画顺序识别用户试图绘制的对象类别。“Quick, Draw!”的样本数据来源于用户，并以此学习为简笔画进行分类，“Quick, Draw!”的开始界面如图 8.15 所示。

图 8.15　“Quick, Draw!”的开始界面

数据为来源于“Quick, Draw!”游戏真实数据的一部分，包括 345 种类别的 5000 万张简笔画。一些简笔画的示例如图 8.16 所示。

图 8.16 “Quick, Draw!”游戏的部分真实数据

识别器是基于 RNN 的，包括几个 1D 卷积层和几个 LSTM 层，以及 Softmax 输出，识别器的神经网络如图 8.17 所示。

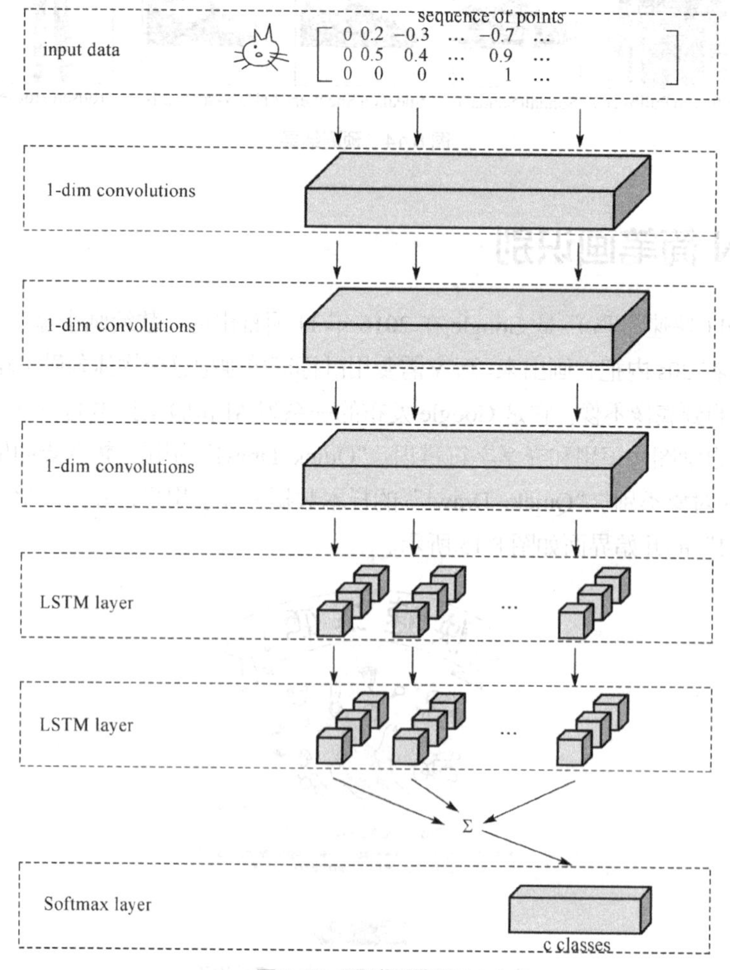

图 8.17 识别器模型图

在图 8.17 中，多次采用 1D 卷积。1D 卷积与 2D 卷积不同，1D 卷积的卷积核为 1 维数据，常用于时序分析，如图 8.18 所示。

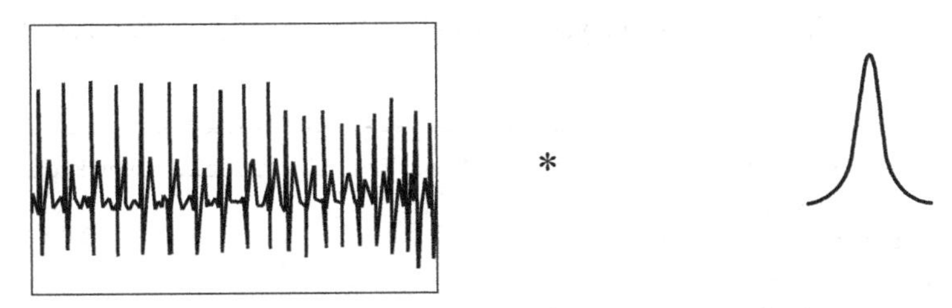

图 8.18　1D 卷积

以下输入数据为（1 20 15 18 3 11 17 14）、卷积核为（1 3 11 3 1）、步长为 1 的 1D 卷积的计算过程与结果：

（1 20 15 18 3 11 17 14）*（1 3 11 3 1） --> 283 283 152 213

$(1\times1+20\times3+15\times11+18\times3+3\times1 \quad 20\times1+15\times3+18\times11+3\times3+11\times1$

$15\times1+18\times3+3\times11+11\times3+17\times1 \quad 18\times1+3\times3+11\times11+17\times3+14\times1)$

可以简单地按以下方法运行代码。

- 从 GitHub 中下载“Quick, Draw!”项目的训练模型代码。
- 从 TensorFlow 官网上下载“Quick, Draw!”项目的数据并解压缩到 quickdrawingdataset 目录。
- 按以下形式执行代码。

```
python train_model.py \
    --training_data=quickdrawingdataset/training.tfrecord-?????-of-????? \
    --eval_data= quickdrawingdataset/eval.tfrecord-?????-of-????? \
    --classes_file= quickdrawingdataset/training.tfrecord.classes
```

如果需要修改程序、更改模型以及调节参数等，选择使用 Jupyter 是最好的方案。可以按以下方法进行：在 Jupyter 所在目录建名称为 quickdrawingdataset 的目录，将代码中相应目录默认参数修改为 quickdrawingdataset/training.tfrecord-?????-of-?????、quickdrawingdataset/ eval.tfrecord-?????-of-?????、quickdrawingdataset/ training.tfrecord.classes、quickdrawingdataset/quickdraw_model，并对代码进行相应修改。

下面的 RNN 简笔画识别代码利用 Estimator 创建、训练以及预测评估网络模型。

在代码中 Estimator 模型函数 model_fn()定义_add_conv_layers()函数来向网络模型添加卷积层，_add_conv_layers()函数包括其内部卷积层、池化层和激活函数；定义_add_regular_rnn_layers()函数来向网络模型添加 RNN 层；定义_add_cudnn_rnn_layers()函数来添加支持 GPU 的 RNN 层；这两个函数包括两个 RNN 层；定义_add_fc_layers()函数来添加全连接层。Estimator 模型函数通过读取数据、添加卷积层和 RNN 层，然后添加全连接层并采用 Softmax 输出的步骤设置交叉熵损失函数；Adam 优化器预测标签为输出层中最大值 predictions = tf.argmax(logits, axis=1)。最后返回结果 tf.estimator.EstimatorSpec()。

用评估与规格函数 create_estimator_and_specs()定义超参数、训练规格、评估规格，实例化 Estimator，并返回 Estimator 实例以及训练规格、评估规格。

主函数 main()调用评估与规格函数 create_estimator_and_specs()，得到 Estimator 实例及训练规格、评估规格；使用 tf.estimator.train_and_evaluate()给定的 Estimator 训练、评估和（可选地）导出模型；该函数所有训练相关的规范都包含在参数 train_spec 内；所有评估和导出相关的规范都包含在参数 eval_spec 内；train_and_evaluate()函数支持本地（非分布式）和分布式计算。

if __name__ == "__main__"表示当直接运行.py 文件时，if __name__ == "__main__"之下的代码块将被运行；当.py 文件以模块形式被导入时，if __name__ == "__main__"之下的代码块将不被运行。在这个模块里，解析运行时传递过来的参数，或在 Jupyter Notebook 运行时使用默认参数。代码的最后，将运行主函数 main()。

```
# ==============================================================================
"""Binary for trianing a RNN-based classifier for the Quick, Draw! data.
python train_model.py \
  --training_data train_data \
  --eval_data eval_data \
  --model_dir /tmp/quickdraw_model/ \
  --cell_type cudnn_lstm
When running on GPUs using --cell_type cudnn_lstm is much faster.
The expected performance is ~75% in 1.5M steps with the default configuration.
"""
from __future__ import absolute_import
from __future__ import division
from __future__ import print_function
import argparse
import ast
import functools
import sys

import tensorflow as tf

# 获取类别个数
# tf.gfile.GFile：实现对文件的读取
# t 函数参数：path 为文件所在路径，decodestyle 为文件的解码方式
# 'r'为 UTF-8 编码，'rb'为非 UTF-8 编码

def get_num_classes():
  classes = []
  with tf.gfile.GFile(FLAGS.classes_file, "r")as f:
    classes = [x for x in f]
  num_classes = len(classes)
  return num_classes

# 获取数据输入函数
def get_input_fn(mode, tfrecord_pattern, batch_size):
  """Creates an input_fn that stores all the data in memory（创建在内存存储数据的输入函数）
  Args:（参数）
    mode: one of tf.contrib.learn.ModeKeys.{TRAIN, PREDICT, EVAL}（模式：训练、推理、评估）
    tfrecord_pattern: path to a TF record file created using create_dataset.py.（TF record
    文件路径）
    batch_size: the batch size to output.（批处理样本大小）
  Returns:（返回）
    A valid input_fn for the model estimator（模型 Estimator 的有效输入函数）
  """

  def _parse_tfexample_fn(example_proto, mode):
    """Parse a single record which is expected to be a tensorflow.（Example 解析单个记录。）"""
    feature_to_type = {
```

```
      "ink": tf.VarLenFeature(dtype=tf.float32),
      "shape": tf.FixedLenFeature([2], dtype=tf.int64)
    }
    if mode != tf.estimator.ModeKeys.PREDICT:
      # The labels won't be available at inference time, so don't add them
      # to the list of feature_columns to be read.
      feature_to_type["class_index"] = tf.FixedLenFeature([1], dtype=tf.int64)

    parsed_features = tf.parse_single_example(example_proto, feature_to_type)
    labels = None
    if mode != tf.estimator.ModeKeys.PREDICT:
      labels = parsed_features["class_index"]
    parsed_features["ink"] = tf.sparse_tensor_to_dense(parsed_features["ink"])
    return parsed_features, labels

  def _input_fn():
    """Estimator `input_fn`.
    Returns:
      A tuple of:
      - Dictionary of string feature name to `Tensor`.
      - `Tensor` of target labels.
    """
    dataset = tf.data.TFRecordDataset.list_files(tfrecord_pattern)
    if mode == tf.estimator.ModeKeys.TRAIN:
      dataset = dataset.shuffle(buffer_size=10)
    dataset = dataset.repeat()
    # Preprocesses 10 files concurrently and interleaves records from each file.
    dataset = dataset.interleave(
        tf.data.TFRecordDataset,
        cycle_length=10,
        block_length=1)
    dataset = dataset.map(
        functools.partial(_parse_tfexample_fn, mode=mode),
        num_parallel_calls=10)
    dataset = dataset.prefetch(10000)
    if mode == tf.estimator.ModeKeys.TRAIN:
      dataset = dataset.shuffle(buffer_size=1000000)
    # Our inputs are variable length, so pad them.
    dataset = dataset.padded_batch(
        batch_size, padded_shapes=dataset.output_shapes)
    features, labels = dataset.make_one_shot_iterator().get_next()
    return features, labels

  return _input_fn

def model_fn(features, labels, mode, params):
  """Model function for RNN classifier.
  This function sets up a neural network which applies convolutional layers(as
  configured with params.num_conv and params.conv_len)to the input.
  The output of the convolutional layers is given to LSTM layers(as configured
  with params.num_layers and params.num_nodes).
  The final state of the all LSTM layers are concatenated and fed to a fully
  connected layer to obtain the final classification scores.
  Args:
    features: dictionary with keys: inks, lengths.
    labels: one hot encoded classes
```

```
    mode: one of tf.estimator.ModeKeys.{TRAIN, INFER, EVAL}
    params: a parameter dictionary with the following keys: num_layers,
      num_nodes, batch_size, num_conv, conv_len, num_classes, learning_rate.
  Returns:
    ModelFnOps for Estimator API.
  """

  def _get_input_tensors(features, labels):
    """Converts the input dict into inks, lengths, and labels tensors."""
    # features[ink] is a sparse tensor that is [8, batch_maxlen, 3]
    # inks will be a dense tensor of [8, maxlen, 3]
    # shapes is [batchsize, 2]
    shapes = features["shape"]
    # lengths will be [batch_size]
    lengths = tf.squeeze(
        tf.slice(shapes, begin=[0, 0], size=[params.batch_size, 1]))
    inks = tf.reshape(features["ink"], [params.batch_size, -1, 3])
    if labels is not None:
      labels = tf.squeeze(labels)
    return inks, lengths, labels

  def _add_conv_layers(inks, lengths):
    """Adds convolution layers.（添加卷积层）"""
    convolved = inks
    for i in range(len(params.num_conv)):
      convolved_input = convolved
      if params.batch_norm:
        convolved_input = tf.layers.batch_normalization(
            convolved_input,
            training=(mode == tf.estimator.ModeKeys.TRAIN))
      # Add dropout layer if enabled and not first convolution layer. 添加Dropout层
      if i > 0 and params.dropout:
        convolved_input = tf.layers.dropout(
            convolved_input,
            rate=params.dropout,
            training=(mode == tf.estimator.ModeKeys.TRAIN))
      convolved = tf.layers.conv1d(
          convolved_input,
          filters=params.num_conv[i],
          kernel_size=params.conv_len[i],
          activation=None,
          strides=1,
          padding="same",
          name="conv1d_%d" % i)
    return convolved, lengths

  def _add_regular_rnn_layers(convolved, lengths):
    """Adds RNN layers.（添加RNN层）"""
    if params.cell_type == "lstm":
      cell = tf.nn.rnn_cell.BasicLSTMCell
    elif params.cell_type == "block_lstm":
      cell = tf.contrib.rnn.LSTMBlockCell
    cells_fw = [cell(params.num_nodes)for _ in range(params.num_layers)]
    cells_bw = [cell(params.num_nodes)for _ in range(params.num_layers)]
    if params.dropout > 0.0:
```

```
    cells_fw = [tf.contrib.rnn.DropoutWrapper(cell)for cell in cells_fw]
    cells_bw = [tf.contrib.rnn.DropoutWrapper(cell)for cell in cells_bw]
  outputs, _, _ = tf.contrib.rnn.stack_bidirectional_dynamic_rnn(
      cells_fw=cells_fw,
      cells_bw=cells_bw,
      inputs=convolved,
      sequence_length=lengths,
      dtype=tf.float32,
      scope="rnn_classification")
  return outputs

def _add_cudnn_rnn_layers(convolved):
  """Adds CUDNN LSTM layers.（添加CUDNN LSTM层）"""
  # Convolutions output [B, L, Ch], while CudnnLSTM is time-major.
  # 支持CUDA GPU
  convolved = tf.transpose(convolved, [1, 0, 2])
  lstm = tf.contrib.cudnn_rnn.CudnnLSTM(
      num_layers=params.num_layers,
      num_units=params.num_nodes,
      dropout=params.dropout if mode == tf.estimator.ModeKeys.TRAIN else 0.0,
      direction="bidirectional")
  outputs, _ = lstm(convolved)
  # Convert back from time-major outputs to batch-major outputs.
  outputs = tf.transpose(outputs, [1, 0, 2])
  return outputs

def _add_rnn_layers(convolved, lengths):
  """Adds recurrent neural network layers depending on the cell type.（根据是否有cuda GPU
        选择不同的RNN定义函数）"""
  if params.cell_type != "cudnn_lstm":
    outputs = _add_regular_rnn_layers(convolved, lengths)
  else:
    outputs = _add_cudnn_rnn_layers(convolved)
  # outputs is [batch_size, L, N] where L is the maximal sequence length and N
  # the number of nodes in the last layer.
  mask = tf.tile(
      tf.expand_dims(tf.sequence_mask(lengths, tf.shape(outputs)[1]), 2),
      [1, 1, tf.shape(outputs)[2]])
  zero_outside = tf.where(mask, outputs, tf.zeros_like(outputs))
  outputs = tf.reduce_sum(zero_outside, axis=1)
  return outputs

def _add_fc_layers(final_state):
  """Adds a fully connected layer.（添加全连接层）"""
  return tf.layers.dense(final_state, params.num_classes)

# Build the model.（创建模型）
inks, lengths, labels = _get_input_tensors(features, labels)
convolved, lengths = _add_conv_layers(inks, lengths)
final_state = _add_rnn_layers(convolved, lengths)
logits = _add_fc_layers(final_state)
# Add the loss.（加入损失函数）
cross_entropy = tf.reduce_mean(
    tf.nn.sparse_softmax_cross_entropy_with_logits(
        labels=labels, logits=logits))
```

```
  # Add the optimizer.（加入优化器）
  train_op = tf.contrib.layers.optimize_loss(
      loss=cross_entropy,
      global_step=tf.train.get_global_step(),
      learning_rate=params.learning_rate,
      optimizer="Adam",
      # some gradient clipping stabilizes training in the beginning.
      clip_gradients=params.gradient_clipping_norm,
      summaries=["learning_rate", "loss", "gradients", "gradient_norm"])
  # Compute current predictions.（计算当前预测）
  predictions = tf.argmax(logits, axis=1)
  return tf.estimator.EstimatorSpec(
      mode=mode,
      predictions={"logits": logits, "predictions": predictions},
      loss=cross_entropy,
      train_op=train_op,
      eval_metric_ops={"accuracy": tf.metrics.accuracy(labels, predictions)})

# 定义评估与规格函数
def create_estimator_and_specs(run_config):
  """Creates an Experiment configuration based on the estimator and input fn."""
  model_params = tf.contrib.training.HParams(
      num_layers=FLAGS.num_layers,
      num_nodes=FLAGS.num_nodes,
      batch_size=FLAGS.batch_size,
      num_conv=ast.literal_eval(FLAGS.num_conv),
      conv_len=ast.literal_eval(FLAGS.conv_len),
      num_classes=get_num_classes(),
      learning_rate=FLAGS.learning_rate,
      gradient_clipping_norm=FLAGS.gradient_clipping_norm,
      cell_type=FLAGS.cell_type,
      batch_norm=FLAGS.batch_norm,
      dropout=FLAGS.dropout)

  estimator = tf.estimator.Estimator(
      model_fn=model_fn,
      config=run_config,
      params=model_params)

  train_spec = tf.estimator.TrainSpec(input_fn=get_input_fn(
      mode=tf.estimator.ModeKeys.TRAIN,
      tfrecord_pattern=FLAGS.training_data,
      batch_size=FLAGS.batch_size), max_steps=FLAGS.steps)

  eval_spec = tf.estimator.EvalSpec(input_fn=get_input_fn(
      mode=tf.estimator.ModeKeys.EVAL,
      tfrecord_pattern=FLAGS.eval_data,
      batch_size=FLAGS.batch_size))

  return estimator, train_spec, eval_spec
# 定义主函数
def main(unused_args):
  estimator, train_spec, eval_spec = create_estimator_and_specs(
      run_config=tf.estimator.RunConfig(
          model_dir=FLAGS.model_dir,
          save_checkpoints_secs=300,
          save_summary_steps=100))
```

```
  tf.estimator.train_and_evaluate(estimator, train_spec, eval_spec)

if __name__ == "__main__":
  parser = argparse.ArgumentParser()
  parser.register("type", "bool", lambda v: v.lower()== "true")
  parser.add_argument(
      "--training_data",
      type=str,
      #default="",
      default=" quickdrawingdataset/training.tfrecord-?????-of-????? ",
      help="Path to training data(tf.Example in TFRecord format)")
  parser.add_argument(
      "--eval_data",
      type=str,
      default=" quickdrawingdataset/ eval.tfrecord-?????-of-?????",
      help="Path to evaluation data(tf.Example in TFRecord format)")
  parser.add_argument(
      "--classes_file",
      type=str,
      default=" quickdrawingdataset/training.tfrecord.classes ",
      help="Path to a file with the classes - one class per line")
  parser.add_argument(
      "--num_layers",
      type=int,
      default=3,
      help="Number of recurrent neural network layers.")
  parser.add_argument(
      "--num_nodes",
      type=int,
      default=128,
      help="Number of node per recurrent network layer.")
  parser.add_argument(
      "--num_conv",
      type=str,
      default="[48, 64, 96]",
      help="Number of conv layers along with number of filters per layer.")
  parser.add_argument(
      "--conv_len",
      type=str,
      default="[5, 5, 3]",
      help="Length of the convolution filters.")
  parser.add_argument(
      "--cell_type",
      type=str,
      default="lstm",
      help="Cell type used for rnn layers: cudnn_lstm, lstm or block_lstm.")
  parser.add_argument(
      "--batch_norm",
      type="bool",
      default="False",
      help="Whether to enable batch normalization or not.")
  parser.add_argument(
      "--learning_rate",
      type=float,
      default=0.0001,
      help="Learning rate used for training.")
```

```
    parser.add_argument(
        "--gradient_clipping_norm",
        type=float,
        default=9.0,
        help="Gradient clipping norm used during training.")
    parser.add_argument(
        "--dropout",
        type=float,
        default=0.3,
        help="Dropout used for convolutions and bidi lstm layers.")
    parser.add_argument(
        "--steps",
        type=int,
        default=100000,
        help="Number of training steps.")
    parser.add_argument(
        "--batch_size",
        type=int,
        default=8,
        help="Batch size to use for training/evaluation.")
    parser.add_argument(
        "--model_dir",
        type=str,
        default="quickdrawingdataset/quickdraw_model",
        help="Path for storing the model checkpoints.")
    parser.add_argument(
        "--self_test",
        type="bool",
        default="False",
        help="Whether to enable batch normalization or not.")

    FLAGS, unparsed = parser.parse_known_args()
  tf.app.run(main=main, argv=[sys.argv[0]] + unparsed)
```

训练非常耗时，运行到 10721 步时显示的结果（单 CPU 机器）如图 8.19 所示。当运行 100 万步时，准确度会达到 90%左右。

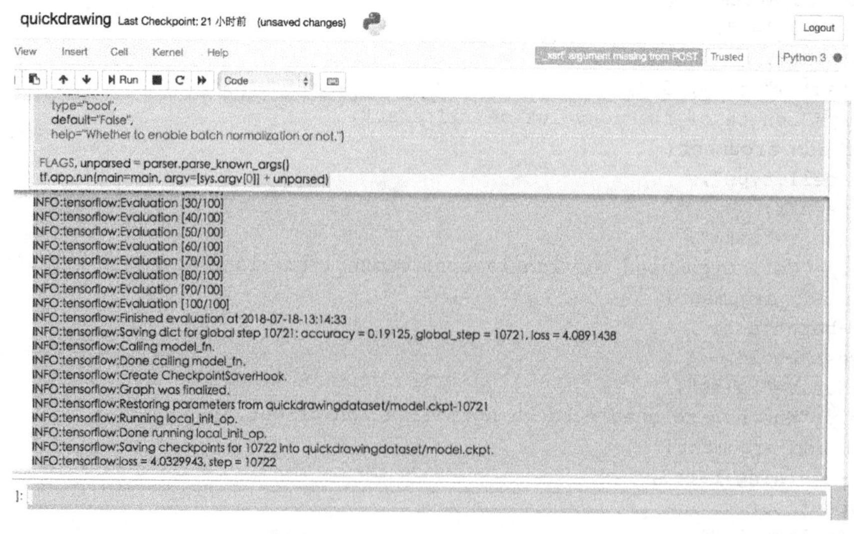

图 8.19　RNN 简笔画识别运行结果

习题

1. 详述使用 tf.layer 模块实现 MNIST 手写数字识别。
2. 详述使用 tf. Estimator 模块实现 MNIST 手写数字识别。
3. 什么是 One-Hot-Vector?
4. 什么是 Keras 序列模型?
5. 利用 Keras 序列模型创建卷积网络模型。
6. 利用 Keras 序列模型创建 VGG 卷积网络。
7. 利用 Keras 序列模型创建 LSTM 序列分析网络。
8. 为什么需要 Fashion MNIST?
9. 什么是 1D 卷积?
10. 什么是 2D 卷积?
11. 什么是 3D 卷积?
12. 对于 AI 数据获取,“Quick, Draw!”有什么意义?

09

第9章 TensorFlow Lite和TensorFlow.js

本章概要性地介绍了 TensorFlow Lite 和 TensorFlow.js。

9.1 TensorFlow Lite

2017 年 11 月 15 日，Google 发布了 TensorFlow Lite 的开发者预览版本。TensorFlow Lite 是 TensorFlow 在移动或嵌入式设备上的轻量级应用。允许机器学习模型在移动或嵌入式设备端的低延迟推断。TensorFlow Lite 也提供了对 Android Neural Networks API 硬件加速的支持。

TensorFlow Lite 具有以下特点。

（1）轻量级：允许载入训练好的模型（轻量级二进制文件）以及可对模型快速初始化，也可启动移动或嵌入式设备端对预测数据进行推断。

（2）跨平台：可以在不同的平台上运行，如同时支持 Android 和 iOS。

（3）快速：专为移动设备进行优化，包括大幅提升模型加载时间、支持硬件加速。

TensorFlow Lite 的体系结构如图 9.1 所示。

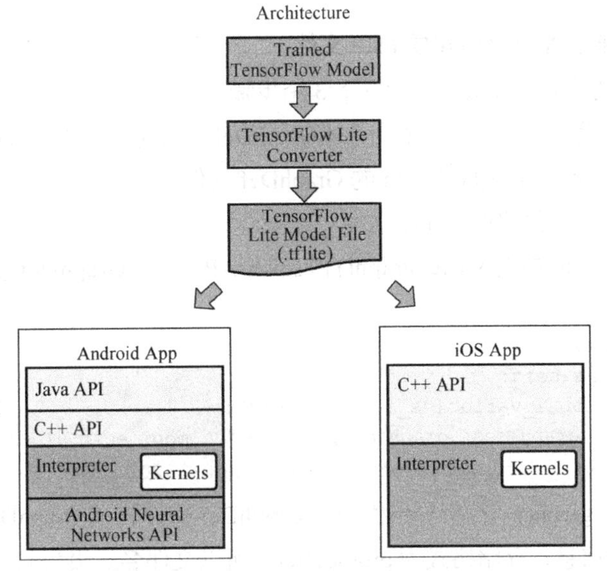

图 9.1 TensorFlow Lite 的体系结构

从图 9.1 可知 TensorFlow Lite 包括如下组件。

- TensorFlow 训练模型（Trained TensorFlow Model）：保存在磁盘中的训练模型。
- TensorFlow Lite 转化器（TensorFlow Lite Converter）：将模型转换成 TensorFlow Lite 文件格式（.tflite）的项目。
- TensorFlow Lite 模型文件（TensorFlow Lite Model File）：是一种基于 FlatBuffers 的文件格式，适配最大速度和最小规模的模型。

TensorFlow Lite 文件格式是一种基于 Flatbuffers 的能快速加载的序列化格式。Flatbuffers 是 Google 的一个跨平台串行化库。和 JSON 相比，Flatbuffers 具有很大的性能优势，JSON 是轻量级数据传输格式，可读性强，使用友好，但 JSON 转换的时候却需要耗费较多的时间和内存；而 Flatbuffers 具有更高的性能，这是因为 Flatbuffers 的序列化数据访问不需要经过转换，因为使用了分层数据，这样就不需要初始化解析器（没有复杂的字段映射）并且节约了转换这些数据的时间。Flatbuffers 不需要申请更多的空间，不需要分配额外的对象。

如何使用 TensorFlow Lite？图 9.2 展示了具体的使用步骤，首先要下载其他平台（如 PC）训练好的模型（或移动设备自己训练），再将模型转换为.tflite 格式；然后，编写自定义操作代码；最后，利用 API 编写应用 App。

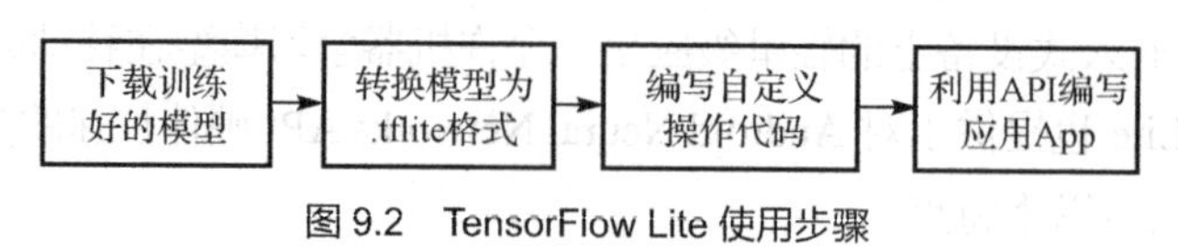

图 9.2　TensorFlow Lite 使用步骤

9.1.1　转化训练好的模型为.tflite 文件

在 PC 或是服务器上使用 TensorFlow 训练出来的模型文件，不能直接在 TensorFlow Lite 上运行，需要先转成.tflite 文件。转化模型文件为.tflite 文件有两种方法，使用离线工具转化和通过代码直接生成。

1. 使用离线工具将模型文件转化成.tflite 文件

具体来说，.tflite 文件的生成大致分为以下 3 个步骤。

（1）在算法训练的程序中保存图模型文件（GraphDef）和变量文件（CheckPoint）。

（2）利用 freeze_graph 工具生成 frozen 的 GraphDef 文件。

（3）利用 toco 工具生成最终的 .tflite 文件。

需利用 tensorflow.train 中的 write_graph()和 saver API 导出 GraphDef 及 CheckPoint 文件，代码如下。

```
save = tf.train.Saver()
With tf.Session()as sess:
    Sess.run(tf.global_variables_initializer())
    tf.train.write_graph(sess.graph_def, "/tmp/", 'mobilenet_v1_224.pb', as_text=False)
    saver.save(sess, "/tmp/checkpoints/mobilenet-10202.ckpt")
```

其中，tf.train.write_graph()一行将导出模型的 GraphDef 文件，该 GraphDef 文件实际上保存了训练的神经网络的结构图信息，存储格式为 protobuffer，所以文件名后缀为 pb。

saver.save()一行导出的是模型的变量文件，该变量文件实际上保存了整个图中所有变量当前的取值。虽然只指定了一个文件路径，但是这个目录下会生成 4 个文件，分别是 checkpoint、xxx.ckpt.data-xxx-of-xxx、xxx.ckpt.meta、xxx.ckpt.index。其中，xxx.ckpt.data-xxx-of-xxx 保存了所有变量的取值，xxx.ckpt.meta 保存了计算图结构，xxx.ckpt.index 保存了所有变量名。有了这 3 个文件，就能得到模型的信息并加载到其他项目中。

在生成 frozen 的 GraphDef 文件的步骤中，可使用 TensorFlow 源代码中自带的 freeze_graph 工具生成一个 frozen 的 GraphDef 文件，代码如下。

```
freeze_graph --input_graph=/tmp/mobilenet_v1_224.pb \
  --input_checkpoint=/tmp/checkpoints/mobilenet-10202.ckpt \
  --input_binary=true \
  --output_graph=/tmp/frozen_mobilenet_v1_224.pb \
  --output_node_names=MobileNetV1/Predictions/Reshape_1
```

在生成最终的.tflite 文件步骤中，可使用 TensorFlow 源代码中自带的 toco 工具生成一个可供 TensorFlow Lite 框架使用的.tflite 文件，代码如下。

```
toco --input_file=$(pwd)/mobilenet_v1_1.0_224/frozen_graph.pb \
  --input_format=TENSORFLOW_GRAPHDEF \
```

```
  --output_format=TFLITE \
  --output_file=/tmp/mobilenet_v1_1.0_224.tflite \
  --inference_type=FLOAT \
  --input_type=FLOAT \
  --input_arrays=input \
  --output_arrays=MobilenetV1/Predictions/Reshape_1 \
  --input_shapes=1,224,224,3
```

其中 input_arrays 和 output_arrays 的名称需要与定义网络类型时所定义的名称保持一致。

2. 通过代码直接生成 .tflite 文件

如果图中没有变量，生成 .tflite 文件的示例代码如下。

```
import tensorflow as tf
img = tf.placeholder(name="img", dtype=tf.float32, shape=(1, 64, 64, 3))
val = img + tf.constant([1., 2., 3.])+ tf.constant([1., 4., 4.])
out = tf.identity(val, name="out")
with tf.Session()as sess:
  tflite_model = tf.contrib.lite.toco_convert(sess.graph_def, [img], [out])
  open("converteds_model.tflite", "wb").write(tflite_model)
```

如果图中有变量的话，需要将变量固化，生成 .tflite 文件的示例代码如下。

```
frozen_graphdef = tf.graph_util.convert_variables_to_constants(sess, sess.graph_def,
['output']) # 这里 ['output']是输出Tensor的名字
tflite_model = tf.contrib.lite.toco_convert(frozen_graphdef, [input], [out])
# 这里[input]、[out]分别是输入张量或者输出张量的集合，并且是变量实体不是名字
open("model.tflite", "wb").write(tflite_model)
```

另外，对于已被 frozen 处理的 GraphDef 文件，可以用以下代码直接转换。

```
Import sys
from tf.contrib.lite import convert_savedmodel
convert_savedmodel.convert(saved_model_dir="/tmp/awesome_mode",
                           Out_tflite="/tmp/awesome_model.tflite")
```

生成的.tflite 文件可用于 TensorFlow Lite 应用。

9.1.2 编写自定义操作代码

如果 TensorFlow 库中没有需要的操作，可以采用 Python 编写组合的操作方式来满足需要。如果 Python 编写的组合操作还满足不了需求，可使用 C++创建自定义操作。用 C++编写自定义操作代码包括注册新操作 OP，以及用 C++实现新操作 OP。

1. 注册新操作 OP

通过注册方式定义一个新操作 OP 的接口到 TensorFlow 系统。定义操作 OP 名称、输入类型与名称、输出类型与名称，以及任何需要的属性。

假如要建立一个操作，其功能是复制一个 int32 类型的张量，其中，除第 1 个元素以外，所有元素都设置为 0。需创建一个 zero_out.cc 文件，并调用 REGISTER_OP()来定义此操作 OP 的接口，示例代码如下。

```
#include "tensorflow/core/framework/op.h"
#include "tensorflow/core/framework/shape_inference.h"
using namespace tensorflow;
REGISTER_OP("ZeroOut")
    .Input("to_zero: int32")
    .Output("zeroed: int32")
    .SetShapeFn([](::tensorflow::shape_inference::InferenceContext* c){
```

```
        c->set_output(0, c->input(0));
        return Status::OK();
      });
```

这里定义了一个 ZeroOut 操作 OP，输入名称为 to_zero 的 32 位整数张量，输出名称为 zeroed 的 32 位整数张量，并利用 shape 函数的 SetShapeFn()确保输入输出的张量形状大小一致。

2. 实现新操作 OP

实现操作接口需要建立扩展 OpKernel 的类，并重载 Compute()方法。Compute()方法提供的参数指针 OpKernelContext*，可以访问输入输出张量。将以下代码加入到上面创建的文件 zero_out.cc 中。

```
#include "tensorflow/core/framework/op_kernel.h"
using namespace tensorflow;
class ZeroOutOp : public OpKernel {
 public:
  explicit ZeroOutOp(OpKernelConstruction* context): OpKernel(context){}

  void Compute(OpKernelContext* context)override {
    // Grab the input tensor
    const Tensor& input_tensor = context->input(0);
    auto input = input_tensor.flat<int32>();
    // Create an output tensor
    Tensor* output_tensor = NULL;
    OP_REQUIRES_OK(context, context->allocate_output(0, input_tensor.shape(),
                                                     &output_tensor));
    auto output_flat = output_tensor->flat<int32>();
    // Set all but the first element of the output tensor to 0.
    // （除第一个元素，将所有元素设置为 0）
    const int N = input.size();
    for(int i = 1; i < N; i++){
      output_flat(i)= 0;
    }
    // Preserve the first input value if possible.
    if(N > 0)output_flat(0)= input(0);
  }
};
```

9.1.3 在 TensorFlow Lite 的移动端进行安卓开发

在 Android 上使用 TensorFlow Lite 有两种方式：一种是使用 Android Studio 在 IDE 中进行构建和部署，另一种是用 Bazel 构建并在命令行上部署 ADB。

在 Android 上使用 TensorFlow 最简单的方法是使用 Android Studio。如果不打算定制 TensorFlow 操作，或者如果想使用 Android Studio 的编辑器和其他功能来构建一个应用程序，并只添加 TensorFlow 功能，那么建议使用 Android Studio。如果正在使用自定义操作，或者是从头开始构建 TensorFlow，那么使用 Bazel 构建是最佳选择。

1. 利用 Android Studio 开发

利用 Andriod Studio 开发的步骤如下。

（1）Android Studio 安装。首先下载 Android Studio 安装包，可以从其官方网站下载最新版本，并按文档要求进行安装，安装界面如图 9.3 所示。

（2）从 GitHub 中 Clone（复制）TensorFlow。

（3）建造 Android TensorFlow Lite Demo，过程如下。

- 打开 Android Studio，从图 9.4 所示的“欢迎”对话框选中 Open an existing Android Studio project 选项。

图 9.3　Android Studio 安装

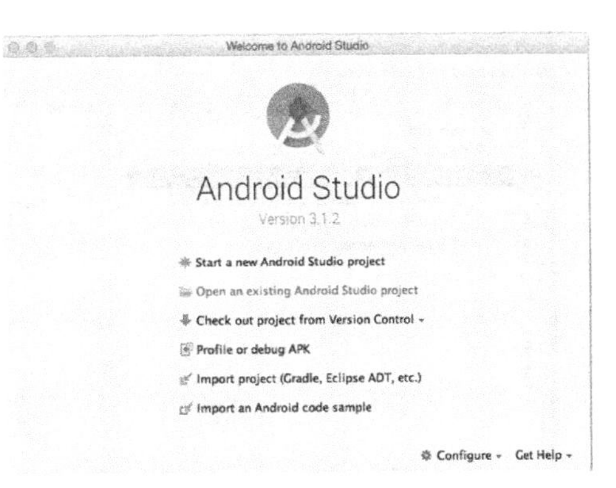

图 9.4　“欢迎”对话框

- 从 Open File or Project 窗口找到并选择在上一步中复制的 TensorFlow GitHub repo 中的 tensorflow/examples/android，单击 OK 按钮。如果在此过程弹出询问 Gradle Sync 的对话框，单击 OK 按钮。
- 打开 build.gradle 文件后，找到 Gradle Scripts 的 nativeBuildSystem 变量，并按图 9.5 进行修改。

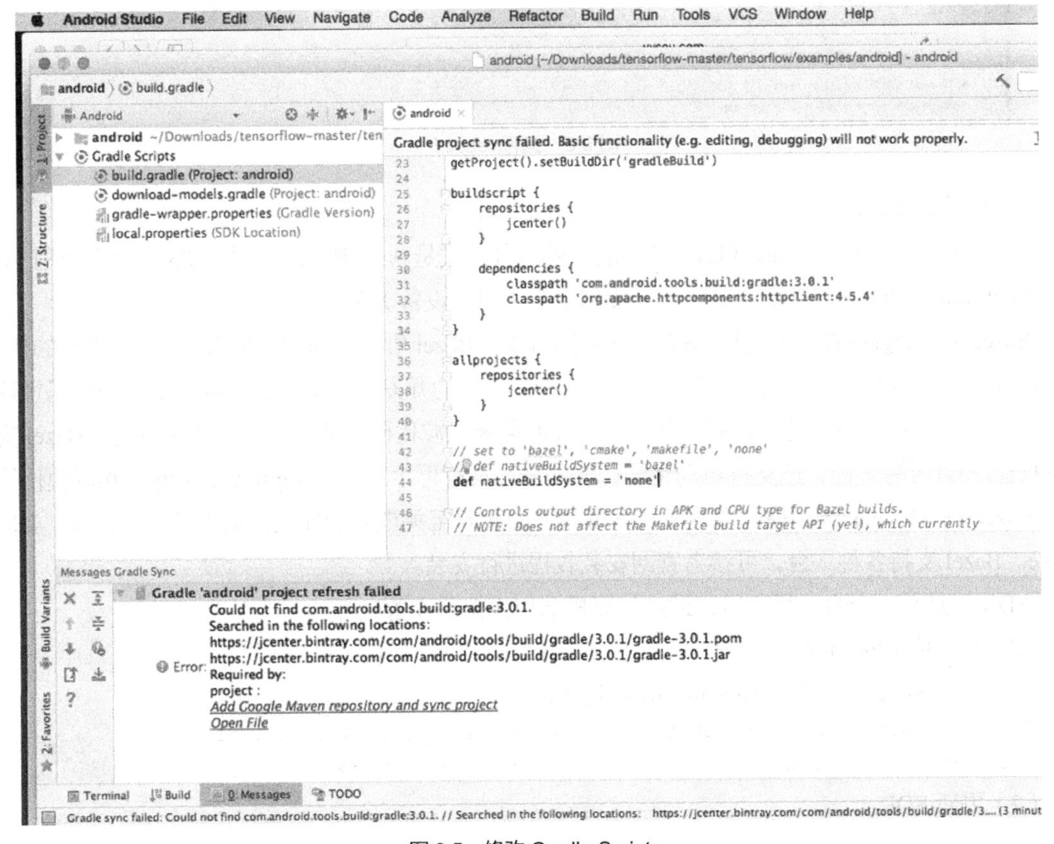

图 9.5　修改 Gradle Scripts

如果提示缺少文件，按提示要求进行安装。

在图 9.6 所示的界面中，单击 Run 按钮（Android Studio IDE 中的绿箭头）运行 rebuild 项目。

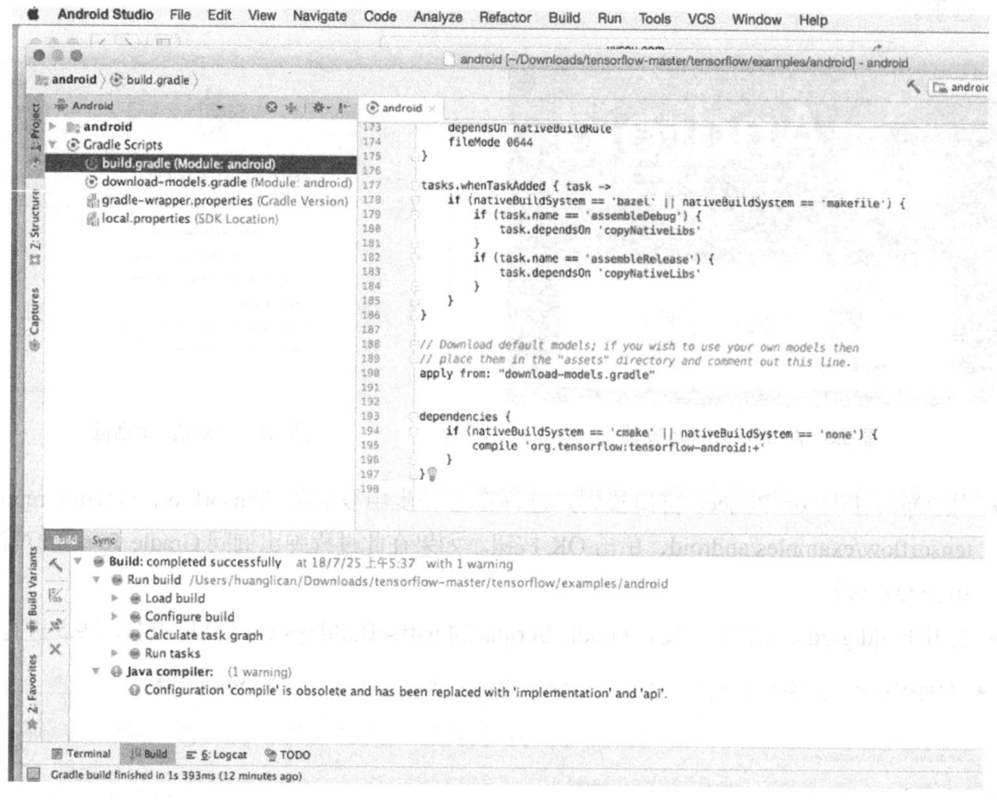

图 9.6 运行 rebuild

2. 利用 Bazel 开发

在 Android 上使用 TensorFlow Lite 的另外一种方式是利用 Bazel 创建 APK，然后利用 ADB（Android Debug Bridge，安卓调试桥）上传到手机（终端设备）上。

Bazel 是 Google 推出的一款开源的工程编译工具。Bazel 可以快速地 rebuild（重建）可靠的代码。Google 的大多数软件都是由它重建的，因此，在 Google 的开发环境里，它主要负责处理代码重建的相关问题：大规模数据重建的问题、共享代码库问题及从源代码重建的软件的相关问题。Bazel 支持多种语言并且可跨平台，还支持自动化测试和部署，具有再生产性（Reproducibility）和规模化等特征。Bazel 在 Google 大规模软件开发实践能力方面起着至关重要的作用。简单来说，Bazel 类似于 Make。Bazel 支持各种平台，可参考官网安装教程进行安装。

ADB 工具是一个命令行窗口，通过计算机端与模拟器设备交互。

安装并上传 APK 步骤如下。

（1）下载 SDK 并解压到 TensorFlow 根目录。

```
$ wget https://dl.google.com/android/android-sdk_r24.4.1-linux.tgz
$ tar xvzf android-sdk_r24.4.1-linux.tgz -C ~/tensorflow
```

（2）更新 SDK。

```
$ cd  ~/tensorflow/android-sdk-linux
$ sudo  tools/android  update  sdk --no-ui
```

（3）安装 NDK，下载并解压到 TensorFlow 根目录。

```
$ wget https://dl.google.com/android/repositor/android-ndk-r12b-linux-x86_64.zip
$ unzip android-ndk-r12b-linux-x86_64.zip -d ~/tensorflow
```

（4）修改 WORKSPACE 文件。

在 TensorFlow 的根目录下，找到 WORKSPACE 文件。将其中两段被注释掉的包含 android_sdk_repository 和 android_ndk_repository 的内容去掉注释符号。然后修改 SDK path 和 ndk path、sdk api level 和 build_tools_version。

（5）连接 Android 手机，安装 ADB。

```
$ sudo  apt-get  install android-tools-adb
```

（6）打开手机的“开发者模式”，开启 USB 调试，用数据线连接计算机和手机，并检查是否已连接上。

```
$adb devices，显示  List of devices: xxxx, device
```

（7）编译 APK。

```
$ cd ~/tensorflow
$ bazel build //tensorflow/examples/android:tensorflow_demo
```

编译 APK 之后提示生成以下 3 个文件。

```
bazel-bin/tensorflow/examples/android/tensorflow_demo_deploy.jar
bazel-bin/tensorflow/examples/android/tensorflow_demo_unsigned.apk
bazel-bin/tensorflow/examples/android/tensorflow_demo.apk
```

（8）安装 APK。

```
$ adb install -r -g bazel-bin/tensorflow/examples/android/tensorflow_demo.apk
```

9.1.4 在 TensorFlow Lite 的移动端进行 iOS 开发

CocoaPods 是 OS X 和 iOS 下的一个第三类库管理工具。通过 CocoaPods 工具可以为项目添加被称为 Pods 的依赖库（这些类库必须是 CocoaPods 本身所支持的），并且可以轻松管理其版本。

安装 CocoaPods 的步骤如下。

（1）更新 gem：$ sudo gem update –system。

（2）更新 gem 镜像资源：$ gem sources --remove https://rubygems.org/ $ gem sources -a https://gems.ruby-china.org/。

（3）在终端输入$ sudo gem install cocoapods。

先建好自己的 Xcode 代码的 App 或者 Demo（如 examples/ios/camera）。

在根目录中创建文件 Podfile，其内容如下。

```
target 'YourProjectName'
pod 'TensorFlow-experimental'
```

在终端输入 pod install。

```
Open YourProjectName.xcworkspace
```

下面介绍一下如何运行自带的 Samples Demo。

Demo 包括 3 个示例 simple、benchmark 和 camera。

切换到 TensorFlow 目录，下载 Inception v1，以及提取标签和图文件到数据目录。

```
mkdir -p  graphs
curl -o  graphs/inception5h.zip \
https://storage.googleapis.com/download.tensorflow.org/models/inception5h.zip
```

如果下载不了，可手动下载，并复制到 graphs 目录中。

```
unzip graphs/inception5h.zip -d graphs/inception5h

cp graphs/inception5h/* tensorflow/examples/ios/benchmark/data/
cp graphs/inception5h/* tensorflow/examples/ios/camera/data/
cp graphs/inception5h/* tensorflow/examples/ios/simple/data/

cd tensorflow/examples/ios/simple
pod install
open tf_simple_example.xcworkspace
# 注意是.xcworkspace，而不是.xcodeproj
```

9.2 TensorFlow.js

TensorFlow.js 是一个开源的 JavaScript 库，用于训练和部署机器学习模型。TensorFlow.js 可用于新建模型、运行现有模型和重新训练模型。

1. 在浏览器中创建模型

TensorFlow.js 的 API 灵活且直观，可以使用低级的 JavaScript 线性代数库和高级图层 API 在浏览器中定义、训练和运行完整的机器学习模型。

2. 运行现有模型

TensorFlow.js 可导入现有的预先训练的模型进行推理。如果已经有经过脱机训练过的 TensorFlow 或 Keras 模型，可以将其转换为 TensorFlow.js 格式，并将其加载到浏览器中进行预测。

3. 重新调整现有模型

TensorFlow.js 可用于重新训练导入的模型。使用浏览器中收集的少量数据并导入模型再训练，这是快速训练精确模型的一种方法。

TensorFlow.js 的架构如图 9.7 所示。TensorFlow.js 支持低级 API（以前称为 deeplearn.js）和 Eager 执行，提供 WebGL 支持，并且支持导入 TensorFlow Saved 模型和 Keras 模型。

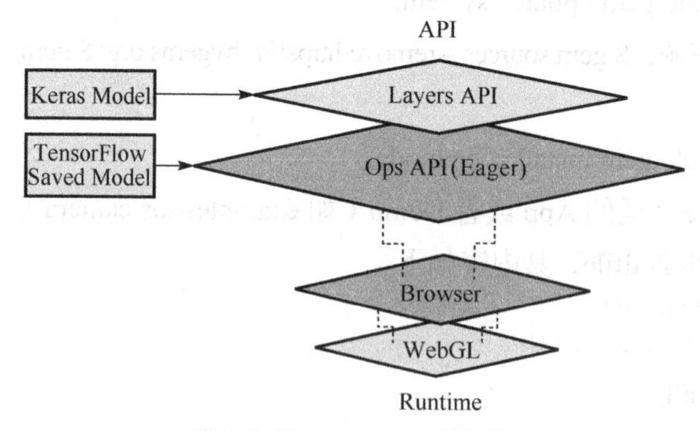

图 9.7　TensorFlow.js 的架构

9.2.1 TensorFlow.js JavaScript 库引入

1. TensorFlow.js JavaScript 库对 script 标签的引入

标签的引入是最为直接的方式，代码如下。

```
<html>
  <head>
```

```
    <!-- 引入tensorflow.js类库 -->
    <script src="https://cdn.jsdelivr.net/npm/@tensorflow/tfjs@latest"> </script>
    <!-- 在下面的script标签里面写入机器学习代码-->
    <script>
    function linearregression(){
    // 定义线性回归模型
      const model = tf.sequential();
      model.add(tf.layers.dense({units: 1, inputShape: [1]}));
      // 准备训练的损失函数和优化器
      model.compile({loss: 'meanSquaredError', optimizer: 'sgd'});
      // 产生训练数据
      const xs = tf.tensor2d([1, 2, 3, 4], [4, 1]);
      const ys = tf.tensor2d([1, 3, 5, 7], [4, 1]);
      // 训练模型
      model.fit(xs, ys, {epochs: 10}).then(()=> {
          model.predict(tf.tensor2d([5], [1, 1])).print();
      });
  }
  linearregression.();
     </script>
    </head>
    <body>
    </body>
  </html>
```

2. TensorFlow.js JavaScript 库对 Node.js 的引入

Node.js 是运行在服务端的 JavaScript，是一个基于 Chrome V8 引擎的 JavaScript 运行环境。Node.js 是事件驱动、非阻塞式 I/O 的模型，故而具有轻量、高效的特点。Node.js 的包管理器 npm 是全球最大的开源库生态系统。

从官方网站上下载 Node.js，直接单击就会自动下载并安装 Node.js 和 NPM。

安装 TensorFlow.js，需要使用 npm install @tensorflow/tfjs 命令。

为了在本地运行，需要安装 yarn。在 Node.js 环境下，可通过 sudo npm install -g yarn 命令进行全局安装。先将核心代码下载到本地，再进入项目目录如 polynomial-regression-core（即多项式回归核心）部分，最后进行 yarn 安装并运行。

```
$ git clone https://github.com/tensorflow/tfjs-examples.git
$ cd tfjs-examples/polynomial-regression-core
$ yarn
$ yarn watch
```

显示类似于 Server running at http://localhost:1234 的提示后，将自动启动浏览器。如自动启动的浏览器不可用，可以启动 Chrome 浏览器。

9.2.2 TensorFlow.js 基础知识

1. 张量（Tensor）

张量是 TensorFlow.js 中主要的数据表现形式。张量实例的构造函数就是 tf.tensor()函数，代码示例如下。

```
// 3×2张量
const shape = [3, 2]; // 张量形状为3行，2列
const a = tf.tensor([1.0, 2.0, 3.0, 10.0, 20.0, 30.0], shape);
a.print();     // 打印张量值
               // Output: [[1 , 2 ],
               //          [ 3 ,10],
               //          [ 20, 30]]
// 张量形状可以推断出来
const b = tf.tensor([[1.0, 2.0, 3.0], [10.0, 20.0, 30.0]]);
b.print();
               // Output: [[1 , 2 , 3 ],
               //          [10, 20, 30]]
```

低维度张量也可用标量 tf.scalar()（0维，数值）、tf.tensor1d()（1维向量）、tf.tensor2d()（2维矩阵）、tf.tensor3d()（3维）、tf.tensor4d()（4维）表示。示例代码如下。

```
const a = tf.scalar(2);
const b = tf.tensor2d([[1, 2, 3], [4, 5, 6]]);
```

2. 变量（Variables）

变量的用法如下代码所示。

```
const initialValues = tf.zeros([5]);          // 1维张量，5个0元素
const biases = tf.variable(initialValues);    // 初始化偏置值
biases.print();                               // output: [0, 0, 0, 0, 0]
const updatedValues = tf.tensor1d([0, 1, 0, 1, 0]);
biases.assign(updatedValues);                 // 更新偏置值
biases.print();                               // output: [0, 1, 0, 1, 0]
```

3. 操作（Operations）

张量是不可变的，但是可通过操作张量返回一个新的张量。TensorFlow.js 支持链式操作，示例代码如下。

```
const a = tf.tensor2d([[2.0, 2.0], [2.0, 2.0]]);
const b = tf.tensor2d([[1.0, 1.0], [1.0, 1.0]]);
const c = tf.tensor2d([[3.0, 3.0], [3.0, 3.0]]);
const res = a.add(b).square().sub(c);
res.print();
    // output [[6,6]
    //         [6,6]]
```

即首先得到 a+b，即 a.add(b)，再对结果进行平方，即 square()，平方后的结果再减去 c，即 sub(c)。

4. 模型创建

TensorFlow.js 有两种方法创建模型。一种方法是从底层直接创建，代码示例如下。

```
function predict(input){
  // y = a * x ^ 2 + b * x + c
  return tf.tidy(()=> {
    const x = tf.scalar(input);
    const ax2 = a.mul(x.square());
    const bx = b.mul(x);
    const y = ax2.add(bx).add(c);
    return y;
  });
}
```

```
// Define constants: y = 2x^2 + 4x + 8
const a = tf.scalar(2);                // 标量，数值 2
const b = tf.scalar(4);                // 标量，数值 4
const c = tf.scalar(8);                // 标量，数值 8
// Predict output for input of 2
const result = predict(2);             // 调用 predict 输入参数 2
result.print()                         // 输出 t: 24
```

另一种方法是利用高级 tf.model API 创建，如创建 tf.sequential 模型，代码示例如下。

```
const model = tf.sequential();         // 顺序添加神经网络层到模型中
model.add(                             // 添加 GRU 神经网络层到模型中
  tf.layers.gru({units: 20, returnSequences: true})
);
model.add(                             // 添加全连接神经网络层到模型中，排在添加 GRU 神经网络层后面
  tf.layers.dense({units: 20})
);
const optimizer = tf.train.sgd(LEARNING_RATE);         // 优化器，随机梯度下降优化器
model.compile({optimizer, loss: 'categoricalCrossentropy'});        // 模型编译
model.fit({x: data, y: labels});   // 模型训练
```

5. GPU 内存管理

使用 GPU 后，需要释放 GPU 内存。释放 GPU 内存有 dispose()和 tf.tidy()两种方法。

```
const x = tf.tensor2d([[0.0, 2.0], [4.0, 6.0]]);
const y = tf.tensor2d([[1.0, 2.0], [3.0, 5.0]]);
const z_add= x.add(y);
x.dispose();
y.dispose();
z_add.dispose();
```

当有很多张量操作时，使用 dispose()会编写很多行代码。tf.tidy()的作用是清理 tf.tidy()作用域内创建的张量，但是它不会清理其最终的返回值，所以 tf.tidy()可以释放 GPU 内存，而且不会影响计算结果。

```
const average = tf.tidy(()=> {
  const y = tf.tensor1d([1.0, 2.0, 3.0, 4.0,5.0,6.0]);
  const z = tf.ones([6]);
  return y.sub(z).square().mean();
});
```

tf.keep()的作用是在 tf.tidy()内部保留张量不被清除，tf.memory()返回当前程序的内存信息。

```
let b;
const y = tf.tidy(()=> {
   const one = tf.scalar(1);
   const a = tf.scalar(3);
   // 当 tf.tidy()函数结束后，b 不被清除，a 和 one 被清除
   b = tf.keep(a.square());
   console.log('numTensors(in tidy): ' + tf.memory().numTensors);
   return b.add(one);
});
console.log('numTensors(outside tidy): ' + tf.memory().numTensors);console.log('y:');
y.print();
```

```
console.log('b:');
b.print();
```

以上代码运行结果如下。

```
numTensors(in tidy): 3
numTensors(outside tidy): 2
y: Tensor 10
b: Tensor 9
```

6. 保存和加载 tf.Model

保存模型使用 model.save()函数。使用方法如下。

```
const saveResult = await model.save('localstorage://my-model-1');
```

保存模型的类型可以是通过浏览器访问的本地存储、IndexedDB、下载文件、HTTP 网址，以及 Node.js 访问的文件（见表 9.1）。其中 IndexedDB 是浏览器提供的本地数据库，可以被网页脚本创建和操作。IndexedDB 允许储存大量数据、建立索引及提供查询接口。

表 9.1　保存模型类型

保存类型	Scheme 字符串	代码示例
本地存储（浏览器）	localstorage://	await model.save('localstorage://my-model-1')
IndexedDB（浏览器）	indexeddb://	await model.save('indexeddb://my-model-1')
下载文件（浏览器）	downloads://	await model.save('downloads://my-model-1')
HTTP 请求（浏览器）	http:// 或 https://	await model.save('http://model-server.domain/upload')
文件系统（Node.js）	file://	await model.save('file:///tmp/my-model-1')

装载模型使用 model.loadModel 函数。不同装载模型方式和示例代码见表 9.2。

表 9.2　装载模型类型

装载类型	Scheme 字符串	代码示例
本地存储（浏览器）	localstorage://	await model.loadModel('localstorage://my-model-1')
IndexedDB（浏览器）	indexeddb://	await model.loadModel('indexeddb://my-model-1')
上传文件（浏览器）		await model.loadModel(tf.io.browserFiles([modelJSONFile, weightsFile]))
HTTP 请求（浏览器）	http:// 或 https://	await model.loadModel('http://model-server.domain/download/model.json')
文件系统（Node.js）	file://	await model.loadModel('file:///tmp/my-model-1/model.json')

7. 导入 TensorFlow 图模型到 TensorFlow.js

TensorFlow 图模型（一般是 Python 环境训练）可以保存为以下格式：SavedModel、Frozen Model、Session Bundle 和 TensorFlow Hub module。这些格式的文件都可以采用 TensorFlow.js 转换工具转换为 TensorFlow.js 可以使用的格式。TensorFlow.js 转换工具安装方法为在 Python 环境下使用命令 pip install tensorflowjs。

（1）转换 Python 训练好的模型为 TensorFlow.js Web 格式。

SavedModel 示例如下。

```
tensorflowjs_converter \
    --input_format=tf_saved_model \
    --output_node_names='MobilenetV1/Predictions/Reshape_1' \
    --saved_model_tags=serve \
```

```
    /mobilenet/saved_model \
    /mobilenet/web_model
```

Frozen Model 示例如下。

```
tensorflowjs_converter \
    --input_format=tf_frozen_model \
    --output_node_names='MobilenetV1/Predictions/Reshape_1' \
    /mobilenet/frozen_model.pb \
    /mobilenet/web_model
```

Session Bundle 示例如下。

```
tensorflowjs_converter \
    --input_format=tf_session_bundle \
    --output_node_names='MobilenetV1/Predictions/Reshape_1' \
    /mobilenet/session_bundle \
    /mobilenet/web_model
```

TensorFlow Hub module 示例如下。

```
tensorflowjs_converter \
    --input_format=tf_hub \
    'https://tfhub.dev/google/imagenet/mobilenet_v1_100_224/classification/1' \
    /mobilenet/web_model
```

转换后产生如下 3 种类型的文件。

- web_model.pb：数据流图（the data flow graph）。
- weights_manifest.json：权值清单文件（weight manifest file）。
- group1-shard*of*：所有二进制权值文件（collection of binary weight files）。

（2）导入以上转换后的模型，示例如下。

```
const GOOGLE_CLOUD_STORAGE_DIR =
    'https://storage.googleapis.com/tfjs-models/savedmodel/';
const MODEL_URL = 'mobilenet_v2_1.0_224/tensorflowjs_model.pb';
const WEIGHTS_URL =
    'mobilenet_v2_1.0_224/weights_manifest.json';
    const model = await tf.loadFrozenModel (GOOGLE_CLOUD_STORAGE_DIR + MODEL_URL,
     GOOGLE_CLOUD_STORAGE_DIR + WEIGHTS_URL);
const zeros = tf.zeros([1, 224, 224, 3]);
model.predict(zeros).print();
```

9.2.3 TensorFlow.js 示例

1. TensorFlow.js 数据拟合曲线

多项式回归通过训练模型找到多项式的系数，并且利用这些系数的多项式产生的值与给定数据集的值的误差最小。这里使用 TensorFlow.js 来拟合训练数据并描绘出拟合曲线。这个示例的源码在下载的 polynomial-regression-core 目录中。这里，将源码的数据参数改为 a=–0.900，b=–0.280，c=0.810，d=0.580。

输入数据是根据多项式 $y=ax^3+bx^2+cx+d$ 加上一定的偏移得到的，其系数为 a=–0.800，b=–0.200，c=0.900，d=0.500。数据在 x 坐标轴和 y 坐标轴内的相应关系，如图 9.8 所示。

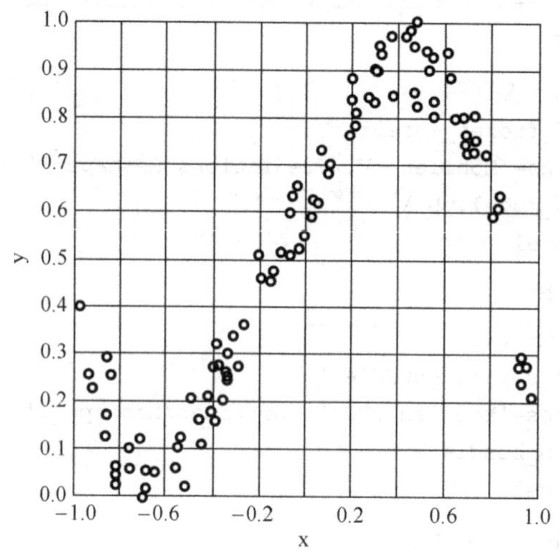

图 9.8　生成的数据

数据产生的代码如下。

```
/**
 * @license
 * Copyright 2018 Google LLC. All Rights Reserved.
 * Licensed under the Apache License, Version 2.0(the "License");
 * you may not use this file except in compliance with the License.
 * You may obtain a copy of the License at
 *
 * http://www.apache.org/licenses/LICENSE-2.0
 *
 * Unless required by applicable law or agreed to in writing, software
 * distributed under the License is distributed on an "AS IS" BASIS,
 * WITHOUT WARRANTIES OR CONDITIONS OF ANY KIND, either express or implied.
 * See the License for the specific language governing permissions and
 * limitations under the License.
 * =============================================================================
 */
// 导入 tensorflow.js
import * as tf from '@tensorflow/tfjs';
// 数据生成函数
export function generateData(numPoints, coeff, sigma = 0.04){
//  tf.tify()函数用来清除中间张量
  return tf.tidy(()=> {
    const [a, b, c, d] = [
      tf.scalar(coeff.a), tf.scalar(coeff.b), tf.scalar(coeff.c),
      tf.scalar(coeff.d)
    ];

    const xs = tf.randomUniform([numPoints], -1, 1);

    // Generate polynomial data 产生多项式数据
    const three = tf.scalar(3, 'int32');
    const ys = a.mul(xs.pow(three))
      .add(b.mul(xs.square()))
```

```
      .add(c.mul(xs))
      .add(d)
      // Add random noise to the generated data添加噪声
      // to make the problem a bit more interesting
      .add(tf.randomNormal([numPoints], 0, sigma));

    // Normalize the y values to the range 0 to 1. 归一化y值
    const ymin = ys.min();
    const ymax = ys.max();
    const yrange = ymax.sub(ymin);
    const ysNormalized = ys.sub(ymin).div(yrange);

    return {
      xs,
      ys: ysNormalized
    };
  })
}
```

机器学习的目标就是得到最优的函数系数 a、b、c、d 来匹配这些数据。接下来的代码展示了 TensorFlow.js 是如何学习得到这些数据的。

```
/**
 * @license
 * Copyright 2018 Google LLC. All Rights Reserved.
 * Licensed under the Apache License, Version 2.0(the "License");
 * you may not use this file except in compliance with the License.
 * You may obtain a copy of the License at
 *
 * http://www.apache.org/licenses/LICENSE-2.0
 *
 * Unless required by applicable law or agreed to in writing, software
 * distributed under the License is distributed on an "AS IS" BASIS,
 * WITHOUT WARRANTIES OR CONDITIONS OF ANY KIND, either express or implied.
 * See the License for the specific language governing permissions and
 * limitations under the License.
 * =============================================================================
 */

import * as tf from '@tensorflow/tfjs';
import {generateData} from './data';
import {plotData, plotDataAndPredictions, renderCoefficients} from './ui';

/**
 * We want to learn the coefficients that give correct solutions to the
 * following cubic equation:
 *     y = a * x^3 + b * x^2 + c * x + d
 * In other words we want to learn values for:
 *     a
 *     b
 *     c
 *     d
 * Such that this function produces 'desired outputs' for y when provided
 * with x. We will provide some examples of 'xs' and 'ys' to allow this model
 * to learn what we mean by desired outputs and then use it to produce new
 * values of y that fit the curve implied by our example.
```

```
 */

// 需要创建一些变量。开始时不知道a、b、c、d的值，所以先分别赋给一个随机数
// Step 1. Set up variables, these are the things we want the model
// to learn in order to do prediction accurately. We will initialize
// them with random values.
const a = tf.variable(tf.scalar(Math.random()));
const b = tf.variable(tf.scalar(Math.random()));
const c = tf.variable(tf.scalar(Math.random()));
const d = tf.variable(tf.scalar(Math.random()));

/* 选用SGD（Stochastic Gradient Descent，随机梯度下降）优化器。SGD的工作原理就是利用数据中任意点的梯度以及使用它们的值来决定增加或者减少模型中系数的值。TensorFlow.js提供了一个很方便的tf.train.sdg()函数来实现SGD。下面的代码创建了一个学习率为0.5的SGD优化器。
*/
// Step 2. Create an optimizer, we will use this later. You can play
// with some of these values to see how the model performs.
const numIterations = 75;
const learningRate = 0.5;
const optimizer = tf.train.sgd(learningRate);

// Step 3. Write our training process functions.

/* predict()函数实现了多项式方程y = ax^3 + bx^2 + cx + d，这个函数将x作为输入，y作为输出。在这个示例中，训练模型为predict()函数。如果需要更好的结果，可以修改predict()函数为RNN神经网络模型
*/
/*
 * This function represents our 'model'. Given an input 'x' it will try and
 * predict the appropriate output 'y'.
 *
 * It is also sometimes referred to as the 'forward' step of our training
 * process. Though we will use the same function for predictions later.
 *
 * @return number predicted y value
 */
function predict(x){
  // y = a * x ^ 3 + b * x ^ 2 + c * x + d
  return tf.tidy(()=> {
    return a.mul(x.pow(tf.scalar(3, 'int32')))
      .add(b.mul(x.square()))
      .add(c.mul(x))
      .add(d);
  });
}
/*
使用MSE（Mean Squared Error，均方差）作为损失函数。MSE的计算非常简单，就是先求将根据给定的x得到实际的y值与预测得到的y值之差的平方，然后再对这些差的平方求平均数即可
*/
/*
 * This will tell us how good the 'prediction' is given what we actually
 * expected.
```

```
 *
 * prediction is a tensor with our predicted y values.
 * labels is a tensor with the y values the model should have predicted.
 */
function loss(prediction, labels){
  // Having a good error function is key for training a machine learning model
  const error = prediction.sub(labels).square().mean();
  return error;
}

/*因为开始时系数是随机数，所以这个函数和给定的数据匹配得非常差，训练前的拟合曲线如图 9.9 所示*/
/*
  上面已经定义了损失函数和优化器，现在需要创建一个训练迭代器，它会不断地运行 SGD 优化器来修正、完善模型
  的系数来减小损失（MSE）。下面就是我们创建的训练迭代器
*/
/*
 * This will iteratively train our model.
 * xs - training data x values
 * ys - training data y values
 */
/*
定义训练函数，并且以数据中 x 和 y 的值以及设定的迭代次数作为输入
*/
/*
async function 表示异步函数，也就是调用该函数时不必等待执行结束，其他的函数或进程就可以运行。在异步函
数中可以使用 await 调用其他函数，表示在这里必须等待调用这个函数结束，再恢复执行
*/
async function train(xs, ys, numIterations){
  for(let iter = 0; iter < numIterations; iter++){
    // optimizer.minimize is where the training happens.
    // The function it takes must return a numerical estimate(i.e. loss)
    // of how well we are doing using the current state of
    // the variables we created at the start.

    // This optimizer does the 'backward' step of our training process
    // updating variables defined previously in order to minimize the
// loss.
/*  minimize()接受了一个模型函数作为参数，这里是 pridict()函数。实际值与 pridict()函数预测值的平均
    方差为损失函数。Minimize()函数之后会自动调整这些变量（即系数 a、b、c、d）来使得损失函数更小
*/
    optimizer.minimize(()=> {
      // Feed the examples into the model
      const pred = predict(xs);
      return loss(pred, ys);
    });
    // Use tf.nextFrame to not block the browser.
    await tf.nextFrame();
  }
}

/* 主函数 learnCoefficients() */
async function learnCoefficients(){
# 定义数据参数，这里将源码改为 a=-0.90、b=-0.280、c=0.810、d=0.580
 //  const trueCoefficients = {a: -.8, b: -.2, c: .9, d: .5};
```

```
  const trueCoefficients = {a: -.9, b: -.28, c: .81, d: .58};

// 生成数据
  const trainingData = generateData(100, trueCoefficients);

// Plot original data
// 画原始数据图
  renderCoefficients('#data .coeff', trueCoefficients);
  await plotData('#data .plot', trainingData.xs, trainingData.ys)

// 训练模型前的参数
// See what the predictions look like with random coefficients
  renderCoefficients('#random .coeff', {
    a: a.dataSync()[0],
    b: b.dataSync()[0],
    c: c.dataSync()[0],
    d: d.dataSync()[0],
  });
  const predictionsBefore = predict(trainingData.xs);
  await plotDataAndPredictions(
      '#random .plot', trainingData.xs, trainingData.ys, predictionsBefore);

  // Train the model!
  // 训练模型
  await train(trainingData.xs, trainingData.ys, numIterations);

 // 训练模型后的参数
 // See what the final results predictions are after training.
  renderCoefficients('#trained .coeff', {
    a: a.dataSync()[0],
    b: b.dataSync()[0],
    c: c.dataSync()[0],
    d: d.dataSync()[0],
  });
  // 画训练后数据图
  const predictionsAfter = predict(trainingData.xs);
  await plotDataAndPredictions(
      '#trained .plot', trainingData.xs, trainingData.ys, predictionsAfter);
   // 释放内存
  predictionsBefore.dispose();
  predictionsAfter.dispose();
}
  // 调用主函数 learnCoefficients()
learnCoefficients();
```

训练迭代器 SGD 经过 75 次迭代之后，a、b、c、d 已经比开始随机分配系数的结果拟合要好很多，其拟合曲线如图 9.10 所示。

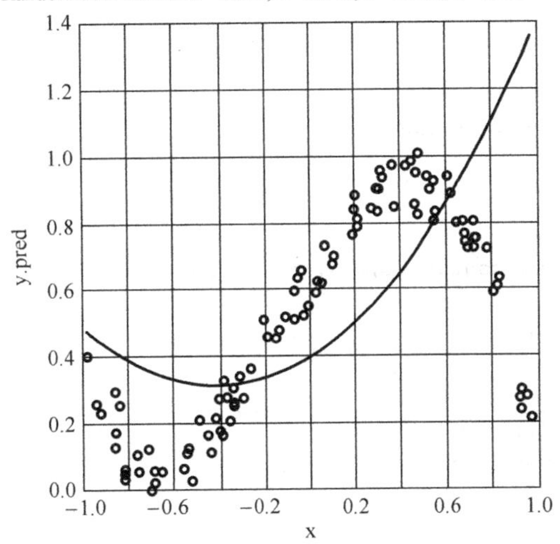

图 9.9 训练前的拟合曲线

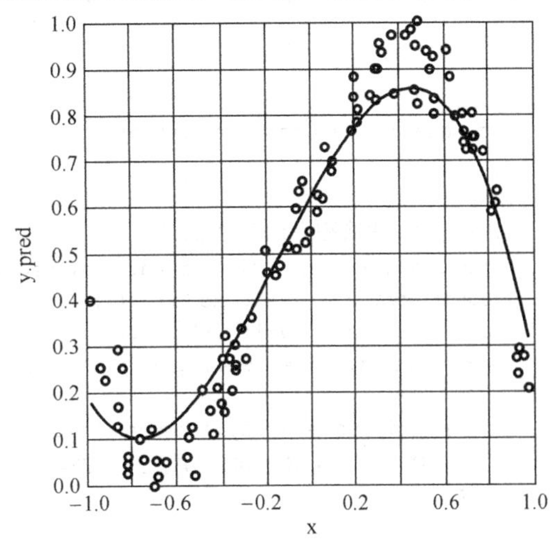

图 9.10 训练后的拟合曲线

下面代码为画图函数。

```
/**
 * @license
 * Copyright 2018 Google LLC. All Rights Reserved.
 * Licensed under the Apache License, Version 2.0(the "License");
 * you may not use this file except in compliance with the License.
 * You may obtain a copy of the License at
 *
 * http://www.apache.org/licenses/LICENSE-2.0
 *
 * Unless required by applicable law or agreed to in writing, software
 * distributed under the License is distributed on an "AS IS" BASIS,
 * WITHOUT WARRANTIES OR CONDITIONS OF ANY KIND, either express or implied.
 * See the License for the specific language governing permissions and
 * limitations under the License.
 * =============================================================================
 */
import renderChart from 'vega-embed';
// 在图上标明 x 和 y 值的点
export async function plotData(container, xs, ys){
  const xvals = await xs.data();
  const yvals = await ys.data();

  const values = Array.from(yvals).map((y, i)=> {
    return {'x': xvals[i], 'y': yvals[i]};
  });


  const spec = {
    '$schema': 'https://vega.github.io/schema/vega-lite/v2.json',
    'width': 300,
    'height': 300,
    'data': {'values': values},
    'mark': 'point',
    'encoding': {
```

```
      'x': {'field': 'x', 'type': 'quantitative'},
      'y': {'field': 'y', 'type': 'quantitative'}
    }
  };

  return renderChart(container, spec, {actions: false});
}

// 在图上标明预测值 x 和 y 值的点
export async function plotDataAndPredictions(container, xs, ys, preds){
  const xvals = await xs.data();
  const yvals = await ys.data();
  const predVals = await preds.data();

  const values = Array.from(yvals).map((y, i)=> {
    return {'x': xvals[i], 'y': yvals[i], pred: predVals[i]};
  });

  const spec = {
    '$schema': 'https://vega.github.io/schema/vega-lite/v2.json',
    'width': 300,
    'height': 300,
    'data': {'values': values},
    'layer': [
      {
        'mark': 'point',
        'encoding': {
          'x': {'field': 'x', 'type': 'quantitative'},
          'y': {'field': 'y', 'type': 'quantitative'}
        }
      },
      {
        'mark': 'line',
        'encoding': {
          'x': {'field': 'x', 'type': 'quantitative'},
          'y': {'field': 'pred', 'type': 'quantitative'},
          'color': {'value': 'tomato'}
        },
      }
    ]
  };

  return renderChart(container, spec, {actions: false});
}
// 在图上标明系数函数
export function renderCoefficients(container, coeff){
  document.querySelector(container).innerHTML =
      `<span>a=${coeff.a.toFixed(3)}, b=${coeff.b.toFixed(3)}, c=${
          coeff.c.toFixed(3)},  d=${coeff.d.toFixed(3)}</span>`;
}
```

为了提高拟合度，我们可以将代码中的 pridict()函数模型与训练模块修改为 RNN 神经网络模型，示例代码如下。

```
const model = tf.sequential();
model.add(
  tf.layers.simpleRNN({
```

```
    units: 20,
    recurrentInitializer: 'GlorotNormal',
    inputShape: [80, 4]
  })
);

const optimizer = tf.train.sgd(LEARNING_RATE);
model.compile({optimizer, loss: 'categoricalCrossentropy'});
model.fit({x: data, y: labels});
```

2. TensorFlow.js 的卷积网络手写数字识别

TensorFlow.js 的卷积网络手写数字识别的数据来源为 MNIST handwriting dataset。手写数字如图 9.11 所示。

图 9.11　手写数字

我们希望通过 TensorFlow.js 的程序识别它。

启动浏览器。

```
$ cd tfjs-examples/mnist-core
$ yarn
$ yarn watch
```

下面为详细代码。

（1）data.js 的作用是处理数据。

如果遇到网络问题，可先下载数据到本地，再修改 MNIST_IMAGES_SPRITE_PATH 和 MNIST_LABELS_PATH 的值。

```
/**
 * @license
 * Copyright 2018 Google LLC. All Rights Reserved.
 * Licensed under the Apache License, Version 2.0(the "License");
 * you may not use this file except in compliance with the License.
 * You may obtain a copy of the License at
 *
 * http://www.apache.org/licenses/LICENSE-2.0
 *
 * Unless required by applicable law or agreed to in writing, software
 * distributed under the License is distributed on an "AS IS" BASIS,
 * WITHOUT WARRANTIES OR CONDITIONS OF ANY KIND, either express or implied.
 * See the License for the specific language governing permissions and
 * limitations under the License.
 * =============================================================================
 */

import * as tf from '@tensorflow/tfjs';

const IMAGE_SIZE = 784;
const NUM_CLASSES = 10;
const NUM_DATASET_ELEMENTS = 65000;
const TRAIN_TEST_RATIO = 5 / 6;
const NUM_TRAIN_ELEMENTS = Math.floor(TRAIN_TEST_RATIO * NUM_DATASET_ELEMENTS);
const NUM_TEST_ELEMENTS = NUM_DATASET_ELEMENTS - NUM_TRAIN_ELEMENTS;
const MNIST_IMAGES_SPRITE_PATH =
```

```
    'https://storage.googleapis.com/learnjs-data/model-builder/mnist_images.png';
const MNIST_LABELS_PATH =
    'https://storage.googleapis.com/learnjs-data/model-builder/mnist_labels_uint8';

/**
 * A class that fetches the sprited MNIST dataset and returns shuffled batches.
 *
 * NOTE: This will get much easier. For now, we do data fetching and
 * manipulation manually.
 */
//  MnistData类，作用是读取批量数据，并打乱次序
export class MnistData {
  constructor(){
    this.shuffledTrainIndex = 0;
    this.shuffledTestIndex = 0;
  }

// 装载数据
  async load(){
    // Make a request for the MNIST sprited image.
    const img = new Image();
    const canvas = document.createElement('canvas');
    const ctx = canvas.getContext('2d');
    const imgRequest = new Promise((resolve, reject)=> {
      img.crossOrigin = '';
      img.onload =()=> {
        img.width = img.naturalWidth;
        img.height = img.naturalHeight;

        const datasetBytesBuffer =
            new ArrayBuffer(NUM_DATASET_ELEMENTS * IMAGE_SIZE * 4);

        const chunkSize = 5000;
        canvas.width = img.width;
        canvas.height = chunkSize;

        for(let i = 0; i < NUM_DATASET_ELEMENTS / chunkSize; i++){
          const datasetBytesView = new Float32Array(
              datasetBytesBuffer, i * IMAGE_SIZE * chunkSize * 4,
              IMAGE_SIZE * chunkSize);
          ctx.drawImage(
              img, 0, i * chunkSize, img.width, chunkSize, 0, 0, img.width,
              chunkSize);

          const imageData = ctx.getImageData(0, 0, canvas.width, canvas.height);

          for(let j = 0; j < imageData.data.length / 4; j++){
            // All channels hold an equal value since the image is grayscale, so
            // just read the red channel.
            datasetBytesView[j] = imageData.data[j * 4] / 255;
          }
        }
        this.datasetImages = new Float32Array(datasetBytesBuffer);

        resolve();
      };
```

```
      img.src = MNIST_IMAGES_SPRITE_PATH;
    });

    const labelsRequest = fetch(MNIST_LABELS_PATH);
    const [imgResponse, labelsResponse] =
        await Promise.all([imgRequest, labelsRequest]);

    this.datasetLabels = new Uint8Array(await labelsResponse.arrayBuffer());

    // 打乱数据并随机选择训练集和测试集的元素
    this.trainIndices = tf.util.createShuffledIndices(NUM_TRAIN_ELEMENTS);
    this.testIndices = tf.util.createShuffledIndices(NUM_TEST_ELEMENTS);

    // 分割图像与标签为训练集和测试集
    this.trainImages =
        this.datasetImages.slice(0, IMAGE_SIZE * NUM_TRAIN_ELEMENTS);
    this.testImages = this.datasetImages.slice(IMAGE_SIZE * NUM_TRAIN_ELEMENTS);
    this.trainLabels =
        this.datasetLabels.slice(0, NUM_CLASSES * NUM_TRAIN_ELEMENTS);
    this.testLabels =
        this.datasetLabels.slice(NUM_CLASSES * NUM_TRAIN_ELEMENTS);
  }

// 读取批处理训练数据
  nextTrainBatch(batchSize){
    return this.nextBatch(
        batchSize, [this.trainImages, this.trainLabels],()=> {
          this.shuffledTrainIndex =
              (this.shuffledTrainIndex + 1)% this.trainIndices.length;
          return this.trainIndices[this.shuffledTrainIndex];
        });
  }

// 读取批处理测试数据
  nextTestBatch(batchSize){
    return this.nextBatch(batchSize, [this.testImages, this.testLabels],()=> {
      this.shuffledTestIndex =
          (this.shuffledTestIndex + 1)% this.testIndices.length;
      return this.testIndices[this.shuffledTestIndex];
    });
  }

// 读取批处理数据
  nextBatch(batchSize, data, index){
    const batchImagesArray = new Float32Array(batchSize * IMAGE_SIZE);
    const batchLabelsArray = new Uint8Array(batchSize * NUM_CLASSES);

    for(let i = 0; i < batchSize; i++){
      const idx = index();
      const image =
          data[0].slice(idx * IMAGE_SIZE, idx * IMAGE_SIZE + IMAGE_SIZE);
      batchImagesArray.set(image, i * IMAGE_SIZE);
      const label =
          data[1].slice(idx * NUM_CLASSES, idx * NUM_CLASSES + NUM_CLASSES);
      batchLabelsArray.set(label, i * NUM_CLASSES);
```

```
    }

    const xs = tf.tensor2d(batchImagesArray, [batchSize, IMAGE_SIZE]);
    const labels = tf.tensor2d(batchLabelsArray, [batchSize, NUM_CLASSES]);

    return {xs, labels};
  }
}
```

（2）建立模型 model.js。

```
/**
 * @license
 * Copyright 2018 Google LLC. All Rights Reserved.
 * Licensed under the Apache License, Version 2.0(the "License");
 * you may not use this file except in compliance with the License.
 * You may obtain a copy of the License at
 *
 * http://www.apache.org/licenses/LICENSE-2.0
 *
 * Unless required by applicable law or agreed to in writing, software
 * distributed under the License is distributed on an "AS IS" BASIS,
 * WITHOUT WARRANTIES OR CONDITIONS OF ANY KIND, either express or implied.
 * See the License for the specific language governing permissions and
 * limitations under the License.
 * =============================================================================
 */

import * as tf from '@tensorflow/tfjs';
import {MnistData} from './data';

// Hyperparameters（超参数（模型参数））
const LEARNING_RATE = .1;
const BATCH_SIZE = 64;
const TRAIN_STEPS = 100;

// Data constants（数据常数）
const IMAGE_SIZE = 28;
const LABELS_SIZE = 10;
const optimizer = tf.train.sgd(LEARNING_RATE);

// Variables that we want to optimize（优化变量）
const conv1OutputDepth = 8;
const conv1Weights =
    tf.variable(tf.randomNormal([5, 5, 1, conv1OutputDepth], 0, 0.1));
const conv2InputDepth = conv1OutputDepth;
const conv2OutputDepth = 16;
const conv2Weights = tf.variable(
    tf.randomNormal([5, 5, conv2InputDepth, conv2OutputDepth], 0, 0.1));
const fullyConnectedWeights = tf.variable(tf.randomNormal(
    [7 * 7 * conv2OutputDepth, LABELS_SIZE], 0,
    1 / Math.sqrt(7 * 7 * conv2OutputDepth)));
const fullyConnectedBias = tf.variable(tf.zeros([LABELS_SIZE]));

// Loss function（损失函数）
// 链式操作，先求 Softmax 交叉熵，然后求其平均值
```

```
function loss(labels, ys){
  return tf.losses.softmaxCrossEntropy(labels, ys).mean();
}

// Our actual model（模型）
function model(inputXs){
  const xs = inputXs.as4D(-1, IMAGE_SIZE, IMAGE_SIZE, 1);
  const strides = 2;
  const pad = 0;

  // Conv 1（第1层卷积网）
  const layer1 = tf.tidy(()=> {
    return xs.conv2d(conv1Weights, 1, 'same')
        .relu()
        .maxPool([2, 2], strides, pad);
  });

  // Conv 2（第2层卷积网）
  const layer2 = tf.tidy(()=> {
    return layer1.conv2d(conv2Weights, 1, 'same')
        .relu()
        .maxPool([2, 2], strides, pad);
  });

  // Final layer（最后一层为全连接层 ）
  return layer2.as2D(-1, fullyConnectedWeights.shape[0])
      .matMul(fullyConnectedWeights)
      .add(fullyConnectedBias);
}

// Train the model（训练网络）
export async function train(data, log){
  const returnCost = true;

  for(let i = 0; i < TRAIN_STEPS; i++){
    const cost = optimizer.minimize(()=> {
      const batch = data.nextTrainBatch(BATCH_SIZE);
      return loss(batch.labels, model(batch.xs));
    }, returnCost);

    log(`loss[${i}]: ${cost.dataSync()}`);

    await tf.nextFrame();
  }
}

// Predict the digit number from a batch of input images. （预测函数）
export function predict(x){
  const pred = tf.tidy(()=> {
    const axis = 1;
    return model(x).argMax(axis);
  });
  return Array.from(pred.dataSync());
}
```

```
// Given a logits or label vector, return the class indices(求分类索引值)
export function classesFromLabel(y){
  const axis = 1;
  const pred = y.argMax(axis);
  return Array.from(pred.dataSync());
}
```

运行后的结果如图 9.12 所示。

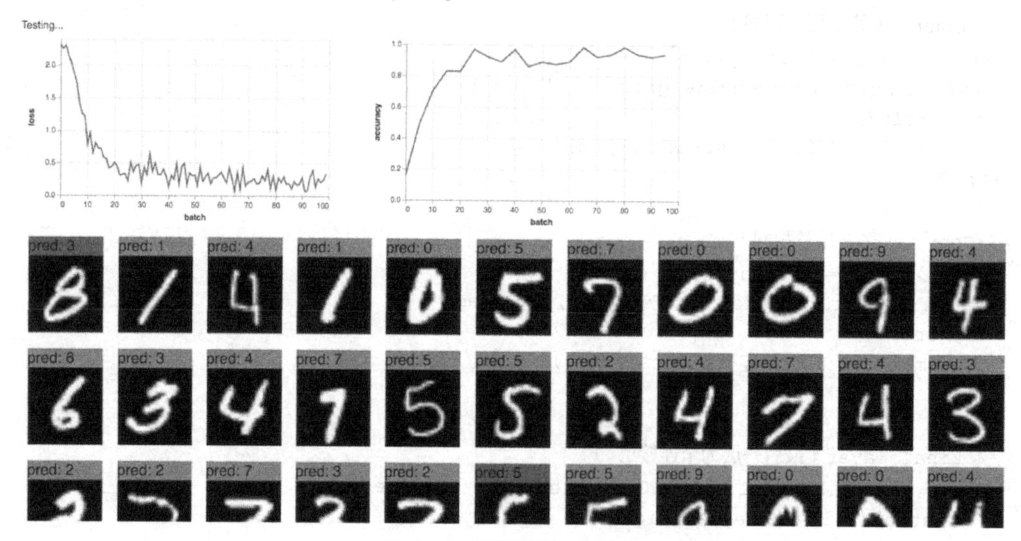

图 9.12 手写数字识别结果

习题

1. 详述 TensorFlow Lite 具有的特点。
2. 为什么需要 TensorFlow Lite?
3. 详述 Android 的 TensorFlow Lite 开发过程。
4. 详述 iOS 的 TensorFlow Lite 开发过程。
5. 详述 TensorFlow Lite 的文件格式，如何将计算机训练好的模型保存文件转化为 TensorFlow Lite 文件格式?
6. 什么是 TensorFlow Lite 解释器?
7. 什么是 TensorFlow.js?
8. 详述 TensorFlow.js JavaScript 库的 Script 标签引入。
9. 详述 TensorFlow.js JavaScript 库的 Node.js 引入。
10. 详述 tf.tidy()有何作用。
11. 详述 TensorFlow.js 数据拟合曲线的模型建立和训练过程。
12. 详述 TensorFlow.js 的卷积网络手写数字识别的模型建立和训练过程。

10 第10章 TensorFlow案例——医学应用

本章介绍了 TensorFlow 在医学领域的应用和平台工具。

DLTK 是 TensorFlow 用于生物医学图像的深度学习工具包，提供了避免用户重复编写 TensorFlow 中具有相同功能的模型等程序模块。

生物医学图像是由不同的仪器设备（如 CT 扫描仪、彩色超声仪、核磁共振仪等）对人体的特征进行测量得到的。这些图像具有多种成像模式和物理原理。具有医学知识和经验的领域专家（例如放射科医师）对这些图像进行解释并给出初步建议结论，对医生的诊断治疗决策具有很大影响。

生物医学图像通常是体积图像，具有 3 维数据，有时是 4 维数据（加上时间维度），甚至 5 维数据（多序列核磁共振图像），如图 10.1 所示。

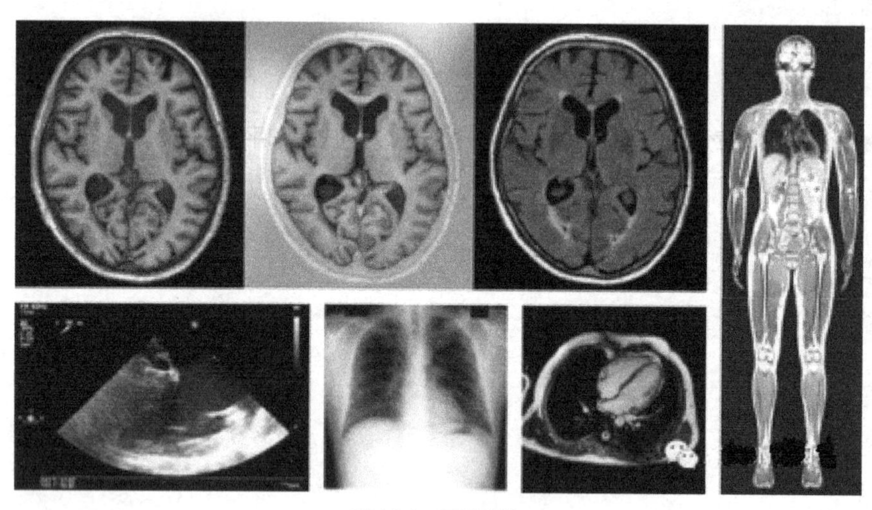

图 10.1 医学图像

图 10.1 中列出了一些医学图像的例子（从左上到右下）：多序列脑磁共振（Multi-Sequence Brain MRI）、T1 加权像（T1 Weighted Image，T1WI）、T1 反转恢复（T1 Inversion Recovery）和 T2 FLAIR 通道（T2 FLAIR Channels）、缝合全身核磁共振（Stitched whole-body MRI）、平面心脏超声（Planar Cardiac Ultrasound）、胸部 X 光片（Chest X-ray）、心脏电影磁共振成像（Cardiac Cine MRI）。

深度学习库提供了底层操作库（例如张量乘法等），但对医学图像还不能处理（如可区分的 3D 上采样层等）。由于图像的额外空间维度，如多序列脑磁共振多到 5 维，会导致内存不足的问题（例如，存储 1000 张尺寸为 325×512×256px 的 CT 图像的数据集的副本，需要 268GB 内存空间）。另外由于采集的性质不同，一些图像需要进行特殊的预处理（例如，灰度归一化、偏场校正、降噪、空间归一化或配准等）。DLTK 的目标是提供解决这些问题的模块，为专家提供成熟的医学图像领域的深度学习平台。

10.1 开源医学图像分析平台 DLTK 的安装运行

DLTK 的安装如下。

```
pip install tensorflow-gpu>=1.4.0
pip install dltk
```

或者用源码安装。

```
cd MY_WORKSPACE_DIRECTORY
git clone https://github.com/DLTK/DLTK.git
```

如果源码下载的是 zip 文件，解压后，执行以下命令。

```
cd DLTK
pip install -e
```

用源码安装时，可以用 import dltk 导入自己修改的代码。

下载数据到 data/IXI_HH 目录，并运行 python download_IXI_HH.py。

examples/tutorials 目录中有培训代码，examples/applications 中有应用代码，Dltk/networks 目录中有模型代码。

```
cd MY_WORKSPACE_DIRECTORY/DLTK
jupyter notebook --ip=* --port MY_PORT
```

10.2 开源医学图像分析平台 DLTK 的使用

1. 数据读取

医学成像供应商通常以 DICOM 标准格式生成图像，以 2 维切片的方式保存卷，用以重构 3 维立体图像，但 DLTK 使用的是最初为脑成像开发的 NifTI（或.nii）格式。这些格式保存的是重建图像容器并将其定位在物理空间中所必需的信息。.nii 格式包括存储有关如何重建图像信息的规格和大小（例如，使用 size 向量将卷分解为 3 维）、数据类型、3 维像素间距（也是 3 维像素的物理尺寸，通常以 mm 为单位）、物理坐标系原点和方位等。

读取.nii 图像可采用 SimpleITK，它允许导入额外的图像过滤器以进行预处理和执行其他任务。

```
import SimpleITK as sitk
import numpy as np
# T1 加权脑.nii 图像文件的目录
t1_fn = './brain_t1_0001.nii'
# 利用 SimpleITK 读入.nii 图像
sitk_t1 = sitk.ReadImage(t1_fn)
# 转换为 NumPy 数组
t1 = sitk.GetArrayFromImage(sitk_t1)
```

DLTK 提供了多种数据读入方法。具体选取何种方法取决于其性能方面的权衡，以及在训练期间可能成为瓶颈的因素。下面介绍 3 个数据读入方法。

（1）使用记忆和馈送词典

先从磁盘读取所有.nii 文件，并将所有训练样本存储在内存中。创建的网络图节点 tf.placeholder 将内存中保存的数据在训练期间通过 feed_dict 馈送到网络图节点 tf.placeholder。因为它避免了从磁盘连续读取数据，所以是最快且是最容易实现的方法。然而，这个方法需要将整个数据库中的样本数据（包括训练示例和验证示例）都保存在内存中，这对于大型图像数据库或大型图像文件是不可行的。

```
# 将所有数据读入内存
data = load_data(all_filenames, tf.estimator.ModeKeys.TRAIN, reader_params)
# 创建占位符 placeholder 变量、定义形状 shapes 的立体图像大小为[128, 224, 244]以及定义一个通道（灰度）
x = tf.placeholder(reader_example_dtypes['features']['x'],
                [None, 128, 224, 224, 1])
y = tf.placeholder(reader_example_dtypes['labels']['y'],
                [None, 1])
# 创建 tf.data.Dataset
```

```
dataset = tf.data.Dataset.from_tensor_slices((x, y))
dataset = dataset.repeat(None)
dataset = dataset.batch(batch_size)
dataset = dataset.prefetch(1)
# 创建遍历器
iterator = dataset.make_initializable_iterator()
nx = iterator.get_next()
with tf.train.MonitoredTrainingSession()as sess_dict:
    sess_dict.run(iterator.initializer,
              feed_dict={x: data['features'], y: data['labels']})
    for i in range(iterations):
        # 获得下一对特征与标签
        dict_batch_feat, dict_batch_lbl = sess_dict.run(nx)
```

（2）使用 TFRecords 数据库

一般来说，训练样本的数据库往往很大，无法一次完全装入到内存中。TFRecords 可直接快速地读写存储在磁盘中的训练样本，而不必先将样本数据存入内存，但是 TFRecords 需要存储整个训练数据库为另一个格式的副本，如果数据库很大（如几 TB），将造成硬盘空间不够的问题。

```
def _int64_feature(value):
    return tf.train.Feature(int64_list=tf.train.Int64List(value=[value]))

def _float_feature(value):
    return tf.train.Feature(float_list=tf.train.FloatList(value=value))

# 保存 TFRecords 文件的目录路径
train_filename = 'train.tfrecords'
# 打开写文件
writer = tf.python_io.TFRecordWriter(train_filename)
# 遍历所有.nii 文件
for meta_data in all_filenames:
    # 载入图像与标签
    img, label = load_img(meta_data, reader_params)
    # 创建特征
    feature = {'train/label': _int64_feature(label),
              'train/image': _float_feature(img.ravel())}
    # 创建示例 buffer
    example = tf.train.Example(features=tf.train.Features(feature=feature))
    # 串行化为字符串并写入文件
    writer.write(example.SerializeToString())
writer.close()
```

TFRecords 格式的数据库可以直接与 TensorFlow 连接，也可以直接集成到 tf.graph 的训练循环中。

```
def decode(serialized_example):
    # 解码 TFRecords 的示例
    # 需要指定正确的图像维度大小
    features = tf.parse_single_example(
        serialized_example,
        features={'train/image': tf.FixedLenFeature([128, 224, 224, 1], tf.float32),
                 'train/label': tf.FixedLenFeature([], tf.int64)})
    # NOTE: No need to cast these features, as they are already `tf.float32` values.
    return features['train/image'], features['train/label']
dataset = tf.data.TFRecordDataset(train_filename).map(decode)
dataset = dataset.repeat(None)
```

```
dataset = dataset.batch(batch_size)
dataset = dataset.prefetch(1)
iterator = dataset.make_initializable_iterator()
features, labels = iterator.get_next()
nx = iterator.get_next()
with tf.train.MonitoredTrainingSession()as sess_rec:
    sess_rec.run(iterator.initializer)
    for i in range(iterations):
        try:
            # 获得下一对特征与标签
            rec_batch_feat, rec_batch_lbl = sess_rec.run([features, labels])
        except tf.errors.OutOfRangeError:
            pass
```

（3）使用本地的 Python 生成器 yield

创建一个 read_fn()来直接加载图像数据，这种方法避免了创建图像数据库的其他副本，但是比 TFRecords 慢很多，这是因为生成器无法并行读取和映射函数。在函数中使用 yield，可以使函数变成生成器。函数如果要生成一个数组，就必须把数据存储在内存中，如果使用生成器，则在调用的时候才生成数据，可以节省内存。生成器方法被调用时，不会立即执行，需要调用 next()或者使用 for 循环来执行。可以把 yield 的功效理解为暂停和播放，在一个函数中，执行到 yield 语句的时候，程序将暂停，并返回 yield 后面表达式的值，在下一次调用的时候，会从 yield 语句暂停的地方继续执行，如此循环，直到函数执行完。除了 next()函数之外，还有 send()函数也能获得生成器的下一个 yield 后面表达式的值，不同的是 send()函数可以向生成器传参。

```
def read_fn(file_references, mode, params=None):
    # file_references 包含待读入数据的信息，例如文件目录路径；read_fn()遍历 file_references 读入数据
    for meta_data in file_references:
        # 解析 meta_data[0]为图像文件路径并赋值给 subject_id
        subject_id = meta_data[0]
        data_path = '../../data/IXI_HH/1mm'
        t1_fn = os.path.join(data_path, '{}/T1_1mm.nii.gz'.format(subject_id))
        # 利用 SimpleITK 读入 brain 立体.nii 图像并转换为 NumPy 数组
        sitk_t1 = sitk.ReadImage(t1_fn)
        t1 = sitk.GetArrayFromImage(sitk_t1)
        # 对图形利用标准误差将每单位均值归一化为 0
        t1 = whitening(t1)
        # 增加一维通道形成 4D 张量
        t1 = t1[..., np.newaxis]
        # 如果为 PREDICT 模式，不需要标签
        if mode == tf.estimator.ModeKeys.PREDICT:
            yield {'features': {'x': t1}}
        # 从 file_references 的 meta_data[1]解析 *sex* 标签，并将取值范围[1,2] 转换为 [0,1]
        sex = np.int32(meta_data[1])- 1
        y = sex
        # 当训练需要对图像块进行混合改进时
        if params['extract_examples']:
            images = extract_random_example_array(
                t1,
                example_size=params['example_size'],
                n_examples=params['n_examples'])
            # 在提取的图像块中循环获取图像特征等
            for e in range(params['n_examples']):
```

```
                yield {'features': {'x': images[e].astype(np.float32)},
                       'labels': {'y': y.astype(np.int32)}}
        # 当不需要对图像块进行混合改进时，例如进行评估时，返回全图像
        else:
            yield {'features': {'x': images},
                   'labels': {'y': y.astype(np.int32)}}
    return
```

以下代码使用 tf.data.Dataset.from_generator()对实例进行排队，利用 Python()的生成器机制，用生成器 f 函数（包含 read_fn）构造 dataset。

```
# 生成器函数
def f():
    fn = read_fn(file_references=all_filenames,
                 mode=tf.estimator.ModeKeys.TRAIN,
                 params=reader_params)
    ex = next(fn)
    # Yield the next image
    yield ex
# 生成器 IO 的时序示例
dataset = tf.data.Dataset.from_generator(
    f, reader_example_dtypes, reader_example_shapes)
dataset = dataset.repeat(None)
dataset = dataset.batch(batch_size)
dataset = dataset.prefetch(1)

iterator = dataset.make_initializable_iterator()
next_dict = iterator.get_next()
with tf.train.MonitoredTrainingSession()as sess_gen:
    # 初始化生成器
    sess_gen.run(iterator.initializer)
    with Timer('Generator'):
        for i in range(iterations):
            # 获取下一批图像
            gen_batch_feat, gen_batch_lbl = sess_gen.run([next_dict['features'], next_dict ['labels']])
```

2. 数据标准化

生物医学图像数据需要进行标准化预处理。标准化通常是为了消除数据中因获取方式引起的一些差异（例如，不同的主体姿势或图像对比度的差异等），从而获得真正的病理学引起的差异。下面介绍一些最常见的标准化方式。

3 维像素强度的标准化：定性图像采用零均值、单位方差标准化，定量成像测量物理量适用于裁剪或缩放，可采用离差标准化，如图 10.2 所示。

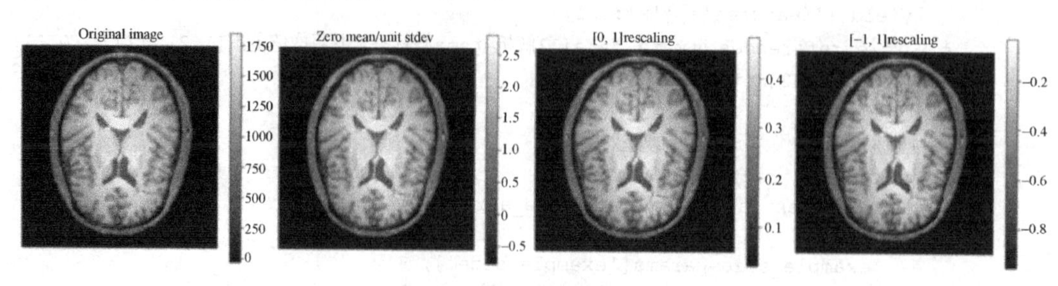

图 10.2　数据标准化方法示例

空间标准化：对图像数据进行标准化让数据具有各向同性分辨率，这样模型就不用再学习所有可能的方位了，从而大大减少了所需训练图像的数量，示例代码如下。

```
def resample_img(itk_image, out_spacing=[2.0, 2.0, 2.0], is_label=False):
    original_spacing = itk_image.GetSpacing()
    original_size = itk_image.GetSize()
    out_size = [
        int(np.round(original_size[0] *(original_spacing[0] / out_spacing[0]))),
        int(np.round(original_size[1] *(original_spacing[1] / out_spacing[1]))),
        int(np.round(original_size[2] *(original_spacing[2] / out_spacing[2])))]

    resample = sitk.ResampleImageFilter()
    resample.SetOutputSpacing(out_spacing)
    resample.SetSize(out_size)
    resample.SetOutputDirection(itk_image.GetDirection())
    resample.SetOutputOrigin(itk_image.GetOrigin())
    resample.SetTransform(sitk.Transform())
    resample.SetDefaultPixelValue(itk_image.GetPixelIDValue())

    if is_label:
        resample.SetInterpolator(sitk.sitkNearestNeighbor)
    else:
        resample.SetInterpolator(sitk.sitkBSpline)
    return resample.Execute(itk_image)

# Assume to have some sitk image(itk_image)and label(itk_label).
resampled_sitk_img = resample_img(itk_image, out_spacing=[2.0, 2.0, 2.0], is_label=False)
resampled_sitk_lbl = resample_img(itk_label, out_spacing=[2.0, 2.0, 2.0], is_label=True)
```

此外，可以使用医学图像配准包（Medical Image Registration ToolKit，MIRTK）将图像配准到相同的空间中，让图像之间的 3 维像素位置彼此相互重合。例如，将 T1 加权磁共振图像（T1-weighted MR Images）类型的所有图像配准到参考标准 MNI 305 图集中。

3. 数据增强

由于获取样本数据费时、费力和费钱，通常情况下所得样本的数据量有限，不可能涵盖全部所需的变化，例如软组织器官存在各种各样正常的形状、病变（如癌症）的形状及位置的变化。我们可以通过生成模拟数据来增加训练图像样本数量，这种方法称之为数据增强。数据增强分为强度增强和空间增强。强度增强一般包括向训练图像添加噪声图像、随机偏移图像或对比度图像。空间增强一般为添加在预期对称的方向上翻转图像张量（如在脑部扫描时左/右翻转）、随机变形（如模仿器官形状的差异）、沿轴的旋转（如用于模拟不同的超声视角）、对补丁进行随机裁剪和训练等数据，强度增强和空间增强技术如图 10.3 所示。

4. 类别数据平衡

在很多机器学习任务中，训练集中可能会存在某个或某些类别下的样本数远大于另一些类别下的样本数的现象，称之为类别不平衡。类别不平衡影响机器学习预期达到的效果。通常，图像级（例如疾病的分类）或 3 维像素级（即分割）标签不能以相同的比率获得，这就意味着网络在训练期间将不会得到每个分类相同数量的样本实例。由于大多数损失是整个批次的平均成本，因此网络将首先学会正确预测最常见的类。然而，训练期间的类别不平衡将对罕见现象（例如图像分割中的小病变）产生更大的影响，并且在很大程度上影响测试准确性。

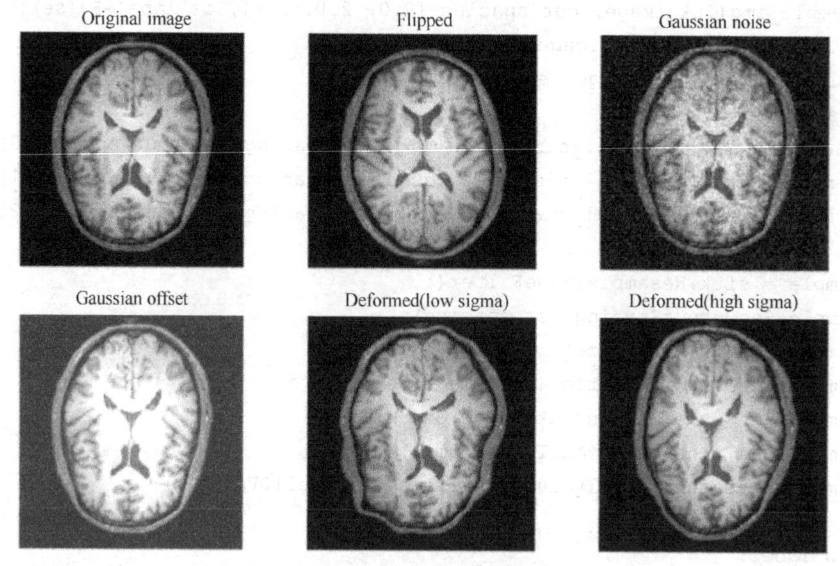

图 10.3　强度增强和空间增强技术

DLTK 使用调整采样和调整损失函数的方法解决数据类别不平衡问题。

调整采样方法包括以下 3 种。

（1）从每个类中抽取相等的量。

（2）对大类下的过度样本进行欠采样，即删除部分样本。

（3）对小类别的低频样本进行过采样，即添加部分样本的副本。

调整损失函数使用方法。

与经典的三维像素平均损失（例如分类交叉熵，L2 等）不同，DLTK 使用固有的平衡损失函数（例如 Smooth Dice Loss，平均所有类别的 Dice 系数），或者根据类别频率重新加权每个预测的损失（例如，Median-Frequency Re-weighted Cross-Entropy）。

10.3　开源医学图像分析平台 DLTK 案例

以下介绍一些示例应用程序。

DLTK 为以下所有示例提供数据下载和预处理脚本。对于大多数情况，DLTK 会使用 IXI 脑数据库。对于图像分割，DLTK 会使用 MRBrainS13 挑战数据库，需要先注册才能下载。

1. 多通道脑 MR 图像的图像分割

数据集采用 MRBrainS 13 挑战数据集（数据集较小），如图 10.4 所示。该图像分割应用程序学习预测多序列 MR 图像（T1 加权、T1 反转恢复和 T2 FLAIR）中的脑组织和脑白质病变。神经网络模型采用具有残差单元（residual units）的 3D U-Net 网络提取特征。该应用使用 TensorBoard 对每个标签显示其 Dice 系数的精度。

2. T1 加权脑 MR 图像的年龄回归和性别分类

T1 加权脑 MR 图像的回归和性别分类如图 10.5 所示。采用可扩展 3D ResNet 神经网络架构，从

IXI 数据库的 T1 加权脑 MR 图像中学习预测受试者的年龄（回归）和性别（分类）。回归和分类主要区别在于损失函数：回归网络将年龄预测为具有 L2 损失的连续变量（预测年龄与实际年龄之间的均方差），而分类网络（预测性别）使用分类交叉熵损失函数。

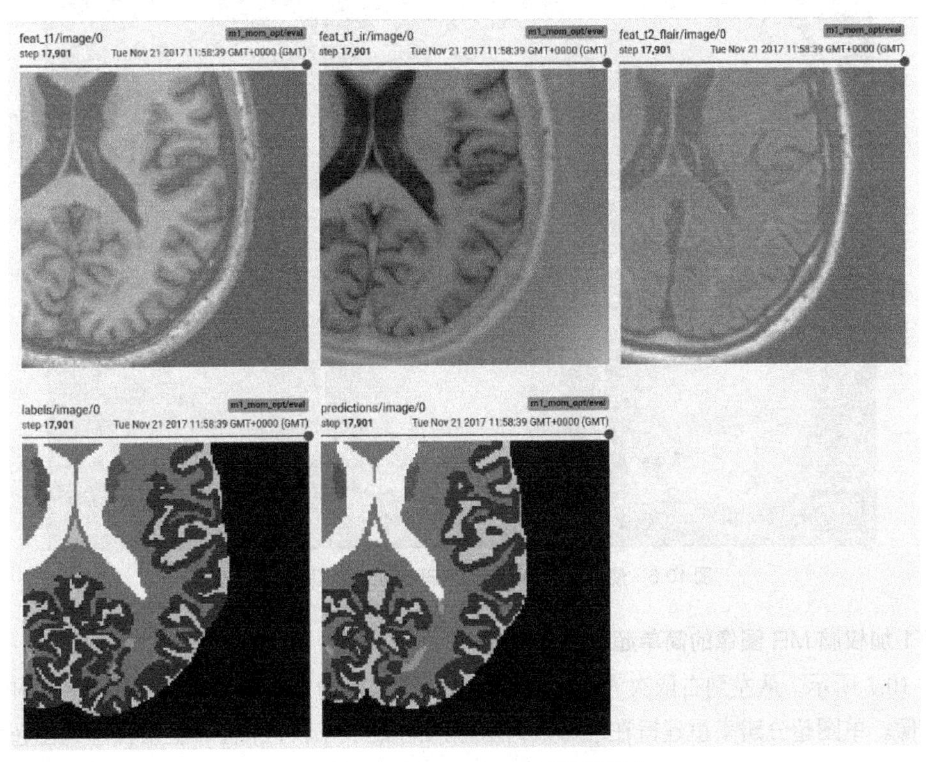

图 10.4　应用 MR BrainS13 挑战数据库

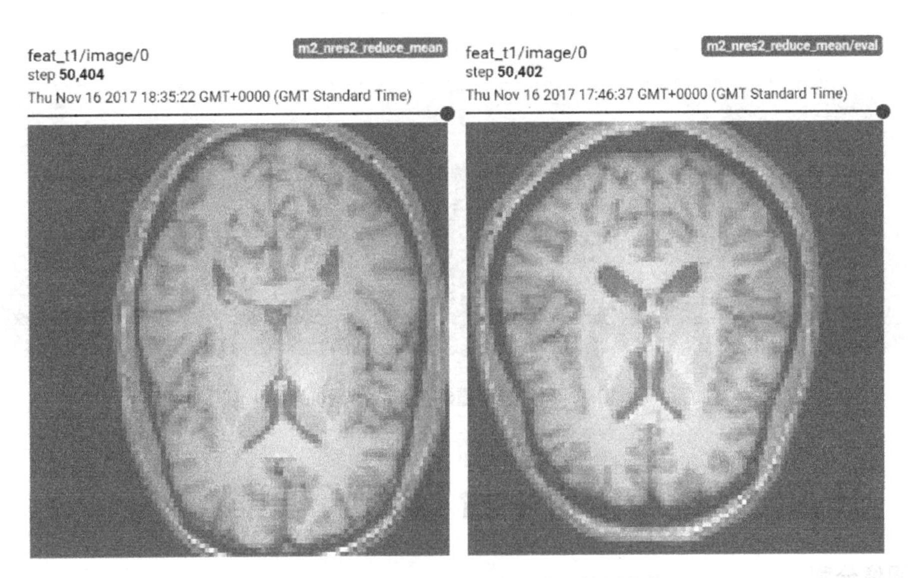

图 10.5　T1 加权脑 MR 图像的回归和性别分类

3. 3T 多通道脑 MR 图像的表示学习

使用深度卷积自动编码器架构时，会以序列 MR 图像作为输入，以重构图像作为输出。如图 10.6

所示，通过这种方法可将整个训练数据库的信息压缩到比较少的变量中，由于使用 L2 损失函数或深度卷积自动编码器网络较小可能难以正确编码详细信息导致重构图像非常平滑。

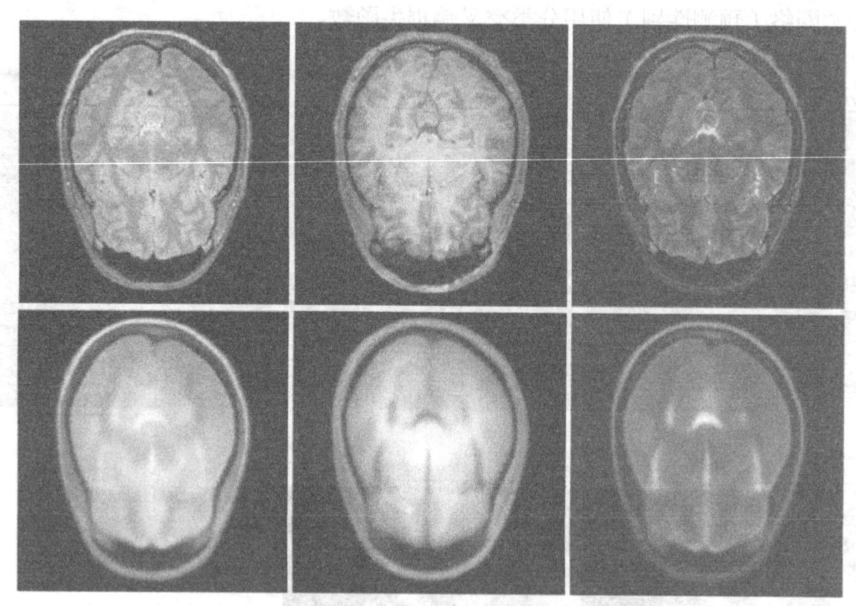

图 10.6　使用深度卷积自动编码器网络测试图像和重建

4. T1 加权脑 MR 图像的简单超分辨率重建

如图 10.7 所示，从左到右依次为原始目标图像、下采样输入图像、线性上采样图像和预测超清分辨率图像。单图超分辨率重建旨在学习如何从输入的低分辨率下采样、上采样重构出超清分辨率图像。

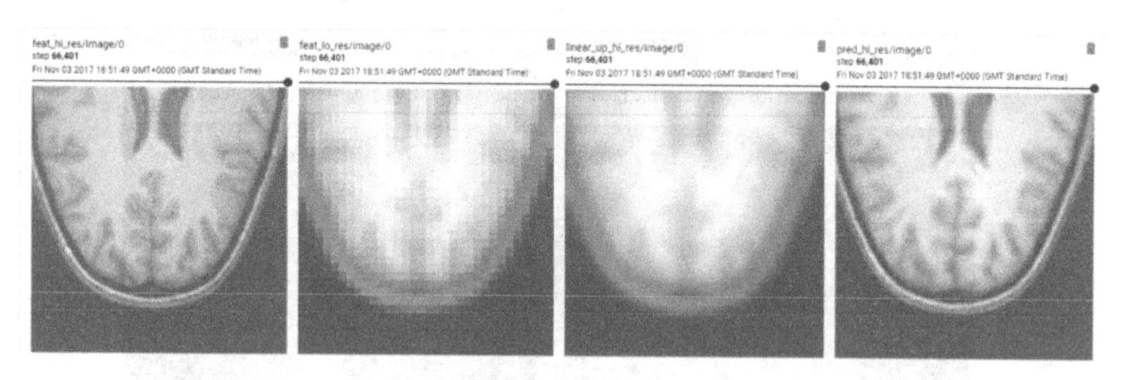

图 10.7　超分辨率重建（super-resolution）

10.4　开源医学图像分析平台 DLTK 模型

1. 图像分割

图像分割有以下几种方法。

（1）FCN

卷积神经网络能够对整个图片进行分类。乔纳森·龙（Jonathan Long）在 2015 年提出了 FCN（Fully

Convolutional Networks）方法可以进一步识别图片中特定部分的物体。

通常卷积神经网络在卷积层之后会连接上若干个全连接层，并将卷积层产生的特征图映射成一个固定长度的特征向量。经典卷积神经网络结构适合于图像级的分类和回归任务，因为它们最后得到的是整个输入图像的一个分类数值描述（概率）。例如 AlexNet 的 ImageNet 模型最后输出一个 1000 维的向量，该向量用来表示输入图像属于 1000 类中每一类的概率（Softmax 归一化）。然而，FCN 可以对图像进行像素级的分类，从而解决了语义级别的图像分割（Semantic Segmentation）问题。与经典的卷积神经网络在卷积层之后使用全连接层得到固定长度的特征向量进行分类（全连接层加上 Softmax 输出）不同，FCN 可以接受任意尺寸的输入图像，采用反卷积层对最后一个卷积层的特征图进行上采样，可使它恢复到与原始输入图像相同的尺寸，同时保留原始输入图像的空间信息；最后 FCN 在上采样的特征图上进行逐像素分类，就是通过逐个像素求其对应在 1000 张图像中的概率，并选择最大概率作为该像素的分类。简单地说，FCN 与卷积神经网络的区别在于把卷积神经网络最后的全连接层换成反卷积层，输出的是一张已经标记好的图片，如图 10.8 所示，右侧有狗和猫的图片。

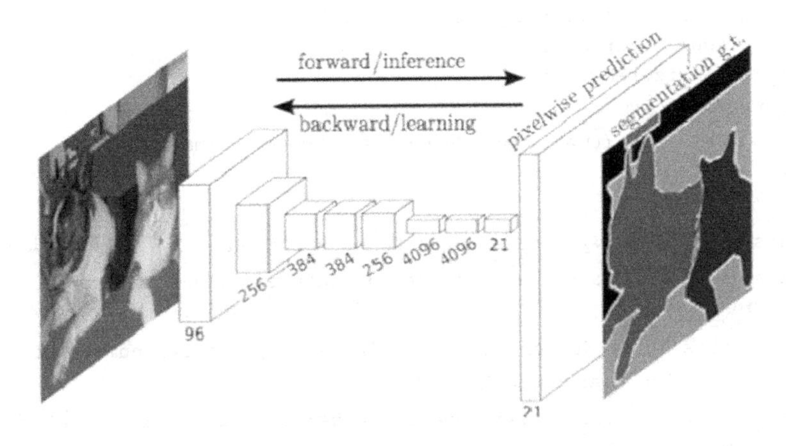

图 10.8　FCN 结构

以下代码定义了两个函数：upscore_layer_3d()和 residual_fcn_3d()。upscore_layer_3d()为 FCN 网络上采样，根据乔纳森·龙等人在 CVPR 2015 发表的论文 *Fully convolutional networks for semantic segmentation* 得以实现。residual_fcn_3d()为残差 FCN 网络，根据论文 *Fully convolutional networks for semantic segmentation* 以及在 ECCV 2016 发表的论文 *Identity Mappings in Deep Residual Networks* 得以实现。利用残差网络，可以将网络深度做到 1000 层以上。

代码中的 tf.layers.batch_normalization()是批处理标准化（Batch Normalization，BN）的实现（其他两个为 tf.nn.batch_normalization()和 tf.contrib.layers.batch_norm()）。批处理标准化是指将神经网络中的每个隐含层的输出在批数据范围内进行标准化。

批处理标准化计算公式如下：

$$y = \gamma \frac{x-\mu}{\sigma} + \beta$$

式中：x 是输入，y 是输出，μ 是均值，σ 是方差，γ 和 β 是缩放（scale）和偏移（offset）系数。其中 γ 和 β 是可选的可以学习的参数，μ 和 σ 在训练的时候使用的是批数据范围内的统计值，而在测试或预测的时候采用的是训练时计算出的滑动平均值（滑动平均值是从一个有 *n* 项的序列数据中计算出的多个连续 *m* 项序列的平均值）。

```
from __future__ import unicode_literals
from __future__ import print_function
from __future__ import division
from __future__ import absolute_import
import tensorflow as tf
from dltk.core.residual_unit import vanilla_residual_unit_3d
from dltk.core.upsample import linear_upsample_3d
#FCN 网络上采样，参数 inputs 为上采样特征输入，inputs2 为编码后的较高分辨率的特征输入
def upscore_layer_3d(inputs,
        inputs2,
        out_filters,
        in_filters=None,
        strides=(2, 2, 2),
        mode=tf.estimator.ModeKeys.EVAL,
        use_bias=False,
        kernel_initializer=tf.initializers.variance_scaling(distribution= 'uniform'),
        bias_initializer=tf.zeros_initializer(),
        kernel_regularizer=None,
        bias_regularizer=None):
    """Upscore layer according to [1].
    [1] J. Long et al. Fully convolutional networks for semantic segmentation.
    CVPR 2015.
    Args: 参数
        inputs(tf.Tensor): Input features to be upscored（上采样特征输入张量）
        inputs2(tf.Tensor): Higher resolution features from the encoder to add（编码后的
        较高分辨率的特征输入）
         out_filters(int): Number of output filters(typically, number of
            segmentation classes)（输出卷积核）
        in_filters(None, optional): None or number of input filters（输入卷积核）
        strides(tuple, optional): Upsampling factor for a strided transpose
            convolution（上采样膨胀因子）
        mode(TYPE, optional): One of the tf.estimator.ModeKeys strings: TRAIN,
            EVAL or PREDICT.（tf.estimator.ModeKeys 的 TRAIN、EVAL 或 PREDICT）
        use_bias(bool, optional): Boolean, whether the layer uses a bias（是否使用偏置项）
        kernel_initializer(TYPE, optional): An initializer for the convolution kernel
            （卷积核权值的初始值）
        bias_initializer(TYPE, optional): An initializer for the bias vector.
            If None, no bias will be applied（卷积核偏置的初始值，如果是 None，不使用偏置）
        kernel_regularizer(None, optional): Optional regularizer for the
            convolution kernel（卷积核权值归一化，如果是 None，不使用归一化）
        bias_regularizer(None, optional): Optional regularizer for the bias
            vector（卷积核偏置的归一化，如果是 None，不使用归一化）
    Returns:
        tf.Tensor: Upscore tensor（输出上采样张量）
    """
    conv_params = {'use_bias': use_bias,
                   'kernel_initializer': kernel_initializer,
                   'bias_initializer': bias_initializer,
                   'kernel_regularizer': kernel_regularizer,
```

```
                'bias_regularizer': bias_regularizer}
    # Compute an upsampling shape dynamically from the input tensor. Input
# filters are required to be static
# 输入张量必须为静态类型 static，上采样的张量形状自动计算得出
    if in_filters is None:
        in_filters = inputs.get_shape().as_list()[-1]
    assert len(inputs.get_shape().as_list())== 5, \
        'inputs are required to have a rank of 5.'
    assert len(inputs.get_shape().as_list())== len(inputs2.get_shape().as_list()), \
        'Ranks of input and input2 differ'
    # Account for differences in the number of input and output filters
    # 如果输入输出 filter 数目不同，则进行卷积
    if in_filters != out_filters:
        x = tf.layers.conv3d(inputs=inputs,
                             filters=out_filters,
                             kernel_size=(1, 1, 1),
                             strides=(1, 1, 1),
                             padding='same',
                             name='filter_conversion',
                             **conv_params)
    else:
        x = inputs
    # Upsample inputs（上采样输入，进行线性上采样）
    # linear_upsample_3d,（3D 线性上采样反卷积（transpose convolutions））
    # 采样核自动计算可避免信息丢失
    x = linear_upsample_3d(inputs=x, strides=strides)
    # Skip connection
    #（高清分辨率特征卷积）
    x2 = tf.layers.conv3d(inputs=inputs2,
                          filters=out_filters,
                          kernel_size=(1, 1, 1),
                          strides=(1, 1, 1),
                          padding='same',
                          **conv_params)
    # 批处理标准化
    x2 = tf.layers.batch_normalization(
        x2, training=mode == tf.estimator.ModeKeys.TRAIN)
    # Return the element-wise sum（将 x 和 x2 对应的各元素相加）
    return tf.add(x, x2)

# 残差 FCN 网络，下采样使用卷积网络、上采样使用转置卷积网络（反卷积网络）
def residual_fcn_3d(inputs,
        num_classes,
        num_res_units=1,
        filters=(16, 32, 64, 128),
        strides=((1, 1, 1),(2, 2, 2),(2, 2, 2),(2, 2, 2)),
        mode=tf.estimator.ModeKeys.EVAL,
        use_bias=False,
        activation=tf.nn.relu6,
        kernel_initializer=tf.initializers.variance_scaling(distribution= 'uniform'),
        bias_initializer=tf.zeros_initializer(),
        kernel_regularizer=None,
        bias_regularizer=None):
    """
```

```
    Image segmentation network based on an FCN architecture [1] using
    residual units [2] as feature extractors. Downsampling and upsampling
    of features is done via strided convolutions and transpose convolutions,
    respectively. On each resolution scale s are num_residual_units with
    filter size = filters[s]. strides[s] determine the downsampling factor
    at each resolution scale.
    [1] J. Long et al. Fully convolutional networks for semantic segmentation.
        CVPR 2015.
    [2] K. He et al. Identity Mappings in Deep Residual Networks. ECCV 2016.
    Args:
        inputs(tf.Tensor): Input feature tensor to the network(rank 5
            required)（输入张量）
        num_classes(int): Number of output classes（输出分类数）
        num_res_units(int, optional): Number of residual units at each
            resolution scale（每个分辨率使用的残差单元数，为可选项）
        filters(tuple, optional): Number of filters for all residual units at
            each resolution scale（每个分辨率所有残差单元核）
        strides(tuple, optional): Stride of the first unit on a resolution
            scale（每个分辨率第一单元卷积步长，后面的自动计算）
        mode(TYPE, optional): One of the tf.estimator.ModeKeys strings:
            TRAIN, EVAL or PREDICT
tf.estimator.ModeKeys 的 TRAIN、EVAL 或 PREDICT
        use_bias(bool, optional): Boolean, whether the layer uses a bias
                            （是否使用偏置项）
        activation(optional): A function to use as activation function（激活函数名称）
        kernel_initializer(TYPE, optional): An initializer for the convolution
            kernel（卷积核权值的初始值）
        bias_initializer(TYPE, optional): An initializer for the bias vector.
            If None, no bias will be applied（卷积核偏置的初始值，如果为 None，不使用偏置）
        kernel_regularizer(None, optional): Optional regularizer for the
            convolution kernel（卷积核权值归一化，如果为 None，不使用归一化）
        bias_regularizer(None, optional): Optional regularizer for the bias
            vector（卷积核偏置的归一化，如果为 None，不使用归一化）
    Returns:
        dict: dictionary of output tensors（输出元素为张量类型的字典）
    """
    outputs = {}
    assert len(strides)== len(filters)
    assert len(inputs.get_shape().as_list())== 5, \
        'inputs are required to have a rank of 5.'
    conv_params = {'use_bias': use_bias,
                   'kernel_initializer': kernel_initializer,
                   'bias_initializer': bias_initializer,
                   'kernel_regularizer': kernel_regularizer,
                   'bias_regularizer': bias_regularizer}
    x = inputs
    # Inital convolution with filters[0]（先用 filters[0]进行卷积）
    x = tf.layers.conv3d(inputs=x,
                         filters=filters[0],
                         kernel_size=(3, 3, 3),
                         strides=strides[0],
                         padding='same',
                         **conv_params)
```

```
    tf.logging.info('Init conv tensor shape {}'.format(x.get_shape()))
    # Residual feature encoding blocks with num_res_units at different.
    # resolution scales res_scales.
    res_scales = [x]
    saved_strides = []
    for res_scale in range(1, len(filters)):
        # Features are downsampled via strided convolutions. These are defined
        # in `strides` and subsequently saved.
        # 特征图进行空洞卷积，在 strides 中保存结果
        with tf.variable_scope('unit_{}_0'.format(res_scale)):
         # vanilla_residual_unit_3d()（为 3D 残差单元，支持空洞卷积和自动处理输入和输出）
            x = vanilla_residual_unit_3d(
                inputs=x,
                out_filters=filters[res_scale],
                strides=strides[res_scale],
                activation=activation,
                mode=mode)
        saved_strides.append(strides[res_scale])
        for i in range(1, num_res_units):
            with tf.variable_scope('unit_{}_{}'.format(res_scale, i)):
                x = vanilla_residual_unit_3d(
                    inputs=x,
                    out_filters=filters[res_scale],
                    strides=(1, 1, 1),
                    activation=activation,
                    mode=mode)
        res_scales.append(x)
        tf.logging.info('Encoder at res_scale {} tensor shape: {}'.format(
            res_scale, x.get_shape()))
    # Upscore layers [2] reconstruct the predictions to higher resolution scales.
    # 上采样重建高分辨率预测图
    for res_scale in range(len(filters)- 2, -1, -1):
        with tf.variable_scope('upscore_{}'.format(res_scale)):
            x = upscore_layer_3d(
                inputs=x,
                inputs2=res_scales[res_scale],
                out_filters=num_classes,
                strides=saved_strides[res_scale],
                mode=mode,
                **conv_params)
        tf.logging.info('Decoder at res_scale {} tensor shape: {}'.format(
            res_scale, x.get_shape()))
    # Last convolution（最后的卷积层）
    with tf.variable_scope('last'):
        x = tf.layers.conv3d(inputs=x,
                             filters=num_classes,
                             kernel_size=(1, 1, 1),
                             strides=(1, 1, 1),
                             padding='same',
                             **conv_params)

    tf.logging.info('Output tensor shape {}'.format(x.get_shape()))
    # Define the outputs（定义输出，使用 Softmax()求出概率，用 tf.argmax()选择最大概率的值）
```

```
        outputs['logits'] = x
        with tf.variable_scope('pred'):
            y_prob = tf.nn.softmax(x)
            outputs['y_prob'] = y_prob
            y_ = tf.argmax(x, axis=-1)\
                if num_classes > 1 \
                else tf.cast(tf.greater_equal(x[..., 0], 0.5), tf.int32)
            outputs['y_'] = y_
        return outputs
```

（2）U-Net

U-Net 结构比较清晰，为一个 U 型，如图 10.9 所示。整个 U-Net 神经网络主要由两部分组成：收缩路径（Contracting Path）和扩展路径（Expanding Path）。收缩路径主要用来捕捉图片中的上下文信息（Context Information），而与之相对称的扩展路径则是为了对图片中所需要分割出来的部分进行精准定位（Localization）。和全卷积网络相比，结构上比较大的改动是在收缩路径上提取出来的高像素特征会在上采样过程中与新的特征图进行结合，以最大程度地保留前面采样（Downsampling）过程中一些重要的特征信息。还有一个比 FCN 好的地方在于 U-Net 为了能使网络更高效地运行，结构中没有全连接层，这样可以在很大程度上减少需要训练的参数。

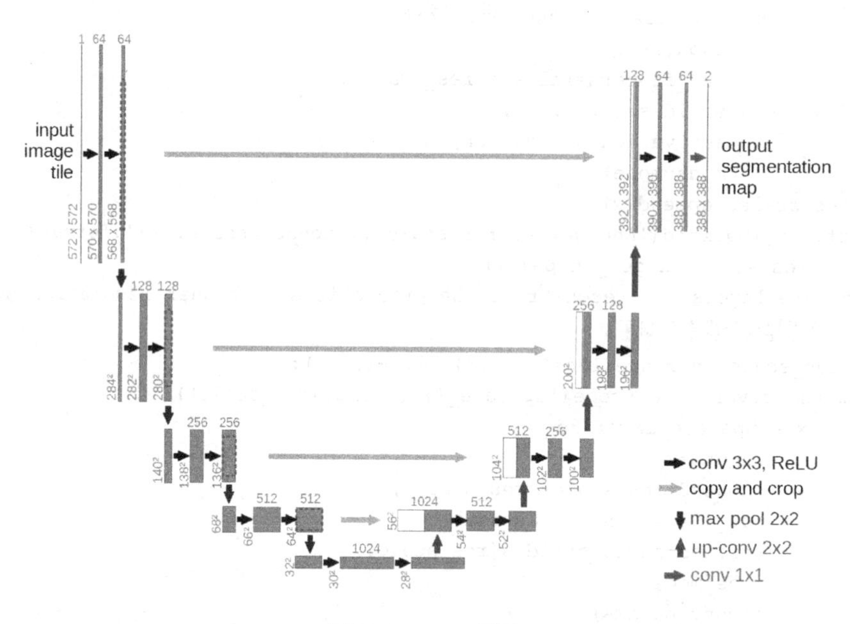

图 10.9　U-Net 模型

unet.py 代码包括 upsample_and_concat()、residual_unet_3d()和 asymmetric_residual_ unet_3d()函数。upsample_and_concat()函数为根据龙内贝格等人在 MICCAI 2015 发表的论文 *U-Net: Convolutional Networks for Biomedical Image Segmentation* 得以实现。

代码中的 tf.concat()是连接两个矩阵的操作。使用方式为 tf.concat(values, axis, name='concat')，其中参数 axis 必须是一个数，表明具体在几维上进行拼接，axis 为–1 时，表示在最后一维上拼接；values 是两个要拼接的张量。

```
def upsample_and_concat(inputs, inputs2, strides=(2, 2, 2)):
    """  inputs(TYPE)：被上采样的输入特征
        inputs2(TYPE)：编码器编码的较高分辨率特征，拼接
```

```
        strides(tuple, optional): 反卷积的可选上采样参数
    返回参数:
        上采样特征张量
    """
    assert len(inputs.get_shape().as_list())== 5, \
        'inputs are required to have a rank of 5.'
    assert len(inputs.get_shape().as_list())== len(inputs2.get_shape().as_list()), \
        'Ranks of input and input2 differ'
    # Upsample inputs。linear_upsample_3d()函数源码在核心模块，上采样
    inputs = linear_upsample_3d(inputs, strides)
    return tf.concat(axis=-1, values=[inputs2, inputs])
```

（3）DeepMedic

针对脑部损伤图像，传统的图像分割算法效果并不佳，在 2017 年提出的 DeepMedic 方法对脑部损伤图像分割进行了改进。DeepMedic 方法具有以下创新之处。

DeepMedic 采用的是全连接训练（Dense Training）的方法。全卷积操作一次对多个邻接的像素点做出全连接预测（Dense Prediction），可以节省 3 维计算代价，并能够处理医学图像分割问题中经常遇到的类别不均衡问题。

Multi-Scale 方法采用 dual 卷积神经网络平行构架同时处理高/低分辨率的图像。dual 卷积神经网络平行构架包括正常图像分辨率通道和低分辨率通道，保证在正常分辨率通道中能够提取出很好的细节信息（局部信息），在低分辨率通道中能够保持较好的全局信息（大范围信息）。因此能够获得精确的分割信息和准确的定位信息。

采用全连接条件随机场（3D Fully Connected Conditional Random Fields，3D FC-CRFs）进行空间正则化，可改善图像分割的边缘光滑度。

2. 卷积自编码器

卷积自编码器利用了传统自编码器的无监督学习方式，结合了卷积神经网络的卷积和池化操作，从而实现特征提取，最后通过堆叠实现一个深层的神经网络。

3. 深度卷积对抗生成网络

DCGAN（Deep Convolutional Generative Adversarial Networks，深度卷积对抗生成网络）是 GAN 的一种延伸，可将卷积网络引入到生成式模型做无监督的训练，并利用卷积网络强大的特征提取能力提高生成网络的学习效果。图 10.10 所示为 DCGAN 结构图。

DCGAN 有以下特点。

（1）在判别器模型中使用跨步卷积（Strided Convolutions）来替代空间池化 Pooling，而在生成器模型中使用跨步反卷积（Strided Transpose Convolutions）生成原始尺寸的图像。

（2）除了生成器模型的输出层和判别器模型的输入层，在网络的其他层上都使用了批处理标准化（Batch Normalization，BN）。使用批处理标准化可以稳定学习，有助于处理因初始化不良而导致的训练问题。

（3）删除了全连接层，直接使用卷积层连接生成器和判别器的输入层及输出层。

（4）在生成器的输出层使用 Tanh 激活函数，而在其他层使用 ReLU 激活函数，在判别器上使用 leaky ReLU 激活函数。

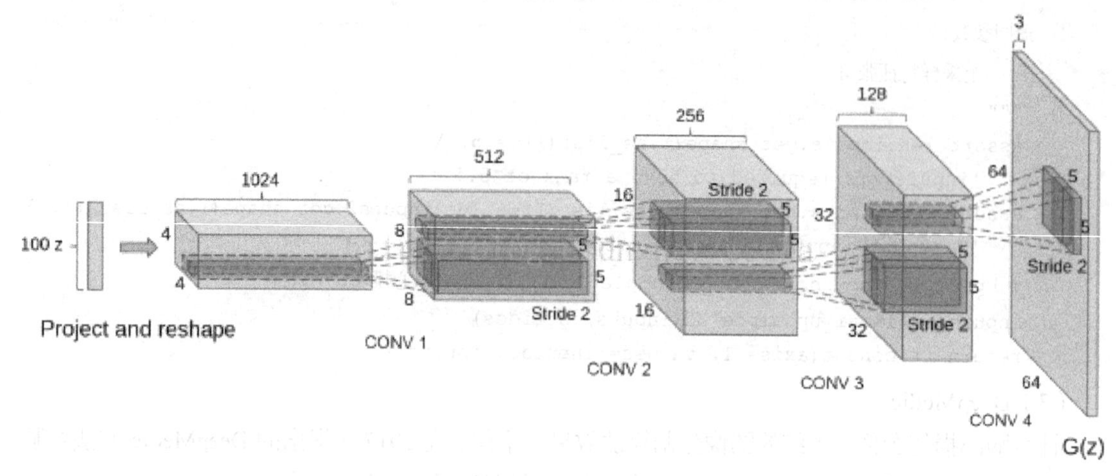

图 10.10 DCGAN 结构图

代码中包括生成器模型函数 dcgan_generator_3d()和判决器模型函数 dcgan_discriminator_3d()。

4. 深度残差网络（ResNet）

根据无限逼近定理（Universal Approximation Theorem）可知，只要有足够的节点，一个单层的前馈神经网络就足以表示任何函数。然而，这个层的节点可能会非常庞大，并且会导致过拟合的问题。因此，深度学习的方法是增加网络层数，让网络结构不断变深，例如，AlexNet 只有 5 个卷积层，而 VGG 有 19 个卷积层，GoogLeNet 有 22 个卷积层。

然而，由于梯度消失问题的存在，不能简单地通过叠加层的方式来增加网络的深度。梯度消失问题指的是当梯度在被反向传播到前面的层时，重复的相乘可能会使梯度变得无限小。因此，随着网络深度的不断增加，其性能会逐渐趋于饱和，甚至还会开始下降。

ResNet 的基本思想是引入能够跳过一层或多层的“直连（Shortcut Connection）”，图 10.11 所示为 ResNet 结构中的“直连”。ResNet 中提出了两种映射（Mapping）：一种是恒等映射（Identity Mapping），恒等映射的结果就是自身，也就是 x；另一种是残差映射（Residual Mapping），指的是 $y-x=F(x)$，即预测输出与真实输出的差，输出为 $y=F(x)+x$，这个简单的加法并不会给网络增加额外的参数和计算量，却能够大大地增加模型的训练速度，提高训练效果。并且当模型的层数加深时，这个简单的结构能够很好地解决梯度消失问题。

5. 超分辨率重建

超分辨率技术（Super-Resolution）是指通过观测到的低分辨率图像重建出相应的高分辨率图像，在视屏监控、卫星图像和医学影像等领域都有着重要的应用价值。超分辨率技术可分为从多张低分辨率图像重建出高分辨率图像和从单张低分辨率图像重建出高分辨率图像两种方法。基于深度学习的超分辨率技术，主要是基于单张低分辨率图像的重建方法，即 Single Image Super-Resolution（SISR）。对于一个低分辨率图像，可能存在许多不同的高分辨率图像与之对应。因此，单张低分辨率图像重建必须加一个先验信息进行规范化约束，传统的方法是从若干成对出现的低—高分辨率图像的实例中学到这个先验信息，而基于深度学习的超分辨率技术则是通过神经网络直接学习低分辨率图像到高分辨率图像的端到端的映射函数。

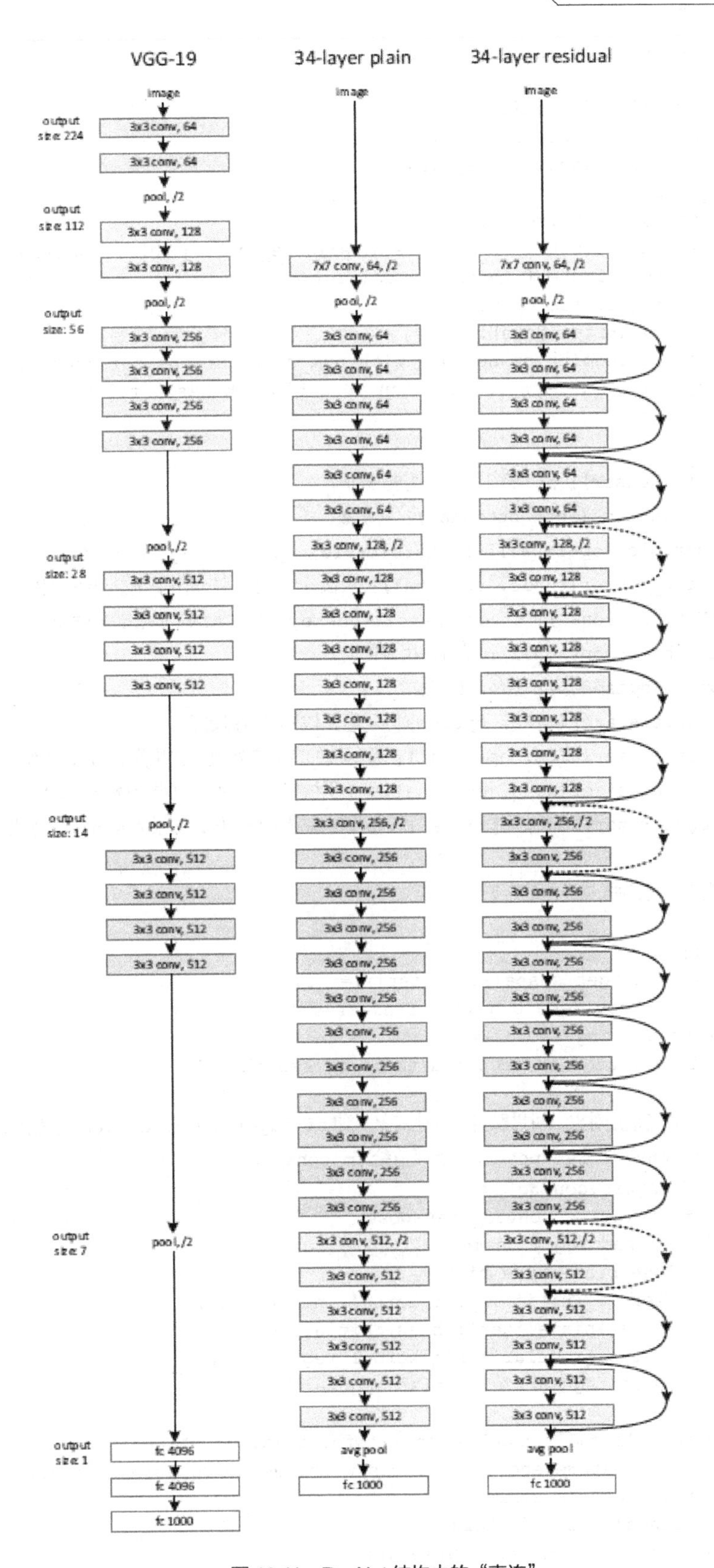

图 10.11　ResNet 结构中的“直连”

```
def simple_super_resolution_3d(inputs,
        num_convolutions=1,
        filters=(16, 32, 64),
        upsampling_factor=(2, 2, 2),
        mode=tf.estimator.ModeKeys.EVAL,
        use_bias=False,
        activation=tf.nn.relu6,
        kernel_initializer=tf.initializers.variance_scaling (distribution='uniform'),
        bias_initializer=tf.zeros_initializer(),
        kernel_regularizer=None,
        bias_regularizer=None):
    """Simple super resolution network with num_convolutions per feature
        extraction block. Each convolution in a block b has a filter size
        of filters[b].
    参数:
        inputs(tf.Tensor): 输入特征张量（需要 5 维）
        num_convolutions(int, optional): 卷积数
        filters(tuple, optional): filters(tuple, optional): 卷积核元组
        upsampling_factor(tuple, optional): 从低分别率到高分辨率图像的上采样因子（即扩展倍数）
        mode(TYPE, optional): tf.estimator.ModeKeys 的 TRAIN、EVAL 或 PREDICT
        use_bias(bool, optional): 是否使用偏置项
        activation(optional): 激活函数名称
        kernel_initializer(TYPE, optional): 卷积核权值的初始值
        bias_initializer(TYPE, optional): 卷积核偏置的初始值，如果为 None，不使用偏置
        kernel_regularizer(None, optional): 卷积核权值归一化，如果为 None，不使用归一化
        bias_regularizer(None, optional): 卷积核偏置的归一化，如果为 None，不使用归一化
    返回:
        dict: 输出元素为张量类型的字典
    """
    outputs = {}
    assert len(inputs.get_shape().as_list())== 5, \
        'inputs are required to have a rank of 5.'
    assert len(upsampling_factor)== 3, \
        'upsampling factor is required to be of length 3.'

    # Python 中函数名也是对象，可以赋值给其他对象。如 tf.layers.conv3d 函数名赋值给 conv_op,
    # tf.layers.conv3d_transpose 函数名赋值给 tp_conv_op
    conv_op = tf.layers.conv3d
    tp_conv_op = tf.layers.conv3d_transpose
    conv_params = {'padding': 'same',
                   'use_bias': use_bias,
                   'kernel_initializer': kernel_initializer,
                   'bias_initializer': bias_initializer,
                   'kernel_regularizer': kernel_regularizer,
                   'bias_regularizer': bias_regularizer}
    x = inputs
    tf.logging.info('Input tensor shape {}'.format(x.get_shape()))
    # Convolutional feature encoding blocks with num_convolutions at different
    # resolution scales res_scales
    for unit in range(0, len(filters)):
        for i in range(0, num_convolutions):
            with tf.variable_scope('enc_unit_{}_{}'.format(unit, i)):
                x = conv_op(inputs=x,
```

```
                         filters=filters[unit],
                         kernel_size=(3, 3, 3),
                         strides=(1, 1, 1),
                         **conv_params)
            x = tf.layers.batch_normalization(
                x, training=mode == tf.estimator.ModeKeys.TRAIN)
            #  activation()为激活函数，默认为tf.nn.relu6()
            x = activation(x)
            tf.logging.info('Encoder at unit_{}_{} tensor '
                            'shape: {}'.format(unit, i, x.get_shape()))

    # Upsampling上采样
    with tf.variable_scope('upsampling_unit'):

        # Adjust the strided tp conv kernel size to prevent losing information
        k_size = [u * 2 for u in upsampling_factor]
        x = tp_conv_op(inputs=x,
                       filters=inputs.get_shape().as_list()[-1],
                       kernel_size=k_size,
                       strides=upsampling_factor,
                       **conv_params)
    tf.logging.info('Output tensor shape: {}'.format(x.get_shape()))
    outputs['x_'] = x
    return outputs
```

习题

1. 详述开源医学图像处理平台 DLTK 的安装过程。
2. 详述 DLTK 数据读取方法。
3. 详述图像分割 FCN 模型。
4. 详述图像分割 U-Net 模型。
5. 详述图像分割 DeepMedic 模型。
6. 详述卷积自编码器。
7. 详述深度卷积对抗生成网络（DCGAN）。
8. 详述 ResNet 模型。
9. 详述超分辨率重建。
10. 从 Grand Challenge 网站上下载所有数据集，进行图像分析。
11. 写一篇关于 TensorFlow 在医学领域应用的文章。
12. 详述 Python 的函数名赋值机制及其好处。

第11章 Seq2Seq+attention 模型及其应用案例

本章介绍了 Seq2Seq+attention 模型及其在自动生成摘要和聊天机器人中的应用。

11.1 Seq2Seq 和 attention 模型

Seq2Seq 于 2013～2014 年被多位学者共同提出，其在机器翻译任务中取得了非常显著的效果，随后提出的 attention 模型更是获得了广泛的应用。除了应用在机器翻译任务中，Seq2Seq 还在文本摘要生成、对话生成等任务中得到了广泛的应用。

Seq2Seq 模型有效地解决了基于输入序列预测未知输出序列的问题。该模型由两部分构成，分别是编码阶段的 Encoder 和解码阶段的 Decoder。在图 11.1 所示的 Seq2Seq 模型结构中，编码阶段的 RNN 每次输入一个字符映射到 Embedding 向量 $\boldsymbol{C}$，如依次输入 S、T、U 及终止标志，将输入序列编码成一个固定长度的向量 $\boldsymbol{C}$；之后解码阶段的 RNN 会逐一对字符进行解码，如预测为 $\boldsymbol{W}$，在训练阶段会强制地将前一步解码的输出作为下一步解码的输入，例如，$\boldsymbol{W}$ 会作为下一步预测 X 时的输入。

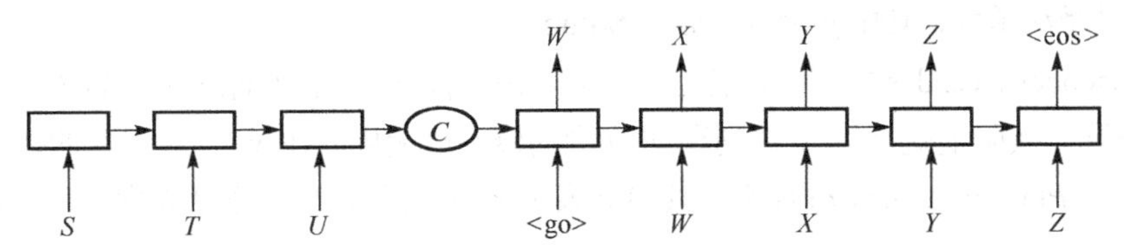

图 11.1　Seq2Seq 模型

Seq2Seq 模型主要是将输入序列用 RNN 模型（Encoder）编码为中间变量 C，再用 C 作为输入传递到另一个 RNN 模型（Decoder），最终输出另外一个序列。机器学习通过标签样本学习最优的参数，从而能输出满意的预测序列。

由于 Seq2Seq 模型中 Encoder 和 Decoder 都是 RNN 网络。为了建模序列问题，RNN 引入了隐状态 $\boldsymbol{h}$（Hidden State）的概念，隐状态 $\boldsymbol{h}$ 可以对序列形状的数据提取特征，接着再转换为输出。和一般的神经网络不同的是 RNN 的输出不仅和输入相关，也和前一序列的隐状态 $\boldsymbol{h}$ 相关。

如图 11.2 所示，隐状态 h_2 不仅和序列 x_2 相关，还与前一序列隐状态 h_1 相关。其中的 U 和 W 是权值，b 是偏置，f 是激励函数。需要注意的是，在计算隐状态序列时，每一序列使用的参数 U、W、b 都是一样的，也就是说每个步骤的参数都是共享的，这是 RNN 的重要特点。原始的 RNN 要求序列等长，然而我们遇到的大部分序列都是不等长的。如机器翻译中，源语言和目标语言的句子往往并没有相同的长度。为此，Encoder-Decoder 结构先将输入数据编码成一个编码向量 $\boldsymbol{c}$。

得到 $\boldsymbol{c}$ 有多种方式，最简单的方法就是把 Encoder 的最后一个隐状态赋值给 $\boldsymbol{c}$，还可以对最后的隐状态做一个变换得到 $\boldsymbol{c}$，也可以对所有的隐状态做变换，如图 11.3 所示。

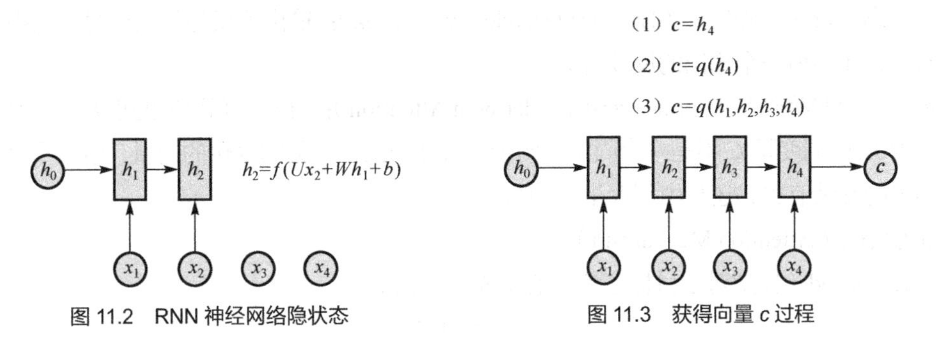

图 11.2　RNN 神经网络隐状态

图 11.3　获得向量 c 过程

当得到 c 之后，采用另一个 RNN 网络解码输出另一个序列，如图 11.4 所示。

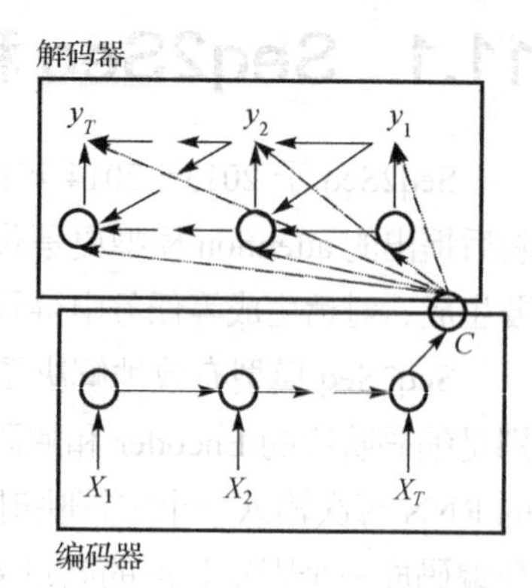

图 11.4　Seq2Seq Decoder

用函数表示 Encoder 过程很简单，直接使用 RNN（一般用 LSTM）进行语义向量生成：

$$h_t = f(x_t, h_{t-1}) \qquad c = \phi(h_1, \cdots, h_t)$$

其中 f 是非线性激活函数，h_{t-1} 是上一隐节点输出，x_t 是当前时刻的输入。向量 c 通常为 RNN 中的最后一个隐节点，或者是多个隐节点的加权和。

Decoder 过程使用另一个 RNN 通过当前隐状态 h_t 来预测当前的输出符号 y_t，这里的 h_t 和 y_t 都与其前一个隐状态和输出有关：

$$h_t = f(x_t, h_{t-1}, c) \qquad P(y_t \mid y_{t-1}, \cdots, y_1, c) = g(h_t, y_{t-1}, c)$$

f 和 g 都是激活函数，其中 g 函数一般是 Softmax。

而对于 Encoder-Decoder 模型，设有输入序列 $x_1,\cdots,x_T$，输出序列 $y_1,\cdots,y_T$，输入序列和输出序列的长度可能不同。实际上就是使 X 序列和 Y 序列的概率最大化。在 $x_1,\cdots,x_T$ 发生的情况下，$y_1,\cdots,y_T$ 发生的概率等于 $P(y_t \mid y_{t-1},\cdots,y_1,c)$ 连乘。其中 c 表示 $x_1,\cdots,x_T$ 对应的隐含状态向量，可以等同表示输入序列。即

$$P(y_1 \cdots y_T \mid x_1 \cdots x_T) = \prod_{t=1}^{T} P(y_t \mid x_1 \cdots x_T, y_1 \cdots y_{t-1}) = \prod_{t=1}^{T} P(y_t \mid y_{t-1}, \cdots, y_1, c)$$

在已知 $P(y_t \mid y_{t-1},\cdots,y_1,c) = g(h_t, y_{t-1}, c)$ 情况下，可以很容易地求出 $P(y_1 \cdots y_T \mid x_1 \cdots x_T)$。

所以要做的就是在整个训练样本下，让所有样本的 $p(y_1,\cdots,y_T|x_1,\cdots,x_T)$ 概率之和最大，对应的对数似然条件概率函数为

$$\max_{\theta} \frac{1}{N} \sum_{n=1}^{N} \log p_{\theta}(y_n \mid x_n)$$

其中每个 (x_n, y_n) 表示一对输入输出的序列，θ 为模型的参数。

Seq2Seq 模型有以下几种使用方式。

- 简单解码方式（Basic Encoder-Decoder）：输出仅与编码后得到的中间变量 C 有关，与前一个输出无关。
- 带输出回馈的解码方式（Encoder-Decoder with Feedback）：第一个输出与编码后得到的中间变量 C 有关，其他的输出项与前一个输出的反馈有关。
- 带编码向量的解码方式（Encoder-Decoder with Peek）：输出不仅与编码后得到的中间变量 C 有关，还与前一个输出的反馈有关。
- 带注意力的解码方式（Encoder-Decoder with Attention）：对输入和输出的重要性进行判断（注意力），中间变量 C 不是一个固定的向量，而是和位置相关的变化的向量。输出不仅与前一个输出的反馈有关，还与中间变量 C 有关。

注意力机制（Attention Mechanism）

Encoder-Decoder 模型对于目标序列 Y 的生成过程如下。

$$y_1 = f(c)$$

$$y_2 = f(\boldsymbol{c}, y_1)$$
$$y_3 = f(\boldsymbol{c}, y_1, y_2)$$
$$\cdots$$

其中 f 是 Decoder 的非线性变换函数，由此可知，不论生成哪个序列单元，使用的编码向量都是 $\boldsymbol{c}$，而编码向量 $\boldsymbol{c}$ 由序列 X 的每个单元经过 Encoder 编码而成，也就意味着序列 X 中的单元对生成任意目标单词的影响力是相同的，但实际情况并不是这样。因此，attention 模型对输入序列 X 的不同单元分配不同的概率，如图 11.5 和图 11.6 所示。

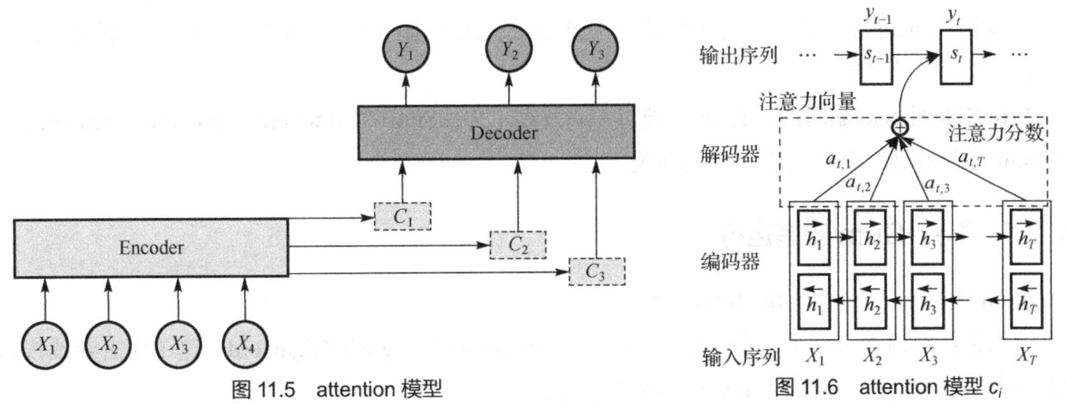

图 11.5　attention 模型　　图 11.6　attention 模型 c_i

在图 11.6 中，为了与编码器的隐状态符号区别开来，解码器隐状态符号记为 s。$P(y_t \mid y_{t-1},\cdots,y_1,\boldsymbol{c}) = g(s_t, y_{t-1}, c_t)$，$s_t = f(s_{t-1}, y_{t-1}, c_t)$，$c_t = \sum_{j=1}^{L_x} \alpha_{tj} h_j$，$\alpha_{tj} = \frac{e^{\beta_{tj}}}{\sum_{k=1}^{L_x} e^{\beta_{tk}}}$，重要性 $\beta_{tj} = a(s_{t-1}, h_j)$，这里 g、f、a 为函数。

与 t 时序解码输出有关的 c_t 为各个时序的编码器隐态 h_j 和重要性比例 a_{tj} 相乘的和。通过赋予不同的输入输出时序的重要性，就可影响输出结果。

例如，编码器和解码器都采用 RNN，并且 $\beta_{tj} = V_a^{\mathrm{T}} \tanh(W_a S_{t-1} + U_a h_j)$ 会影响输出结果。

11.2　TensorFlow 自动文本摘要生成

当前互联网上存在着大量的信息，人们获取有效的信息越来越困难。摘要可以帮助人们快速地定位想要深入了解的文章。人工摘要费时费力，因此通过机器学习生成摘要具有很大的社会经济意义。为了做好摘要，机器学习模型需要能够理解文档、提取重要信息，这些任务对于计算机来说是极具挑战的，尤其是在文档长度比较大的情况下更是如此。人工摘要和机器摘要的对比如图 11.7 所示。

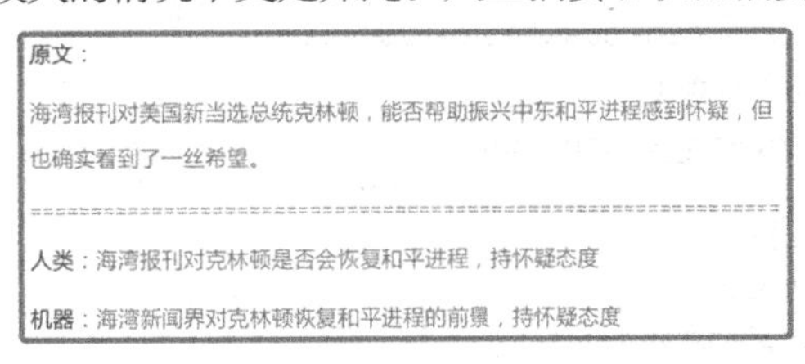
原文：

海湾报刊对美国新当选总统克林顿，能否帮助振兴中东和平进程感到怀疑，但也确实看到了一丝希望。

人类：海湾报刊对克林顿是否会恢复和平进程，持怀疑态度

机器：海湾新闻界对克林顿恢复和平进程的前景，持怀疑态度

图 11.7　人工摘要和机器摘要的对比

目前主流的文本摘要自动生成有两种方式，一种是抽取式（Extractive）摘要，另一种是生成式（Abstractive）摘要。

抽取式摘要顾名思义，就是按照一些度量标准（如逆文档频率）抽取部分内容，并将它们结合在一起形成摘要，即从原文中寻找跟中心思想最接近的一条或几条句子。抽取式摘要目前已经比较成熟，但是抽取质量及内容流畅度均差强人意。

而生成式摘要则是计算机通读原文后，在理解整篇文章意思的基础上，生成流畅的摘要。生成式文本摘要主要依靠 Seq2Seq 深度神经网络结构实现，其中 Encoder 和 Decoder 均由数层 RNN 或 LSTM 构成，Encoder 负责把原文编码为一个向量 C；Decoder 负责从这个向量 C 中提取信息，获取语义，并生成文本摘要。

2016 年 8 月，Google Brain Team 的彼得·刘发布了 TextSum（Text Summarization with TensorFlow）。TextSum 可以从文章中自动生成新闻标题。

11.2.1 TextSum 安装运行

从 GitHub 上下载整个 TextSum 项目。

数据集：项目本身用了一个很专业的语料库 Annotated English Gigaword，这个库需要授权费。如果没有语料库授权，可以用 toy dataset 来运行。

运行：需要先安装 TensorFlow 和 Bazel。

```
# cd to your workspace（转到您的工作区目录）
# 1. Clone the textsum code to your workspace 'textsum' directory.（从GitHub复制TextSum代码到TextSum目录或下载压缩文件，解压到TextSum目录）
# 2. Create an empty 'WORKSPACE' file in your workspace.（建空文件WORKSPACE）
# 3. Move the train/eval/test data to your workspace 'data' directory.（将train/eval/test目录中的数据转移到data目录）
#    In the following example, I named the data training-*, test-*, etc.
#    If your data files have different names, update the --data_path.
#    If you don't have data but want to try out the model, copy the toy
#    data from the textsum/data/data to the data/ directory in the workspace.
$ ls -R  # 显示目录内容
.:
data  textsum  WORKSPACE
./data:
vocab  test-0  training-0  training-1  validation-0 ...(omitted)
./textsum:
batch_reader.py  beam_search.py  BUILD   README.md  seq2seq_attention_model.py  data
data.py  seq2seq_attention_decode.py  seq2seq_attention.py  seq2seq_lib.py
./textsum/data:
data  vocab

$ bazel build -c opt --config=cuda textsum/...
# Run the training.（运行训练）
$ bazel-bin/textsum/seq2seq_attention
    --mode=train
    --article_key=article
    --abstract_key=abstract
    --data_path=data/training-*
    --vocab_path=data/vocab
```

```
    --log_root=textsum/log_root
    --train_dir=textsum/log_root/train

# Run the eval. Try to avoid running on the same machine as training.（运行评估）
$ bazel-bin/textsum/seq2seq_attention
    --mode=eval
    --article_key=article
    --abstract_key=abstract
    --data_path=data/validation-*
    --vocab_path=data/vocab
    --log_root=textsum/log_root
    --eval_dir=textsum/log_root/eval

# Run the decode. Run it when the model is mostly converged.（运行预测）
$ bazel-bin/textsum/seq2seq_attention
    --mode=decode
    --article_key=article
    --abstract_key=abstract
    --data_path=data/test-*
    --vocab_path=data/vocab
    --log_root=textsum/log_root
    --decode_dir=textsum/log_root/decode
    --beam_size=8
```

我们采用 Jupyter Notebook 来运行，需要对程序进行一些修改。将数据 data 文件重命名为 training-0、training-1、validation-0、validation-1、test-0 和 test-1 等分别用来运行训练、验证和摘要生成。将 seq2seq_attention.py 源文件中第 40 行的 headline 改为 abstract。将命令参数添加到 seq2seq_attention.py 的默认参数中。

11.2.2 TextSum 整体结构

总的来说，程序由以下 4 部分组成。

（1）处理输入数据或预处理。

（2）Seq2Seq+attention 模型。

（3）Decoder。

（4）使用 Beam Search 方法生成摘要。

代码共有 8 个源文件（见表 11.1）。

表 11.1 TextSum 文件列表

文　件	主要功能
seq2seq_attention.py	整个程序的主函数部分，执行整个调用逻辑，并定义了很多输入参数。负责 tf 中模型的构建和各种操作的定义
seq2seq_attention_decode.py	Seq2Seq 的 Decoder
seq2seq_attention_model.py	Seq2Seq 和 attention 模型的实现部分，整个程序或模型的核心
seq2seq_lib.py	Seq2Seq 模型相关的一些辅助性操作的函数
beam_search.py	Beam Search 方法生成摘要
batch_reader.py	读入批量数据
data.py	读入数据、词语与 ID 转换
data_convert_example.py	生成模型的一个例子

seq2seq_attention.py 代码及其分析。

为了适用于 Jupyter Notebook，这里修改了部分 seq2seq_attention.py 代码。在 seq2seq_attention.py 中，定义了平均损失函数 RunningAvgLoss()、训练函数_Train()、模型评估函数_Eval()、主程序过程 mainproc()及主程序入口 main()。

在平均损失函数 RunningAvgLoss()的代码中采用 running_avg_loss = running_avg_loss × decay + (1−decay) × loss 以及 running_avg_loss = min(running_avg_loss, 12)方法计算平均损失。计算使用了衰减系数 decay（默认值为 0.999），先计算单次训练的 loss 乘以 0.001 得到单次训练平均损失的贡献，加上原来已有的平均损失乘以 0.999 得到目前为止总的平均损失函数。如果总的平均损失函数大于 12，则取 12。

在训练函数_Train()中，使用了 tf.train.Supervisor()。tf.train.Supervisor()可以简化代码，具有以下的作用：自动去 CheckPoint 中加载数据或初始化数据，因此不需要手动初始化或者从 CheckPoint 中加载数据；自身有一个 Saver，可以用来保存 CheckPoint，因此不需要创建 Saver，直接使用 Supervisor 里的 Saver 即可；有一个 summary_computed 用来保存 Summary，因此不需要创建 summary_writer。但这里的代码并没有使用以上所有功能。

在模型评估函数_Eval()中使用了 tf.train.Saver.restore()，将保存的训练好的模型参数进行验证或测试。

在主程序过程 mainproc()中，可根据训练、评估、预测模式设置不同的配置参数。超参数的设置采用 seq2seq_attention_model.HParams()函数，seq2seq_attention_model.HParams()函数为 Seq2seq_attention_model.py 文件中的函数，seq2seq_attention 模型实例由 seq2seq_attention_model.Seq2SeqAttentionModel()产生。

主程序入口 main()提供了 3 个运行选择（训练、评估和预测），不过一次只能运行一种选择。

```
# ==============================================================================
"""
Trains a seq2seq model.
WORK IN PROGRESS.
Implement "Abstractive Text Summarization using Sequence-to-sequence RNNS and
Beyond."
"""
import sys
import time
import tensorflow as tf
import batch_reader
import data
import seq2seq_attention_decode
import seq2seq_attention_model
FLAGS = tf.app.flags.FLAGS
tf.app.flags.DEFINE_string('vocab_path',
                          'data/vocab', 'Path expression to text vocabulary file.')
tf.app.flags.DEFINE_string('article_key', 'article',
                           'tf.Example feature key for article.')
"""
headline 出错，改为 article
tf.app.flags.DEFINE_string('abstract_key', 'headline', 'tf.Example feature key for
abstract.')
"""
tf.app.flags.DEFINE_string('abstract_key', 'abstract',
```

```
                'tf.Example feature key for abstract.')
tf.app.flags.DEFINE_string('log_root', 'textsum/log_root', 'Directory for model root.')
tf.app.flags.DEFINE_string('train_dir', 'textsum/log_root/train', 'Directory for
train.')
tf.app.flags.DEFINE_string('eval_dir', 'textsum/log_root/eval', 'Directory for eval.')
tf.app.flags.DEFINE_string('decode_dir', 'textsum/log_root/decode', 'Directory for
decode summaries.')
tf.app.flags.DEFINE_string('mode', 'train', 'train/eval/decode mode')
"""
 tf.app.flags.DEFINE_integer('max_run_steps', 10000000,  'Maximum number of run steps.')
# 定义最大运行步骤为10000000，但很耗时间，可先从1000开始试验
"""
tf.app.flags.DEFINE_integer('max_run_steps', 1000,  'Maximum number of run steps.')
tf.app.flags.DEFINE_integer('max_article_sentences', 2, 'Max number of first sentences
to use from the article')
tf.app.flags.DEFINE_integer('max_abstract_sentences', 100,
                    'Max number of first sentences to use from the '
                    'abstract')
tf.app.flags.DEFINE_integer('beam_size', 4, 'beam size for beam search decoding.')
tf.app.flags.DEFINE_integer('eval_interval_secs', 60, 'How often to run eval.')
tf.app.flags.DEFINE_integer('checkpoint_secs', 60, 'How often to checkpoint.')
tf.app.flags.DEFINE_bool('use_bucketing', False, 'Whether bucket articles of similar
length.')
tf.app.flags.DEFINE_bool('truncate_input', False, 'Truncate inputs that are too long. If
False, ' 'examples that are too long are discarded.')
tf.app.flags.DEFINE_integer('num_gpus', 0, 'Number of gpus used.')
tf.app.flags.DEFINE_integer('random_seed', 111, 'A seed value for randomness.')
# 定义计算当前平均损失函数
def _RunningAvgLoss(loss, running_avg_loss, summary_writer, step, decay=0.999):
   """Calculate the running average of losses."""
   if running_avg_loss == 0:
      running_avg_loss = loss
   else:
      running_avg_loss = running_avg_loss * decay +(1 - decay)* loss
      running_avg_loss = min(running_avg_loss, 12)
   loss_sum = tf.Summary()
   loss_sum.value.add(tag='running_avg_loss', simple_value=running_avg_loss)
   summary_writer.add_summary(loss_sum, step)
   sys.stdout.write('running_avg_loss: %f\n' % running_avg_loss)
return running_avg_loss

 # 定义训练函数
def _Train(model, data_batcher):
   """Runs model training."""
   with tf.device('/cpu:0'):
      model.build_graph()
      saver = tf.train.Saver()
      # 在Supervisor模式下训练目录应与评估目录不同以避免冲突
      summary_writer = tf.summary.FileWriter(FLAGS.train_dir)
      sv = tf.train.Supervisor(logdir=FLAGS.log_root,
                  is_chief=True,
                  saver=saver,
                  summary_op=None,
                  save_summaries_secs=60,
                  save_model_secs=FLAGS.checkpoint_secs,
```

```
                global_step=model.global_step)
        sess = sv.prepare_or_wait_for_session(config=tf.ConfigProto(
         allow_soft_placement=True))
        running_avg_loss = 0
        step = 0
        while not sv.should_stop()and step < FLAGS.max_run_steps:
          (article_batch, abstract_batch, targets, article_lens, abstract_lens,
           loss_weights, _, _)= data_batcher.NextBatch()
          (_, summaries, loss, train_step)= model.run_train_step(
              sess, article_batch, abstract_batch, targets, article_lens,
              abstract_lens, loss_weights)
          summary_writer.add_summary(summaries, train_step)
          running_avg_loss = _RunningAvgLoss(
            running_avg_loss, loss, summary_writer, train_step)
          step += 1
          if step % 100 == 0:
            summary_writer.flush()
        sv.Stop()
        return running_avg_loss

# 定义模型评估函数
def _Eval(model, data_batcher, vocab=None):
    """Runs model eval."""
    model.build_graph()
    saver = tf.train.Saver()
    summary_writer = tf.summary.FileWriter(FLAGS.eval_dir)
    sess = tf.Session(config=tf.ConfigProto(allow_soft_placement=True))
    running_avg_loss = 0
    step = 0
    while True:
        time.sleep(FLAGS.eval_interval_secs)
        try:
            ckpt_state = tf.train.get_checkpoint_state(FLAGS.log_root)
        except tf.errors.OutOfRangeError as e:
            tf.logging.error('Cannot restore checkpoint: %s', e)
            continue
        if not(ckpt_state and ckpt_state.model_checkpoint_path):
            tf.logging.info('No model to eval yet at %s', FLAGS.train_dir)
            continue
        tf.logging.info('Loading checkpoint %s', ckpt_state.model_checkpoint_path)
        saver.restore(sess, ckpt_state.model_checkpoint_path)
      # 获取下一个批次数据，其中，"_"作为临时性的名称使用，目的是为了配合返回参数
      # 并不会在后面再次用到该名称
       (article_batch, abstract_batch, targets, article_lens, abstract_lens,
             loss_weights, _, _)= data_batcher.NextBatch()
       (summaries, loss, train_step)= model.run_eval_step(
             sess, article_batch, abstract_batch, targets, article_lens,
             abstract_lens, loss_weights)
        tf.logging.info(
              'article: %s',
              ' '.join(data.Ids2Words(article_batch[0][:].tolist(), vocab)))
        tf.logging.info('abstract: %s', ' '.join(data.Ids2Words(abstract_batch[0][:].
                        tolist(), vocab)))
        summary_writer.add_summary(summaries, train_step)
        running_avg_loss = _RunningAvgLoss(loss, running_avg_loss, summary_writer, train_step)
```

```
        if step % 100 == 0:
          summary_writer.flush()
# 定义主程序过程
def mainproc(mode):
    vocab = data.Vocab(FLAGS.vocab_path, 1000000)
    # Check for presence of required special tokens（检查必须的特殊符号是否存在）
    assert vocab.CheckVocab(data.PAD_TOKEN)> 0
    assert vocab.CheckVocab(data.UNKNOWN_TOKEN)>= 0
    assert vocab.CheckVocab(data.SENTENCE_START)> 0
    assert vocab.CheckVocab(data.SENTENCE_END)> 0
    # 根据不同的模式定义不同的数据目录路径
    if mode == 'train':
        tf.app.flags.DEFINE_string('data_path', 'data/training-*', 'Path expression to
                tf.Example.')
    if mode == 'eval':
        tf.app.flags.DEFINE_string('data_path',  'data/validation-*', 'Path expression
                to tf.Example.')
    batch_size = 4
    if mode == 'decode':
        batch_size = FLAGS.beam_size
        tf.app.flags.DEFINE_string('data_path',  'data/test-*', 'Path expression to
                tf.Example.')
    # 定义 Seq2Seq+attention 模型的超参数
    hps = seq2seq_attention_model.HParams(
        mode=mode,  # train, eval, decode
        min_lr=0.01,  # min learning rate（最小学习率）
        lr=0.15,  # learning rate（学习率）
        batch_size=batch_size,
        enc_layers=4,  # 编码层数
        enc_timesteps=120, # 编码词长度
        dec_timesteps=30,  # 解码词长度
        min_input_len=2,  # discard articles/summaries < than this（小于定义长度时抛弃）
        num_hidden=256,  # for RNN cell（RNN 网络隐含神经元个数）
        emb_dim=128,  # If 0, don't use embedding（词向量维数，如果为 0，不采用词向量）
        max_grad_norm=2,  #  修正梯度的 clip_norm
        num_softmax_samples=4096)
        # If 0, no sampled softmax（Softmax 层神经元个数。如果为 0，不使用 Softmax）

    # 获取输入数据切分后的批数据
    batcher = batch_reader.Batcher(
        FLAGS.data_path, vocab, hps, FLAGS.article_key,
        FLAGS.abstract_key, FLAGS.max_article_sentences,
        FLAGS.max_abstract_sentences, bucketing=FLAGS.use_bucketing,
        truncate_input=FLAGS.truncate_input)
    tf.set_random_seed(FLAGS.random_seed)
    # 根据训练、评估和解码不同的模式调用 Seq2SeqAttentionModel 类，并相应训练、评估和解码
    if hps.mode == 'train':
        model = seq2seq_attention_model.Seq2SeqAttentionModel(
            hps, vocab, num_gpus=FLAGS.num_gpus)
        _Train(model, batcher)
    elif hps.mode == 'eval':
        model = seq2seq_attention_model.Seq2SeqAttentionModel(
          hps, vocab, num_gpus=FLAGS.num_gpus)
```

```
        _Eval(model, batcher, vocab=vocab)
    elif hps.mode == 'decode':
        decode_mdl_hps = hps
        # Only need to restore the 1st step and reuse it since
        # we keep and feed in state for each step's output.
        decode_mdl_hps = hps._replace(dec_timesteps=1)
        model = seq2seq_attention_model.Seq2SeqAttentionModel(
            decode_mdl_hps, vocab, num_gpus=FLAGS.num_gpus)
        decoder = seq2seq_attention_decode.BSDecoder(model, batcher, hps, vocab)
        decoder.DecodeLoop()

# 定义主程序入口
def main(unused_argv):
   // 一次只能运行下列 3 种方法之一
    mainproc('train') // 去掉“#”运行训练
    #mainproc('eval') // 去掉“#”运行评估
    #mainproc('decode') // 去掉“#”运行预测

if __name__ == '__main__':
    tf.app.run()
```

因为在 Python 3 中 batch_reader.py 会出错，需要做如下修改。

找到以下代码。

```
return ex.features.feature[key].bytes_list.value[0]
```

改为以下代码。

```
return ex.features.feature[key].bytes_list.value[0].decode('utf-8')
```

batch_reader.py 包含 Batcher 类，_FillInputQueue()方法将输入数据装入 input 队列中，FillBucketInputQueue()方法将 input 队列数据取出一批到 BucketInput 队列中，NextBatch()方法返回批数据。

```
class Batcher(object):
  """Batch reader with shuffling and bucketing support（批数据读入，支持打乱和装桶）"""

  def __init__(self, data_path, vocab, hps,
               article_key, abstract_key, max_article_sentences,
               max_abstract_sentences, bucketing=True, truncate_input=False):
    """Batcher constructor（构造器）
    Args:（参数:）
      data_path: tf.Example filepattern（数据目录路径）
      vocab: Vocabulary（词汇表）
      hps: Seq2SeqAttention model hyperparameters（超参数）
      article_key: article feature key in tf.Example（文章特征关键字）
      abstract_key: abstract feature key in tf.Example（摘要特征关键字）
      max_article_sentences: Max number of sentences used from article（文章最多句数）
      max_abstract_sentences: Max number of sentences used from abstract（摘要最多句数）
      bucketing: Whether bucket articles of similar length into the same batch（是否相同
      长度文章组成桶）
      truncate_input: Whether to truncate input that is too long. Alternative is
        to discard such examples（是否截取长句，或抛弃）
    """
    self._data_path = data_path
```

```
    self._vocab = vocab
    self._hps = hps
    self._article_key = article_key
    self._abstract_key = abstract_key
    self._max_article_sentences = max_article_sentences
    self._max_abstract_sentences = max_abstract_sentences
    self._bucketing = bucketing
    self._truncate_input = truncate_input
    self._input_queue = Queue.Queue(QUEUE_NUM_BATCH * self._hps.batch_size)
    self._bucket_input_queue = Queue.Queue(QUEUE_NUM_BATCH)
    self._input_threads = []
    for _ in xrange(16):
      self._input_threads.append(Thread(target=self._FillInputQueue))
      self._input_threads[-1].daemon = True
      self._input_threads[-1].start()
    self._bucketing_threads = []
    for _ in xrange(4):
      self._bucketing_threads.append(Thread(target=self._FillBucketInputQueue))
      self._bucketing_threads[-1].daemon = True
      self._bucketing_threads[-1].start()

    self._watch_thread = Thread(target=self._WatchThreads)
    self._watch_thread.daemon = True
    self._watch_thread.start()

  # NextBatch()方法:
  def NextBatch(self):
    """Returns a batch of inputs for seq2seq attention model(返回一批输入数据)
    Returns:
      enc_batch: A batch of encoder inputs [batch_size, hps.enc_timestamps](返回一批编
      码输入数据)
      dec_batch: A batch of decoder inputs [batch_size, hps.dec_timestamps](一批解码输
      入数据)
      target_batch: A batch of targets [batch_size, hps.dec_timestamps](一批目标数据(人
      工标注数据))
      enc_input_len: encoder input lengths of the batch(编码输入数据长度)
      dec_input_len: decoder input lengths of the batch(解码输入数据长度)
      loss_weights: weights for loss function, 1 if not padded, 0 if padded.
      (损失函数权值 (1 为正常词汇、0 为填充字))
      origin_articles: original article words(原始文章单词)
      origin_abstracts: original abstract words(原始摘要单词)
    """
    enc_batch = np.zeros(
      (self._hps.batch_size, self._hps.enc_timesteps), dtype=np.int32)
    enc_input_lens = np.zeros(
      (self._hps.batch_size), dtype=np.int32)
    dec_batch = np.zeros(
      (self._hps.batch_size, self._hps.dec_timesteps), dtype=np.int32)
    dec_output_lens = np.zeros(
      (self._hps.batch_size), dtype=np.int32)
    target_batch = np.zeros(
      (self._hps.batch_size, self._hps.dec_timesteps), dtype=np.int32)
    loss_weights = np.zeros(
      (self._hps.batch_size, self._hps.dec_timesteps), dtype=np.float32)
```

```
    origin_articles = ['None'] * self._hps.batch_size
    origin_abstracts = ['None'] * self._hps.batch_size

    buckets = self._bucket_input_queue.get()
    for i in xrange(self._hps.batch_size):
     (enc_inputs, dec_inputs, targets, enc_input_len, dec_output_len,
      article, abstract)= buckets[i]

      origin_articles[i] = article
      origin_abstracts[i] = abstract
      enc_input_lens[i] = enc_input_len
      dec_output_lens[i] = dec_output_len
      enc_batch[i, :] = enc_inputs[:]
      dec_batch[i, :] = dec_inputs[:]
      target_batch[i, :] = targets[:]
      for j in xrange(dec_output_len):
        loss_weights[i][j] = 1
    return(enc_batch, dec_batch, target_batch, enc_input_lens, dec_output_lens,
           loss_weights, origin_articles, origin_abstracts)

  def _FillInputQueue(self):
    """Fill input queue with ModelInput（采用ModelInput函数填充输入队列）"""
    start_id = self._vocab.WordToId(data.SENTENCE_START)
    end_id = self._vocab.WordToId(data.SENTENCE_END)
    pad_id = self._vocab.WordToId(data.PAD_TOKEN)
    input_gen = self._TextGenerator(data.ExampleGen(self._data_path))
    while True:
     (article, abstract)= six.next(input_gen)
      article_sentences = [sent.strip()for sent in
                           data.ToSentences(article, include_token=False)]
      abstract_sentences = [sent.strip()for sent in
                            data.ToSentences(abstract, include_token=False)]

      enc_inputs = []
      # Use the <s> as the <GO> symbol for decoder inputs（采用<s>代替解码器输入开始符号<GO>）
      dec_inputs = [start_id]

      # Convert first N sentences to word IDs, stripping existing <s> and </s>（转换前N
        句到单词ID，并去除<s>）
      for i in xrange(min(self._max_article_sentences,
                          len(article_sentences))):
        enc_inputs += data.GetWordIds(article_sentences[i], self._vocab)
      for i in xrange(min(self._max_abstract_sentences,
                          len(abstract_sentences))):
        dec_inputs += data.GetWordIds(abstract_sentences[i], self._vocab)

      # Filter out too-short input（过滤，防止短句子输入）
      if(len(enc_inputs)< self._hps.min_input_len or
         len(dec_inputs)< self._hps.min_input_len):
        tf.logging.warning('Drop an example - too short.\nenc:%d\ndec:%d',
                           len(enc_inputs), len(dec_inputs))
        continue

      # If we're not truncating input, throw out too-long input（如果设置为不截断，输入太长时，则丢弃）
      if not self._truncate_input:
```

```
      if(len(enc_inputs)> self._hps.enc_timesteps or
          len(dec_inputs)> self._hps.dec_timesteps):
        tf.logging.warning('Drop an example - too long.\nenc:%d\ndec:%d',
                           len(enc_inputs), len(dec_inputs))
        continue
    # If we are truncating input, do so if necessary（如果设置为截断，则进行截断处理）
    else:
      if len(enc_inputs)> self._hps.enc_timesteps:
        enc_inputs = enc_inputs[:self._hps.enc_timesteps]
      if len(dec_inputs)> self._hps.dec_timesteps:
        dec_inputs = dec_inputs[:self._hps.dec_timesteps]

    # Targets is dec_inputs without <s> at beginning, plus </s> at end
    #（标记为解码输入，没有在开始加入<s>，则在结尾加入<s>）
    targets = dec_inputs[1:]
    targets.append(end_id)

    # Now len(enc_inputs)should be <= enc_timesteps（编码输入长度应该小于或等于编码时序长度）
    # len(targets)= len(dec_inputs)should be <= dec_timesteps（解码输入长度应该小于或等于
      解码时序长度）

    enc_input_len = len(enc_inputs)
    dec_output_len = len(targets)

    # Pad if necessary（如需要加填充符号）
    while len(enc_inputs)< self._hps.enc_timesteps:
      enc_inputs.append(pad_id)
    while len(dec_inputs)< self._hps.dec_timesteps:
      dec_inputs.append(end_id)
    while len(targets)< self._hps.dec_timesteps:
      targets.append(end_id)

    element = ModelInput(enc_inputs, dec_inputs, targets, enc_input_len,
                         dec_output_len, ' '.join(article_sentences),
                         ' '.join(abstract_sentences))
    self._input_queue.put(element)

def _FillBucketInputQueue(self):
  """Fill bucketed batches into the bucket_input_queue（将分桶批数据装入分桶输入数据队列）"""
  while True:
    inputs = []
    for _ in xrange(self._hps.batch_size * BUCKET_CACHE_BATCH):
      inputs.append(self._input_queue.get())
    if self._bucketing:
      inputs = sorted(inputs, key=lambda inp: inp.enc_len)

    batches = []
    for i in xrange(0, len(inputs), self._hps.batch_size):
      batches.append(inputs[i:i+self._hps.batch_size])
    shuffle(batches)
    for b in batches:
      self._bucket_input_queue.put(b)
```

data.py 代码及其分析如下。

Vocab 类中的__init__初始化读入文件的词汇，并从 0 开始按自然数顺序赋予 ID 值。当然，每个相同词汇仅有一个 ID。Vocab 类有两个词典类型的实例变量_word_to_id 和_id_to_word，通过这两个实例变量可以很方便地进行词汇与 ID 的变换。WordToId()方法将词汇转为 ID，IdToWord()方法将 ID 转为词汇；GetWordIds()方法将文章转换为 ID 列表；Ids2Words()方法将 ID 列表转换为文章。

```
class Vocab(object):
  """Vocabulary class for mapping words and ids（单词与 ID 对应）"""

  def __init__(self, vocab_file, max_size):
    self._word_to_id = {}
    self._id_to_word = {}
    self._count = 0
    with open(vocab_file, 'r')as vocab_f:
      for line in vocab_f:
        pieces = line.split()
        if len(pieces)!= 2:
          sys.stderr.write('Bad line: %s\n' % line)
          continue
        if pieces[0] in self._word_to_id:
          raise ValueError('Duplicated word: %s.' % pieces[0])
        self._word_to_id[pieces[0]] = self._count
        self._id_to_word[self._count] = pieces[0]
        self._count += 1
        if self._count > max_size:
          raise ValueError('Too many words: >%d.' % max_size)
  ....
  def WordToId(self, word):
    if word not in self._word_to_id:
      return self._word_to_id[UNKNOWN_TOKEN]
    return self._word_to_id[word]
  def IdToWord(self, word_id):
    if word_id not in self._id_to_word:
      raise ValueError('id not found in vocab: %d.' % word_id)
    return self._id_to_word[word_id]
  ....
def GetWordIds(text, vocab, pad_len=None, pad_id=None):
  """Get ids corresponding to words in text（在文本中获取对应单词的 ID）
  Assumes tokens separated by space（单词用空格分开）
  Args:
    text: a string
    vocab: TextVocabularyFile object
    pad_len: int, length to pad to
    pad_id: int, word id for pad symbol
  Returns:
    A list of ints representing word ids.
  """
  ids = []
  for w in text.split():
    i = vocab.WordToId(w)
    if i >= 0:
      ids.append(i)
    else:
      ids.append(vocab.WordToId(UNKNOWN_TOKEN))
  if pad_len is not None:
    return Pad(ids, pad_id, pad_len)
  return ids
```

```
def Ids2Words(ids_list, vocab):
  """Get words from ids (获取对应 ID 的单词)
  Args:
   ids_list: list of int32
   vocab: TextVocabulary object
  Returns:
   List of words corresponding to ids.
  """
  assert isinstance(ids_list, list), '%s  is not a list' % ids_list
  return [vocab.IdToWord(i)for i in ids_list]
```

seq2seq_attention_model.py 代码及其分析如下。

```
# ==============================================================================
"""Sequence-to-Sequence with attention model for text summarization."""
from collections import namedtuple
import numpy as np
import seq2seq_lib
from six.moves import xrange
import tensorflow as tf
# 定义超参数
# namedtuple 能够用来创建类似于元组的数据类型，除了能够用索引来访问数据和能够迭代，还能够通过属性名
# 来方便地访问数据
HParams = namedtuple('HParams',
                     'mode, min_lr, lr, batch_size, '
                     'enc_layers, enc_timesteps, dec_timesteps, '
                     'min_input_len, num_hidden, emb_dim, max_grad_norm, '
                     'num_softmax_samples')


#_extract_argmax_and_embed()方法可提取前一个符号并将其嵌入
def _extract_argmax_and_embed(embedding, output_projection=None,
                              update_embedding=True):
  """Get a loop_function that extracts the previous symbol and embeds it.
  Args:
    embedding: embedding tensor for symbols.
    output_projection: None or a pair(W, B). If provided, each fed previous
      output will first be multiplied by W and added B.
    update_embedding: Boolean; if False, the gradients will not propagate
      through the embeddings.
  Returns:
    A loop function.
  """

#loop_function()方法为_extract_argmax_and_embed()方法的内方法，返回前一个符号的 embed 值
  def loop_function(prev, _):
    """function that feed previous model output rather than ground truth."""
    if output_projection is not None:
    # tf.nn.xw_plus_b((x, weights)+ biases) 相当于 tf.matmul(x, weights)+ biases
      prev = tf.nn.xw_plus_b(
          prev, output_projection[0], output_projection[1])
    prev_symbol = tf.argmax(prev, 1)
    # Note that gradients will not propagate through the second parameter of
    # embedding_lookup.
    emb_prev = tf.nn.embedding_lookup(embedding, prev_symbol)
    if not update_embedding:
```

```
      emb_prev = tf.stop_gradient(emb_prev)
    return emb_prev
  return loop_function

#Seq2SeqAttentionModel类，含有训练、评估、解码步骤方法
class Seq2SeqAttentionModel(object):
  """Wrapper for Tensorflow model graph for text sum vectors."""
  # 类初始化设置超参数等
  def __init__(self, hps, vocab, num_gpus=0):
    self._hps = hps
    self._vocab = vocab
    self._num_gpus = num_gpus
    self._cur_gpu = 0

  # 训练步骤方法：对定义的训练、评估摘要、损失进行计算，并返回训练、评估摘要、损失结果及步数
  def run_train_step(self, sess, article_batch, abstract_batch, targets,
                     article_lens, abstract_lens, loss_weights):
    to_return = [self._train_op, self._summaries, self._loss, self.global_step]
    return sess.run(to_return,
                    feed_dict={self._articles: article_batch,
                               self._abstracts: abstract_batch,
                               self._targets: targets,
                               self._article_lens: article_lens,
                               self._abstract_lens: abstract_lens,
                               self._loss_weights: loss_weights})

  # 评估步骤方法：对定义的评估摘要、损失进行计算，并返回评估摘要、损失结果及步数
  def run_eval_step(self, sess, article_batch, abstract_batch, targets,
                    article_lens, abstract_lens, loss_weights):
    to_return = [self._summaries, self._loss, self.global_step]
    return sess.run(to_return,
                    feed_dict={self._articles: article_batch,
                               self._abstracts: abstract_batch,
                               self._targets: targets,
                               self._article_lens: article_lens,
                               self._abstract_lens: abstract_lens,
                               self._loss_weights: loss_weights})

  # 解码步骤方法：对定义的解码输出操作进行计算并返回解码输出结果及步数
  def run_decode_step(self, sess, article_batch, abstract_batch, targets,
                      article_lens, abstract_lens, loss_weights):
    to_return = [self._outputs, self.global_step]
    return sess.run(to_return,
                    feed_dict={self._articles: article_batch,
                               self._abstracts: abstract_batch,
                               self._targets: targets,
                               self._article_lens: article_lens,
                               self._abstract_lens: abstract_lens,
                               self._loss_weights: loss_weights})

  def _next_device(self):
    """
    Round robin the gpu device(Reserve last gpu for expensive op).(采用Round robin方法
    分配GPU设备)
    """
```

```
    if self._num_gpus == 0:
      return ''
    dev = '/gpu:%d' % self._cur_gpu
    if self._num_gpus > 1:
      self._cur_gpu =(self._cur_gpu + 1)%(self._num_gpus-1)
    return dev

  def _get_gpu(self, gpu_id):
    if self._num_gpus <= 0 or gpu_id >= self._num_gpus:
      return ''
    return '/gpu:%d' % gpu_id

  # 定义所有的占位符
  def _add_placeholders(self):
    """Inputs to be fed to the graph（输入馈送到图节点）"""
    hps = self._hps
    self._articles = tf.placeholder(tf.int32,
                                    [hps.batch_size, hps.enc_timesteps],
                                    name='articles')
    self._abstracts = tf.placeholder(tf.int32,
                                     [hps.batch_size, hps.dec_timesteps],
                                     name='abstracts')
    self._targets = tf.placeholder(tf.int32,
                                   [hps.batch_size, hps.dec_timesteps],
                                   name='targets')
    self._article_lens = tf.placeholder(tf.int32, [hps.batch_size],
                                        name='article_lens')
    self._abstract_lens = tf.placeholder(tf.int32, [hps.batch_size],
                                         name='abstract_lens')
    self._loss_weights = tf.placeholder(tf.float32,
                                        [hps.batch_size, hps.dec_timesteps],
                                        name='loss_weights')
  # 建立 Seq2Seq 模型
  def _add_seq2seq(self):
    hps = self._hps
    vsize = self._vocab.NumIds()
    # tf.stack()是矩阵拼接函数，tf.unstack()则是矩阵分解函数，tf.transpose()是张量转置操作
    with tf.variable_scope('seq2seq'):
      encoder_inputs = tf.unstack(tf.transpose(self._articles))
      decoder_inputs = tf.unstack(tf.transpose(self._abstracts))
      targets = tf.unstack(tf.transpose(self._targets))
      loss_weights = tf.unstack(tf.transpose(self._loss_weights))
      article_lens = self._article_lens

      # Embedding shared by the input and outputs（将编码输入和解码输入转换为Embedding的索引变量）
      with tf.variable_scope('embedding'), tf.device('/cpu:0'):
        embedding = tf.get_variable(
            'embedding', [vsize, hps.emb_dim], dtype=tf.float32,
            initializer=tf.truncated_normal_initializer(stddev=1e-4))
        emb_encoder_inputs = [tf.nn.embedding_lookup(embedding, x)
                              for x in encoder_inputs]
        emb_decoder_inputs = [tf.nn.embedding_lookup(embedding, x)
                              for x in decoder_inputs]

      """
```

```
    每层建立双向 LSTM 模型，前向为 LSTM cell_fw，后向为 LSTM cell_bw。
    TensorFlow 中的变量一般是模型的参数。当模型复杂的时候共享变量会无比复杂。TensorFlow 提供了
    Variable Scope 这种独特的机制来共享变量。这个机制涉及以下三个主要函数。
    tf.get_variable(<name>, <shape>, <initializer>)：创建或返回给定名称的变量。
    tf.variable_scope(<scope_name>)：管理传给 get_variable()：的变量名称的作用域。
    tf.device()：用来指定模型运行的具体设备
    """
  for layer_i in xrange(hps.enc_layers):
    with tf.variable_scope('encoder%d'%layer_i), tf.device(
        self._next_device()):
      cell_fw = tf.contrib.rnn.LSTMCell(
          hps.num_hidden,
          initializer=tf.random_uniform_initializer(-0.1, 0.1, seed=123),
          state_is_tuple=False)
      cell_bw = tf.contrib.rnn.LSTMCell(
          hps.num_hidden,
          initializer=tf.random_uniform_initializer(-0.1, 0.1, seed=113),
          state_is_tuple=False)
     (emb_encoder_inputs, fw_state, _)= tf.contrib.rnn.static_bidirectional_rnn(
          cell_fw, cell_bw, emb_encoder_inputs, dtype=tf.float32,
          sequence_length=article_lens)
  encoder_outputs = emb_encoder_inputs

  with tf.variable_scope('output_projection'):
    w = tf.get_variable(
        'w', [hps.num_hidden, vsize], dtype=tf.float32,
        initializer=tf.truncated_normal_initializer(stddev=1e-4))
    w_t = tf.transpose(w)
    v = tf.get_variable(
        'v', [vsize], dtype=tf.float32,
        initializer=tf.truncated_normal_initializer(stddev=1e-4))

 # 建立 Decoder 模型
  with tf.variable_scope('decoder'), tf.device(self._next_device()):
    # When decoding, use model output from the previous step
    # for the next step.
    #（当解码时，将上一步的输出作为下一步的输入）
    loop_function = None
    if hps.mode == 'decode':
      loop_function = _extract_argmax_and_embed(
          embedding,(w, v), update_embedding=False)

    cell = tf.contrib.rnn.LSTMCell(
        hps.num_hidden,
        initializer=tf.random_uniform_initializer(-0.1, 0.1, seed=113),
        state_is_tuple=False)

    # 定义 attention_encoder()的输入参数
    encod er_outputs = [tf.reshape(x, [hps.batch_size, 1, 2*hps.num_hidden])
                        for x in encoder_outputs]
    self._enc_top_states = tf.concat(axis=1, values=encoder_outputs)
    self._dec_in_state = fw_state
    # During decoding, follow up _dec_in_state are fed from beam_search.
    # dec_out_state are stored by beam_search for next step feeding.
```

```
      initial_state_attention =(hps.mode == 'decode')
      # 调用 TensorFlow 的 attention_decoder()函数
      decoder_outputs, self._dec_out_state = tf.contrib.legacy_seq2seq.attention_decoder(
          emb_decoder_inputs, self._dec_in_state, self._enc_top_states,
          cell, num_heads=1, loop_function=loop_function,
          initial_state_attention=initial_state_attention)

    with tf.variable_scope('output'), tf.device(self._next_device()):
      model_outputs = []
      for i in xrange(len(decoder_outputs)):
        if i > 0:
          tf.get_variable_scope().reuse_variables()
        model_outputs.append(
            tf.nn.xw_plus_b(decoder_outputs[i], w, v))

    if hps.mode == 'decode':
      with tf.variable_scope('decode_output'), tf.device('/cpu:0'):
        best_outputs = [tf.argmax(x, 1)for x in model_outputs]
        tf.logging.info('best_outputs%s', best_outputs[0].get_shape())
        self._outputs = tf.concat(
            axis=1, values=[tf.reshape(x, [hps.batch_size, 1])for x in best_outputs])

        self._topk_log_probs, self._topk_ids = tf.nn.top_k(
            tf.log(tf.nn.softmax(model_outputs[-1])), hps.batch_size*2)

    with tf.variable_scope('loss'), tf.device(self._next_device()):
      def sampled_loss_func(inputs, labels):
        with tf.device('/cpu:0'):  # Try gpu.
          labels = tf.reshape(labels, [-1, 1])
          return tf.nn.sampled_softmax_loss(
              weights=w_t, biases=v, labels=labels, inputs=inputs,
              num_sampled=hps.num_softmax_samples, num_classes=vsize)

      if hps.num_softmax_samples != 0 and hps.mode == 'train':
        self._loss = seq2seq_lib.sampled_sequence_loss(
            decoder_outputs, targets, loss_weights, sampled_loss_func)
      else:
        self._loss = tf.contrib.legacy_seq2seq.sequence_loss(
            model_outputs, targets, loss_weights)
      tf.summary.scalar('loss', tf.minimum(12.0, self._loss))

# 设置训练操作：包括超参数、学习率、优化器等，同时还定义了训练操作 self._train_op
def _add_train_op(self):
  """Sets self._train_op, op to run for training."""
  hps = self._hps
  self._lr_rate = tf.maximum(
      hps.min_lr,  # min_lr_rate.
      tf.train.exponential_decay(hps.lr, self.global_step, 30000, 0.98))

"""
  tf.trainable_variables()返回的是需要训练的变量列表。tf.clip_by_global_norm()修正梯度值，
  用于控制梯度爆炸的问题。函数使用方式如下：
  tf.clip_by_global_norm(t_list, clip_norm, use_norm=None, name=None)。
  其中，t_list 是梯度张量，在前向传播与反向传播之后，我们会得到每个权值的梯度，这时不直接使用这些梯度
  进行权值更新，而是先求所有权值梯度的平方和 global_norm。t_list[i] 的更新公式如下：
```

```
    t_list[i] * clip_norm / max(global_norm, clip_norm)
    这样就保证了在一次迭代更新中，所有权值的梯度的平方和在一个设定范围内，这个范围就是 clip_gradient。
    以下代码用 tf.gradients()计算导数得到所有可训练变量的梯度。hps.max_grad_norm 为 clip_norm
  """
    tvars = tf.trainable_variables()
    with tf.device(self._get_gpu(self._num_gpus-1)):
      grads, global_norm = tf.clip_by_global_norm(tf.gradients(self._loss, tvars),
              hps.max_grad_norm)
    tf.summary.scalar('global_norm', global_norm)
    optimizer = tf.train.GradientDescentOptimizer(self._lr_rate) # 梯度下降优化器
    tf.summary.scalar('learning rate', self._lr_rate)
    # 将梯度应用于变量
    self._train_op = optimizer.apply_gradients(zip(grads, tvars), global_step=self.
              global_step, name='train_step')
 # encode_top_state 方法
  def encode_top_state(self, sess, enc_inputs, enc_len):
    """Return the top states from encoder for decoder.
    Args:
      sess: tensorflow session.
      enc_inputs: encoder inputs of shape [batch_size, enc_timesteps].
      enc_len: encoder input length of shape [batch_size]
    Returns:
      enc_top_states: The top level encoder states.
      dec_in_state: The decoder layer initial state.
    """
    results = sess.run([self._enc_top_states, self._dec_in_state],
                feed_dict={self._articles: enc_inputs,
                      self._article_lens: enc_len})
    return results[0], results[1][0]

  # encode_topk()方法
  def decode_topk(self, sess, latest_tokens, enc_top_states, dec_init_states):
    """Return the topK results and new decoder states."""
    feed = {
        self._enc_top_states: enc_top_states,
        self._dec_in_state:
            np.squeeze(np.array(dec_init_states)),
        self._abstracts:
            np.transpose(np.array([latest_tokens])),
        self._abstract_lens: np.ones([len(dec_init_states)], np.int32)}

    results = sess.run([self._topk_ids, self._topk_log_probs, self._dec_out_state],
            feed_dict=feed)
    ids, probs, states = results[0], results[1], results[2]
    new_states = [s for s in states]
    return ids, probs, new_states

  # 建立图
  def build_graph(self):
    self._add_placeholders()  # 设置所有占位符
    self._add_seq2seq()      # 设置 Seq2Seq 模型
    self.global_step = tf.Variable(0, name='global_step', trainable=False)
    if self._hps.mode == 'train':
```

```
    self._add_train_op()    # 执行训练操作
self._summaries = tf.summary.merge_all()
```

seq2seq_attention_decode.py 代码及其分析如下。

```
# ==============================================================================
"""Module for decoding（解码模块）"""
import os
import time
import beam_search
import data
from six.moves import xrange
import tensorflow as tf

FLAGS = tf.app.flags.FLAGS
tf.app.flags.DEFINE_integer('max_decode_steps', 1000000,  'Number of decoding steps.')
tf.app.flags.DEFINE_integer('decode_batches_per_ckpt', 8000,
                            'Number of batches to decode before restoring next '
                            'checkpoint')

DECODE_LOOP_DELAY_SECS = 60
DECODE_IO_FLUSH_INTERVAL = 100

# DecodeIO 类，将标签以及解码后输出写入 RKV 文件
class DecodeIO(object):
  """Writes the decoded and references to RKV files for Rouge score.
    See nlp/common/utils/internal/rkv_parser.py for detail about rkv file.
  """
  def __init__(self, outdir):
    self._cnt = 0
    self._outdir = outdir
    if not os.path.exists(self._outdir):
      os.mkdir(self._outdir)
    self._ref_file = None
    self._decode_file = None

  # Write()方法，将标签以及解码后输出写入 RKV 文件
  def Write(self, reference, decode):
    """Writes the reference and decoded outputs to RKV files.
    Args:
      reference: The human(correct)result.（标签，人工产生的结果）
      decode: The machine-generated result.（解码输出，机器生成的结果）
    """
    self._ref_file.write('output=%s\n' % reference)
    self._decode_file.write('output=%s\n' % decode)
    self._cnt += 1
    if self._cnt % DECODE_IO_FLUSH_INTERVAL == 0:
      self._ref_file.flush()
      self._decode_file.flush()

  # ResetFiles()方法，作用为重置输出文件，在 Write()方法执行之前必须执行 ResetFiles()方法
  def ResetFiles(self):
    """Resets the output files. Must be called once before Write()."""
    if self._ref_file: self._ref_file.close()
    if self._decode_file: self._decode_file.close()
    timestamp = int(time.time())
```

```
    self._ref_file = open(
        os.path.join(self._outdir, 'ref%d'%timestamp), 'w')
    self._decode_file = open(
        os.path.join(self._outdir, 'decode%d'%timestamp), 'w')

# BSDecoder类，Beam search解码
class BSDecoder(object):
  """Beam search decoder."""

  def __init__(self, model, batch_reader, hps, vocab):
    """Beam search decoding.（Beam search解码）
    Args:（参数）
      model: The seq2seq attentional model（Seq2Seq+attention模型）
      batch_reader: The batch data reader（批处理数据读入器）
      hps: Hyperparamters（超参数）
      vocab: Vocabulary（词汇）
    """
    self._model = model
    self._model.build_graph()
    self._batch_reader = batch_reader
    self._hps = hps
    self._vocab = vocab
    self._saver = tf.train.Saver()
self._decode_io = DecodeIO(FLAGS.decode_dir)

  # DecodeLoop()方法，循环执行_Decode()方法
  def DecodeLoop(self):
    """Decoding loop for long running process."""
    sess = tf.Session(config=tf.ConfigProto(allow_soft_placement=True))
    step = 0
    while step < FLAGS.max_decode_steps:
      time.sleep(DECODE_LOOP_DELAY_SECS)
      if not self._Decode(self._saver, sess):
        continue
      step += 1

  # _Decode()方法，恢复CheckPoint并对其解码
  def _Decode(self, saver, sess):
    """Restore a checkpoint and decode it.
    Args:
      saver: Tensorflow checkpoint saver（监测点保存器）
      sess: Tensorflow session（TensorFlow执行Session）
    Returns:
      If success, returns true, otherwise, false（成功返回True，否则返回False）
    """
    # CheckPoint文件保存了训练好的模型信息，通过它可以定位最新保存的模型
    ckpt_state = tf.train.get_checkpoint_state(FLAGS.log_root)
    if not(ckpt_state and ckpt_state.model_checkpoint_path):
      tf.logging.info('No model to decode yet at %s', FLAGS.log_root)
      return False
```

```
    tf.logging.info('checkpoint path %s', ckpt_state.model_checkpoint_path)
    ckpt_path = os.path.join(FLAGS.log_root, os.path.basename(ckpt_state.model_checkpoint_path))
    tf.logging.info('renamed checkpoint path %s', ckpt_path)
    saver.restore(sess, ckpt_path)

    self._decode_io.ResetFiles()
    for _ in xrange(FLAGS.decode_batches_per_ckpt):
     (article_batch, _, _, article_lens, _, _, origin_articles,
      origin_abstracts)= self._batch_reader.NextBatch()
     for i in xrange(self._hps.batch_size):
       bs = beam_search.BeamSearch(
           self._model, self._hps.batch_size,
           self._vocab.WordToId(data.SENTENCE_START),
           self._vocab.WordToId(data.SENTENCE_END),
           self._hps.dec_timesteps)

       article_batch_cp = article_batch.copy()
       article_batch_cp[:] = article_batch[i:i+1]
       article_lens_cp = article_lens.copy()
       article_lens_cp[:] = article_lens[i:i+1]
       best_beam = bs.BeamSearch(sess, article_batch_cp, article_lens_cp)[0]
       decode_output = [int(t)for t in best_beam.tokens[1:]]
       self._DecodeBatch(
           origin_articles[i], origin_abstracts[i], decode_output)
    return True

  # _DecodeBatch方法，将ID转换为词语并写结果
  def _DecodeBatch(self, article, abstract, output_ids):
    """Convert id to words and writing results.
    Args:
      article: The original article string（原文）
      abstract: The human(correct)abstract string（人工摘要）
      output_ids: The abstract word ids output by machine（机器生成的摘要）
"""
# data.Ids2Words将ID转换为词语并写结果
    decoded_output = ' '.join(data.Ids2Words(output_ids, self._vocab))
    end_p = decoded_output.find(data.SENTENCE_END, 0)
    if end_p != -1:
      decoded_output = decoded_output[:end_p]
    tf.logging.info('article:  %s', article)
    tf.logging.info('abstract: %s', abstract)
    tf.logging.info('decoded:  %s', decoded_output)
self._decode_io.Write(abstract, decoded_output.strip())
```

beam_search.py 代码及其分析如下。

Beam Search（集束搜索）是一种启发式图搜索算法，通常用在图的解空间比较大的情况下，为了减少搜索所占用的空间和时间，在每一步深度搜索的时候，仅保留设定个数质量较高的节点。这样既减少了空间消耗，又提高了时间效率，但缺点就是有可能存在潜在的最优采样被丢弃问题。Beam Search 主要用于机器翻译、语音识别、自动摘要等系统。这类系统虽然也是多分类系统，然而由于分类数等于词汇数，利用 Softmax 多分类方法处理时，会因为计算量过于巨大而变得在实际执行中不可行。Beam Search 选择最大概率的 K 个值，预测前值的概率，选择最大概率的 K 个前值，最后在 K ×K 个结果中选择最高概率的 K 个联合值。

```
# ==============================================================================
"""Beam search module.
Beam search takes the top K results from the model, predicts the K results for
each of the previous K result, getting K*K results. Pick the top K results from
K*K results, and start over again until certain number of results are fully
decoded.
"""
from six.moves import xrange
import tensorflow as tf

FLAGS = tf.flags.FLAGS
tf.flags.DEFINE_bool('normalize_by_length', True, 'Whether to normalize')
# Hypothesis 类
class Hypothesis(object):
  """Defines a hypothesis during beam search."""

  def __init__(self, tokens, log_prob, state):
    """Hypothesis constructor（构造器）
    Args:
      tokens: start tokens for decoding（解码的开始符号）
      log_prob: log prob of the start tokens, usually 1（开始符号概率对数值，一般为 1）
      state: decoder initial states（解码开始状态）
    """
    self.tokens = tokens
    self.log_prob = log_prob
    self.state = state

  # Extend 方法，扩展预测序列，将最近的结果加入到预测序列中
  def Extend(self, token, log_prob, new_state):
    """Extend the hypothesis with result from latest step.
    Args（参数）:
      token: latest token from decoding（解码的最近符号）
      log_prob: log prob of the latest decoded tokens（解码的最近符号的概率对数值）
      new_state: decoder output state. Fed to the decoder for next step（解码输出状态，反
      馈到下一步）
    Returns:（返回）
      New Hypothesis with the results from latest step（根据最近步骤的结果而得的新预测）
    """
    # 调用__init__方法，递归产生 Hypothesis 类对象
    return Hypothesis(self.tokens + [token], self.log_prob + log_prob,   new_state)

  @property
  def latest_token(self):
    return self.tokens[-1]

  def __str__(self):
    return('Hypothesis(log prob = %.4f, tokens = %s)' %(self.log_prob, self.tokens))

# BeamSearch 类
class BeamSearch(object):
  """Beam search（集束搜索）"""
  def __init__(self, model, beam_size, start_token, end_token, max_steps):
```

```
    """Creates BeamSearch object（创建集束搜索对象）
    Args:
      model: Seq2SeqAttentionModel（模型）
      beam_size: int（集束大小）
      start_token: int, id of the token to start decoding with（解码的开始符号）
      end_token: int, id of the token that completes an hypothesis（解码的结束符号）
      max_steps: int, upper limit on the size of the hypothesis（最大预测步数）
    """
    self._model = model
    self._beam_size = beam_size
    self._start_token = start_token
    self._end_token = end_token
  self._max_steps = max_steps

  # BeamSearch()方法，执行集束搜索，返回降序排序好的预测列表
  def BeamSearch(self, sess, enc_inputs, enc_seqlen):
    """Performs beam search for decoding.
    Args:
      sess: tf.Session, session
      enc_inputs: ndarray of shape(enc_length, 1), the document ids to encode
      enc_seqlen: ndarray of shape(1), the length of the sequnce
    Returns:
      hyps: list of Hypothesis, the best hypotheses found by beam search,
          ordered by score
    """
    # Run the encoder and extract the outputs and final state（运行编码器，并提取输出和最终
    状态）
    enc_top_states, dec_in_state = self._model.encode_top_state(sess, enc_inputs,
    enc_seqlen)
    # Replicate the initial states K times for the first step（在第一步复制初始状态 K 次
    （K 为集束大小））
    hyps = [Hypothesis([self._start_token], 0.0, dec_in_state)] * self._beam_size
    results = []
    steps = 0
    while steps < self._max_steps and len(results)< self._beam_size:
      latest_tokens = [h.latest_token for h in hyps]
      states = [h.state for h in hyps]
      topk_ids, topk_log_probs, new_states = self._model.decode_topk(sess, latest_tokens,
              enc_top_states, states)
      # Extend each hypothesis（扩展每个预测）
      all_hyps = []
      # The first step takes the best K results from first hyps（从第一步取最好的
        K 个预测结果）
      # steps take the best K results from K*K hyps（然后在 K×K 个预测结果中取最好的 K 个结果）
      num_beam_source = 1 if steps == 0 else len(hyps)
      for i in xrange(num_beam_source):
        h, ns = hyps[i], new_states[i]
        for j in xrange(self._beam_size*2):
          all_hyps.append(h.Extend(topk_ids[i, j], topk_log_probs[i, j], ns))

      # Filter and collect any hypotheses that have the end token（过滤并记录达到结束符号
      的预测）
```

```
        hyps = []
        for h in self._BestHyps(all_hyps):
          if h.latest_token == self._end_token:
            # Pull the hypothesis off the beam if the end token is reached（如达到结束符号，
              从集束中删除）
            results.append(h)
          else:
            # Otherwise continue to the extend the hypothesis（否则扩展预测）
            hyps.append(h)
          if len(hyps)== self._beam_size or len(results)== self._beam_size:
            break

        steps += 1

      if steps == self._max_steps:
        results.extend(hyps)

      return self._BestHyps(results)

    # 最大概率结果
    def _BestHyps(self, hyps):
      """Sort the hyps based on log probs and length（将符号按概率大小降序排列）
      Args:
        hyps: A list of hypothesis（预测列表）
      Returns:
        hyps: A list of sorted hypothesis in reverse log_prob order（按对数概率逆排序预测列表）
      """
      # This length normalization is only effective for the final results.
      if FLAGS.normalize_by_length:
        return sorted(hyps, key=lambda h: h.log_prob/len(h.tokens), reverse=True)
      else:
        return sorted(hyps, key=lambda h: h.log_prob, reverse=True)
```

11.3 聊天机器人

聊天机器人（Chatbot）是用来模拟人类对话或聊天的程序，可用于客户服务或资讯获取等。

聊天机器人的开发大致基于以下 3 种模型：基于规则的模型（Rule-based Model）、基于检索的模型（Retrieval-based Model）和生成式模型（Generative Model）。目前成熟的产品是基于规则的模型和基于检索的模型，但聊天机器人技术发展的方向是生成式模型。生成式模型是基于 Seq2Seq 深度学习的模型。下面介绍生成式模型的示例。

11.3.1 DeepQA

DeepQA 是一个 TensorFlow 实现的开源的基于 Seq2Seq 模型的聊天机器人，出自 Google 的一篇关于对话模型的论文 *A Neural Conversational Model*，训练的语料库包含电影台词的对话（Cornell 和扩展版本的 Cornell）、Scotus 对话库以及 Ubantu 对话等。这些数据都能在项目的 data 里找到。这里使用基础 RNN 中的 Seq2Seq 模型实现 Deep QA，主要针对的是比较短的对话。

1. 安装与运行

从 GitHub 中下载 DeepQA 项目文件。

DeepQA 运行需要以下条件。

- 使用 Python 3.5 或以上版本。
- 使用 TensorFlow v1.0 或以上版本。
- 需要安装 NumPy。
- CUDA 需要使用 GPU，因为 CPU 训练需要很长时间，所以不用 CPU。
- 需要安装 NLTK（Natural Language ToolKit for Tokenized the Sentences）。
- 需要安装 TQDM。

使用以下命令安装依赖程序与数据。

```
pip3 install tqdm
pip3 install nltk
python3 -m nltk.downloader punkt
```

运行分为以下两种方式。

（1）在 Chatbot 中运行。

训练：使用的命令行为 Python3 main.py。

测试：使用的命令行为 Python3 main.py --test 或 Python3 main.py --test interactive，结果保存在 save/model/samples_predictions.txt 文件中。

（2）在网页上运行。

设定配置如下。

```
export CHATBOT_SECRET_KEY="my-secret-key"cd chatbot_website/
python manage.py makemigrations
python manage.py migrate
```

运行服务器代码如下。

```
cd chatbot_website/
redis-server &  # Launch Redis in background
python manage.py runserver
```

2. 项目程序分析

（1）Cornell 数据集：DeepQA 默认使用 Cornell 对话数据，包括人物对话信息文件 movie_conversations.txt 和具体对话内容文件 movie_lines.txt。Cornell 采用“+++$+++”作为分隔符。movie_conversations.txt 文件里每一行的第 1 个数据代表对话人物 1 的 ID，第 2 个数据代表对话人物 2 的 ID，第 3 个数据代表电影 ID，后面的数据代表对话 ID，而 movie_lines.txt 文件里每一行的第 1 个数据代表对话 ID，第 2 个数据代表说话的人物 ID，第 3 个数据代表电影 ID，第 4 个数据代表此人物的名字，最后一个数据代表这句话的具体内容。

```
# movie_conversations.txt

u0 +++$+++ u2 +++$+++ m0 +++$+++ ['L194', 'L195', 'L196', 'L197']
u0 +++$+++ u2 +++$+++ m0 +++$+++ ['L198', 'L199']
u0 +++$+++ u2 +++$+++ m0 +++$+++ ['L200', 'L201', 'L202', 'L203']
u0 +++$+++ u2 +++$+++ m0 +++$+++ ['L204', 'L205', 'L206']
u0 +++$+++ u2 +++$+++ m0 +++$+++ ['L207', 'L208']
u0 +++$+++ u2 +++$+++ m0 +++$+++ ['L271', 'L272', 'L273', 'L274', 'L275']
...
```

```
#movie_lines.txt

L1045 +++$+++ u0 +++$+++ m0 +++$+++ BIANCA +++$+++ They do not!
L1044 +++$+++ u2 +++$+++ m0 +++$+++ CAMERON +++$+++ They do to!
L985 +++$+++ u0 +++$+++ m0 +++$+++ BIANCA +++$+++ I hope so.
L984 +++$+++ u2 +++$+++ m0 +++$+++ CAMERON +++$+++ She okay?
L925 +++$+++ u0 +++$+++ m0 +++$+++ BIANCA +++$+++ Let's go.
L924 +++$+++ u2 +++$+++ m0 +++$+++ CAMERON +++$+++ Wow
L872 +++$+++ u0 +++$+++ m0 +++$+++ BIANCA +++$+++ Okay -- you're gonna need to learn how
    to lie.
L871 +++$+++ u2 +++$+++ m0 +++$+++ CAMERON +++$+++ No
L870 +++$+++ u0 +++$+++ m0 +++$+++ BIANCA +++$+++ I'm kidding.  You know how sometimes
    you just become this "persona"?  And you don't know how to quit?
L869 +++$+++ u0 +++$+++ m0 +++$+++ BIANCA +++$+++ Like my fear of wearing pastels?
L868 +++$+++ u2 +++$+++ m0 +++$+++ CAMERON +++$+++ The "real you".
L867 +++$+++ u0 +++$+++ m0 +++$+++ BIANCA +++$+++ What good stuff?
L866 +++$+++ u2 +++$+++ m0 +++$+++ CAMERON +++$+++ I figured you'd get to the good stuff
    eventually.
...
```

（2）构建模型的类代码 model.py。

```
class Model:
    """
    Implementation of a seq2seq model.
    Architecture:（神经网络结构）
        Encoder/decoder（编码器/解码器）
        2 LTSM layers（两层 LTSM）
    """
    def __init__(self, args, textData):
        """
        Args:（参数）
            args: parameters of the model（模型参数）
            textData: the dataset object（数据集合对象）
        """
        print("Model creation...")

        self.textData = textData  # Keep a reference on the dataset
        self.args = args  # Keep track of the parameters of the model
        self.dtype = tf.float32

        # Placeholders（占位符）
        self.encoderInputs  = None
        self.decoderInputs  = None  # Same that decoderTarget plus the <go>
        self.decoderTargets = None
        self.decoderWeights = None  # Adjust the learning to the target sentence size
        # Main operators（主要操作）
        self.lossFct = None
        self.optOp = None
        self.outputs = None  # Outputs of the network, list of probability for each words
        # Construct the graphs（创建计算图）
        self.buildNetwork()

    def buildNetwork(self):
```

```
        """ Create the computational graph.（创建计算图）
        """
        # TODO: Create name_scopes(for better graph visualisation)
        # TODO: Use buckets(better perfs)
        # Parameters of sampled softmax(needed for attention mechanism and a large vocabulary size)
```

""" RNN 输出句子的过程，其实是对句子里的每一个词则做整个词汇表的 Softmax 分类，取概率最大的词作为当前位置的输出词。但是如果词汇表很大，计算量也会很大，通常的解决方法是在词汇表里做一个下采样，采样的个数通常小于词汇表，例如词汇表有 50000 个，经过采样后得到 4096 个样本集，则样本集里包含 1 个正样本（正确分类）和 4095 个负样本，然后对这 4096 个样本进行 Softmax 计算，计算结果会用作原来词汇表的一种样本估计。在这里，具体的操作是定义 1 个全映射 outputProjection 对象，把隐含层的输出映射到整个词汇表，这种映射需要参数 w 和 b，也就是 out=w×h+b，h 是隐含层的输出，out 是整个词汇表的输出，可以理解为一个普通的全连接层。假设隐含层的输出是 512，那么 w 的形状大小就为 50000×512。采样词汇表的操作可以看作是对 w 和 b 参数的采样，也就是采样出来的 w 为 4096×512，用这个 w 代入上式计算，能得出 4096 个输出，然后计算 Sampled Softmax loss，这个 Sampled Softmax loss 就是原词汇表 Softmax loss 的一种近似"""

```
        outputProjection = None
        # Sampled softmax only makes sense if we sample less than vocabulary size.
        if 0 < self.args.softmaxSamples < self.textData.getVocabularySize():
            outputProjection = ProjectionOp(
                (self.textData.getVocabularySize(), self.args.hiddenSize),
                scope='softmax_projection',
                dtype=self.dtype
            )

            def sampledSoftmax(labels, inputs):
                labels = tf.reshape(labels, [-1, 1]) # Add one dimension(nb of true classes, here 1)
                # We need to compute the sampled_softmax_loss using 32bit floats to
                # avoid numerical instabilities. 采用 32 位浮点避免数值不稳定
                localWt     = tf.cast(outputProjection.W_t,            tf.float32)
                localB      = tf.cast(outputProjection.b,              tf.float32)
                localInputs = tf.cast(inputs,                          tf.float32)

                return tf.cast(
                    tf.nn.sampled_softmax_loss(
                        localWt, # Should have shape [num_classes, dim]
                        localB,
                        labels,
                        localInputs,
                        self.args.softmaxSamples, # The number of classes to randomly sample per batch
                        self.textData.getVocabularySize()), # The number of classes
                    self.dtype)
        # Creation of the rnn cell.
        # 首先定义单个 LSTM cell，然后用 Dropout 包裹，最后用参数 numLayers 指定是多少层 Stack 结构的 RNN
        def create_rnn_cell():
            encoDecoCell = tf.contrib.rnn.BasicLSTMCell( # Or GRUCell, LSTMCell(args. hiddenSize)
                self.args.hiddenSize,
            )
            if not self.args.test: # TODO: Should use a placeholder instead
                encoDecoCell = tf.contrib.rnn.DropoutWrapper(
                    encoDecoCell,
                    input_keep_prob=1.0,
                    output_keep_prob=self.args.dropout
                )
            return encoDecoCell
        encoDecoCell = tf.contrib.rnn.MultiRNNCell(
```

```
            [create_rnn_cell()for _ in range(self.args.numLayers)],
        )

    # Network input(placeholders)
    """ 定义网络的输入值，根据标准的 Seq2Seq 模型，一共有以下 4 个输入。
① Encorder 的输入：人物 1 说的一句话 A，最大长度为 10。
② Decoder 的输入：人物 2 回复的对话 B，因为前后分别加上了 go 开始符和 end 结束符，最大长度为 12。
③ Decoder 的 target 输入：输入的数据为 Decoder 输入的目标输出值，与 Decoder 的输入一样，但只有 end 标示符号，可以理解为 Decoder 的输入在时序上的结果。
④ Decoder 的 weight 输入：用来标记 target 中非 padding 的位置，即实际句子的长度，因为不是所有的句子长度都一样，在实际输入的过程中，各个句子的长度都会被用统一的标示符来填充（padding）至最大长度，weight 用来标记实际词汇的位置，代表这个位置将会有梯度值回传"""
with tf.name_scope('placeholder_encoder'):
    self.encoderInputs  = [tf.placeholder(tf.int32,  [None, ])for _ in range(self.
        args.maxLengthEnco)]  # Batch size * sequence length * input dim

with tf.name_scope('placeholder_decoder'):
    self.decoderInputs  = [tf.placeholder(tf.int32,  [None, ], name='inputs')for _ in
        range(self.args.maxLengthDeco)]  # Same sentence length for input and output(Right ?)
    self.decoderTargets = [tf.placeholder(tf.int32,  [None, ], name='targets')for _ in
        range(self.args.maxLengthDeco)]
    self.decoderWeights = [tf.placeholder(tf.float32, [None, ], name='weights')for _ in
        range(self.args.maxLengthDeco)]

# Define the network
# Here we use an embedding model, it takes integer as input and convert them into word
        vector for better word representation
""" 封装 Embedding Seq2Seq 模型，使用整数作为输入并转换为词向量"""
decoderOutputs, states = tf.contrib.legacy_seq2seq.embedding_rnn_seq2seq(
    self.encoderInputs,  # List<[batch=?, inputDim=1]>, list of size args.maxLength
    self.decoderInputs,  # For training, we force the correct output(feed_previous=False)
    encoDecoCell,
    self.textData.getVocabularySize(),
    self.textData.getVocabularySize(),  # Both encoder and decoder have the same number
        of class
    embedding_size=self.args.embeddingSize,  # Dimension of each word
    output_projection=outputProjection.getWeights()if outputProjection else None,
    feed_previous=bool(self.args.test) # When we test(self.args.test), we use previous
        output as next input(feed_previous)
)

# TODO: When the LSTM hidden size is too big, we should project the LSTM output into a
    smaller space(4086 => 2046): Should speed up
# training and reduce memory usage. Other solution, use sampling softmax
# For testing only（仅在测试时用）
if self.args.test:
    if not outputProjection:
    self.outputs = decoderOutputs
    else:
    self.outputs = [outputProjection(output)for output in decoderOutputs]

    # TODO: Attach a summary to visualize the output

    # For training only（仅在训练时用）
```

```
        else:
        # Finally, we define the loss function
        """ 定义 Seq2Seq 模型的损失函数为 sequence_loss()，其中 sequence_loss()需要 softmax_
        loss_function 参数，这个参数若不指定，那么就是默认对整个词汇表做 Softmax loss，若需要采样来加速计算，则
        要传入上面定义的 sampledSoftmax()方法，这个方法的返回值是由 TenserFlow 定义的 sampled_softmax_loss。
        更新方法采用默认参数的 Adam"""

    self.lossFct = tf.contrib.legacy_seq2seq.sequence_loss(
        decoderOutputs,
        self.decoderTargets,
        self.decoderWeights,
        self.textData.getVocabularySize(),
        softmax_loss_function= sampledSoftmax if outputProjection else None
        # If None, use default SoftMax(如果是 None，则使用默认的 Softmax)
    )
    tf.summary.scalar('loss', self.lossFct) # Keep track of the cost

    # Initialize the optimizer(初始化优化器)
    opt = tf.train.AdamOptimizer(
        learning_rate=self.args.learningRate,
        beta1=0.9,
        beta2=0.999,
        epsilon=1e-08
    )
    self.optOp = opt.minimize(self.lossFct)

    def step(self, batch):
        """ Forward/training step operation.
        Does not perform run on itself but just return the operators to do so. Those have then
            to be run
        Args:
            batch(Batch): Input data on testing mode, input and target on output mode
        Return:
            (ops), dict: A tuple of the(training, loss)operators or(outputs,)in testing mode
                with the associated feed dictionary
        """
        # Feed the dictionary(馈送数据词典)
        feedDict = {}
        ops = None

        if not self.args.test:  # Training(训练)
            for i in range(self.args.maxLengthEnco):
            feedDict[self.encoderInputs[i]]  = batch.encoderSeqs[i]
            for i in range(self.args.maxLengthDeco):
            feedDict[self.decoderInputs[i]]  = batch.decoderSeqs[i]
            feedDict[self.decoderTargets[i]] = batch.targetSeqs[i]
            feedDict[self.decoderWeights[i]] = batch.weights[i]
```

```
            ops =(self.optOp, self.lossFct)
        else:  # Testing(batchSize == 1) (测试)
            for i in range(self.args.maxLengthEnco):
            feedDict[self.encoderInputs[i]]  = batch.encoderSeqs[i]
            feedDict[self.decoderInputs[0]]  = [self.textData.goToken]
            ops =(self.outputs,)

        # Return one pass operator.
    return ops, feedDict
```

11.3.2 Stanford TensorFlow Chatbot

Stanford TensorFlow Chatbot 是由斯坦福大学创建的教学示例性的聊天机器人。Stanford TensorFlow Chatbot 采用左景贤等人的 Seq2Seq 的机器翻译模型。

数据集采用康奈尔大学 Cristian Danescu-Niculescu-Mizil 和李碧华（Lillian Lee）建立的 Cornell Movie Dialogs Corpus（电影对白语料库）。Cornell Movie Dialogs Corpus 包含大概 617 部电影共 304713 条对白，并且语料库中含有电影名、角色、IMDB 评分等许多信息。

习题

1. 详述 Seq2Seq 模型。
2. 详述 attention 机制。
3. 详述 Seq2Seq 模型简单解码方式。
4. 详述 Seq2Seq 模型带输出回馈的解码方式。
5. 详述 Seq2Seq 模型带编码向量的解码方式。
6. 详述 Seq2Seq+attention 模型的解码方式。
7. 详述 TextSum。
8. 详述 TextSum 中的 Beam Search 方法。
9. 分析 TextSum 中的 seq2seq_attention_decode.py。
10. 分析 TextSum 中的 seq2seq_attention_model.py。
11. 详述 Stanford TensorFlow Chatbot。
12. 分析 Stanford TensorFlow Chatbot 中的 seq2seq_model.py。